Instalaciones eléctricas y domóticas

Instalaciones eléctricas y domóticas

Julián Rodríguez Fernández

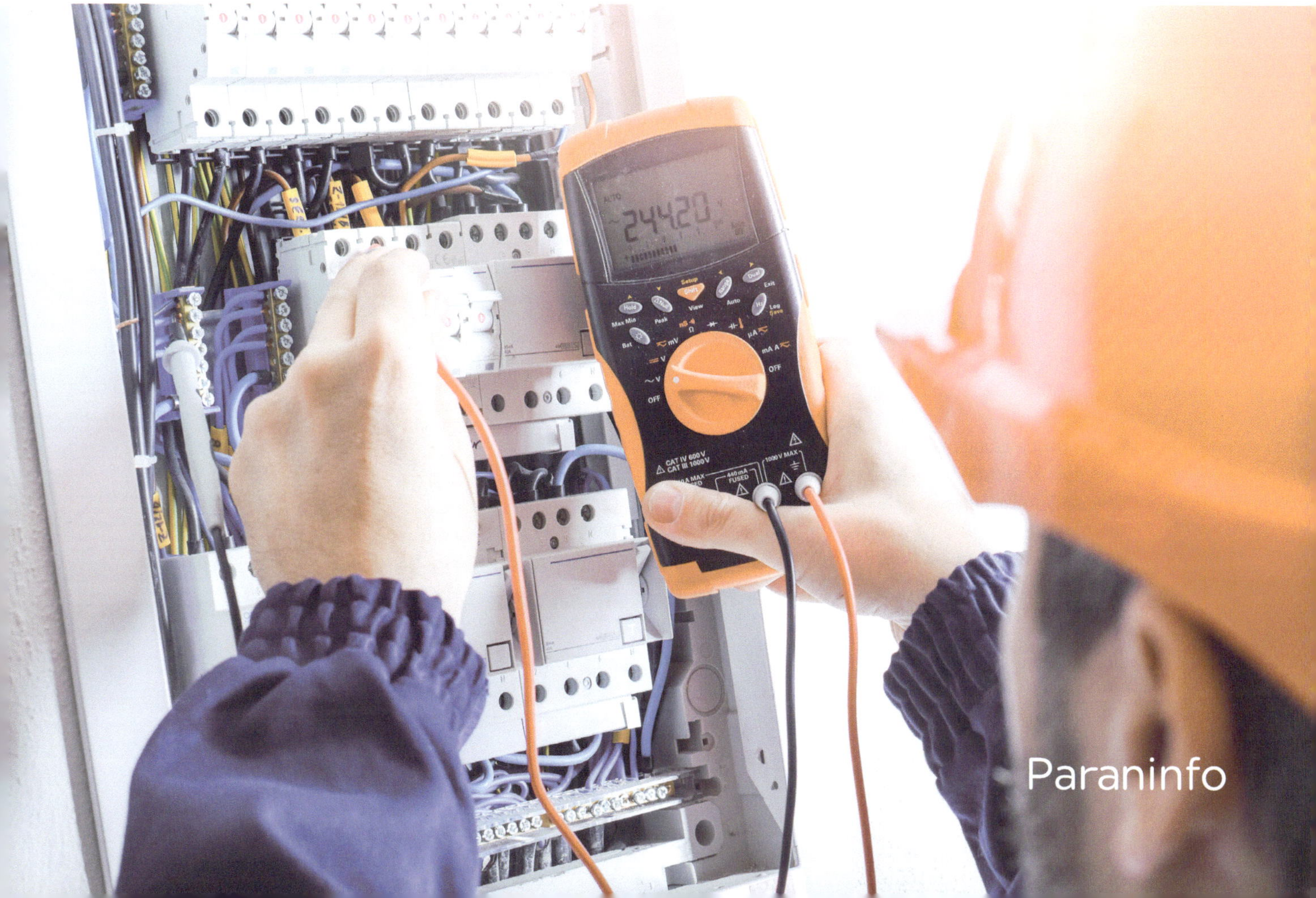

Paraninfo

Paraninfo

Instalaciones eléctricas y domóticas

© Julián Rodríguez Fernández

Gerente Editorial
María José López Raso

Equipo Técnico Editorial
Paola Paz Otero
Sofía Durán Tamayo

Editora de Adquisiciones
Carmen Lara Carmona

Producción
Nacho Cabal Ramos

Diseño de cubierta
Ediciones Nobel

Preimpresión
Montytexto

Créditos de las fotografías
Queremos agradecer su colaboración en la aportación del material gráfico a: Jung Electro Ibérica, Siemens, Simon, Home Systems, Gewiss, Schneider Electric, Marmitek, Basor Electric y Smart Home.

2.ª edición, 2023

C/ Sierra de Guadarrama 35. Naves 2, 3, 4 y 5
Polígono Industrial San Fernando II
28830 San Fernando de Henares
Teléfono: 914 463 350
clientes@paraninfo.es / www.paraninfo.es

ISBN: 978-84-1367-333-2
Depósito legal: M-11500-2023
(34616)

Impreso en España / *Printed in Spain*
Liber Digital,S.L.

La editorial recomienda que el alumnado realice las actividades sobre el cuaderno y no sobre el libro.

Paraninfo

Presentación

Este libro desarrolla los contenidos del módulo profesional de **Instalaciones Eléctricas y Domóticas,** del Ciclo Formativo de Grado Básico en Electricidad y Electrónica, y en Instalaciones Electrotécnicas y Mecánica, de las familias profesionales de Electricidad y Electrónica, y Fabricación Mecánica.

Las unidades del libro se acompañan de multitud de **recursos didácticos** que ayudarán al futuro profesional a comprender la materia y acercarlo a su inminente realidad laboral:

En esta **nueva edición** se presentan, con un lenguaje sencillo y fácil de entender, temas totalmente actualizados, ampliando los conocimientos y ajustándolos a la realidad profesional, y teniendo en consideración la sostenibilidad, la eficiencia energética y el medioambiente.

- Ampliación y actualización de los contenidos a la realidad profesional.
- Legislación y normativa aplicable totalmente actualizadas.
- Enfoque en la sostenibilidad, la eficiencia energética y el reciclaje de componentes.
- Numerosas ilustraciones y fotografías de instalaciones reales.
- Procesos detallados de instalación y montaje.
- Gran cantidad de actividades propuestas y resueltas.
- Recuadros de texto con información complementaria.
- Casos prácticos de aplicación real para aplicar los conocimientos adquiridos en la unidad.
- Mapas conceptuales al final de cada unidad para fijar y repasar lo aprendido.

Este libro dispone de los siguientes **materiales y recursos** disponibles en línea para el **profesorado** que **confirme su adopción** como libro de texto para impartir la materia:

- **Programación didáctica.**
- **Solucionario.**
- **Examina.**
- **Material y documentación extra.**
- **Presentación en PowerPoint.**
- **LDP (Libro Digital Proyectable).**

Este libro dispone además de **materiales y recursos previo registro** disponibles en línea para el **alumnado:**

- **Enlaces de interés.**
- **Material y documentación extra (normativa, catálogos de fabricantes, etcétera).**

Índice

Circuito eléctrico

Introducción

La electricidad es una forma de energía que no se ve, pero que resulta indispensable en nuestra vida cotidiana para hacer que la mayoría de las cosas funcionen.

Fue descubierta hace más de 2500 años por el matemático Tales de Mileto, pero fue a finales del siglo XIX cuando se comenzó a generar y transportar electricidad para ponerla al servicio del ser humano.

En esta unidad descubriremos los principios y conceptos básicos sobre la electricidad, los circuitos eléctricos y sus componentes, así como las posibles formas en las que pueden ser conectados. Esto permitirá entender esta forma de energía y así poder utilizarla y trabajar con ella posteriormente con total seguridad.

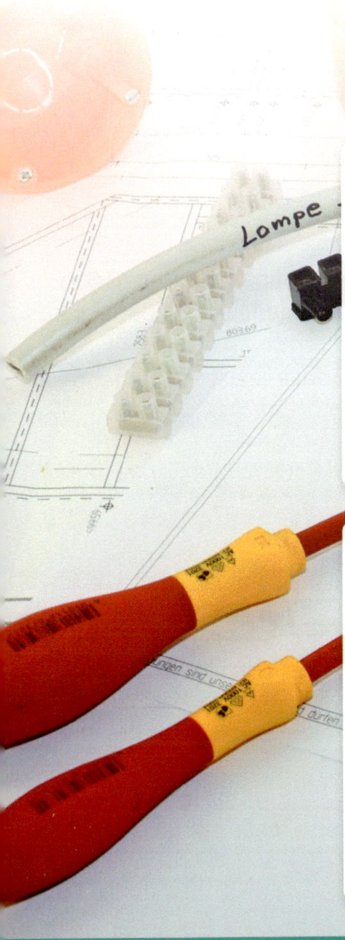

Contenidos

Objetivos

- Entender qué es y de dónde viene la electricidad.
- Analizar las principales características de las instalaciones eléctricas.
- Dar a conocer los elementos que forman parte de los circuitos eléctricos.
- Aprender los tipos de conexiones entre los componentes de un circuito.
- Definir las principales magnitudes eléctricas.
- Realizar montajes de circuitos en serie, en paralelo y mixtos.

1.1. Introducción a la electricidad

Para entender cómo funciona un circuito eléctrico, resulta necesario saber qué es exactamente la electricidad y cómo se produce.

Toda la materia conocida está compuesta por unas partículas muy pequeñas, denominadas átomos. Estos átomos, a su vez, se dividen en dos partes:

- **El núcleo**, formado por protones y neutrones fuertemente unidos.
- **La corteza externa**, formada por una nube de electrones en movimiento.

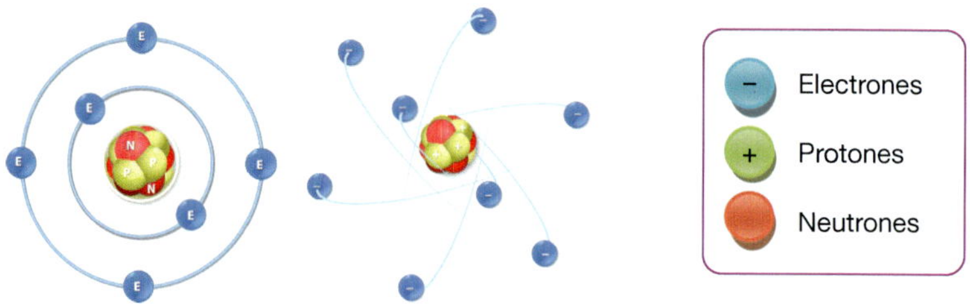

Figura 1.1. Representación de un átomo, formado por electrones, neutrones y protones. El electrón tiene carga eléctrica negativa.

Los electrones que forman la corteza del átomo giran continuamente formando órbitas alrededor del núcleo. Además, en algunos materiales, los electrones que forman las últimas capas de la corteza son capaces de moverse y desplazarse libremente hacia otros átomos: son los denominados **electrones libres.**

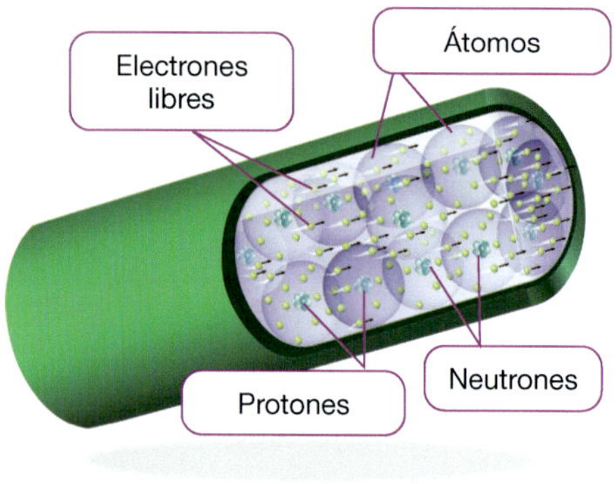

Figura 1.2. Representación gráfica de la corriente eléctrica.

Actividad propuesta 1.1.

Los electrones tienen carga negativa. ¿Sabrías decir, intuyéndolo por el nombre, qué carga tienen los protones y los neutrones?

El movimiento de los electrones libres dentro de un determinado material (conductor) es lo que se denomina **corriente eléctrica** o **electricidad.** En los apartados sucesivos de esta unidad se analizan los factores que determinan el movimiento de los electrones y en qué tipo de materiales puede producirse este fenómeno.

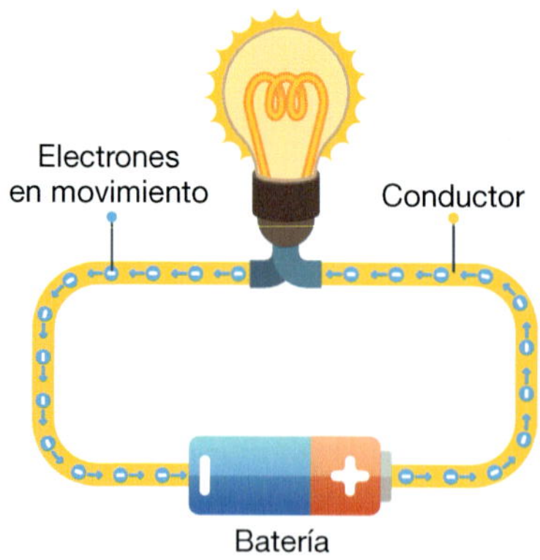

Figura 1.3. Movimiento de electrones en un conductor: energía eléctrica.

Recuerda que...

La corriente eléctrica está originada por electrones en movimiento.

1.1.1. Materiales conductores y aislantes

La cantidad de electrones que pueden moverse a través de un determinado material, y la facilidad con la que se mueven, define sus características eléctricas:

- Si un material tiene o **facilita el movimiento** de muchos electrones libres se denomina **conductor**.
- Si un material se **opone al movimiento** de unos pocos electrones libres se denomina **aislante**.

Los materiales considerados como conductores, por tanto, serán aquellos en los que el movimiento de electrones se produce con mucha facilidad, es decir, **permiten y favorecen el paso de la corriente eléctrica**.

Los materiales aislantes, por el contrario, son aquellos que impiden, dificultan u oponen resistencia al paso de la corriente eléctrica a través de ellos.

Tabla 1.1. Ejemplos de materiales conductores y aislantes

Conductores		Aislantes	
Aluminio	Oro	Papel	Madera
Cobre	Plata	Aire	Mica
Acero	Estaño	Grafito	Cuarzo

No obstante, también existen otros tipos de materiales que en determinadas circunstancias permiten el paso de la corriente eléctrica y en otras circunstancias se oponen. Estos materiales son los denominados **semiconductores.**

Los semiconductores más utilizados en la actualidad, tanto en las instalaciones eléctricas como en las electrónicas, son el silicio y el germanio.

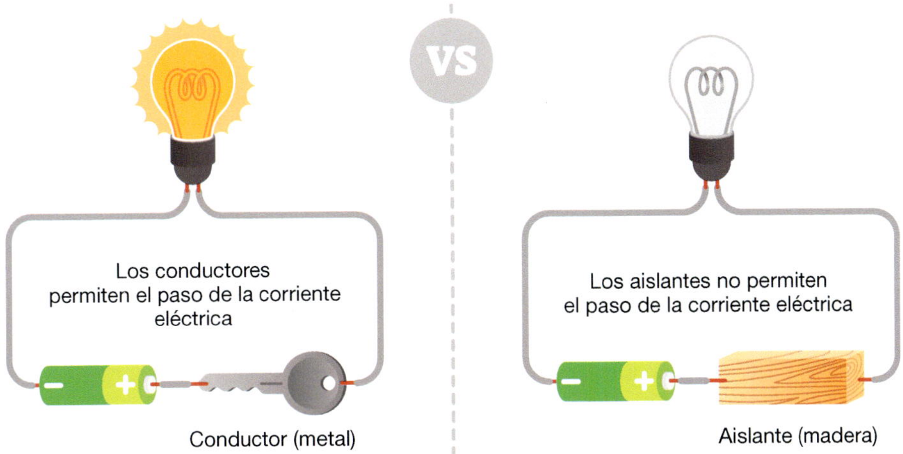

Figura 1.5. Representación de conductores y aislantes en un circuito.

Sabías que...

La plata es el metal que mejor conduce la electricidad. Sin embargo, dado su elevado precio, los cables utilizados en instalaciones eléctricas se fabrican con otros materiales: generalmente, cobre y aluminio.

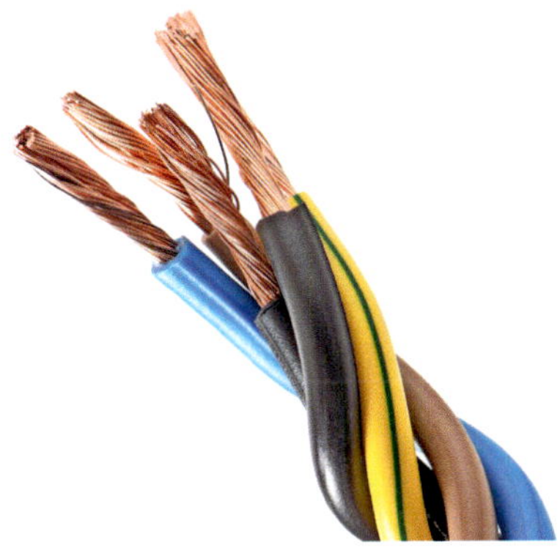

Figura 1.4. Cables de cobre.

1.2. Magnitudes eléctricas básicas

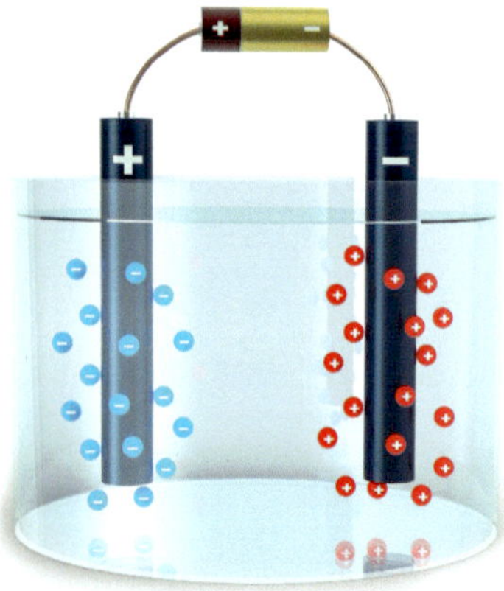

Figura 1.6. Representación de las cargas eléctricas.

Los protones poseen carga eléctrica positiva y se repelen entre sí. Los electrones poseen carga eléctrica negativa y también se repelen entre sí. Los neutrones no tienen carga eléctrica.

Puesto que el núcleo del átomo es estático, genéricamente puede establecerse que el número de electrones libres que se encuentren en un determinado material determinará su **carga eléctrica**. Dicha carga puede ser de dos tipos:

- Carga eléctrica positiva.
- Carga eléctrica negativa.

Teóricamente un material posee carga positiva si en sus átomos predominan los protones, y por el contrario posee carga negativa si en sus átomos predominan los electrones.

Sin embargo, en el entorno de la electricidad, y puesto que se compone de electrones en movimiento, las cargas eléctricas negativas y positivas hacen referencia al **número de electrones** que presenta el material.

Si, por ejemplo, se introducen una lámina de cobre y otra lámina de zinc (dos materiales conductores) dentro de un recipiente con zumo de limón, se genera una reacción que produce que la mayoría de los electrones libres del líquido pasen a la lámina de zinc, mientas que solo unos pocos pasarán a la lámina de cobre. Se establece entonces que el zinc tiene carga eléctrica negativa (puesto que tiene el mayor número de electrones) y del cobre, por tanto, se dirá que tiene carga eléctrica positiva, dado que en comparación con la otra lámina tiene muchos menos electrones.

Este efecto es, por ejemplo, similar al que ocurre en una pila o batería, que dispone de un polo positivo y de un polo negativo. El polo negativo tiene muchos más electrones que el positivo.

Sabías que...

Un culombio contiene aproximadamente 6×10^{18} electrones.

El símbolo de la carga eléctrica es **Q** y se mide en **culombios (C).**

1.2.1. Tensión e intensidad

Entender este concepto de carga eléctrica es muy importante, ya que para que se produzca el **movimiento de electrones** que da lugar a la corriente eléctrica debe existir una **diferencia de cargas** entre los dos extremos de un material conductor.

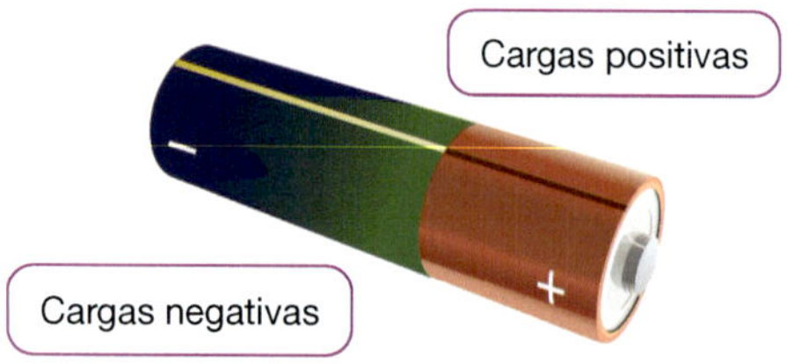

Figura 1.7. La diferencia de cargas que produce corriente eléctrica puede conseguirse, por ejemplo, con una pila o una batería.

Tensión

La diferencia de cargas que produce el movimiento de electrones se conoce como **diferencia del potencial, tensión o voltaje.**

El símbolo de la tensión es **U** y se mide en **voltios (V).**

Intensidad

La cantidad de electrones que circulan por el conductor una vez iniciado su movimiento se denomina **intensidad de corriente.**

El símbolo de la intensidad es **I** y se mide en **amperios (A).**

Recuerda que...

Del mismo modo que se necesita cierta presión para que circule agua por una tubería, se necesita tensión para que circule la corriente eléctrica por un material conductor.

1.2.2. Resistencia eléctrica. Ley de Ohm

Como se ha analizado, si entre dos puntos o elementos que presentan una diferencia de cargas se establece una conexión, la diferencia de potencial existente (tensión eléctrica) producirá un movimiento de electrones (intensidad de corriente).

La intensidad de corriente, por tanto, depende del nivel de tensión o voltaje aplicado. Sin embargo, otro factor muy importante que debe ser tenido en cuenta es la capacidad del elemento conductor para facilitar u oponerse al paso de la corriente.

La oposición que un material ofrece al paso de la corriente eléctrica se conoce como **resistencia.**

El símbolo de la resistencia es **R** y se mide en **ohmios (Ω).**

La relación existente entre la tensión, la intensidad de corriente y la resistencia eléctrica viene determinada por una fórmula muy sencilla denominada **Ley de Ohm:**

$$U = I \times R$$

donde,

U = tensión (V)

I = intensidad (A)

R = resistencia (Ω)

Vocabulario

Resistencia = *Resistance*

Tensión = *Voltage*

Intensidad = *Intensity*

Actividad propuesta 1.2.

Completa la siguiente tabla, que relaciona la tensión, la intensidad y la resistencia, utilizando tus conocimientos adquiridos sobre la Ley de Ohm.

	Tensión (V)	Intensidad (A)	Resistencia (Ω)
a)	50		5
b)	1000		1000
c)		0,03	200
d)	230	10	
e)		2,5	40

1.2.3. Conceptos de potencia y energía

Recuerda que...

1 kW equivale a 1000 W.

Por tanto, 1 kWh equivale a 1000 Wh.

Las características de los circuitos eléctricos vienen definidas por una serie de parámetros como son la tensión, la intensidad y la resistencia. Pero además existen otros dos conceptos muy importantes asociados a los receptores eléctricos: la **potencia** y la **energía**.

Potencia eléctrica

La potencia eléctrica es la cantidad de trabajo que puede ofrecer un receptor o una instalación eléctrica. Por ejemplo, una lámpara de mayor potencia puede iluminar más, o un horno de mayor potencia puede calentar la comida más rápido.

El símbolo de la potencia es **P** y se mide en **vatios (W).**

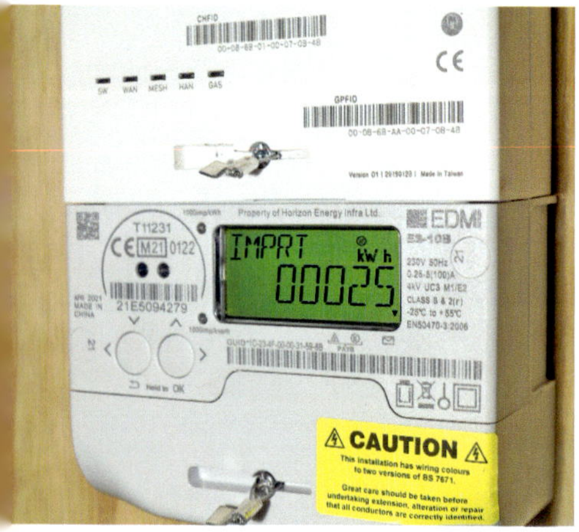

Figura 1.8. Contador eléctrico, utilizado para medir la energía que se consume en una instalación eléctrica.

Energía eléctrica

La energía eléctrica es una forma de expresar la potencia que consume una carga eléctrica durante el tiempo que se encuentre en funcionamiento.

El símbolo de la energía eléctrica es **E** y se mide en **kilovatios hora (kWh).**

La potencia y la energía dependen del **voltaje** y de la **intensidad** del circuito. A mayor tensión o mayor intensidad, más energía consumirá una instalación. La fórmula que relaciona estas tres magnitudes eléctricas es la siguiente:

$$P = U \times I$$

donde,

P = potencia (W)
U = tensión (V)
I = intensidad (A)

Sabías que...

Lo que aquí se llama potencia eléctrica es en realidad la denominada **potencia activa.** En electricidad existen otros dos tipos de potencia, la **potencia reactiva** (que se mide en VAr) y la **potencia aparente o nominal** (que se mide en VA).

Actividad propuesta 1.3.

A continuación vas a realizar un pequeño cálculo para comprender mejor la importancia de la potencia y la energía eléctrica.

a) Si la iluminación de tu aula de trabajo tiene una potencia total de 500 W y se encuentra conectada 8 horas al día, ¿qué cantidad de energía eléctrica consume diariamente?

b) Si cada kilovatio de energía cuesta 12 céntimos de euro, ¿cuánto dinero cuesta mantener la iluminación del aula encendida cada día? ¿Y al cabo de un año?

1.3. Circuitos eléctricos

Un circuito eléctrico es un conjunto de elementos conectados entre sí por medio de conductores a través de los cuales circula una corriente eléctrica.

Todas las instalaciones eléctricas están compuestas por uno o varios circuitos cuyo objetivo final es suministrar la energía que aprovecharán los usuarios.

1.3.1. Elementos de un circuito eléctrico

En base a lo estudiado hasta este punto, puede afirmarse que lo único necesario para que un circuito eléctrico funcione es: una fuente de tensión que genere una determinada diferencia de potencial, un material conductor por el que los electrones puedan desplazarse (dando lugar a la corriente eléctrica) y un receptor que aproveche la energía eléctrica y la convierta en trabajo útil.

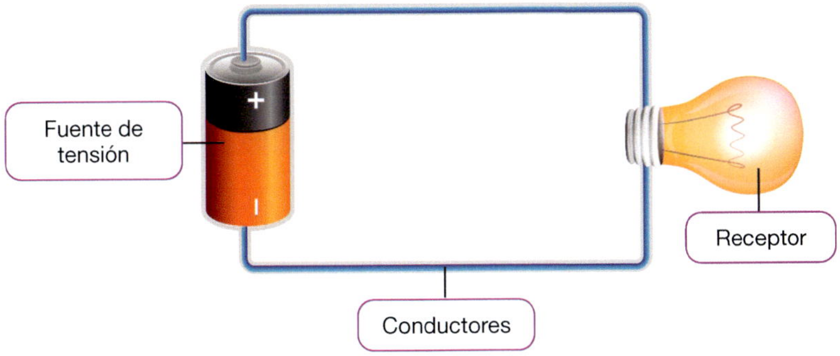

Figura 1.9. Circuito eléctrico simple (teórico).

Sin embargo, en la práctica, los circuitos que forman parte de las instalaciones eléctricas son algo más complejos. Los componentes que se pueden encontrar conectados en un circuito eléctrico real son los mostrados en la Figura 1.10.

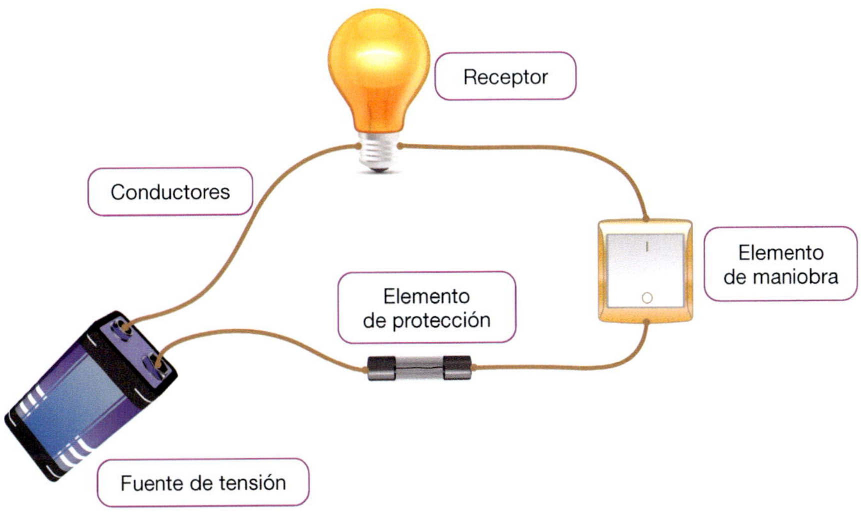

Figura 1.10. Circuito eléctrico real.

Sabías que...

Un **SAI** o **UPS** es un sistema de alimentación diseñado para suministrar energía a un circuito eléctrico en caso de que la fuente de tensión principal deje de funcionar.

1.3.2. Fuente de tensión

La fuente de tensión, también conocida como **generador eléctrico** o **fuente de alimentación**, se encarga de generar la diferencia de potencial en un circuito, es decir, de suministrar el voltaje necesario al circuito para que se muevan los electrones que forman la corriente eléctrica.

La fuente de tensión en un circuito eléctrico puede ser de dos tipos: continua o alterna.

Figura 1.11. Las pilas y las baterías suministran corriente continua.

Figura 1.12. El enchufe (base de toma de corriente) es una fuente de tensión alterna.

Recuerda que...

La resistencia en un circuito eléctrico es la dificultad que tienen los electrones para desplazarse.

Un conductor será mejor cuanto menor sea su resistencia.

Actividad propuesta 1.4.

Enumera diferentes fuentes de tensión que conozcas o que uses habitualmente. Identifica para cada una si se trata de corriente alterna o continua, y el voltaje que suministran.

1.3.3. Conductor

El conductor es el elemento que se encarga de transportar la corriente eléctrica. A través de los conductores todos los elementos del circuito quedan interconectados entre sí.

Figura 1.13. Conductores de cobre.

Figura 1.14. Conductores de aluminio.

En la mayoría de los circuitos eléctricos, además, los conductores se encuentran alojados en el interior de tubos, bandejas o envolventes similares, con el objetivo de facilitar su instalación y protegerlos mecánicamente.

Figura 1.15. Tubo corrugado para alojar conductores eléctricos.

Actividad propuesta 1.5.

¿Qué crees que ocurriría si conectaras un conductor directamente a la entrada y a la salida de un generador, sin pasar por ningún otro elemento?

1.3.4. Receptor

El receptor es el componente encargado de recibir la corriente y convertir la energía eléctrica en otro tipo de energía (mecánica, luminosa, calorífica, etc.).

En las Figuras 1.16 a 1.19 se muestran algunos ejemplos de receptores típicos de las instalaciones eléctricas.

Figura 1.16. Una lámpara es un receptor que convierte la energía eléctrica en energía luminosa: luz.

Figura 1.17. Un altavoz es un receptor que convierte la energía eléctrica en presión sonora: sonido.

Figura 1.18. Un motor eléctrico es un receptor que convierte la energía eléctrica en energía cinética: movimiento.

Figura 1.19. Un tostador es un receptor que convierte la energía eléctrica en energía térmica: calor.

1.3.5. Elemento de maniobra

Un elemento de maniobra permite conectar y desconectar un circuito eléctrico en **condiciones normales** de funcionamiento. Al desconectar un circuito se interrumpe la circulación de la corriente eléctrica y los receptores dejan de funcionar.

Figura 1.20. Los interruptores son elementos de maniobra.

Cabe destacar que no es estrictamente necesario el uso de un elemento de maniobra para el correcto funcionamiento de un circuito eléctrico, pero su uso permite el control manual del mismo.

1.3.6. Elemento de protección

Los elementos de protección se instalan en un circuito eléctrico con el objetivo de interrumpir la circulación de la corriente eléctrica de manera automática en caso de que se produzca alguna **situación de peligro** (como un cortocircuito, una sobrecarga o una derivación), que altere las condiciones normales de funcionamiento.

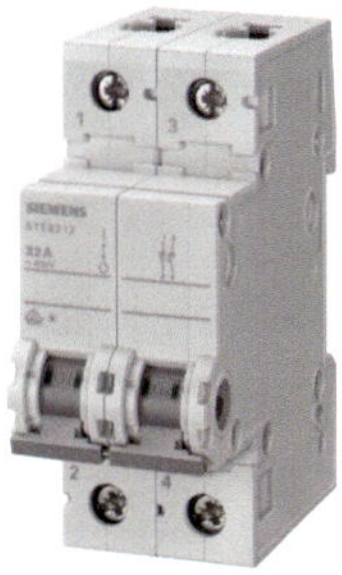

Figura 1.21. Interruptor automático para la protección de las instalaciones.

Figura 1.22. Interruptor diferencial para la protección de personas y animales.

Cabe destacar que no es necesario el uso de elementos de protección para el correcto funcionamiento de un circuito eléctrico (desde un punto de vista técnico, ya que legalmente sí es obligatorio), pero su utilización aumenta la seguridad de la instalación.

Vocabulario

Conductor = *Wire*

Interruptor = *Switch*

Fusible = *Fuse*

Fuente de alimentación = *Power supply*

Actividad propuesta 1.6.

¿Qué situaciones se te ocurren en las que sería indispensable el uso de elementos de protección en un circuito eléctrico?

1.4. Conexión de los circuitos: serie, paralelo y mixto

Los diferentes elementos y receptores que forman parte de un circuito eléctrico se pueden conectar de dos maneras distintas: **en serie** y **en paralelo.**

Las propiedades y características del circuito en lo que respecta a tensión e intensidad dependerán directamente del tipo de conexión.

1.4.1. Conexiones en serie

En una conexión en serie todos los componentes se encuentran colocados uno a continuación del otro, de forma secuencial.

Figura 1.23. Conexión en serie. El terminal de salida de un componente se conecta al terminal de entrada del siguiente elemento.

Características de un circuito en serie

En las conexiones en serie, si alguno de los elementos deja de funcionar se interrumpe el circuito y el resto de componentes quedan desconectados.

Tabla 1.2. Características de las conexiones en serie

Tensión (V)	El voltaje de la fuente de alimentación **se reparte** entre todos los componentes.
Intensidad (A)	La intensidad que sale de la fuente de alimentación **es la misma** para todos los componentes.
Potencia (W)	La potencia del circuito **es la suma** de la potencia de cada uno de los receptores.

Sabías que...

Lo que se conoce como **instalación eléctrica** es en realidad un conjunto de varios circuitos eléctricos que alimentan a distintos receptores.

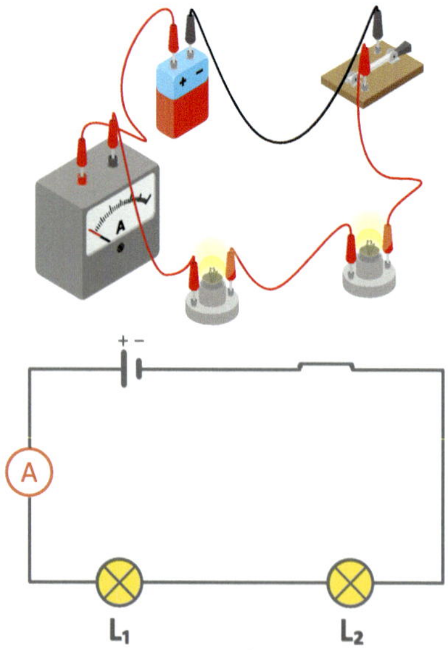

Figura 1.24. Representación de un circuito en serie.

Actividad resuelta 1.1.

Si en un circuito eléctrico con dos lámparas conectadas en serie se funde una de ellas, ¿qué crees que le ocurrirá a la otra lámpara?

Solución

En las conexiones en serie, si alguno de los receptores deja de funcionar interrumpe el circuito, por lo que el resto de los receptores también dejan de funcionar.

Es este caso la otra lámpara también dejaría de lucir, tal y como se muestra en la siguiente figura:

1.4.2. Conexiones en paralelo

En una conexión en paralelo los terminales de entrada y de salida de todos los componentes se encuentran conectados entre sí respectivamente.

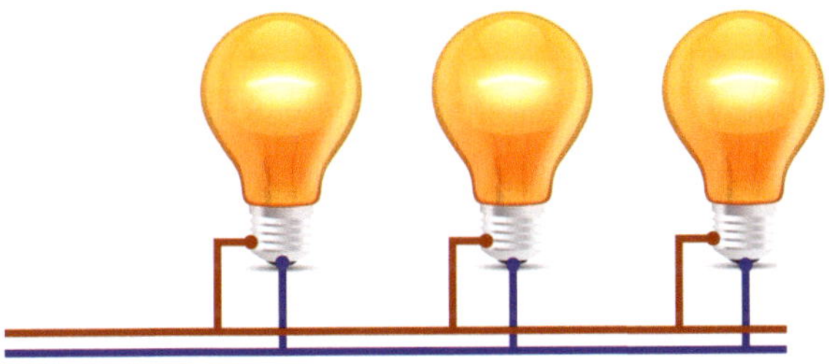

Figura 1.25. Conexión en paralelo.

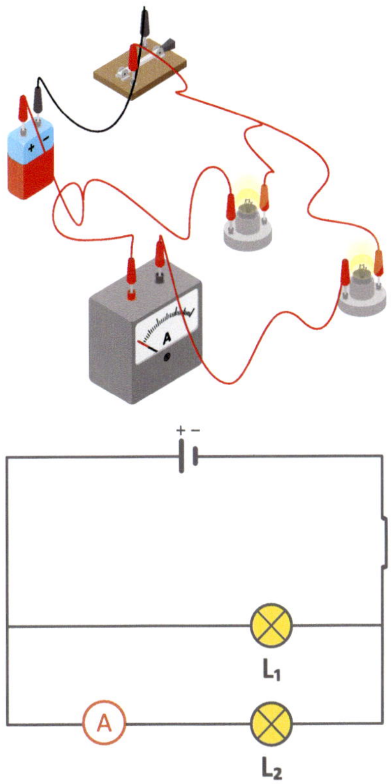

Figura 1.26. Representación de un circuito en paralelo.

Características de un circuito en paralelo

En las conexiones en paralelo, si alguno de los elementos deja de funcionar el circuito no se ve afectado y el resto de los componentes funcionan con normalidad.

Tabla 1.3. Características de las conexiones en paralelo

Tensión (V)	El voltaje de la fuente de alimentación **es el mismo** para todos los componentes.
Intensidad (A)	La intensidad que sale de la fuente de alimentación **se reparte** entre todos los componentes.
Potencia (W)	La potencia del circuito **es la suma** de la potencia de cada uno de los receptores.

Actividad resuelta 1.2.

Si en un circuito eléctrico con dos lámparas conectadas en paralelo en una de ellas se produce una avería y deja de funcionar, ¿qué crees que le ocurrirá a la otra lámpara?

Solución

En las conexiones en paralelo, si alguno de los receptores deja de funcionar no afecta al resto del circuito porque los electrones pueden desplazarse por otro camino.

En este caso, la otra lámpara continuaría funcionando con normalidad, tal y como se muestra en la siguiente figura:

1.4.3. Circuitos mixtos

Un circuito mixto combina conexiones en serie y conexiones en paralelo. Las características del circuito se corresponderán con el tipo de conexión de cada zona, es decir, los elementos que estén conectados en paralelo tendrán las características asociadas de los circuitos en paralelo y los elementos que estén conectados en serie tendrán las características asociadas de los circuitos en serie.

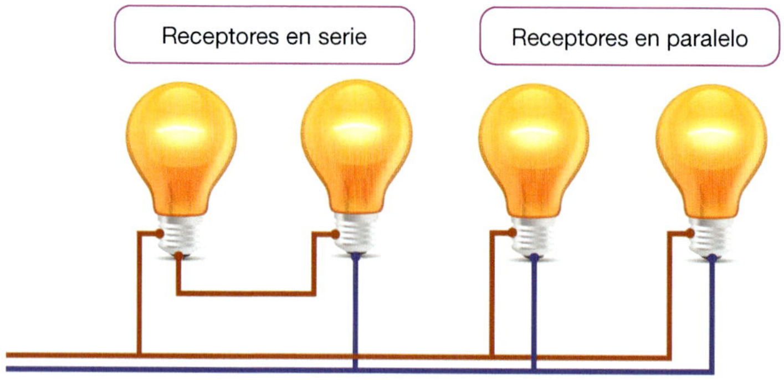

Figura 1.27. Conexión mixta, también llamada conexión serie-paralelo.

Si realizas el montaje de la Figura 1.27 con lámparas incandescentes de la misma potencia, podrás observar que la luz emitida por cada una de las lámparas no es la misma. Las dos primeras (conexión serie) al repartir la tensión de alimentación, emitirán menos luz que las dos segundas (conexión en paralelo). Además, en caso de desconectar alguna de las dos primeras lámparas la otra dejará de funcionar.

Este es el motivo por el que en la práctica la mayoría de los receptores y circuitos de las instalaciones eléctricas se conectan en paralelo.

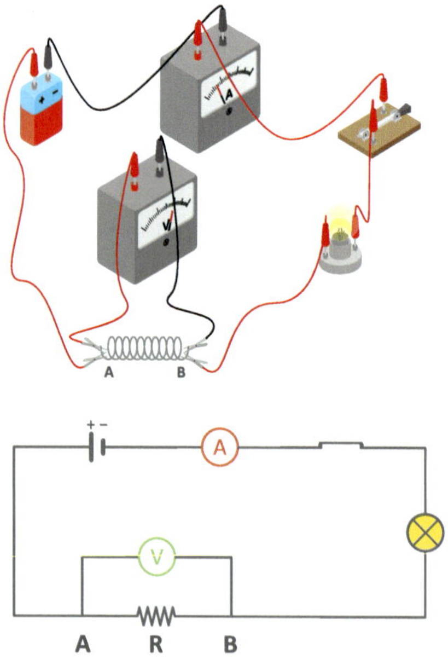

Figura 1.28. Representación de un circuito con un voltímetro conectado en paralelo y un amperímetro conectado en serie.

1.5. Características de las instalaciones eléctricas

Las instalaciones eléctricas pueden diferenciarse de múltiples maneras, pero lo más frecuente es realizar una doble clasificación en función de sus características más importantes: por su nivel de tensión y por el tipo de corriente que utilizan.

Figura 1.29. La corriente continua puede almacenarse en pilas o baterías.

1.5.1. Tipos de corriente

La corriente eléctrica puede ser de tres tipos: continua, alterna monofásica o alterna trifásica.

- **Corriente continua.** Se caracteriza porque la tensión y el sentido de la corriente son constantes en todo momento.

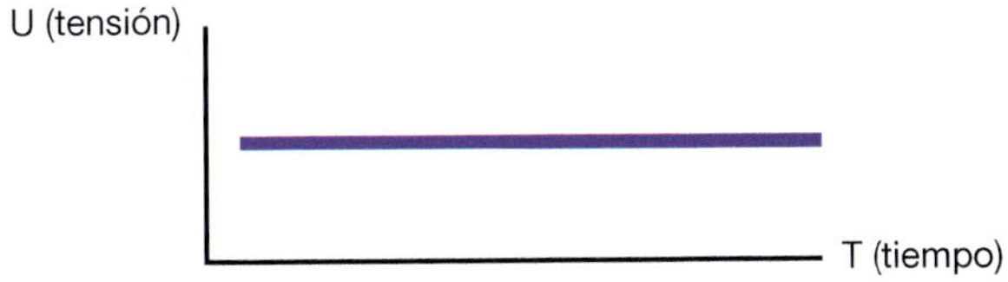

Figura 1.30. Representación gráfica de la forma de onda en corriente continua.

Figura 1.31. Las placas fotovoltaicas producen energía eléctrica en forma de corriente continua, y posteriormente se convierte en corriente alterna a través de un equipo denominado inversor.

En un circuito de **corriente continua** el conductor por el que entra la corriente es el **positivo** y el conductor por el que sale la corriente es el **negativo**.

Figura 1.32. Representación de conductores en corriente continua.

Los sistemas de corriente continua son utilizados generalmente en aplicaciones de pequeña potencia, aunque también resulta posible encontrarlos en instalaciones de alta potencia, ya que hasta la aparición de la electrónica de potencia los motores de corriente continua eran los únicos en los que podía variarse la velocidad de manera sencilla. Es por este motivo que actualmente algunas líneas de metro y tren siguen abasteciéndose en corriente continua.

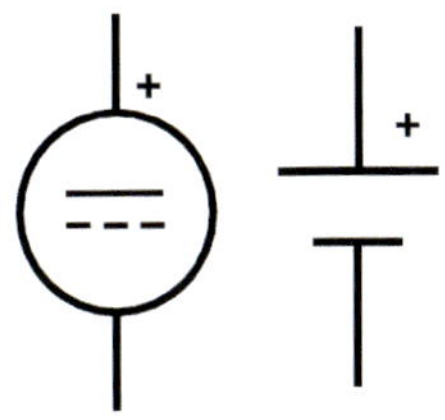

Figura 1.33. Símbolo del generador de corriente continua.

- **Corriente alterna monofásica.** Se caracteriza porque la tensión y el sentido de la corriente varían continuamente, formando ciclos.

  Los parámetros técnicos que definen a la corriente alterna son: la frecuencia (número de ciclos en un segundo), la tensión de pico (tensión máxima) y la tensión eficaz.

El símbolo de la frecuencia es **f** y se mide en **hercios (Hz)**.

Figura 1.34. Una base de toma de corriente doméstica suministra corriente alterna monofásica.

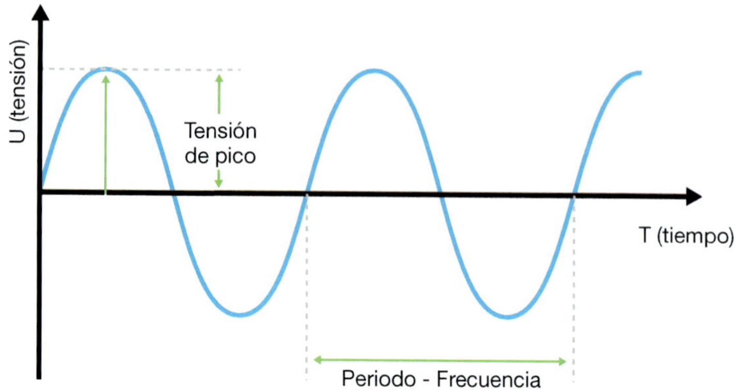

Figura 1.35. Forma de onda en corriente alterna. Los electrones cambian el sentido de su movimiento continuamente.

En un circuito de **corriente alterna** el conductor por el que entra la corriente es la **fase** y el conductor por el que sale la corriente es el **neutro.** Este tipo de corriente se utiliza para la alimentación de los receptores eléctricos de baja potencia.

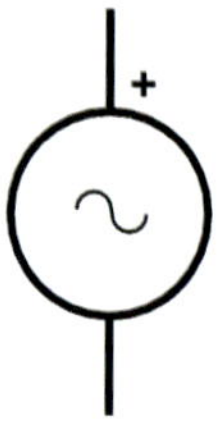

Figura 1.36. Símbolo del generador de corriente alterna.

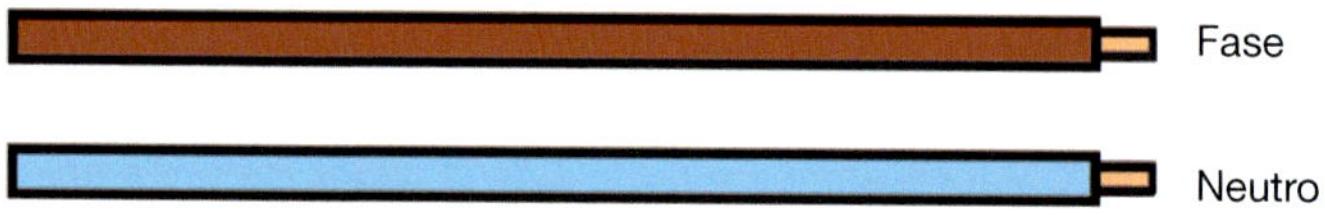

Figura 1.37. Representación de los conductores en corriente alterna.

Los circuitos eléctricos de corriente alterna se obtienen siempre a partir de un sistema trifásico, combinando una de las fases con el conductor neutro.

- **Corriente alterna trifásica.** Se caracteriza porque está formada por tres ondas de corriente alterna monofásica, desfasadas 120 grados entre sí. Cada una de esas ondas se corresponde con un conductor de fase, denominados L_1, L_2 y L_3.

Figura 1.38. Motores trifásicos.

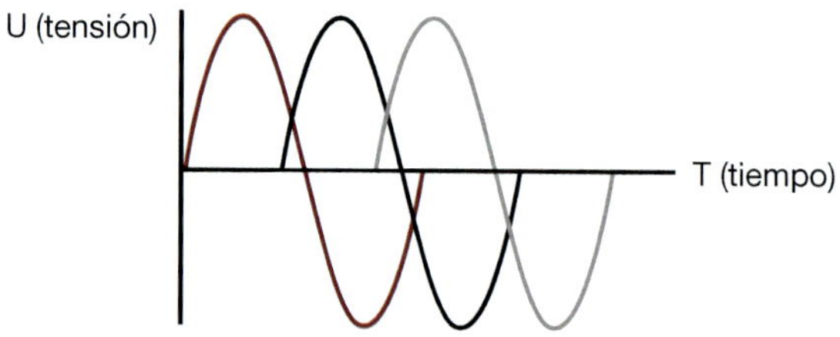

Figura 1.39. Forma de onda de la corriente alterna trifásica.

La corriente alterna trifásica es utilizada en instalaciones que necesitan grandes cantidades de energía eléctrica para alimentar a sus receptores de media y alta potencia, como, por ejemplo, las industrias. Los edificios de viviendas también reciben energía eléctrica trifásica de la red eléctrica, y luego distribuyen a cada vivienda el correspondiente circuito monofásico.

La mayoría de los generadores de nuestro sistema eléctrico producen energía en forma trifásica, y la distribución de esta desde los puntos de generación hasta los puntos de consumo también se realiza mediante líneas eléctricas trifásicas.

Figura 1.40. Un grupo electrógeno es un equipo eléctrico portátil que genera corriente alterna (monofásica o trifásica) a partir de combustible (por ejemplo, gasolina).

Actividad propuesta 1.7.

Pon dos ejemplos de componentes eléctricos que funcionen en corriente continua y otros dos ejemplos de componentes eléctricos que funcionen en corriente alterna, describiendo las principales características de cada uno de ellos.

1.5.2. Niveles de tensión

Dependiendo del voltaje, o nivel de tensión, las instalaciones eléctricas se clasifican en dos grupos: instalaciones de **baja tensión,** con un voltaje menor o igual a 1000 V en corriente alterna o 1500 V en corriente continua, e instalaciones de **alta tensión** con un voltaje superior a 1000 V en corriente alterna o 1500 V en corriente continua.

En la práctica, dentro del grupo de las instalaciones de corriente alterna, al ser el tipo de corriente más utilizada para su generación, transporte, distribución y consumo, se suelen clasificar las tensiones de una manera mucho más específica, tal y como se muestra en el diagrama de la Tabla 1.4.

Tabla 1.4. Clasificación de los niveles de tensión de corriente alterna (V_{CA})

0 V_{CA} – 50 V_{CA}	50 V_{CA} – 500 V_{CA}	500 V_{CA} – 1000 V_{CA}	1000 V_{CA} – 66 000 V_{CA}	66 000 V_{CA} – 400 000 V_{CA}
Baja tensión			**Alta tensión**	
Muy baja tensión (de seguridad, de protección o funcional)	**Tensión usual**	**Tensión especial**	**Media tensión** (tensión de distribución)	**Muy alta tensión** (tensión de transporte)

Sabías que...

Hasta hace pocos años se consideraba que la corriente eléctrica circulaba desde el lado positivo al lado negativo, cuando en realidad los electrones circulan del polo negativo al polo positivo.

Sin embargo, se sigue considerando que la dirección de la corriente es del positivo al negativo por cuestiones de convenio.

Recuerda que...

Voltaje, tensión y diferencia de potencial son tres términos que significan lo mismo.

Actividad resuelta 1.3.

Responde a las siguientes cuestiones:

a) ¿Qué crees que es un kilovoltio? ¿Conoces su símbolo?

b) ¿Cuántos kilovoltios equivalen a 1500 voltios?

c) ¿Qué es un milivoltio (mV)? ¿A cuántos voltios (V) equivale?

Solución

a) Un kilovoltio son mil voltios. Su símbolo es kV. Por tanto, 1 kV = 1000 V.

b) 1500 voltios equivalen a 1,5 kilovoltios. Por tanto, 1500 V = 1,5 kV.

c) Un voltio son mil milivoltios: 1 V = 1000 mV. Por tanto, 1 mV = 0,001 V.

Sabías que...

En algunas regiones de Europa, cerca de la frontera con Rusia, se utilizan tensiones de transporte cercanas a los 765 kV. En España las líneas eléctricas de alta tensión no superan los 400 kV.

Figura 1.41. Torres de alta tensión para el transporte de energía eléctrica trifásica.

Vocabulario

Corriente continua = *Direct current*

Corriente alterna = *Altern current*

En lo que respecta al uso y las características de una instalación eléctrica, las consideradas como de **baja tensión** son casi siempre de tipo receptoras, es decir, su finalidad es consumir la energía eléctrica para convertirla en trabajo útil. No obstante, también resulta posible encontrar instalaciones de baja tensión cuya finalidad es la generación, distribución o almacenamiento de energía eléctrica, pero en pequeñas cantidades.

La clasificación de las instalaciones de **alta tensión** en base a su finalidad es mucho más compleja, puesto que pueden haber sido diseñadas para generar, transportar o distribuir la energía eléctrica en grandes cantidades, así como para transformar los niveles de tensión. También es posible encontrar instalaciones de alta tensión con una finalidad receptora, como es el caso de las grandes industrias que utilizan equipamiento y máquinas eléctricas de grandes dimensiones que funcionan a tensiones superiores a los 1000 voltios.

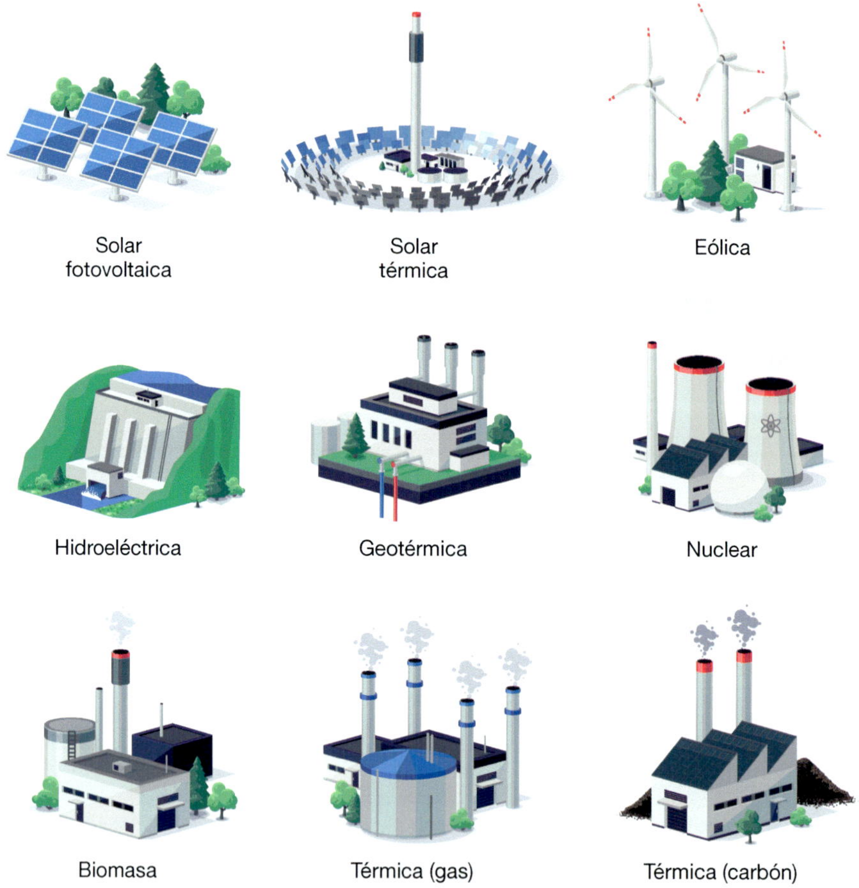

Figura 1.42. Ejemplos de instalaciones generadoras en alta tensión.

Actividad propuesta 1.8.

Observa la Figura 1.42 y responde a la siguiente pregunta:

¿Cuáles de las diferentes fuentes de generación mostradas crees que lo son a partir de energías renovables?

Mapa conceptual

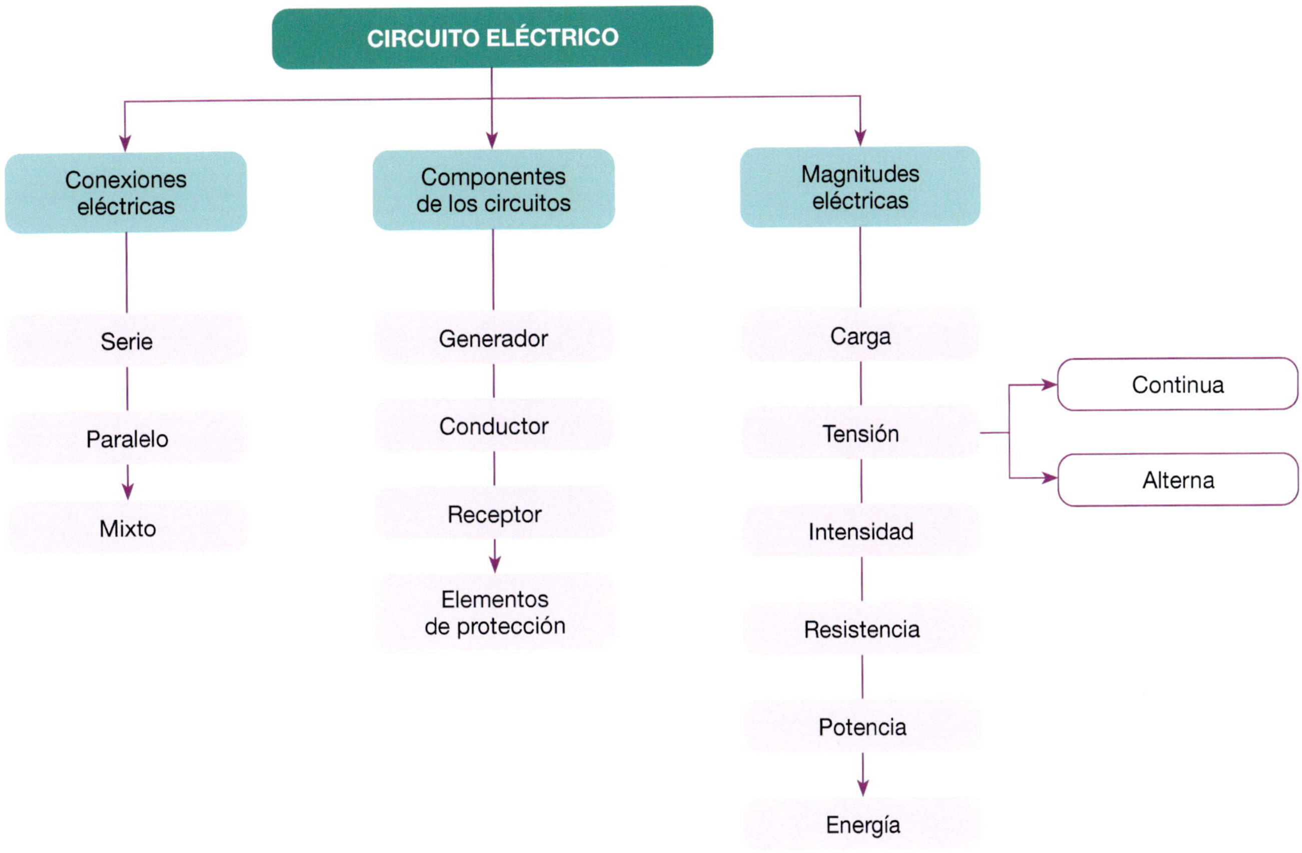

En resumen

- La electricidad es en realidad una gran cantidad de electrones en movimiento.
- El material que facilita el paso de la electricidad es conductor y el que se opone es aislante.
- Existen varios tipos de electricidad y distintos niveles de tensión.
- Las instalaciones eléctricas son un conjunto de circuitos formados por generadores, conductores, receptores, elementos de maniobra y elementos de protección.
- Los componentes que forman las instalaciones pueden conectarse en serie y en paralelo.
- Los principales parámetros que definen a las instalaciones eléctricas son la resistencia, la tensión, la intensidad, la potencia y la energía.

1.1. Componentes de los circuitos eléctricos

OBJETIVO

- Reconocer los elementos que forman parte de un circuito eléctrico.

MATERIAL

- Material de escritura.
- Cuaderno de actividades.

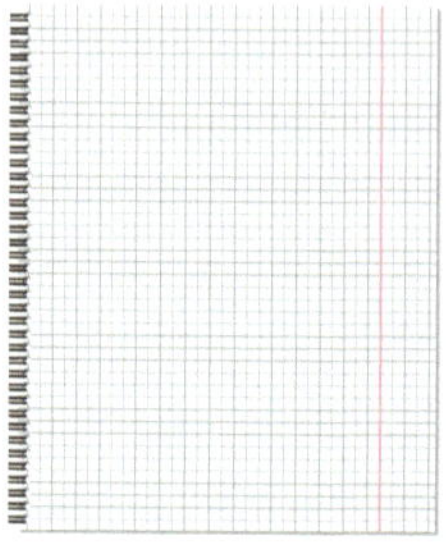

Proceso

1 Identifica qué tipo de componente de un circuito eléctrico se corresponde con las imágenes mostradas a continuación:

Posibles opciones: generador, receptor, conductor, elemento de protección y elemento de maniobra.

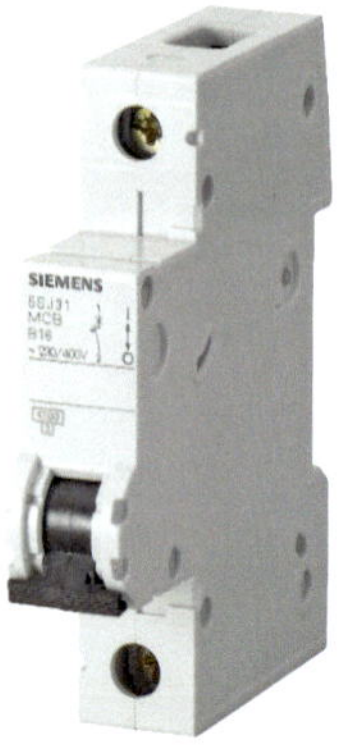

A

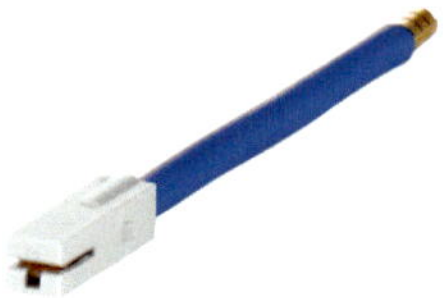

B

C

D

E

F

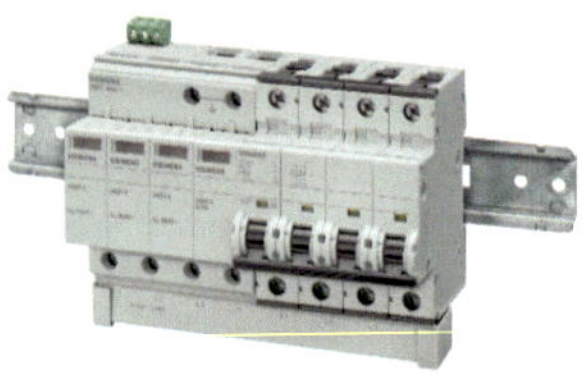

G

H

1.2. Análisis de circuitos en serie y en paralelo

OBJETIVO

- Realizar el montaje y comprobar el funcionamiento de un grupo de receptores conectados en serie y en paralelo.

MATERIAL

- Cables flexibles de cobre de 1 × 1,5 mm^2.
- Interruptor.
- 2 lámparas incandescentes.
- 2 portalámparas.
- Tornillos.

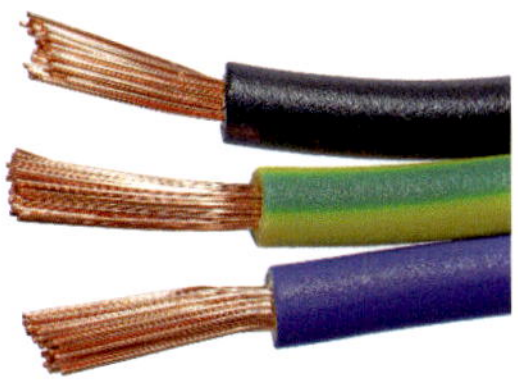

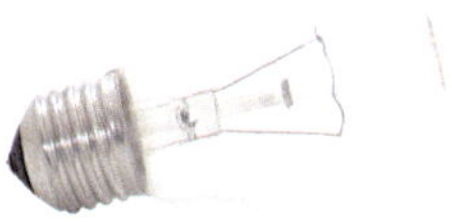

HERRAMIENTAS

- Tijeras de electricista o pelacables.
- Destornillador.
- Taladradora.

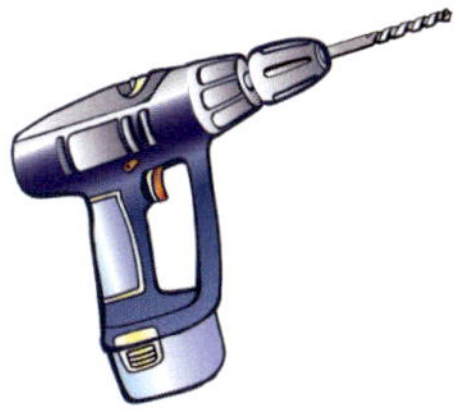
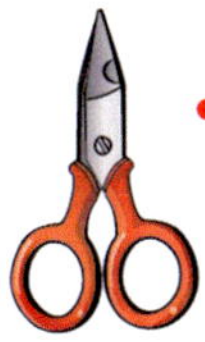
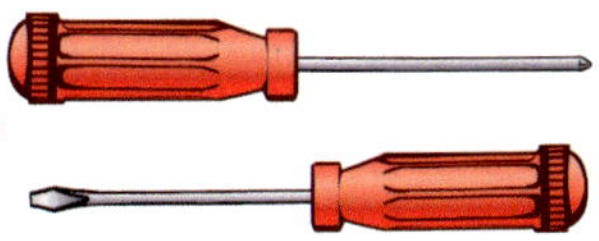

MATERIAL Y HERRAMIENTAS COMPLEMENTARIAS

También te pueden resultar útiles:

- Varios tacos para asegurar la fijación de los tornillos.

Proceso

1. Instala y sujeta mediante tornillos los portalámparas en el tablón de las prácticas.
2. Instala, si es necesario, el carril DIN y el interruptor automático.
3. Realiza las conexiones entre los componentes. Primero, conecta las lámparas en paralelo controlando todo el grupo a través del interruptor.
4. Asegúrate de que el circuito esté protegido en su origen por un interruptor automático y un interruptor diferencial y activa el interruptor.
5. Observa cómo funciona el grupo de lámparas.
6. Desconecta la alimentación y realiza un nuevo montaje de las lámparas, esta vez en serie.
7. Asegúrate de que el circuito esté protegido en su origen por un interruptor automático y un interruptor diferencial y activa el interruptor.
8. Observa cómo funciona el grupo de lámparas.

¿Qué diferencias encuentras en el funcionamiento de las lámparas en cada uno de los montajes? ¿Crees que tiene algo que ver con que en los circuitos en serie la tensión se reparta entre todos los componentes?

Conexión en paralelo

Conexión en serie

Actividades finales

De comprobación

1.1. **Un electrón tiene carga:**

a) Negativa.

b) Positiva.

c) Los electrones no tienen carga.

1.2. **La partícula que al moverse produce electricidad es:**

a) El protón.

b) El neutrón.

c) El electrón.

1.3. **La diferencia de potencial se mide en:**

a) Potencias.

b) Voltios.

c) Amperios.

1.4. **La intensidad se mide en:**

a) Hercios.

b) Voltios.

c) Amperios.

1.5. **El tipo de corriente en el que el voltaje y la tensión son constantes en todo momento es:**

a) Corriente trifásica.

b) Corriente alterna.

c) Corriente continua.

1.6. **Un circuito eléctrico en el que existen conexiones en serie y conexiones en paralelo se denomina:**

a) Circuito mixto.

b) Circuito serie-paralelo.

c) Las dos respuestas anteriores son correctas.

1.7. **Si una instalación eléctrica necesita para funcionar una cantidad de energía muy elevada, lo normal es que se alimente a través de:**

a) Corriente trifásica.

b) Corriente alterna.

c) Corriente continua.

1.8. **El elemento capaz de suministrar el voltaje necesario para que funcione todo el circuito eléctrico se denomina:**

a) Convertidor.

b) Generador.

c) Receptor.

1.9. **En corriente alterna, el conductor por el que entra la corriente eléctrica es la fase, pero ¿cómo se llama el conductor por el que sale?**

a) Neutral.

b) Negativo.

c) Neutro.

1.10. **Si el voltaje de una instalación eléctrica es de 400 V_{CA}, podemos afirmar que:**

a) Es una instalación de corriente alterna en baja tensión.

b) Es una instalación de corriente continua en baja tensión.

c) Es una instalación de corriente alterna en alta tensión.

1.11. **En una conexión en paralelo:**

a) Todos los elementos del sistema tienen la misma intensidad.

b) La tensión que ofrece la fuente de alimentación se reparte entre todos los componentes.

c) Ninguna de las respuestas anteriores es correcta.

Actividades finales

De ampliación

1.12. **Define los siguientes conceptos:**

a) Receptor eléctrico.

b) Interruptor.

c) Elemento de protección.

1.13. **Enumera cuatro tipos de materiales conductores y otros cuatro tipos de materiales aislantes.**

1.14. **Define brevemente qué es la carga eléctrica, la tensión y la intensidad de corriente.**

1.15. **¿Cuál es la unidad por la que se mide la potencia eléctrica?**

1.16. **¿Cómo se denomina el tipo de conexión eléctrica en la que todos los receptores reciben la misma corriente?**

1.17. **Si tienes una taladradora de 1000 W conectada durante 2 horas, ¿cuánta energía consume?**

1.18. **Si en una zona de un circuito eléctrico en la que todos los receptores están conectados en serie se rompe el conductor, ¿qué ocurre?**

1.19. **¿A qué se le denomina tensión usual en el ámbito de las instalaciones eléctricas?**

1.20. **¿Qué tipos de corriente eléctrica conoces? ¿En qué se diferencian?**

1.21. **¿Qué es un elemento de maniobra? ¿Cuál es su función?**

1.22. **Enumera tres receptores eléctricos que conozcas que conviertan la energía eléctrica en:**

a) Calor.

b) Movimiento mecánico.

1.23. **¿Qué es un circuito mixto? ¿Cuáles son sus características?**

1.24. **Analiza la siguiente figura e identifica los diferentes elementos que aparecen en ella, explicando brevemente su función.**

Medidas y verificaciones en instalaciones de baja tensión

Introducción

Las características de un circuito eléctrico vienen determinadas por diferentes magnitudes como la tensión, la intensidad, la frecuencia, etc.

Para conocer en profundidad estas características es necesario saber utilizar los diferentes instrumentos de medida necesarios en cada caso, así como interpretar sus resultados.

En esta unidad se utilizan los diferentes aparatos utilizados para la medida de las magnitudes eléctricas y sus técnicas de conexión y montaje.

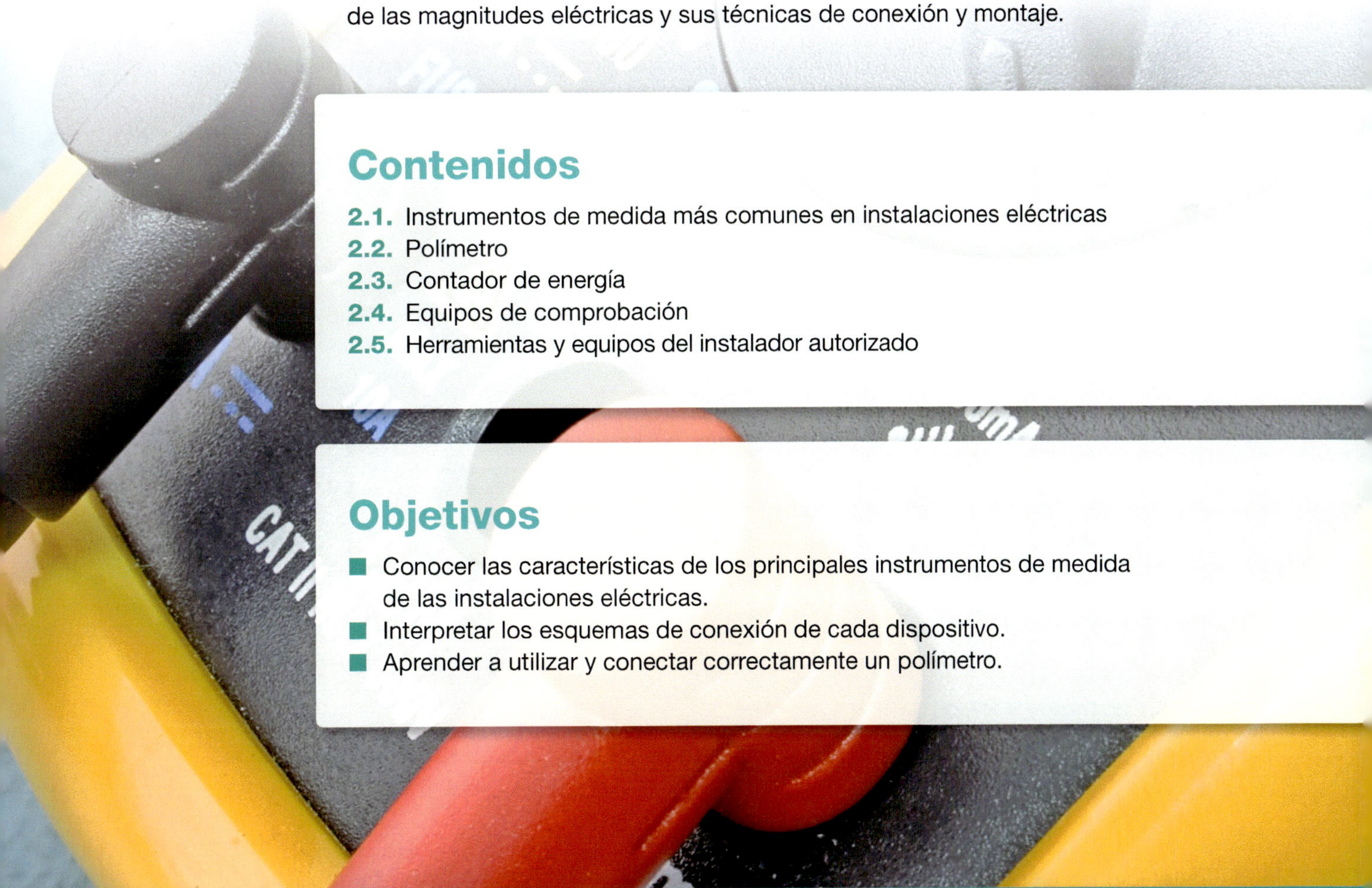

Contenidos

2.1. Instrumentos de medida más comunes en instalaciones eléctricas
2.2. Polímetro
2.3. Contador de energía
2.4. Equipos de comprobación
2.5. Herramientas y equipos del instalador autorizado

Objetivos

- Conocer las características de los principales instrumentos de medida de las instalaciones eléctricas.
- Interpretar los esquemas de conexión de cada dispositivo.
- Aprender a utilizar y conectar correctamente un polímetro.

2.1. Instrumentos de medida más comunes en instalaciones eléctricas

Los dispositivos de medida más utilizados en las instalaciones eléctricas de baja tensión son el voltímetro, el amperímetro, el óhmetro, el vatímetro, el buscapolos y el frecuencímetro. A continuación se definen las características más importantes de todos ellos.

2.1.1. Voltímetro

El voltímetro se utiliza para conocer el **voltaje (V)** (también llamado **tensión o diferencia de potencial)** entre dos puntos del circuito. Suele medirse directamente sobre dos conductores o entre los terminales de un receptor.

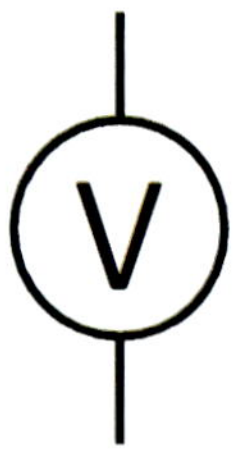

Figura 2.1. Símbolo del voltímetro.

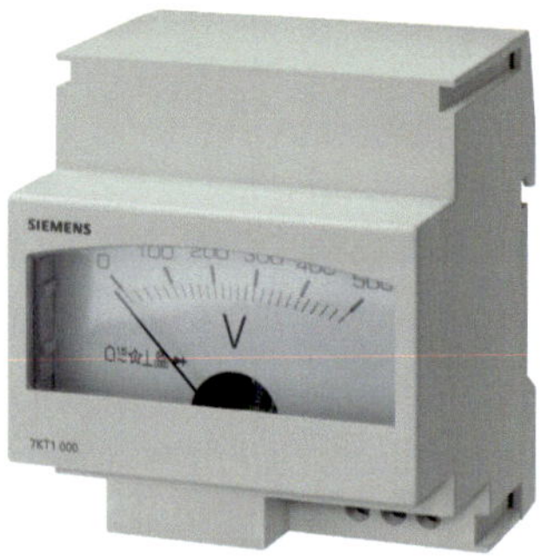

Figura 2.2. Voltímetro analógico para carril DIN.

Figura 2.3. Voltímetro digital para carril DIN.

Conexión del voltímetro	En paralelo	Circuito conectado o desconectado

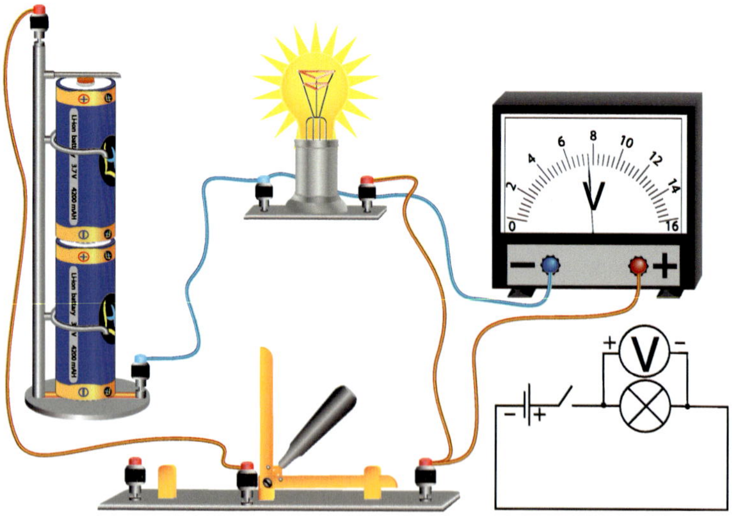

Figura 2.4. Ejemplo de conexión de un voltímetro en un circuito, y esquema equivalente.

Vocabulario

Voltímetro = *Voltmeter*

2.1.2. Amperímetro y pinza amperimétrica

El amperímetro indica la **intensidad de corriente eléctrica (A)** que circula por una línea o conductor determinado.

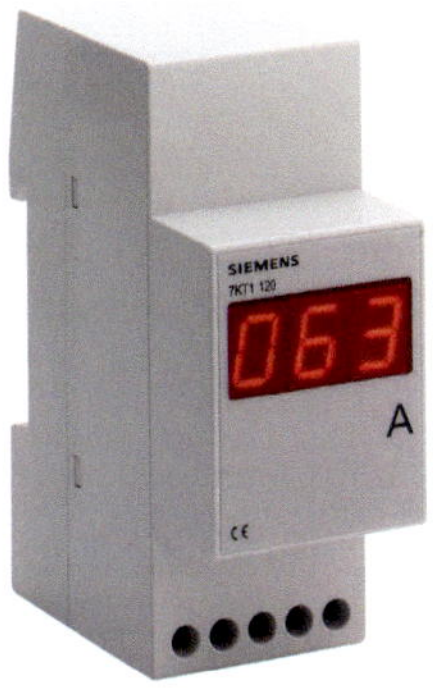

Figura 2.5. Amperímetro digital para carril DIN.

Figura 2.6. Amperímetros analógicos diseñados para ensamblar en las puertas de los cuadros eléctricos.

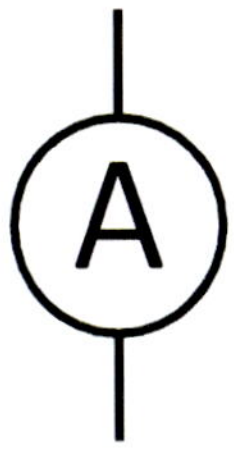

Figura 2.7. Símbolo del amperímetro.

Conexión del amperímetro	En serie	Circuito conectado

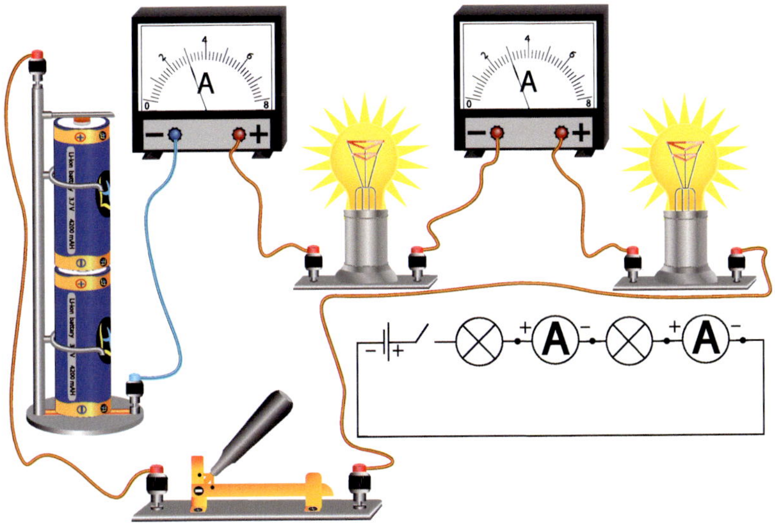

Figura 2.8. Ejemplo de conexión de dos amperímetros en un circuito, y esquema equivalente.

Vocabulario

Amperímetro = *Ammeter*

Actividad propuesta 2.1.

Responde a las siguientes cuestiones:

a) ¿Por qué crees que debe conectarse en serie un amperímetro?

b) Si en un circuito eléctrico tienes conectado un amperímetro y un voltímetro, ¿qué ocurre si en un momento dado desconectas el voltímetro? ¿Y si lo que desconectas es el amperímetro?

Sabías que...

Pueden combinarse varios instrumentos de medición en un solo dispositivo, que recibe el nombre de multímetro.

Puesto que la conexión de un amperímetro se realiza en serie, si se desea medir la intensidad de un circuito eléctrico en funcionamiento mediante un amperímetro convencional, hay que desconectar y abrir el circuito para intercalar el amperímetro y después volver a conectarlo. Esto supone un problema puesto que muchas veces no resulta posible dejar sin tensión una instalación eléctrica.

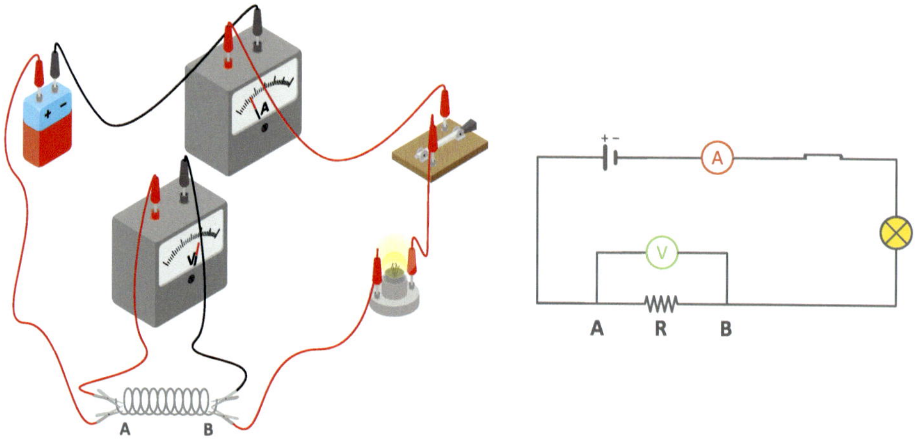

Figura 2.9. Representación de un circuito eléctrico con amperímetro y voltímetro, con su esquema equivalente.

Para poder realizar medidas de intensidad en un circuito en funcionamiento puede utilizarse una **pinza amperimétrica,** que permite medir la intensidad que circula por un conductor que pasa por su interior sin necesidad de entrar en contacto con él ni interrumpir el circuito.

Figura 2.10. Pinza amperimétrica.

Figura 2.11. Ejemplo de uso de la pinza amperimétrica.

Vocabulario

Pinza amperimétrica = *Current clamp meter*

Óhmetro = *Ohmmeter*

Al utilizar una pinza amperimétrica es importante asegurarse de que **no pase por el interior de la pinza más de un conductor ni una manguera eléctrica**, puesto que la medida obtenida sería errónea.

Actividad propuesta 2.2.

¿Por qué no debe atravesar el interior de la pinza más de un conductor o una manguera eléctrica?

2.1.3. Óhmetro

El óhmetro se utiliza para medir la **resistencia (Ω)** de los conductores eléctricos. También sirve para comprobar la **continuidad,** ya que si no hay continuidad el óhmetro es incapaz de medir y da valor 0 Ω.

Conexión del óhmetro	En paralelo	Circuito desconectado

Figura 2.12. Símbolo del óhmetro.

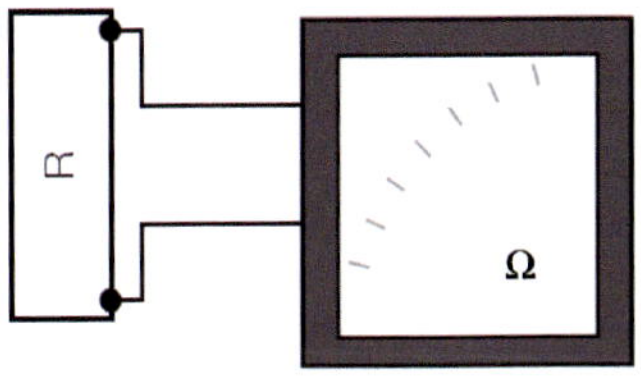

Figura 2.13. Conexión del óhmetro.

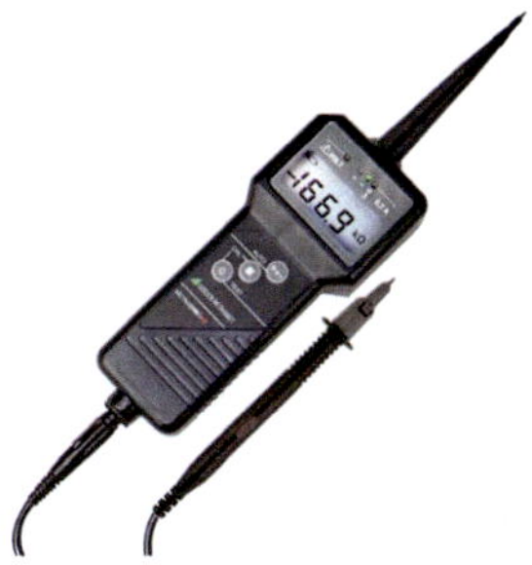

Figura 2.14. Óhmetro digital.

Sabías que...

Las medidas en un circuito eléctrico pueden realizarse de manera **directa** o **indirecta.**

Para las medidas indirectas se utilizan transformadores de tensión o intensidad.

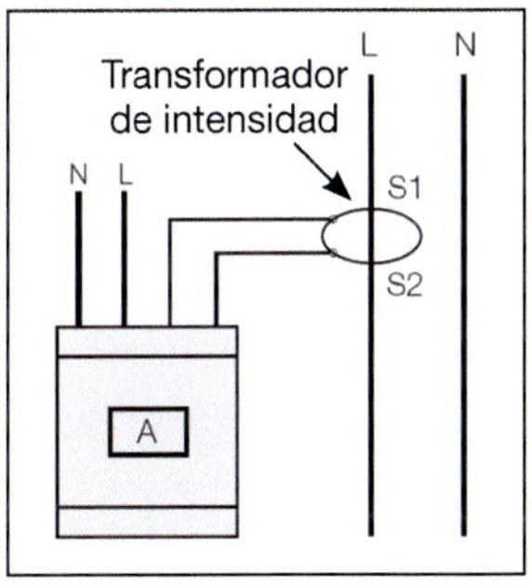

2.1.4. Vatímetro

El vatímetro realiza una medición de la **potencia eléctrica (W)** que se está consumiendo en un momento determinado en las líneas del circuito sobre las que ha sido instalado.

Este dispositivo tiene cuatro bornas de conexión: dos corresponden con la medida de intensidad (se conectan en serie) y las otras dos corresponden con la medida de tensión (se conectan en paralelo).

Conexión del vatímetro	Serie-paralelo	Circuito conectado

Figura 2.15. Vatímetro analógico de empotrar.

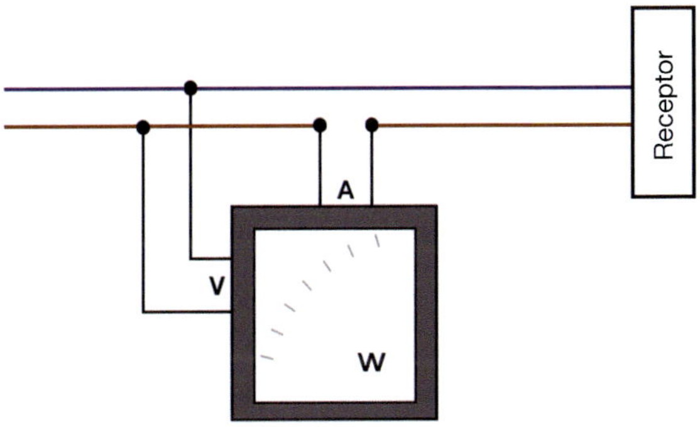

Figura 2.16. Conexión del vatímetro.

Figura 2.17. Símbolo del vatímetro.

Sabías que...

Es muy frecuente utilizar un buscapolos para diferenciar la fase del neutro en una toma de corriente, o para verificar si un cable determinado se encuentra en tensión.

2.1.5. Buscapolos y detectores de tensión

Un **buscapolos** es un instrumento que permite verificar si un componente de la instalación eléctrica se encuentra en tensión. El buscapolos más común es el de tipo destornillador, con una lámpara que se enciende al detectar diferencia de potencial.

Para utilizar un buscapolos hay que hacer contacto con la punta metálica en el conductor a analizar. Si hay tensión se ilumina, si no permanece apagado.

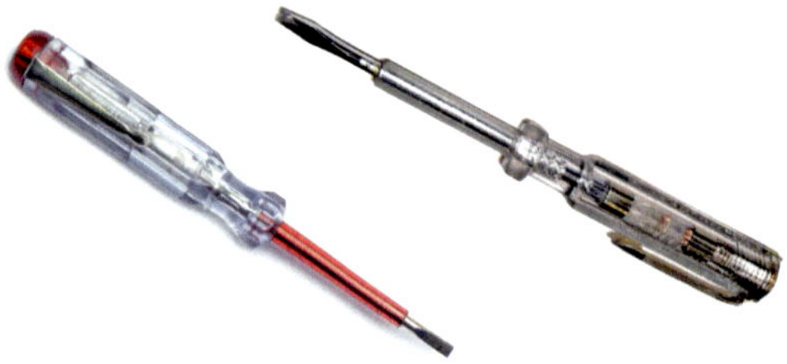

Figura 2.18. Dos modelos de buscapolos, también conocidos como *tester.*

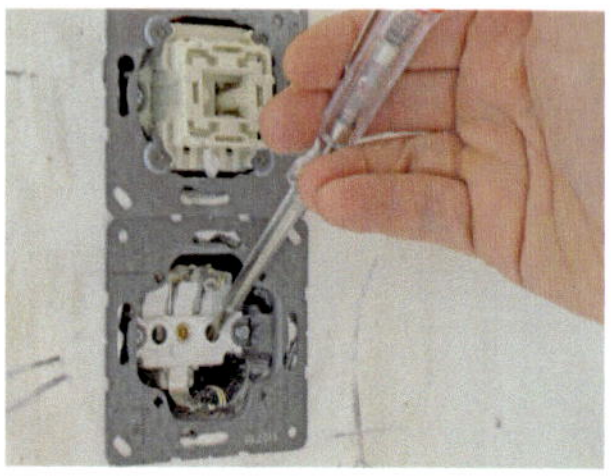

Figura 2.19. Operario utilizando un buscapolos.

Un **detector de tensión** es un tipo de voltímetro de muy baja precisión, con dos puntas que indican un valor aproximado de voltaje al conectarlas en un circuito.

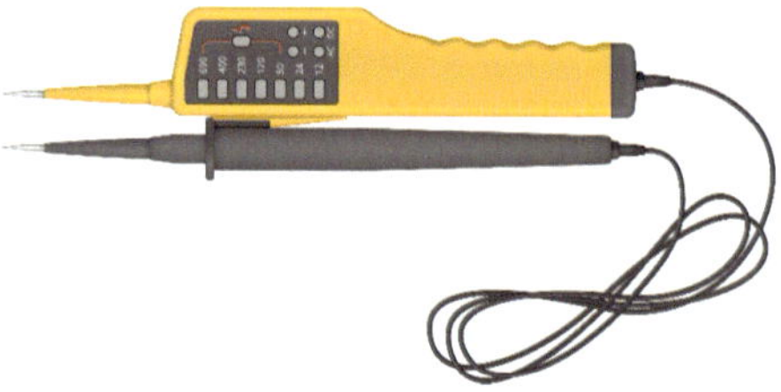

Figura 2.20. Detector de tensión.

Figura 2.21. Operario utilizando un detector de tensión.

2.1.6. Frecuencímetro

El frecuencímetro indica la **frecuencia (Hz)** de la red a la que ha sido conectado. Solo se usa en instalaciones que utilizan corriente alterna, ya que en corriente continua la frecuencia es siempre nula.

Conexión del frecuencímetro	Paralelo	Circuito conectado

Figura 2.22. Símbolo del frecuencímetro.

Figura 2.23. Frecuencímetro para carril DIN.

Figura 2.24. Frecuencímetro de empotrar.

Actividad resuelta 2.1.

El fondo de escala de un instrumento de medida es el valor máximo que puede llegar a medir. Es importante utilizar dispositivos con un fondo de escala superior a la magnitud que se va a medir, porque de lo contrario podríamos dañar el aparato.

Observa el amperímetro de la figura y expresa el valor de su fondo de escala en miliamperios.

Solución

El fondo de escala de este instrumento de medida es de 100 microamperios. Esto equivale a 0,1 miliamperios.

Si se desean realizar medidas de intensidad por encima de ese valor debería utilizarse un amperímetro con un fondo de escala superior.

2.2. Polímetro

El **polímetro** o **multímetro** es un instrumento portátil que permite medir directamente magnitudes como tensión, intensidad de corriente, resistencia, continuidad, frecuencia o capacidad.

Figura 2.25. Diferentes tipos de polímetros digitales. Para realizar las mediciones se utilizan dos puntas de prueba, conectadas a las clavijas del polímetro.

Figura 2.26. Polímetro analógico.

Las mediciones pueden realizarse tanto en corriente continua como en corriente alterna y con varios **fondos de escala,** debiendo seleccionarse correctamente estos parámetros antes de realizar las pruebas.

Actividad propuesta 2.3.

Observa la ruleta de selección que se muestra en la Figura 2.27 y justifica cuál de las siguientes afirmaciones es verdadera.

a) En esa posición podemos medir intensidad en corriente continua por encima de 20 miliamperios.

b) En esa posición podemos medir tensión en corriente alterna hasta un valor máximo de 2 voltios.

c) En esa posición podemos medir cualquier valor de tensión en corriente continua.

d) En esa posición podemos medir tensión en corriente continua hasta un valor máximo de 2 voltios.

2.2.1. Ruleta de selección

Mediante la ruleta de selección se selecciona el tipo de magnitud que se desea medir y el fondo de escala más adecuado.

Si se desconoce el valor aproximado de la magnitud que se va a medir **debe situarse el fondo de escala en el valor más elevado,** para evitar dañar el polímetro. Posteriormente se reduce poco a poco el fondo de escala hasta que en la pantalla se muestre un valor correcto.

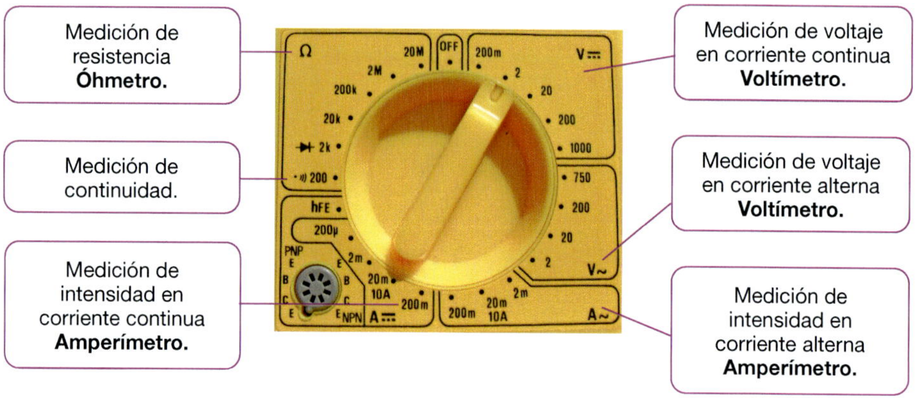

Figura 2.27. Ruleta de selección.

2.2.2. Conexión de las puntas de prueba

Para realizar correctamente una medición con el polímetro, debe colocarse la ruleta de selección en la magnitud y fondo de escala adecuados y conectar las puntas terminales de prueba en las clavijas correspondientes.

Una mala colocación de estas puntas o un error en la colocación de la ruleta de selección pueden dañar el dispositivo. Para evitar esto los polímetros llevan incorporado un fusible en su interior.

En las Figuras 2.28 a 2.30 se muestra cómo conectar las puntas dependiendo de la magnitud que hay que medir.

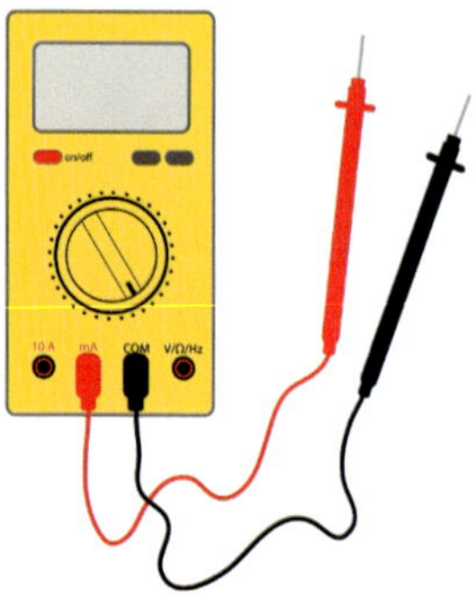

Figura 2.28. Conexión para medir intensidad (miliamperios).

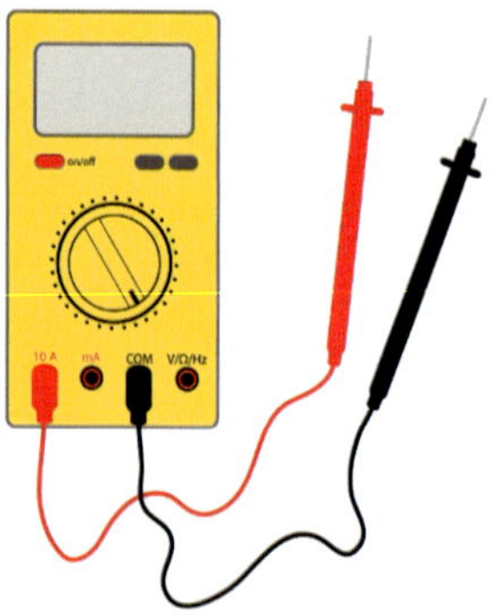

Figura 2.29. Conexión para medir intensidad (amperios).

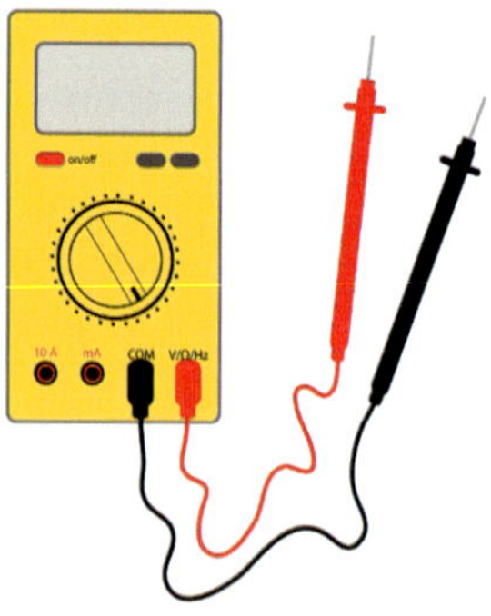

Figura 2.30. Conexión para medir tensión, resistencia o frecuencia.

Figura 2.31. Ejemplos de uso de diversos polímetros.

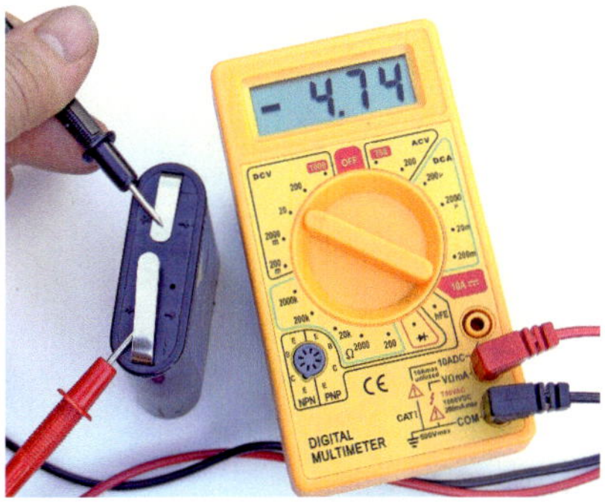

Figura 2.32. Uso del polímetro para medir la tensión de una pila de petaca.

2.3. Contador de energía

Los contadores de energía miden el consumo de **energía eléctrica (kWh)** del circuito sobre el que han sido instalados. Existen dos tipos:

1 Contadores electromecánicos

También conocidos como **contadores de disco,** han sido los más utilizados hasta hace unos años. Utilizan bobinas de tensión y corriente para mover un disco que a su vez mueve un panel numérico analógico donde queda reflejado el consumo de la instalación.

Figura 2.33. Contadores electromecánicos de superficie.

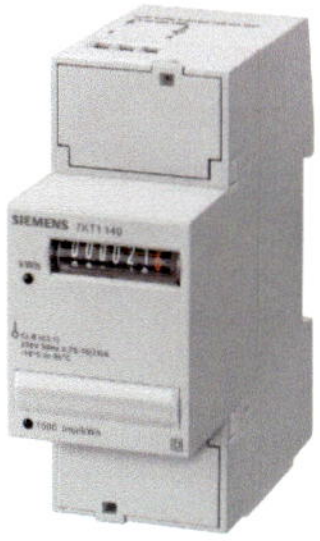

Figura 2.34. Contador electromecánico modular (para carril DIN).

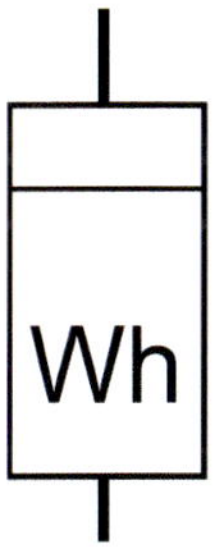

Figura 2.35. Símbolo del contador.

Figura 2.36. Un cuentahoras es un tipo de contador que mide el tiempo de utilización de una determinada carga eléctrica.

Recuerda que...

La energía se mide en **kWh,** y se obtiene de multiplicar la potencia de un receptor por el tiempo que está en funcionamiento.

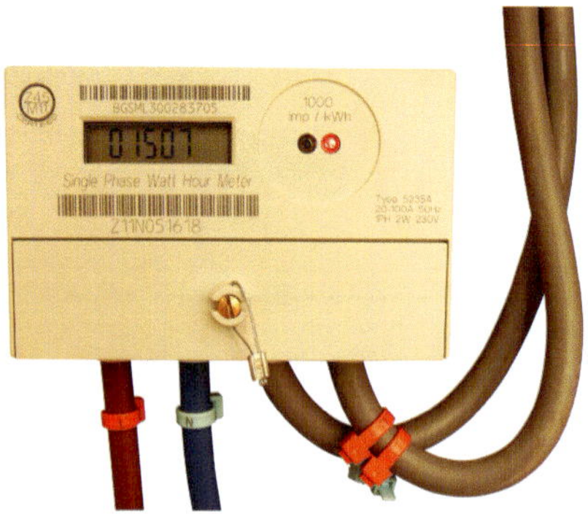

Figura 2.37. Ejemplo de conexión de un contador electrónico monofásico.

2 Contadores electrónicos

Los contadores electrónicos son equipos de medición más modernos que poco a poco están sustituyendo a los antiguos contadores analógicos de disco. Utilizan convertidores que a través de impulsos eléctricos contabilizan la energía consumida, mostrándola en un *display* digital.

Figura 2.38. Contadores electrónicos.

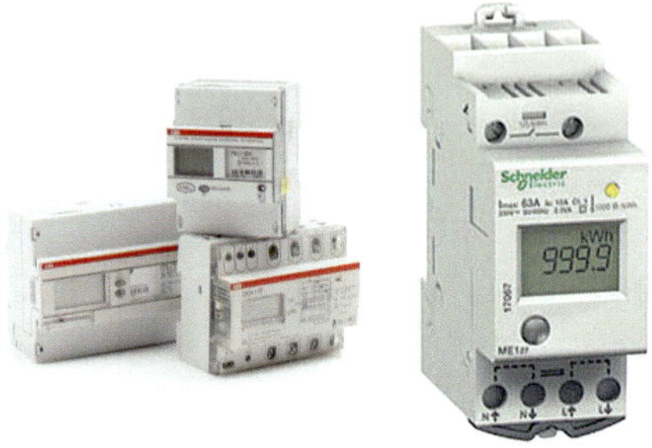

Figura 2.39. Contadores electrónicos modulares (para carril DIN).

Conexión de los contadores

La conexión de un contador de energía eléctrica depende del modelo, y suele venir reflejada en su placa de características.

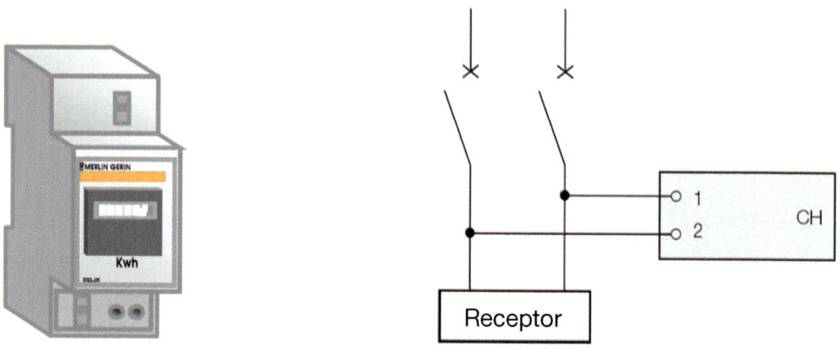

Figura 2.40. Ejemplo del esquema de conexión de un contador monofásico modular para carril DIN.

Figura 2.41. Contador de energía instalado en un cuadro eléctrico.

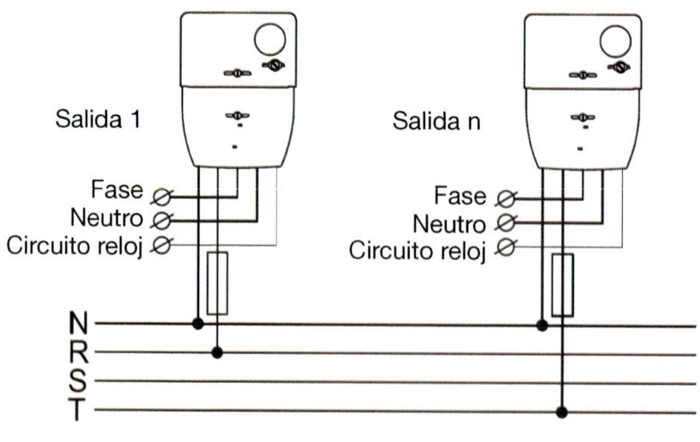

Figura 2.42. Ejemplo del esquema de conexión de los contadores electrónicos.

2.4. Equipos de comprobación

Los equipos de comprobación permiten conocer el estado de funcionamiento de una instalación eléctrica. Los más utilizados son los analizadores de redes, el luxómetro, la cámara termográfica y el osciloscopio.

2.4.1. Analizadores de redes y comprobadores de instalaciones

Los analizadores de redes permiten verificar numerosos parámetros de una **instalación eléctrica** en funcionamiento, tales como tensión, intensidad, potencia consumida o desfase entre tensión e intensidad ($cos\varphi$). Los analizadores de redes pueden ser portátiles o de instalación fija. Estos últimos, a su vez, pueden instalarse empotrados sobre las puertas de cuadros eléctricos, o en carril DIN. Los cuadros generales de gran potencia suelen contar frecuentemente con este tipo de dispositivos.

Figura 2.43. Analizador de red de empotrar, diseñado para ser instalado en la puerta de un cuadro eléctrico.

Figura 2.44. Analizador de red para carril DIN.

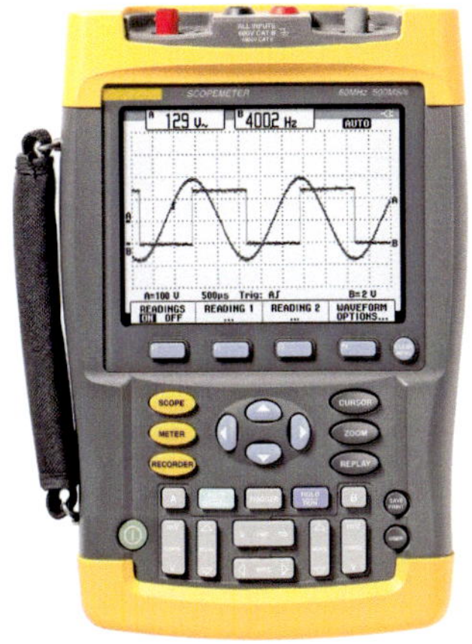

Figura 2.45. Analizador de redes portátil.

Los comprobadores de instalaciones son equipos portátiles que permiten medir parámetros más complejos como la resistencia de puesta a tierra, aislamiento de los conductores, tiempo y curva de disparo de los interruptores diferenciales, etc.

Figura 2.46. Operario utilizando un analizador de redes portátil.

Sabías que...

Un **telurómetro** es un instrumento capaz de medir la resistencia de puesta a tierra.

Un ***megger*,** o **megómetro,** es un instrumento capaz de medir el nivel de aislamiento de los conductores.

Figura 2.47. Luxómetro.

2.4.2. Luxómetro

Los luxómetros miden **la cantidad de luz o intensidad luminosa (lux)** presente en un determinado lugar. Son muy utilizados, por ejemplo, para comprobar la luz que emiten los puntos de alumbrado de emergencia y las luminarias de locales comerciales o para verificar la eficiencia energética en instalaciones de alumbrado exterior.

2.4.3. Cámara termográfica

Las cámaras termográficas ofrecen una **imagen térmica** de la zona sobre la que se enfoquen. De esta manera se pueden detectar sobrecalentamientos en equipos eléctricos, cuadros, conductores, etc., permitiendo descubrir una posible avería antes de que se produzca.

Figura 2.48. Uso de una cámara termográfica.

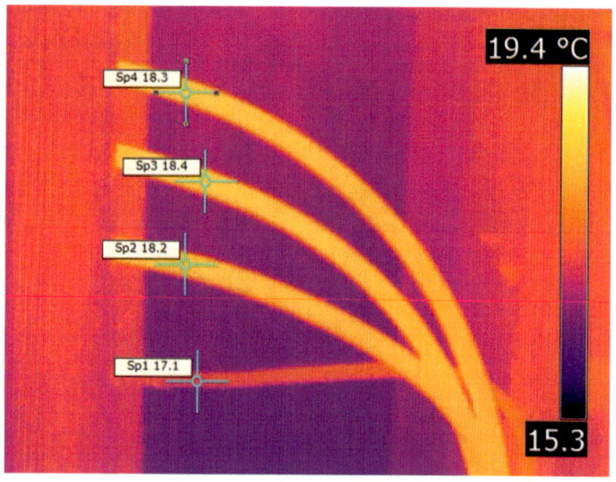

Figura 2.49. Imagen térmica de varios conductores en funcionamiento.

2.4.4. Osciloscopio

El osciloscopio es un instrumento que **representa señales** eléctricas (tensión y corriente) en una pantalla gráfica. Se utiliza para comprobar las formas de onda de una instalación eléctrica y conocer sus características más importantes (frecuencia, tensión o intensidad de pico, etc.).

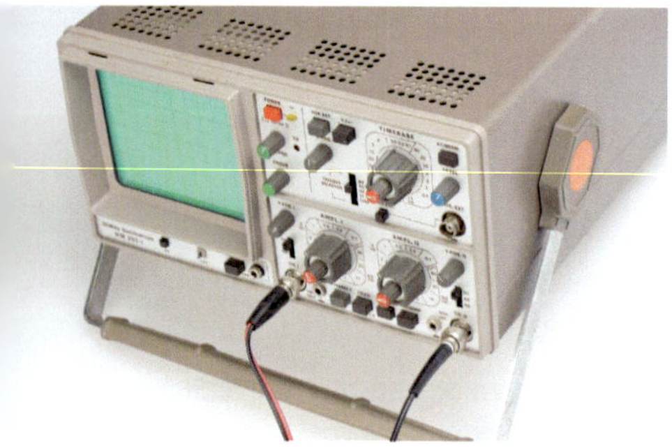
Figura 2.50. Osciloscopio.

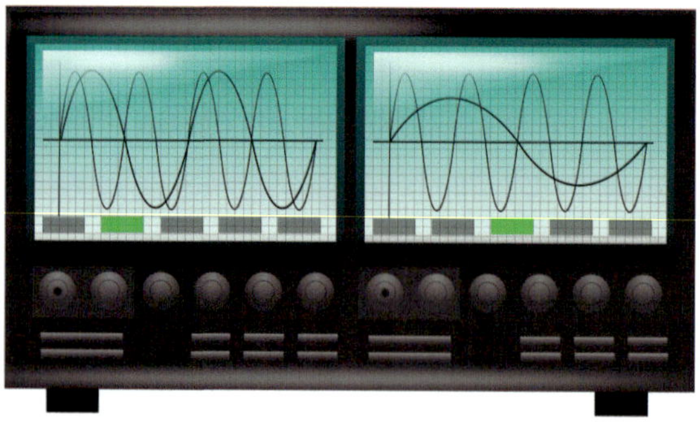
Figura 2.51. Imagen de las formas de onda en un circuito obtenida mediante un osciloscopio.

2.5. Herramientas y equipos del instalador autorizado

Los trabajadores (instaladores y mantenedores) de las instalaciones eléctricas deben disponer del equipamiento mínimo necesario para poder realizar el montaje y puesta en marcha de las instalaciones, así como para poder llevar a cabo las tareas de mantenimiento y resolución de averías.

Medios técnicos para la categoría básica	■ Telurómetro, para realizar medidas de puesta a tierra. ■ Medidor de aislamiento. ■ Multímetro, para las siguientes magnitudes: – Tensión alterna y continua hasta 500 V. – Intensidad alterna y continua hasta 20 A. – Resistencia. ■ Medidor de corrientes de fuga, con resolución mejor o igual que 1 mA. ■ Detector de tensión. ■ Analizador/registrador de potencia y energía para corriente alterna trifásica, con capacidad de medida de las siguientes magnitudes: – Potencia activa. – Tensión alterna. – Intensidad alterna. – Factor de potencia. ■ Equipo verificador de la sensibilidad de disparo de los interruptores diferenciales, capaz de verificar la característica intensidad-tiempo. ■ Equipo verificador de la continuidad de conductores. ■ Medidor de resistencias de bucle, con fuente propia de energía, con sistema de medición independiente del valor de la resistencia de los cables de prueba y con una resolución mejor o igual que 0,1 Ω. ■ Luxómetro con rango de medida adecuado para el alumbrado de emergencia. ■ Herramientas comunes y equipo auxiliar.
Medios técnicos para la categoría especialista	■ Todos los medios técnicos definidos para la categoría básica. ■ Analizador de redes, de armónicos y de perturbaciones de red. ■ Electrodos para la medida del aislamiento de los suelos. ■ Aparato comprobador del dispositivo de vigilancia del nivel de aislamiento de los quirófanos.

Recuerda que...

Los equipos de medida pueden ser analógicos o digitales.

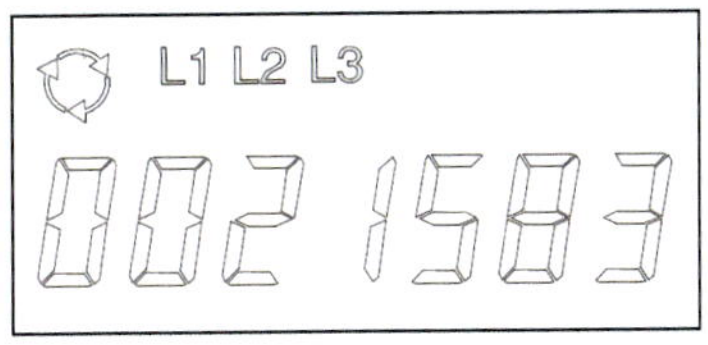

Recuerda que...

Algunos polímetros llevan incorporada una pinza amperimétrica, para medir intensidad sin necesidad de abrir el circuito.

Mapa conceptual

MEDIDAS Y VERIFICACIONES EN INSTALACIONES DE BAJA TENSIÓN

- **Instrumentos de medida**
  - Voltímetro
  - Amperímetro
  - Pinza amperimétrica
  - Óhmetro
  - Vatímetro
  - Buscapolos y detectores de tensión
  - Frecuencímetro
  - → Polímetro
- **Equipos de comprobación**
  - Analizadores de redes
  - Comprobadores de instalaciones
  - Luxómetro
  - Cámara termográfica
  - → Osciloscopio
- **Configuración del dispositivo**
  - Conexión serie o paralelo
  - CC/CA
  - Fondo de escala
  - → Ruleta de selección

En resumen

- Las mediciones eléctricas son una parte fundamental de los trabajos en baja tensión.
- Se puede comprobar el valor de cualquier parámetro de un circuito eléctrico, siempre que se utilice el instrumento de medida adecuado y se realicen las conexiones de manera correcta.
- El polímetro es uno de los equipos más importantes que debe tener un electricista, ya que es un aparato portátil que permite realizar de manera instantánea mediciones y comprobaciones de las magnitudes más importantes de una instalación (tensión, intensidad y resistencia).

2.1. Uso del polímetro para realizar medidas de resistencia y continuidad

OBJETIVO

- Aprender a realizar mediciones de resistencia y continuidad con un polímetro.

MATERIAL

Fusible.
Polímetro y puntas de prueba.
Clemas de conexión.

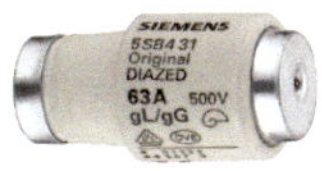

Proceso

1. Coloca las puntas de prueba del polímetro tal y como se muestra en la imagen.
2. Selecciona en la ruleta la opción de medición de continuidad.
3. Une las puntas de prueba. Debe sonar un pitido y el polímetro marcará un valor de resistencia muy bajo. Acabas de comprobar la continuidad entre las puntas de prueba.
4. Selecciona en la ruleta la opción de resistencia.
5. Comprueba el valor de resistencia de un fusible y una clema de conexión, reduciendo o aumentando el fondo de escala hasta que se muestre un valor válido.
6. Anota los resultados obtenidos y compáralos con el resto de tus compañeros. ¿Encontráis alguna variación entre todas las medidas obtenidas?

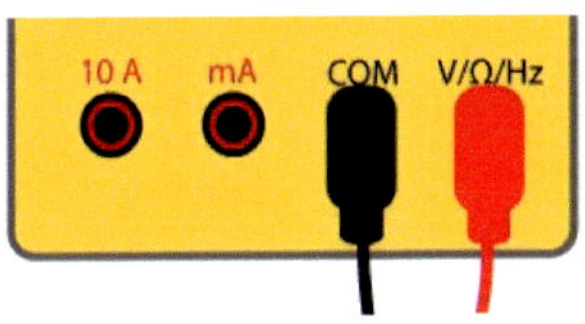

Figura 2.52. Colocación de las puntas de prueba.

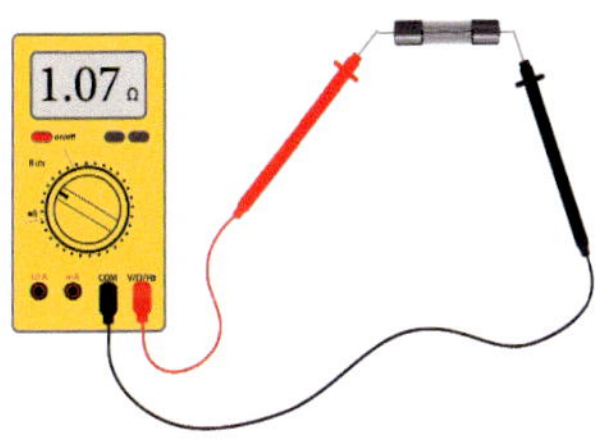

Figura 2.54. Medida de resistencia y continuidad de un fusible.

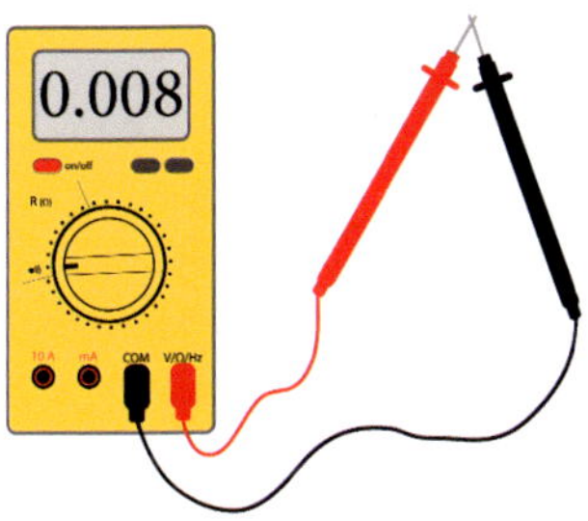

Figura 2.53. Comprobación de continuidad.

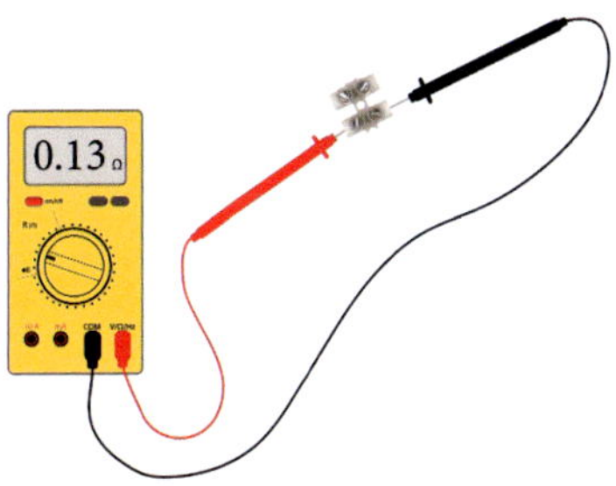

Figura 2.55. Medida de resistencia y continuidad de una clema.

2.2. Uso del polímetro para realizar medidas de tensión

OBJETIVO

- Aprender a realizar mediciones de tensión con un polímetro.

MATERIAL

Polímetro y puntas de prueba.

Base de toma de corriente con tensión.

Proceso

1. Coloca las puntas de prueba del polímetro tal y como se muestra en la imagen.
2. Selecciona en la ruleta la opción de tensión en corriente alterna, ubicando el fondo de escala en **el valor más elevado** para evitar dañar el instrumento de medida.
3. Comprueba el valor de tensión de la base de toma de corriente, reduciendo el fondo de escala hasta que se muestre un valor válido.
4. Anota los resultados obtenidos y compáralos con el resto de tus compañeros. ¿Encontráis alguna variación entre todas las medidas obtenidas?

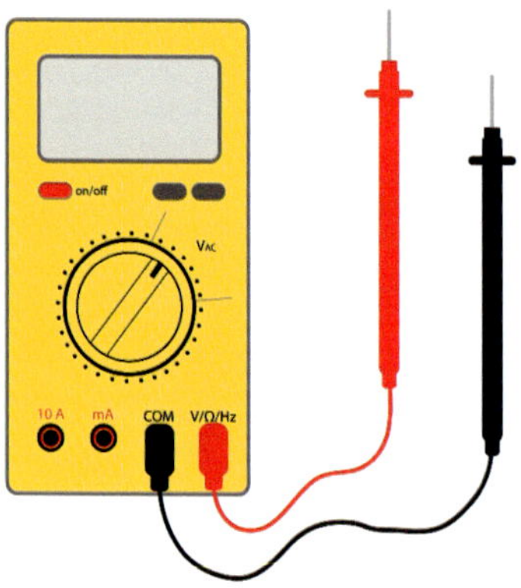

Figura 2.56. Colocación de las puntas de prueba y de la ruleta selectora.

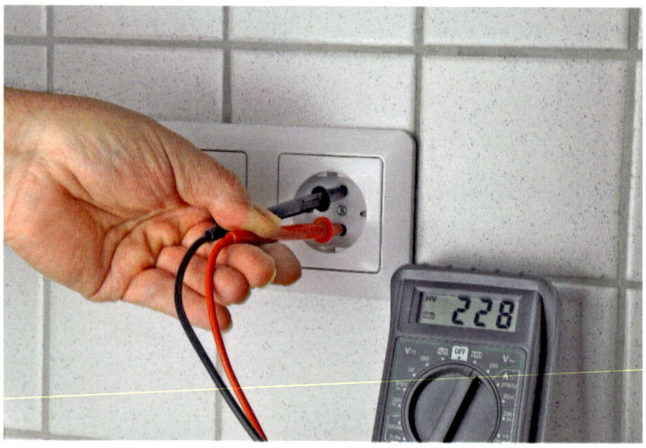

Figura 2.57. Comprobación del nivel de tensión en una base de toma de corriente.

2.3. Uso del polímetro para realizar medidas de intensidad

OBJETIVO

- Aprender a realizar mediciones de intensidad con un polímetro.

MATERIAL

- Polímetro y puntas de prueba.
- Cables flexibles de cobre de 1,5 mm^2.
- Varias lámparas incandescentes.
- Portalámparas para el montaje de las lámparas incandescentes.
- Interruptor automático de 2 × 10 A.
- Interruptor diferencial de 2 × 25 A con 30 mA de sensibilidad.
- Carril DIN.

HERRAMIENTAS

- Tijeras de electricista o pelacables.
- Destornillador.

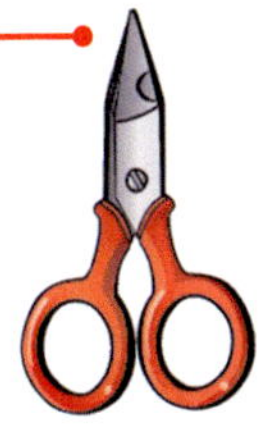
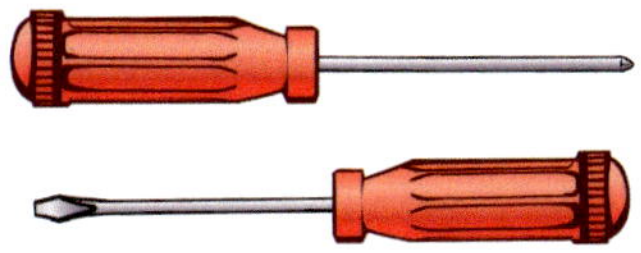
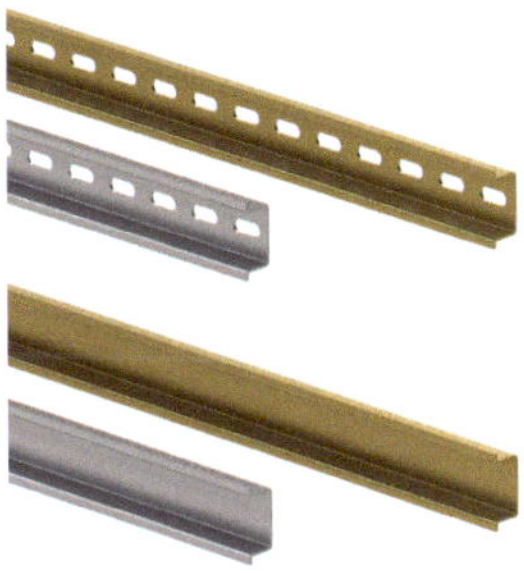
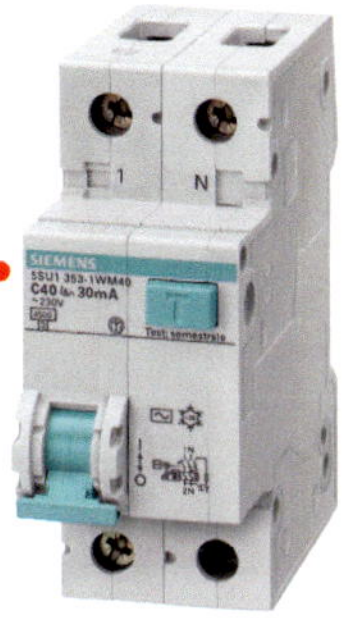

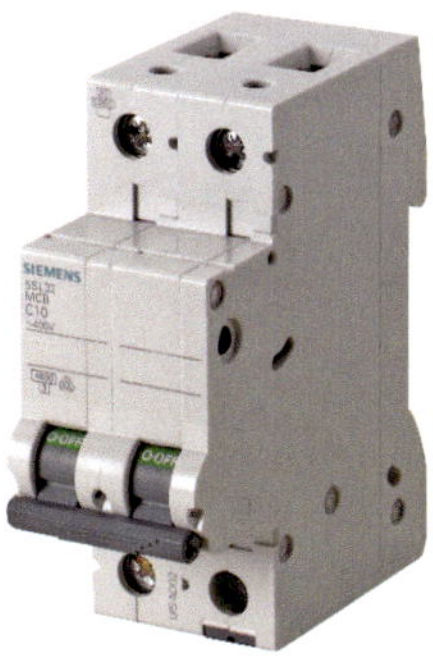
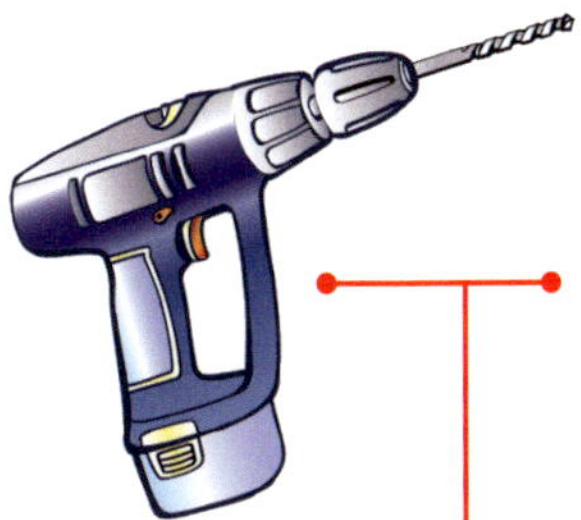

MATERIAL Y HERRAMIENTAS COMPLEMENTARIAS

También te pueden resultar útiles:

- Una taladradora y tornillos para fijar los componentes al tablón de las prácticas.

Proceso

1. Instala en el tablón de las prácticas el carril DIN y los portalámparas.
2. Realiza el montaje sobre el carril DIN de los dispositivos de protección.
3. Coloca las puntas de prueba del polímetro tal y como se muestra en la imagen.
4. Selecciona en la ruleta la opción de **intensidad en corriente alterna,** ubicando el fondo de escala **en el valor más elevado** para evitar dañar el instrumento de medida.
5. Prepara el cableado, cortándolo a la medida adecuada y pelando sus extremos.
6. Realiza las conexiones entre los dispositivos de protección y una lámpara, tal como se muestra en la Figura 2.59, y suministra energía al circuito.
7. Comprueba el nivel de intensidad medido por el polímetro, reduciendo el fondo de escala hasta que se muestre un valor válido.
8. Desconecta el circuito y conecta esta vez varias lámparas en paralelo, como en la Figura 2.60.
9. Vuelve a colocar la ruleta selectora en el fondo de escala más elevado.
10. Suministra energía al circuito y comprueba el nivel de intensidad medido esta vez por el polímetro, reduciendo el fondo de escala hasta que se muestre un valor válido.
11. Anota los resultados obtenidos y compáralos con el resto de tus compañeros. Responde a las siguientes preguntas:
    - ¿Encontráis alguna variación entre todas las medidas obtenidas?
    - Al conectar varias lámparas en paralelo, ¿qué ocurría con el valor de la intensidad medida? ¿Por qué?

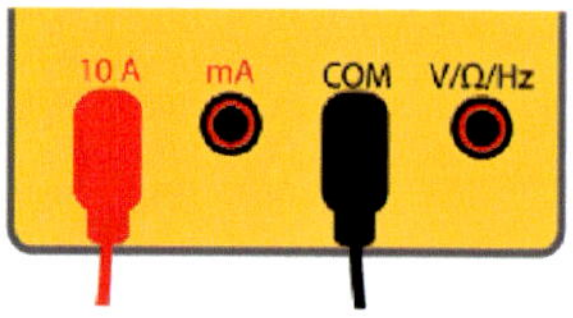

Figura 2.58. Colocación de las puntas de prueba.

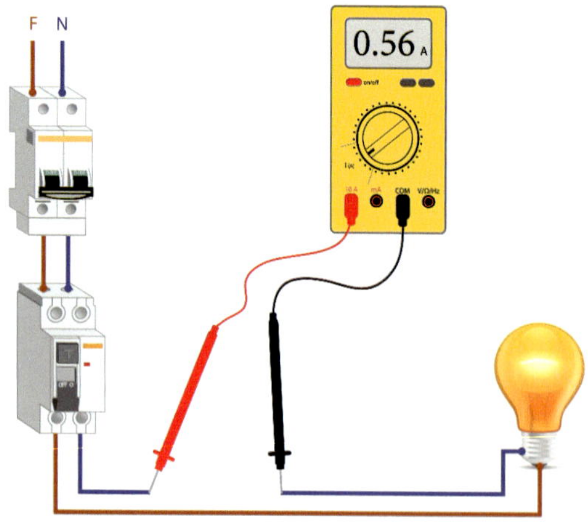

Figura 2.59. Medición de intensidad sobre un circuito con una lámpara.

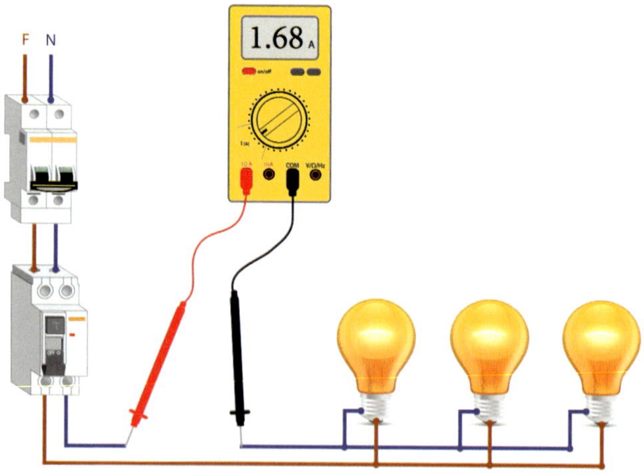

Figura 2.60. Medición de intensidad sobre un circuito con varias lámparas en paralelo.

De comprobación

2.1. **¿Qué instrumento de medida es capaz de medir diferencia de potencial?**

a) El potenciómetro.

b) El voltímetro.

c) El contador de energía.

2.2. **¿Cómo debe conectarse un amperímetro?**

a) En serie.

b) En paralelo.

c) Depende del circuito.

2.3. **¿Cómo debe conectarse un polímetro?**

a) En serie.

b) En paralelo.

c) Depende de la magnitud eléctrica que se desee medir.

2.4. **¿Qué instrumento de medida se corresponde con el símbolo de la figura?**

a) Voltímetro.

b) Fasímetro.

c) Óhmetro.

2.5. **La unidad de medida de la energía eléctrica es:**

a) El voltioamperio (VA).

b) El kilovatio (kW).

c) El kilovatio hora (kWh).

2.6. **¿Cuál de las siguientes magnitudes no es capaz de medir un polímetro convencional?**

a) Tensión.

b) Continuidad.

c) Potencia.

2.7. **¿Cómo debe conectarse un óhmetro?**

a) En paralelo.

b) En serie.

c) Es indiferente.

2.8. **Si deseas realizar una medición de corriente en un circuito eléctrico, sabiendo que el valor estará comprendido entre 10 y 20 amperios, ¿qué tipo de amperímetro debes utilizar?**

a) Un amperímetro con un fondo de escala de 20 miliamperios.

b) Un amperímetro con un fondo de escala de 40 amperios.

c) Un amperímetro con un fondo de escala de 5 amperios.

2.9. **¿Qué instrumento puedes utilizar para medir la potencia eléctrica en un circuito?**

a) Un vatímetro.

b) Un luxómetro.

c) Una pinza amperimétrica.

2.10. **Existe un aparato de medida que permite verificar de forma rápida si un componente de la instalación eléctrica se encuentra en tensión. ¿Cómo se denomina?**

a) Analizador de redes.

b) Osciloscopio.

c) Buscapolos.

2.11. **La cantidad de luz que emite un receptor luminoso se determina mediante:**

a) Un luminosímetro.

b) Un luxómetro.

c) Una cámara termográfica.

2.12. **¿En qué tipo de circuitos es más común encontrar un frecuencímetro?**

a) Circuitos de corriente continua.

b) Circuitos de corriente alterna.

c) Circuitos de corriente continua o alterna de baja potencia.

Actividades finales

De ampliación

2.13. **Indica el tipo y las características de la conexión asociada a los siguientes dispositivos y equipos de medida:**

a) Voltímetro.
b) Amperímetro.
c) Óhmetro.
d) Vatímetro.
e) Frecuencímetro.

2.14. **¿Qué es un detector de tensión? ¿Qué similitudes y diferencias tiene con respecto a un voltímetro?**

2.15. **Indica las posibles medidas y comprobaciones que pueden llevarse a cabo con un polímetro convencional.**

2.16. **¿Qué son las puntas de prueba de un polímetro? ¿Para qué se utilizan?**

2.17. **Describe brevemente las características fundamentales de los dos tipos de contadores de energía que conoces.**

2.18. **¿Qué es un analizador de redes? ¿En qué tipo de instalaciones crees que se utilizan más frecuentemente?**

2.19. **Enumera cuatro parámetros que nos permite comprobar una central de medida conectada a un circuito eléctrico.**

2.20. **¿Qué es una cámara termográfica? ¿En qué situaciones puede resultar de utilidad su uso?**

2.21. **Enumera al menos cinco equipos requeridos para los instaladores eléctricos en baja tensión.**

Conductores eléctricos y técnicas de conexión

Introducción

Un conductor eléctrico permite el movimiento de la corriente, así como la interconexión del resto de los componentes que forman un circuito, por lo que puede afirmarse que es uno de los elementos más importante de las instalaciones eléctricas.

Existe una gran variedad de cables y conductores en el mercado, que resulta necesario conocer y saber identificar para escoger correctamente el más adecuado para cada situación.

En esta unidad se estudian los conductores más utilizados en las instalaciones eléctricas de baja tensión, sus métodos de conexionado y sus principales características.

Contenidos

Objetivos

- Aprender la diferencia entre un cable y un conductor.
- Conocer los tipos de conductores eléctricos más utilizados en baja tensión.
- Definir las características más importantes que definen a los conductores eléctricos.
- Realizar adecuadamente el conexionado de los conductores.
- Preparar el montaje de los conductores y sus accesorios.

3.1. Cables y conductores

Los términos **conductor** y **cable** se utilizan habitualmente sin hacer ninguna distinción entre ellos. Sin embargo, existe una pequeña diferencia entre ambos conceptos que es necesario conocer.

Sabías que...

El cableado eléctrico se comercializa en forma de bobinas de gran longitud.

¿Qué es un conductor?

Un conductor es el material metálico (por ejemplo, cobre o aluminio) por el que circula la intensidad en un circuito eléctrico.

¿Qué es un cable?

Se denomina cable al conjunto formado por un conductor y la capa de material aislante (o aislamiento) que lo rodea.

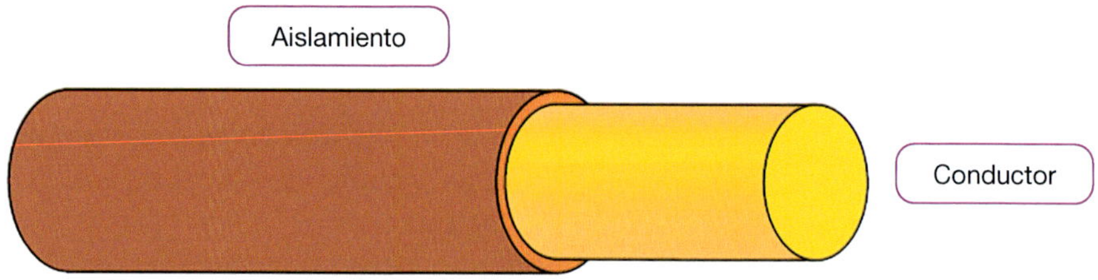

Figura 3.1. Cable compuesto por un conductor y su aislamiento.

Actividad propuesta 3.1.

Responde a las siguientes cuestiones:

a) ¿Qué funciones crees que puede desempeñar el aislamiento de un cable?

b) ¿Qué tipo de cables conoces? ¿Cuál es el color de su aislamiento?

3.2. Tipos de conductores eléctricos

Los conductores eléctricos se pueden clasificar en función de varios criterios: el tipo de material del que están compuestos, su constitución interna y el tipo de aislamiento que los recubre.

Tabla 3.1. Criterios de clasificación de los conductores

Material		Constitución			Aislamiento	
Cobre	Aluminio	Rígido	Flexible	Extraflexible	Desnudo	Aislado

Figura 3.2. Símbolo genérico del conductor eléctrico.

3.2.1. Material de los conductores eléctricos

En lo que respecta al tipo de material que compone un conductor eléctrico, como resulta evidente, debe tratarse de un elemento con baja resistencia eléctrica, como es el caso de la mayoría de los metales. De entre todos los metales que existen, los más utilizados para la fabricación de los conductores que forman parte de las instalaciones eléctricas de baja tensión son dos: el **cobre** y el **aluminio.**

- **Conductores de cobre.** El cobre es uno de los metales con menor resistencia eléctrica (solo superado por la plata), lo que le hace muy buen conductor. La gran mayoría de los conductores utilizados en baja tensión son de cobre.
- **Conductores de aluminio.** El aluminio tiene más resistencia eléctrica que el cobre (es peor conductor), pero es más fuerte y resiste mejor los esfuerzos mecánicos y la rotura. Por este motivo se utiliza en cables de alta y media tensión y en algunos cables de baja tensión de gran sección.

Figura 3.3. Los conductores de cobre son los más utilizados en las instalaciones eléctricas de baja tensión.

Actividad propuesta 3.2.

Razona el motivo que da lugar a las siguientes afirmaciones:

a) La plata es mejor conductor que el cobre, pero la gran mayoría de los conductores de baja tensión están hechos de cobre.

b) Las líneas de alta tensión que cuelgan de las torres eléctricas son de aluminio.

3.2.2. Constitución de un conductor

Desde el punto de vista de la constitución interna del material conductor, y dependiendo del número de **hilos o alambres internos** que lo forman, se distinguen tres tipos de conductores: **rígidos**, **flexibles** y **extraflexibles.**

- **Conductor rígido.** Está formado por un solo alambre o varios alambres muy gruesos. Se suelen fabricar hasta de 6 mm^2, aunque en la actualidad están prácticamente en desuso en instalaciones eléctricas convencionales.
- **Conductor flexible.** Está formado por una gran cantidad de alambres muy finos. Este tipo de conductores son fácilmente deformables y muy resistentes a la rotura.

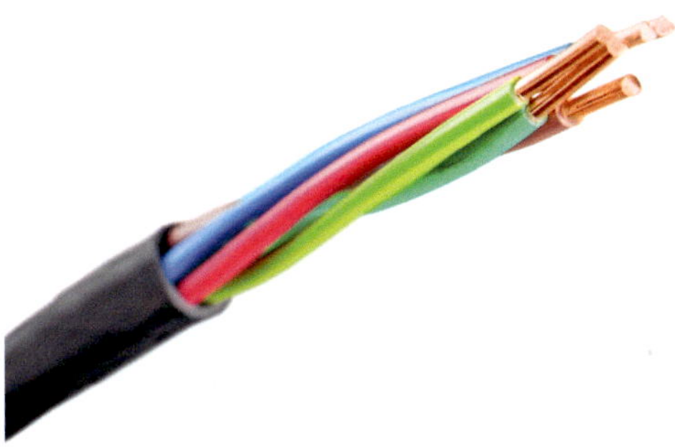

Figura 3.4. Conductores rígidos de un solo hilo.

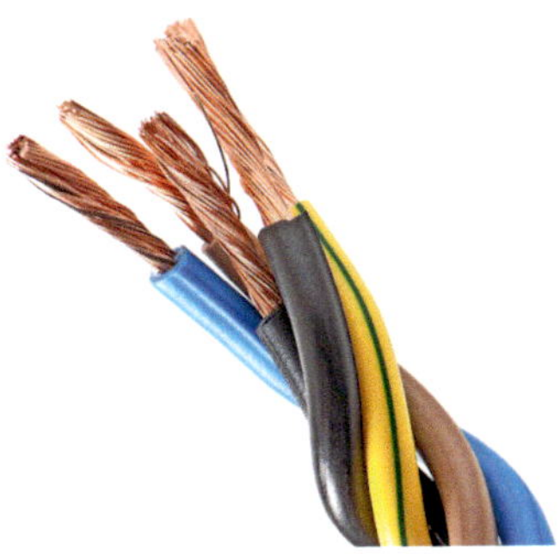

Figura 3.5. Conductores flexibles.

Sabías que...

En instalaciones industriales es común utilizar cable flexible para alimentar maquinaria móvil o cable extraflexible para utilizar en máquinas de soldar.

- **Conductor extraflexible.** Está formado por una cantidad aún mayor de alambres muy finos, lo que otorga al cable la máxima flexibilidad y una elevada resistencia mecánica ante los impactos.

Figura 3.6. Conductores extraflexibles.

3.2.3. Tipos de aislamiento

Por último, y en función del tipo de aislamiento externo, los cables pueden ser de dos tipos: **desnudos** o **aislados.**

- **Conductor desnudo.** El conductor carece de aislamiento externo. Solo pueden utilizarse este tipo de cables en instalaciones donde exista una distancia de seguridad o cuando el conductor esté conectado a tierra (instalación de puesta a tierra).

Sabías que...

Existen cables con aislamiento mineral compuesto por metales como óxido de magnesio, níquel, cobre o aluminio. Son muy utilizados como cables calefactores y en las grandes refinerías, ya que son ignífugos.

Figura 3.7. Cables de puesta a tierra de cobre desnudos.

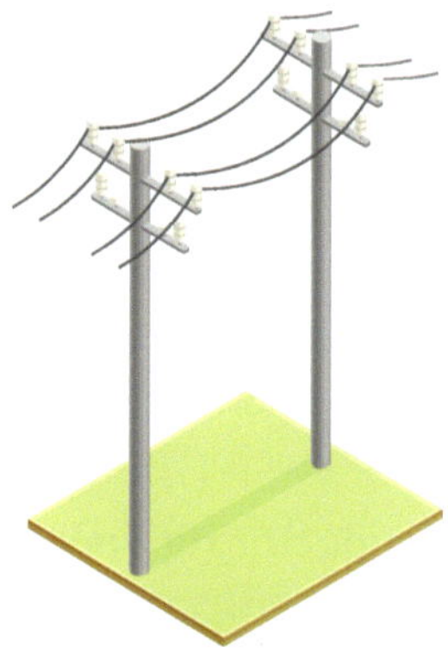

Figura 3.8. Las líneas aéreas son de aluminio desnudo, y deben cumplir distancias mínimas de seguridad.

- **Conductor aislado.** El conductor está recubierto por uno o varios aislamientos externos. Dicho aislamiento puede ser de diversos materiales y dotará al cable de propiedades específicas, como la temperatura máxima de trabajo, el comportamiento ante el fuego, la capacidad de carga, etc. Los aislamientos más utilizados en instalaciones industriales de baja tensión son los siguientes:
  - Policloruro de vinilo (PVC).
  - Polietileno reticulado (XLPE).
  - Etileno-propileno (EPR).
  - Otras mezclas con baja emisión de humos y gases corrosivos.

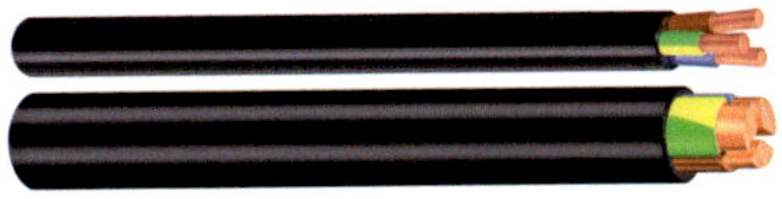

Figura 3.9. Aislamiento de PVC.

Figura 3.10. Aislamiento de XLPE libre de halógenos. No propaga la llama en caso de incendio.

Figura 3.11. Cable aislado y blindado por una malla metálica. Se utiliza, por ejemplo, en gasolineras.

Figura 3.12. Cable con aislamiento resistente al fuego (AS+), utilizado para alimentar servicios esenciales.

3.2.4. Designación de los conductores

La designación de los conductores en baja tensión se basa en un código alfanumérico que indica todas sus características. Esta designación se realiza atendiendo al criterio expuesto en la Figura 3.14.

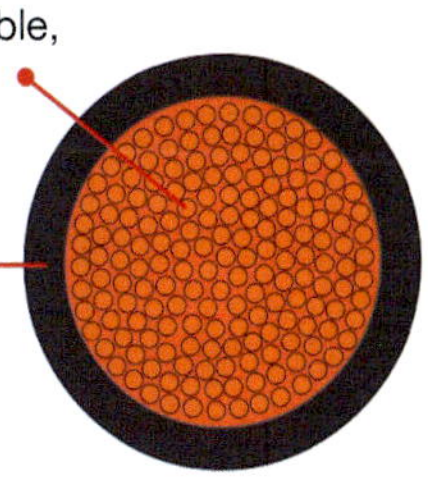

Figura 3.13. Representación de un conductor H07Z1-K (AS).

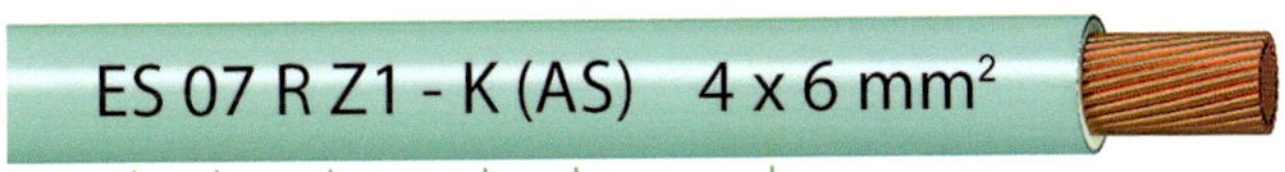

Norma (H, ES, A)

Número de conductores y sección

Tensión de aislamiento (Uo/U)			
01	100/100 V	**03**	300/300 V
05	300/500 V	**07**	450/750 V

Características especiales	
(S)	Libre de halógenos. No propagador de la llama.
(AS)	Libre de halógenos. No propagador de la llama ni del incendio. Alta seguridad.
(AS+)	Libre de halógenos. Resistente al fuego. Alta seguridad reforzada.

Material cubierta/aislamiento	
Z1	Poliolefina termoplástica (70º)
Z	Poliolefina termoestable (90º)
S	Goma de silicona (90º)
R	Goma de estireno-butadieno (90º)
N	Policloropreno (90º)
B	Etileno-propileno (EPR) (90º)
V	PVC Policloruro de vinilo (70º)
V2	Mezcla de PVC (90º)

Forma del material conductor	
- U	Rígido de un solo alambre (clase 1)
- R	Rígido de varios alambres (clase 2)
- F	Flexible, para usos móviles (clase 5)
- H	Extraflexible (clase 6)
- K	Flexible para instalación fija (clase 5)
- D	Flexible para máquinas de soldar
- E	Muy flexible para máquinas de soldar

Figura 3.14. Códigos de designación de los conductores en baja tensión.

Recuerda que...

El cobre es mejor conductor que el aluminio.

3.3. Características de los conductores

En lo que respecta a las características técnicas que diferencian y definen a un conductor eléctrico son cuatro las más importantes: el **color del aislamiento externo**, la **sección**, el **agrupamiento** y la **tensión asignada.**

3.3.1. Color del aislamiento

El color del aislamiento que recubre a un conductor sirve para diferenciar su uso en la instalación. El color de cada conductor, denominado **código de colores,** lo establece el Reglamento Electrotécnico de Baja Tensión.

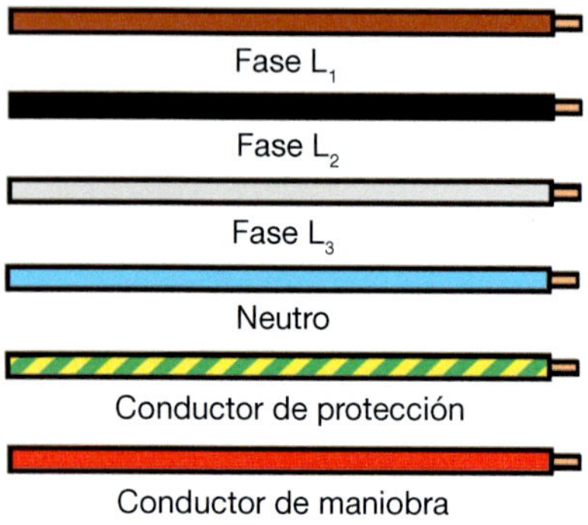

Figura 3.15. Código de colores.

Tabla 3.2. Código de colores del aislamiento de los conductores en instalaciones de baja tensión

Color	Uso del conductor
Marrón	Conductor de fase (L_1)
Negro	Conductor de fase (L_2)
Gris	Conductor de fase (L_3)
Azul	Conductor neutro (N)
Verde-amarillo	Conductor de protección (PE)

En las instalaciones eléctricas relacionadas con los automatismos industriales, así como en las centralizaciones de contadores de los edificios destinados a viviendas o industrias, resulta también posible encontrar otro tipo de conductores, de color rojo. Es muy común utilizar este tipo de cables en **circuitos de maniobra** de automatismos industriales, sobre todo si estos son gobernados a tensiones comprendidas entre 12 y 48 voltios.

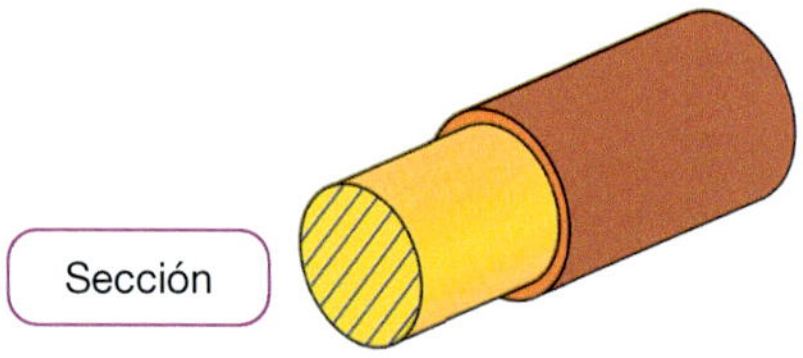

Figura 3.16. Representación de la sección de un conductor de cobre.

3.3.2. Sección de un conductor

La **sección** de un conductor es la superficie útil por la que puede circular el flujo de electrones que forma la corriente eléctrica. Cuando se habla de la sección de un cable únicamente se hace referencia a la parte metálica del mismo, sin tener en cuenta el aislamiento.

El símbolo de la sección es **S** y se mide en **milímetros cuadrados (mm^2).**

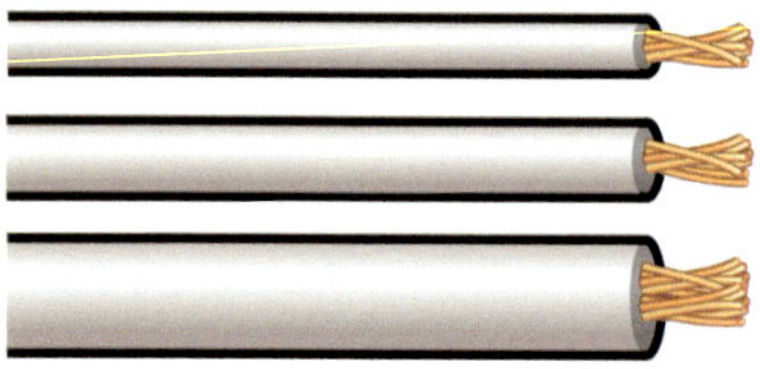

Figura 3.17. Representación de cables de diferentes secciones.

Cuanto mayor sea la sección de un conductor, más electrones podrán circular y más intensidad de corriente será capaz de transportar. Por tanto, **deberá usarse un conductor de una sección u otra dependiendo básicamente de la potencia de los receptores del circuito,** aunque también pueden influir otros factores, como la caída de tensión.

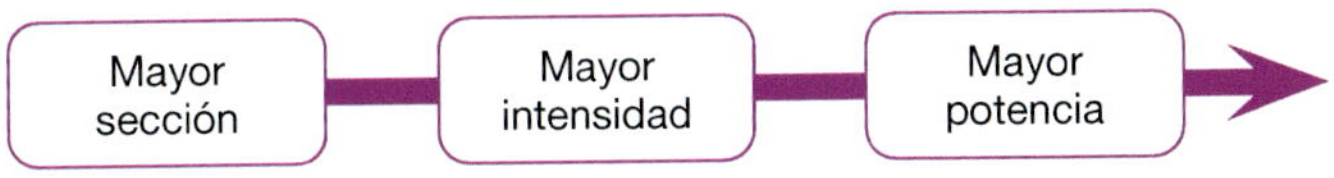

Figura 3.18. Relación entre la sección de un conductor y la intensidad y la potencia del circuito.

Al moverse los electrones producen calor, de modo que si la intensidad de corriente que circula por un cable es muy elevada, puede suceder que ese calor rompa el cable. La intensidad que puede soportar un cable sin quemarse se denomina **intensidad máxima admisible.**

Es muy importante conocer la intensidad de corriente que va a circular por un circuito y seleccionar un conductor cuya sección se ajuste a esa intensidad.

Los fabricantes de cables no comercializan cables de cualquier sección, sino que se ajustan a unas **secciones normalizadas** para unificar los criterios y abaratar los costes de producción. Las secciones de cables de baja tensión utilizadas en la actualidad se recogen en la Tabla 3.3.

Recuerda que...

Entre los recursos digitales del libro, a los que puedes acceder desde la ficha web de la obra, mediante un sencillo registro, en **www.paraninfo.es,** encontrarás una tabla en la que se muestran las Intensidades máximas admisibles de los conductores, dependiendo, entre otros factores, de su sección.

Sabías que...

Dependiendo del número de conductores, las mangueras pueden ser **bipolares, tripolares, tetrapolares, pentapolares, etc.**

Tabla 3.3. Secciones normalizadas de los conductores utilizados en instalaciones eléctricas de baja tensión. No se pueden encontrar conductores de secciones distintas a las incluidas en la tabla

Secciones normalizadas de conductores en baja tensión						
0,5 mm^2	**1,5 mm^2**	**6 mm^2**	25 mm^2	70 mm^2	150 mm^2	300 mm^2
0,75 mm^2	**2,5 mm^2**	**10 mm^2**	35 mm^2	95 mm^2	185 mm^2	400 mm^2
1 mm^2	**4 mm^2**	**16 mm^2**	50 mm^2	120 mm^2	240 mm^2	500 mm^2

3.3.3. Agrupamiento

Los conductores eléctricos pueden encontrarse agrupados dentro de un mismo cable. El agrupamiento establece el número de conductores que forman parte de un mismo cable, que podrán ser **unipolares** (independientes) o **multiconductores.**

- **Cable unipolar.** Está formado por un solo conductor.
- **Cable multiconductor.** Está formado por dos o más conductores. A este tipo de cables también se les conoce con el nombre de **cables multipolares** o **mangueras.**

Figura 3.19. Representación de un cable unipolar.

Figura 3.20. Bobinas de cables unipolares de diferentes colores.

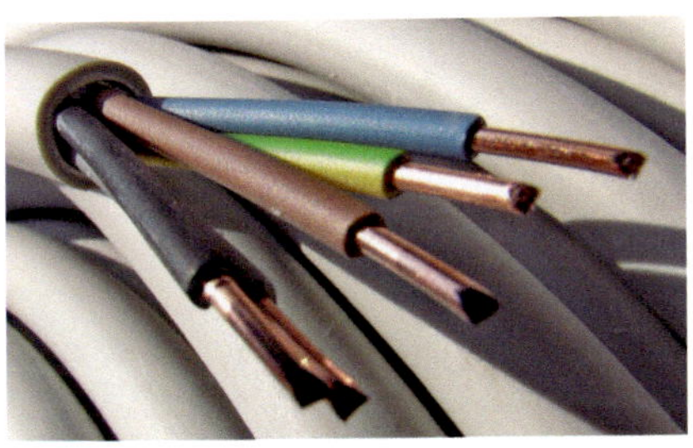

Figura 3.21. Cable multiconductor de cinco conductores.

Figura 3.22. Marcado manual del cableado en base al código de colores.

En ocasiones, la cubierta de los conductores eléctricos no respeta el código de colores, por lo que será el propio instalador quien deberá marcar cada uno de los cables con el color correspondiente al ejecutar la instalación. Para esta tarea suele emplearse cinta aislante o manguitos de goma.

La denominación del cableado eléctrico depende de su agrupamiento, o número de conductores, y de su sección. Así, por ejemplo, una manguera de dos conductores (bipolar) de 4 mm^2 de sección se denomina cable de **2 × 4 mm^2**.

Si la manguera incluye el conductor de protección, suele indicarse la sección de dicho conductor de manera independiente, ya que puede tener una sección inferior a la de las fases y el neutro.

Vocabulario

Conductor / cable = *Wire / cable*

Cobre = *Copper*

Aluminio = *Aluminum*

Actividad resuelta 3.1.

Indica como denominarías a los siguientes cables en función de su agrupamiento.

a) Cable unipolar de 1,5 mm^2.

b) Manguera tetrapolar de 6 mm^2.

c) Cable multiconductor de 3 conductores de 4 mm^2.

d) Manguera trifásica, con neutro y conductor de protección. La sección de todos los conductores es de 16 mm^2.

e) Manguera trifásica, sin neutro y con conductor de protección (la sección de las fases es de 70 mm^2, y la sección del conductor de protección es de 35 mm^2).

Solución

a) 1 × 1,5 mm^2 o cable de 1,5 mm^2

b) 4 × 6 mm^2

c) 3 × 4 mm^2

d) 5 × 16 mm^2

e) 3 × 70 mm^2 + TT 35 mm^2

3.3.4. Tensión asignada de un conductor

Del aislamiento de un determinado conductor, entre otros factores, depende directamente el voltaje o tensión máxima que podrá soportar dentro de la instalación eléctrica. Es lo que se denomina **tensión asignada** o tensión de aislamiento, y expresa el nivel de voltaje de referencia para el que se ha diseñado el cable.

La tensión asignada de un cable debe ser por lo menos igual a la tensión nominal del sistema para el que está previsto. Si se sometiese a un cable a diferencias de potencial superiores, el material aislante perdería sus propiedades y no cumpliría su función de protección, **pudiendo llegar a romperse.**

Sabías que...

No debe superarse nunca el valor de tensión asignada de un cable eléctrico, así como tampoco debe sobrepasarse el nivel de temperatura máxima de trabajo (70 °C para cables de PVC y 90 °C para cables de EPR y XLPE).

Tabla 3.4. Tensiones asignadas para conductores de baja tensión

Tensiones asignadas de conductores en baja tensión (Uo/U)				
100/100 V	300/300 V	300/500 V	450/750 V	0,6/1 kV

3.4. Embarrados metálicos

En los cuadros eléctricos de gran envergadura, donde existen una gran cantidad de circuitos, es común sustituir los conductores eléctricos por barras metálicas desnudas, que permiten distribuir más eficientemente el flujo general de energía eléctrica, disminuyendo las caídas de tensión.

Los embarrados metálicos son también llamados barrajes o barras colectoras de distribución. Cada uno de estos perfiles está formado por una sola pieza, sin soldaduras ni remachado y de sección rectangular.

El material típicamente utilizado para los embarrados es el cobre, y en menor medida el aluminio.

Existen básicamente dos tipos de embarrados:

- **Barras macizas.** Son aquellas que tienen perforaciones para el conexionado y se utilizan cuando los recorridos son rectos.
- **Embarrados flexibles.** Están formados por láminas conductoras de cobre apiladas, con un revestimiento termorretráctil. Permiten utilizarse en conexiones que no están en el mismo plano, y pueden ser reutilizados al retirarlos, ya que son fácilmente moldeables.

Figura 3.23. Embarrado de cobre conectado a un interruptor general en un cuadro de alta potencia.

Figura 3.24. Barras macizas de recorrido recto característico.

Figura 3.25. Barras flexibles.

Hay diversas formas de **instalar un embarrado** en los cuadros y armarios eléctricos. Se distinguen los siguientes métodos:

- En vertical al fondo del armario.
- En horizontal.
- En vertical y horizontal.
- Lateral.

Las secciones del embarrado se calculan según la **intensidad** que lo atraviese. Los valores de intensidad máxima admisible pueden llegar a ser de **hasta 4000 amperios por barra.**

Figura 3.26. Disposición de embarrado en compartimento lateral.

3.5. Métodos de conexión y montaje de conductores

El cableado de toda instalación eléctrica se encuentra conectado a los diferentes componentes y mecanismos que forman parte del circuito o, en ocasiones, a otros conductores.

Para realizar adecuadamente estas conexiones hay que utilizar los accesorios y elementos más apropiados en cada caso, así como conocer el procedimiento de trabajo más conveniente.

3.5.1. Preparación previa de los conductores

Para realizar las conexiones eléctricas de manera correcta, en primer lugar deben prepararse adecuadamente los conductores. Los pasos a seguir son los siguientes:

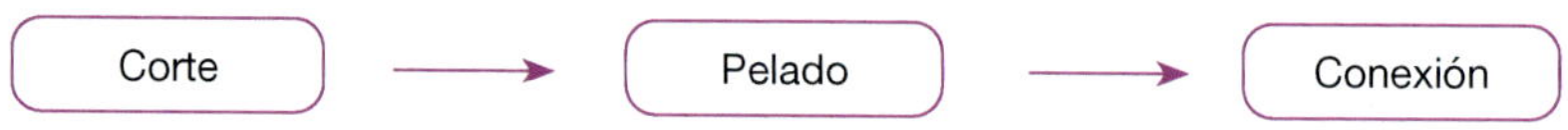

Figura 3.27. Proceso de preparación de los conductores.

Figura 3.28. Detalle de corte de un conductor.

Corte

El cableado debe cortarse en función de la longitud de su recorrido. Para realizar el corte de cables de pequeña sección hay que utilizar las tijeras de electricista o unos alicates.

Si la sección del cable es demasiado grande, debe utilizarse una sierra de metales para realizar el corte. Para el corte de barras y conductores metálicos en los que no sea posible realizar el corte mediante la sierra de metales, y solo como último recurso, se utilizará una sierra eléctrica de disco para metal.

Figura 3.29. Tijeras de electricista.

Figura 3.30. Diferentes tipos de alicates.

Figura 3.31. Sierra para el corte de metales.

Pelado

Los conductores que poseen un aislamiento externo deben ser pelados en sus extremos para poder acceder al material metálico, que es sobre el que se realizarán las conexiones.

El pelado de cables unipolares debe realizarse con un pelacables específico o con unas tijeras de electricista si se tiene la suficiente destreza.

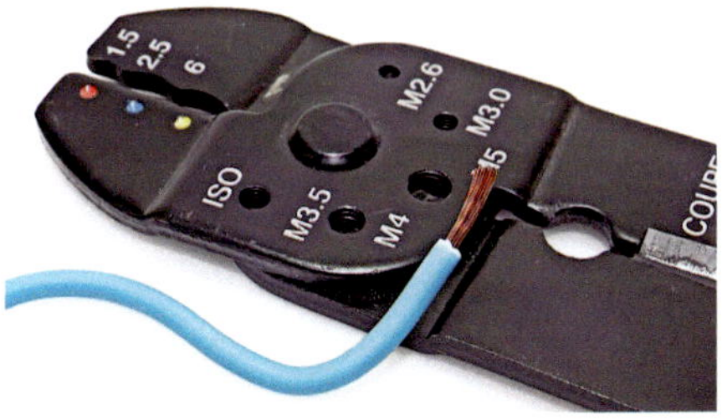

Figura 3.32. Pelacables para conductores de pequeña sección.

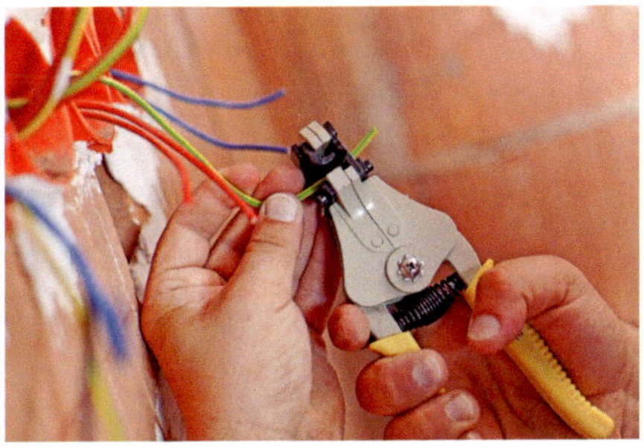

Figura 3.33. Pelacables convencional.

Recuerda que...

Al utilizar herramientas de corte deben extremarse las precauciones de seguridad, especialmente en el caso de las sierras para el corte de metal, donde es necesario proteger las manos, la ropa, la cara y los ojos.

Al utilizar herramientas como el cúter o la navaja es necesario extremar las precauciones y utilizar guantes de protección mecánica.

Para el pelado de mangueras y cables de gran sección, o cuyo aislamiento resulta muy duro para los pelacables convencionales, se puede utilizar una navaja, un cúter, unas tijeras de electricista o herramientas de pelado especiales.

Figura 3.34. Navaja de electricista.

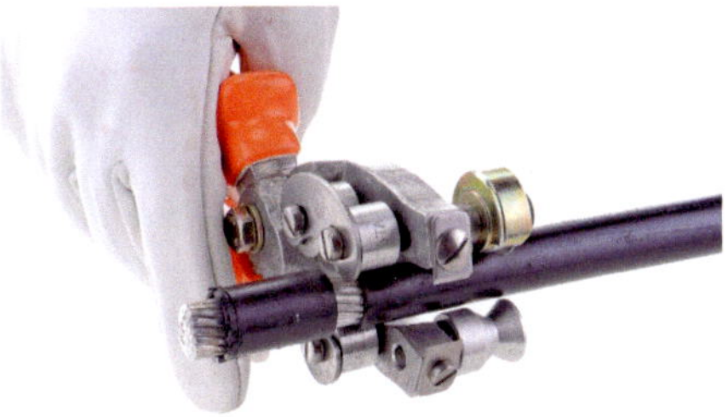

Figura 3.35. Pelacables para conductores de gran sección.

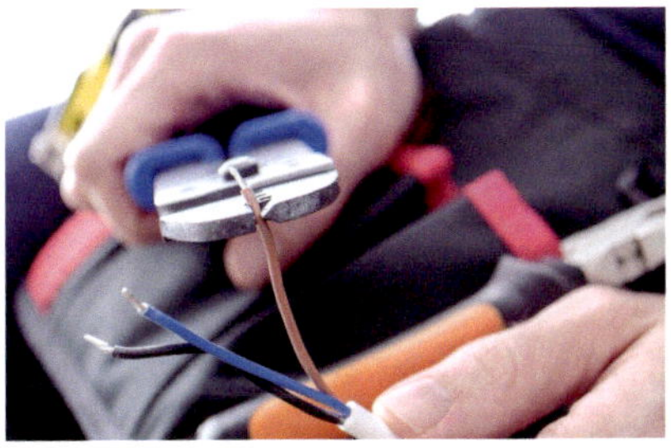

Figura 3.36. Detalle del pelado de un conductor.

Conexión

La conexión de los cables, una vez cortados y pelados, puede realizarse directamente sobre el material conductor, o a través de terminales de conexión. A continuación se muestran los ejemplos más habituales.

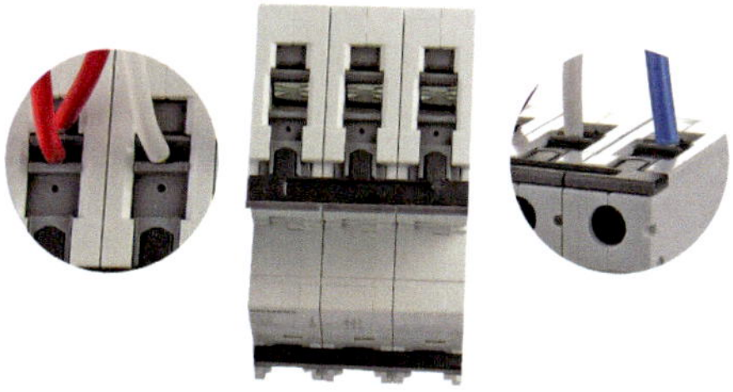

Figura 3.37. Unión directa mediante resorte mecánico.

1 Conexión directa

El conductor se introduce en el mecanismo sin la ayuda de ninguna herramienta específica, y la conexión se realiza mediante resortes mecánicos.

2 Conexión a través de terminales

Sobre la punta pelada del conductor se acopla mecánicamente un terminal específico de unión. Esta unión se realizará mediante alicates o herramientas de crimpado.

Estos elementos se utilizan para que la conexión sea óptima en los bornes de los aparatos y en las superficies de contacto en los embarrados. Los terminales

Sabías que...

Actualmente se comercializan mecanismos eléctricos que no necesitan que el cable se encuentre pelado para su conexión.

para cables de gran sección tienen grabada la sección para la que han sido diseñados y en los pequeños esta identificación se realiza mediante un código de colores establecido por el fabricante.

Existen terminales de diferentes formas, siendo los más habituales los de tipo **ojal,** tipo **U,** tipo **lengüeta,** tipo **enchufables** (o **Faston),** tipo **punta preaislados,** tipo **pinza** y tipo **empalme** (o **manguitos**).

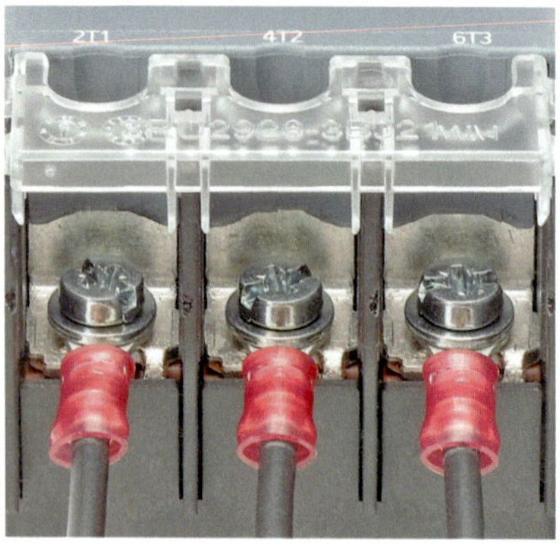

Figura 3.38. Detalle de unión mediante tornillos y terminales de conexión.

Figura 3.39. Terminales redondos de tipo ojal.

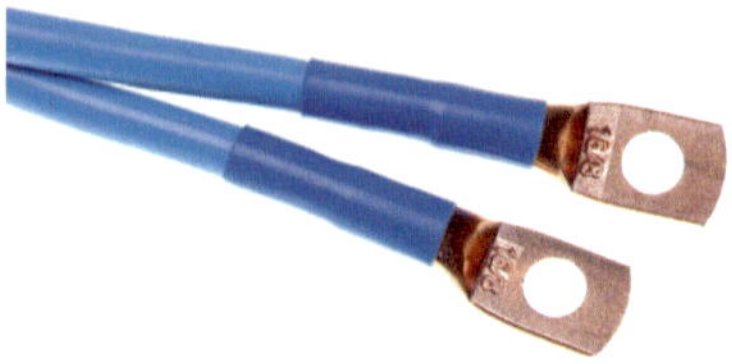

Figura 3.40. Terminales rectangulares de cobre de tipo ojal.

Figura 3.41. Diversos tipos de terminales.

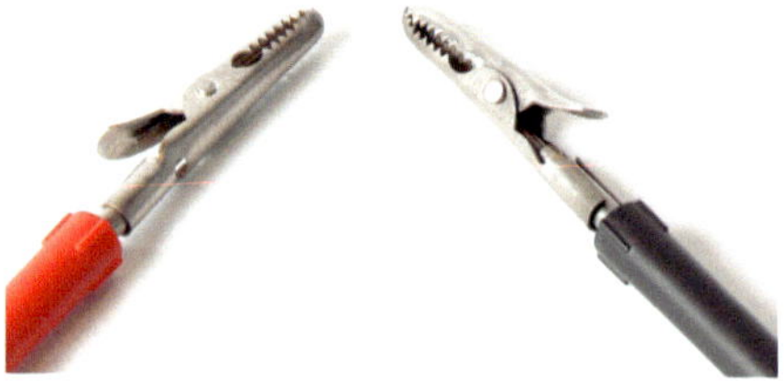

Figura 3.42. Terminales de conexión tipo pinza, muy utilizados para realizar medidas eléctricas.

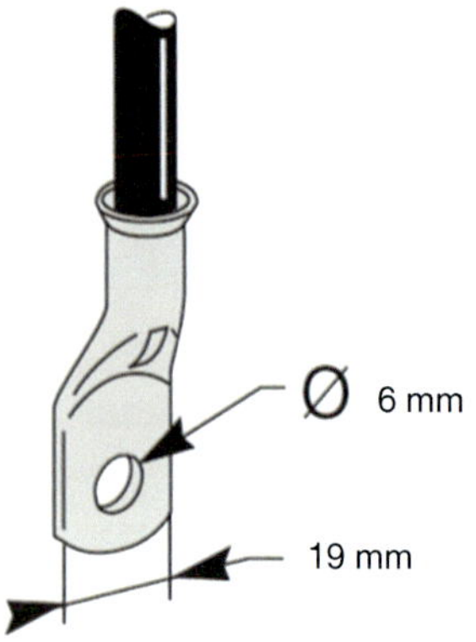

Figura 3.43. Detalle de medidas de terminal de ojal de M6.

3 Conexión a través de punteras

Las punteras, también llamadas casquillos, son terminaciones o cabezas por donde se introduce el conductor para aumentar su superficie de contacto, asegurar las conexiones o facilitar la unión de varios conductores en un mismo punto.

Se instalan sobre la parte pelada del conductor, presionándolas por engaste (para un solo conductor) o crimpado (para dos o más conductores).

Figura 3.44. Detalle en el que se observa la diferencia de la superficie de contacto de conductores con y sin punteras.

Figura 3.45. Diferentes tipos de punteras ordenadas por sección.

Figura 3.46. Conexión de conductores a través de punteras.

Las punteras pueden ser de diferentes tamaños y colores en función de la sección para la que han sido diseñadas. En la Tabla 3.5, a modo de ejemplo, se muestra una relación de punteras proporcionada por un fabricante.

Tabla 3.5. Color de punteras en función de la sección del conductor

	Cable mm²	**Color**	**Dimensiones / *Dimensions***			
			L_1	**L_2**	**D_1**	**D_2**
	1,50	Negro *Black*	14,6 24	8,2 18	1,7	3,5
	2,50	Gris *Grey*	15,2 25	8,2 18	2,2	4,0
	4	Naranja *Orange*	16,5 25	9,0 18	2,8	4,4
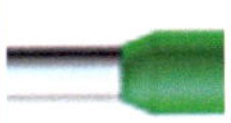	6	Verde *Green*	20,0 26	12,0 8	3,5	6,3
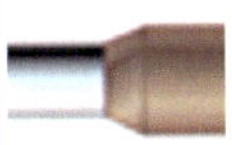	10	Marrón *Brown*	21,5 27	12,0 18	4,5	7,6
	16	Marfil *Ivory*	28,2 28	12,0 18	5,8	8,8

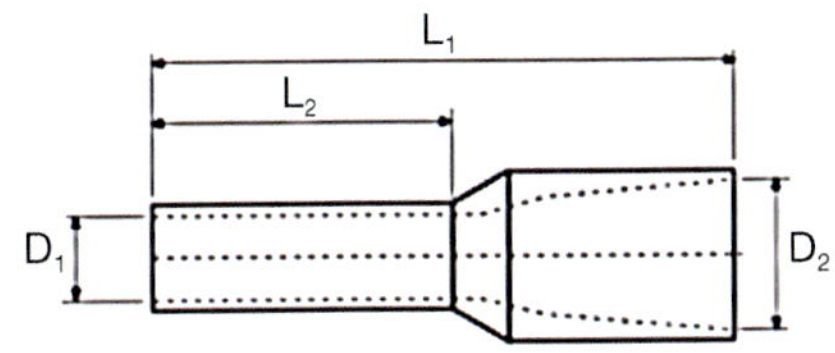

3.5.2. Accesorios de conexión

La conexión del cableado eléctrico puede realizarse de dos formas: por retorcimiento del material conductor o utilizando accesorios de conexión.

La conexión por **retorcimiento** supuso una práctica muy habitual hasta hace algunos años, que actualmente está **prohibida** en las instalaciones eléctricas. Solo puede utilizarse de manera temporal y extremando las medidas de seguridad. Consiste en retorcer el material conductor de dos cables hasta que queden unidos y posteriormente recubrir la unión con cinta aislante.

La manera adecuada de realizar conexiones del cableado en los circuitos eléctricos pasa por utilizar **accesorios de conexión.** Son elementos formados por un material aislante en el que se encuentran alojados dos o más tornillos, a los que se fijan los cables. A continuación se explican los más utilizados.

Regletas de conexión o clemas

Se utilizan para la unión rápida de conductores entre 1,5 y 25 mm² de sección.

Figura 3.47. Diferentes tipos de clemas.

Cruce sin conexión

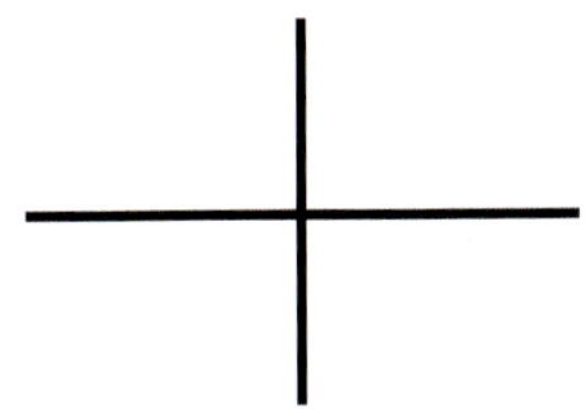

Cruce con conexión

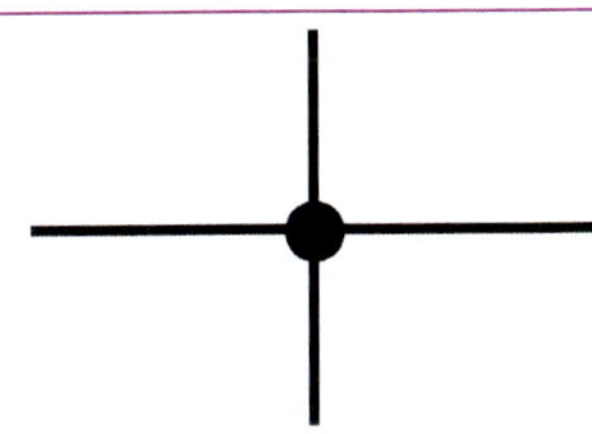

Derivación

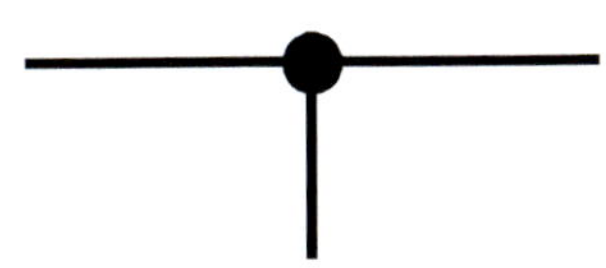

Doble derivación

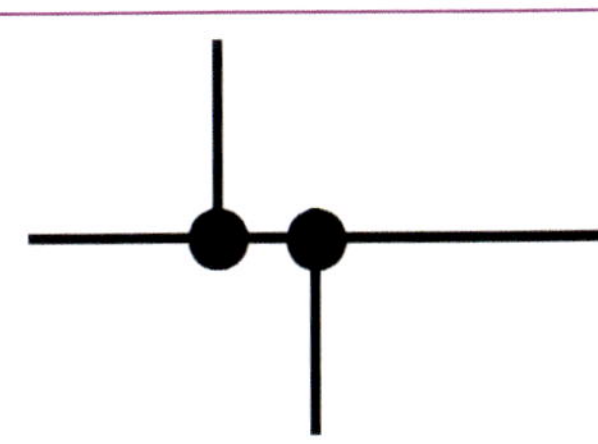

Figura 3.48. Simbología de las conexiones entre conductores.

Recuerda que...

Las conexiones por retorcimiento están prohibidas. El cableado eléctrico debe conectarse a través de algún tipo de accesorio específico.

Capuchones

Se emplean para la unión rápida de conductores entre 1,5 y 35 mm^2 de sección.

Figura 3.49. Capuchones.

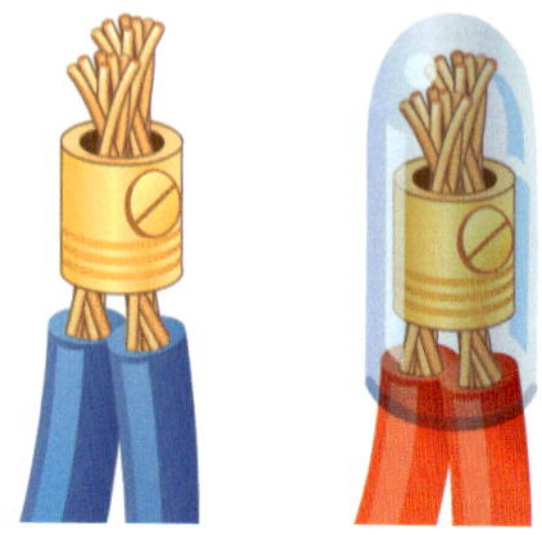

Figura 3.50. Detalle de conexión de dos conductores mediante capuchón.

Borneros de conexión y derivación

Se utilizan para uniones estables de conductores entre 1,5 y 240 mm^2. Existen bornas de conexión y derivación de muy diferentes modelos y características.

Los más utilizados para cables de pequeñas y medianas secciones son los borneros de carril DIN. Suelen estar identificados con códigos alfanuméricos e incluso ser del mismo color del conductor que se conecta.

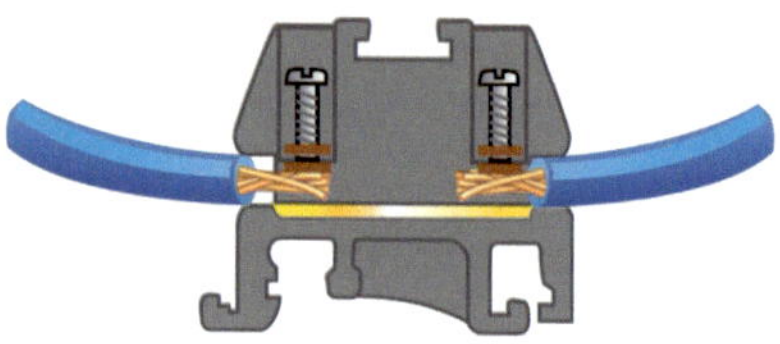

Figura 3.51. Detalle interno de conexión en un borne.

Figura 3.52. Borneros para carril DIN.

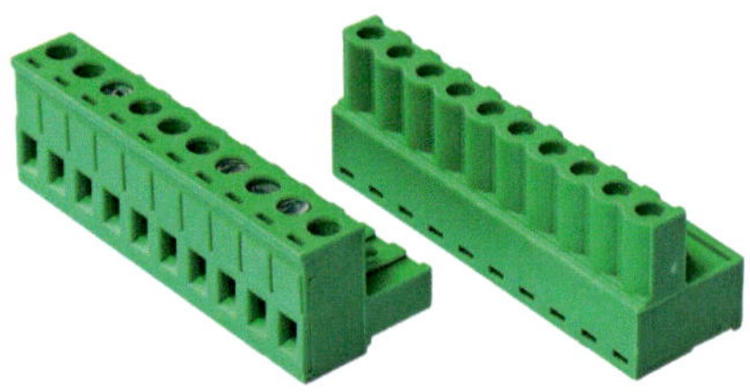

Figura 3.53. Borneros para conductores de pequeña sección.

Para cables de gran sección o instalaciones de elevada potencia se utilizan borneros desnudos, que tendrán que estar protegidos para evitar contactos directos.

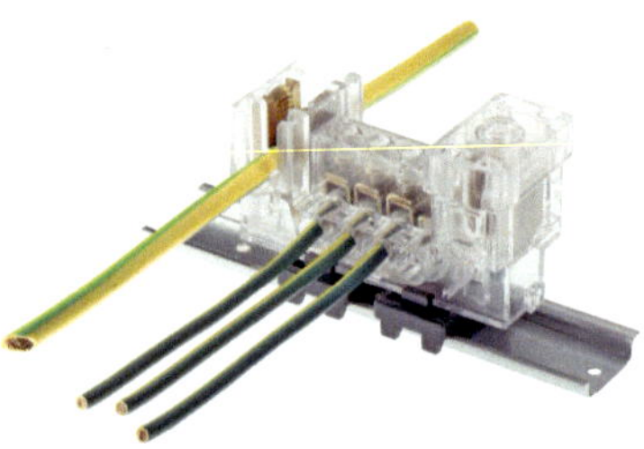

Figura 3.54. Detalle de conexión de un conductor de tierra en un bornero.

Figura 3.55. Bornero de tipo barra.

Figura 3.56. Bornes de espárrago.

Borneros de distribución

Están diseñados para la distribución de cables de diferentes secciones en cuadros eléctricos con un elevado número de circuitos. Su instalación se realiza sobre el carril DIN, y deben estar recubiertos de una envolvente aislante para evitar el riesgo de contactos eléctricos.

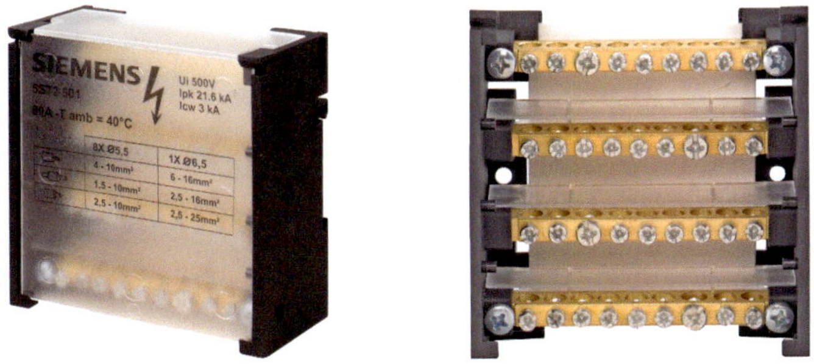

Figura 3.57. Bornero de distribución. Vistas externa e interna.

Figura 3.58. Bornero de distribución instalado en un cuadro.

Bornes de conexión de mecanismos

Los mecanismos eléctricos disponen de bornes de conexión que pueden ser de tres clases diferentes:

- Bornes de conexión convencionales, de conexión por tornillo.
- Bornes de conexión por presión, sin tornillos.
- Bornes de conexión rápida por presión, sin tornillos y sin necesidad de realizar el pelado del conductor.

Actividad propuesta 3.3.

Basándote en los símbolos representados en esta unidad, realiza el esquema correspondiente a las siguientes conexiones:

	Caso I	Caso II	Caso III
Conexión		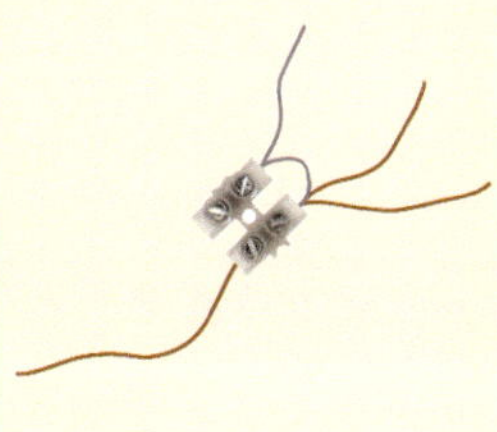	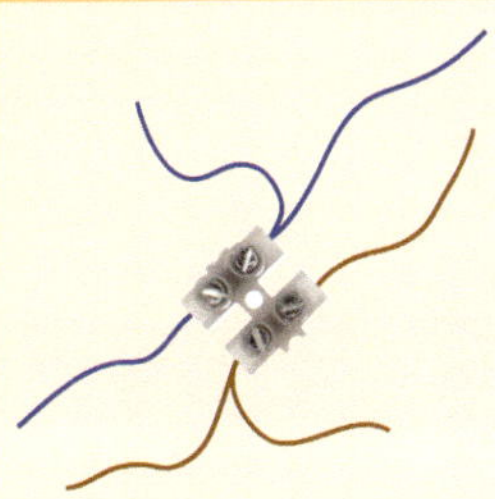
Símbolo	Ejemplo: 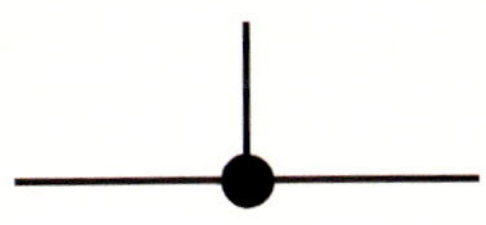		

Recuerda que...

Es importante pelar adecuadamente los conductores y conectarlos evitando que queden partes metálicas accesibles o que parte del aislante se introduzca en el orificio del borne

Mapa conceptual

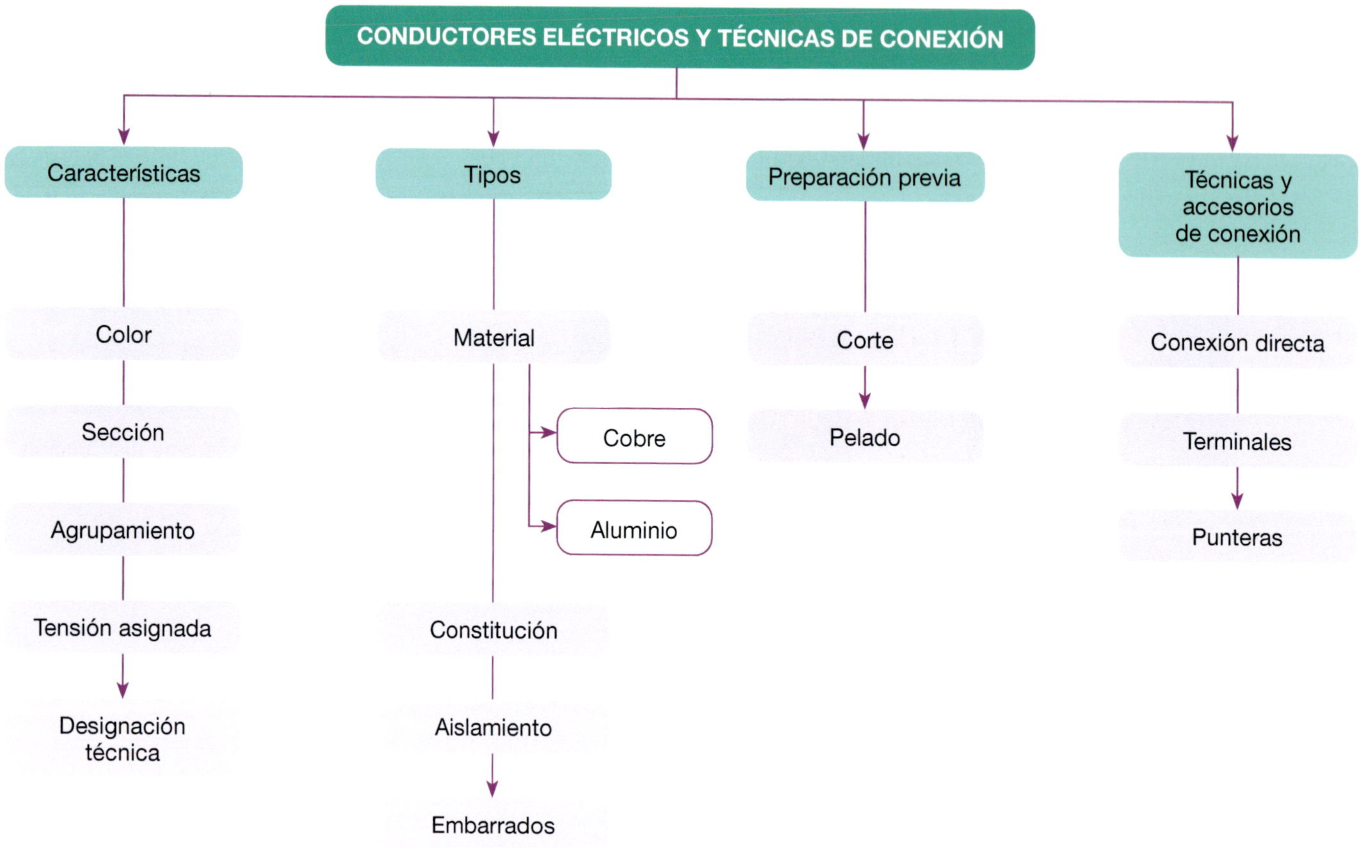

En resumen

- Los conductores eléctricos se clasifican en función de su material, su constitución y su tipo de aislamiento.
- Las características que definen a un cable son el color del aislamiento, el agrupamiento y la sección de sus conductores.
- Un exceso de corriente eléctrica puede llegar a quemar un cable si no se dimensiona adecuadamente, por lo que hay que tener muy en cuenta su sección a la hora de conectarlo a un receptor.
- El proceso de preparación de conductores debe realizarse con las herramientas y accesorios más adecuados.

3.1. Identificación y montaje de terminales de conexión

OBJETIVO

- Reconocer los principales terminales de conexión utilizados en instalaciones eléctricas de baja tensión y realizar el montaje de los mismos sobre conductores.

MATERIAL

- Cables flexibles de cobre de varias secciones.
- Diferentes modelos de terminales de conexión, de varias secciones.

HERRAMIENTAS

- Tijeras de electricista o pelacables.
- Destornillador.
- Alicates.

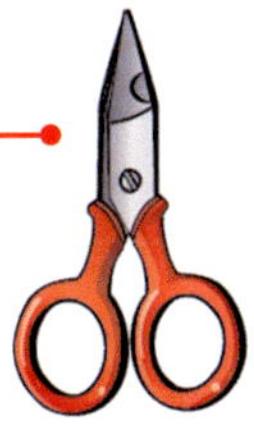

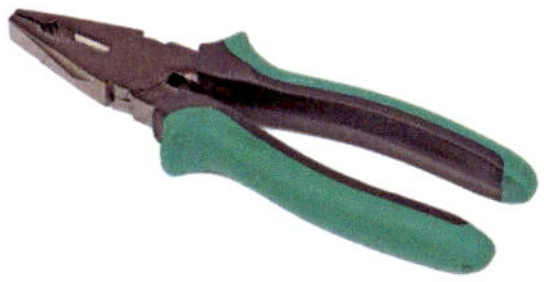

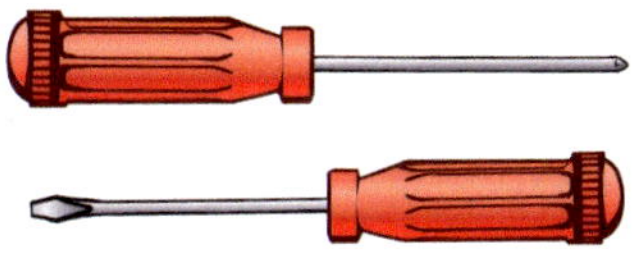

MATERIAL Y HERRAMIENTAS COMPLEMENTARIAS

También te pueden resultar útiles:

- Herramientas específicas para la conexión de terminales, como la crimpadora de punteras, pinzas para colocar terminales a presión o los alicates de entallado.

Casos prácticos

Proceso

1 Realiza la preparación previa de los conductores, cortándolos y pelando sus extremos entre 1 y 2 centímetros. Practica un leve movimiento de torsión para afianzar la unión posterior.

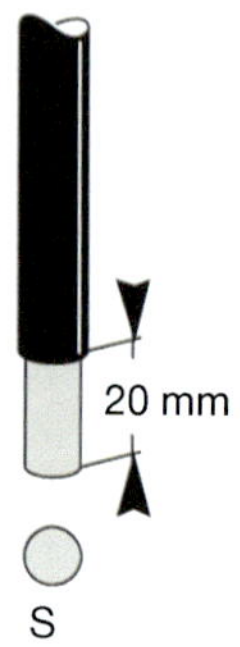

Figura 3.59. Detalle del pelado del conductor.

2 Identifica los tipos de terminales y punteras mostrados en las imágenes.

3 Selecciona terminales y punteras de conexión similares a los que acabas de identificar. El tamaño dependerá de la sección de los conductores que has cortado y pelado previamente.

4 Efectúa el montaje sobre los conductores de los terminales de conexión seleccionados. Puedes usar unos alicates comunes, el propio pelacables o herramientas específicas de crimpado y entallado.

5 Debes tener en cuenta que cada terminal tiene una sección asociada al conductor sobre el que debe instalarse.

- Si seleccionas un terminal de sección inferior el cable no entrará.
- Si seleccionas un terminal de sección superior, el cable tendrá holgura y la conexión no será fiable.

A

B

C

D

E

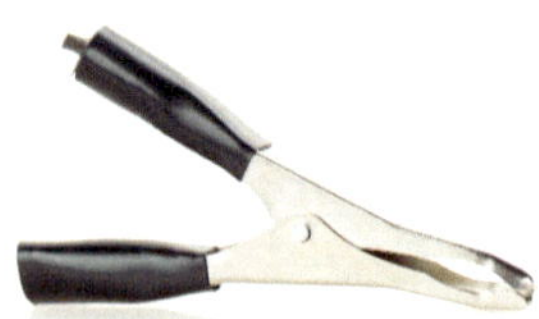

F

3.2. Conexionado de conductores

OBJETIVO

- Realizar el montaje y conexionado de conductores utilizando diferentes accesorios de conexión.

MATERIAL

- Cables flexibles de cobre de varias secciones.
- Clemas.
- Capuchones.
- Bornes diversos de conexión.
- Bornes diversos de derivación y distribución.
- Peine de conexiones.

HERRAMIENTAS

- Tijeras de electricista o pelacables.
- Destornillador.

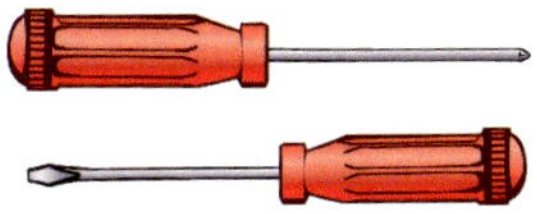
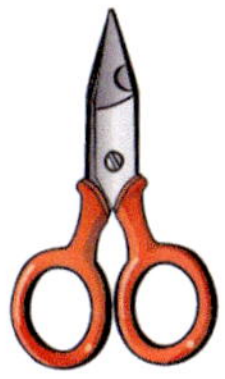

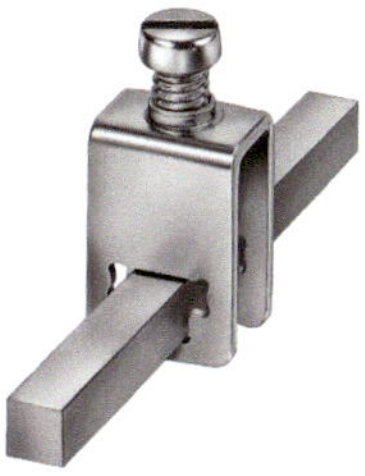

MATERIAL Y HERRAMIENTAS COMPLEMENTARIAS

También te pueden resultar útiles:

- Cinta aislante para afianzar las conexiones.
- Navaja de electricista para el pelado de las mangueras.
- Otros dispositivos eléctricos sobre los que practicar las conexiones.

Proceso

1. Realiza la preparación previa de los conductores, cortándolos a la medida deseada.
2. Realiza la preparación previa de los peines de conexión, cortándolos a la medida deseada.
3. Pela los extremos de los conductores que acabas de cortar entre 1 y 2 centímetros y practica un leve movimiento de torsión para afianzar la unión posterior.
4. Lleva a cabo diferentes conexiones para familiarizarte con los elementos de conexión más habituales, tal como se muestra en las siguientes imágenes.
5. Al realizar las conexiones asegúrate de apretar bien los tornillos, de lo contrario podrían producirse sobrecalentamientos del conductor en el punto de unión, lo que dañaría la instalación, e incluso podría provocar un incendio.

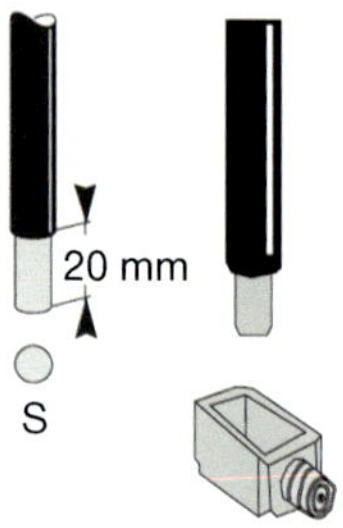

Pelado y conexión de un conductor

Conexión mediante tornillo a un dispositivo de protección

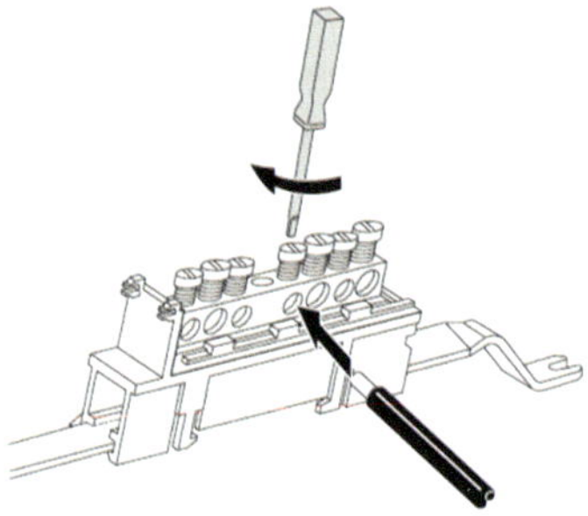
Conexión mediante tornillo a un borne de distribución

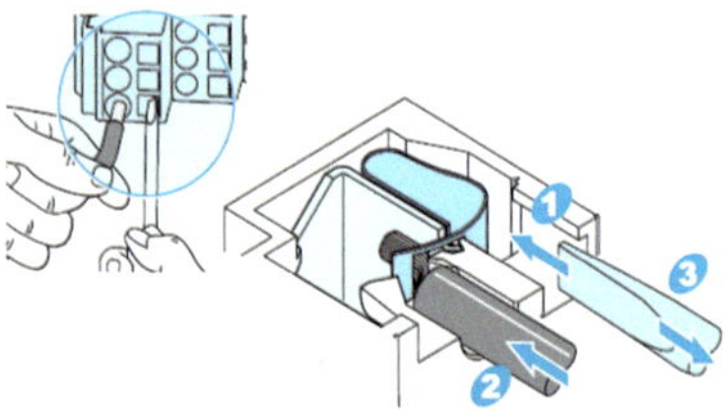
Conexión a presión

Detalle de conexión a un bornero

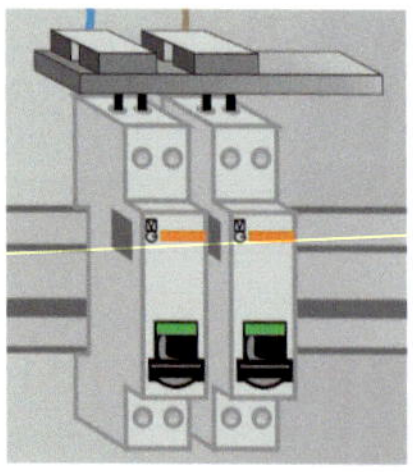
Conexión mediante peine

Esquema interno de una conexión

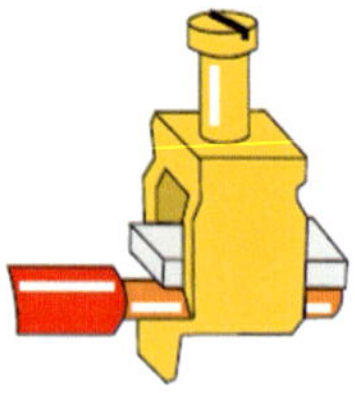
Las conexiones deben quedar bien aseguradas

Actividades finales

De comprobación

3.1. **¿Cuál de los siguientes materiales es el que mejor conduce la electricidad?**

a) Aluminio.

b) Cobre.

c) PVC.

3.2. **Un conductor compuesto por una gran cantidad de alambres muy finos se dice que es:**

a) Multiconductor.

b) Flexible.

c) Rígido.

3.3. **Un conductor neutro es de color:**

a) Marrón.

b) Azul.

c) Verde-amarillo.

3.4. **Cuanto mayor sea la potencia de un receptor eléctrico:**

a) Mayor será la intensidad, y por tanto, la sección del conductor será más pequeña.

b) Menor será la intensidad y, por tanto, la sección del conductor será más grande.

c) Ninguna de las respuestas anteriores es correcta.

3.5. **Un conductor desnudo puede utilizarse:**

a) Siempre.

b) Nunca.

c) Solo si existe una distancia de seguridad o si está conectado a tierra.

3.6. **El método de trabajo para el correcto montaje de conductores en las instalaciones eléctricas es, en orden de realización:**

a) Corte-pelado-conexión.

b) Conexión-corte-pelado.

c) Pelado-conexión-corte.

3.7. **¿Cuál de estos colores no corresponde al de un conductor de fase?**

a) Negro.

b) Gris.

c) Rojo.

3.8. **¿Cómo se denominaría a una manguera tetrapolar con conductores de 4 mm²?**

a) Manguera de 2×4 mm².

b) Manguera de 4×2 mm².

c) Manguera de 4×4 mm².

3.9. **¿Cuál de las siguientes secciones no está normalizada, es decir, no podría adquirirse en una tienda?**

a) 1,5 mm².

b) 3 mm².

c) 6 mm².

3.10. **Para la distribución de cables de diferentes secciones en un cuadro eléctrico se pueden utilizar:**

a) Clemas.

b) Conexiones por retorcimiento.

c) Borneros de distribución.

3.11. **¿Cuál de las siguientes opciones hace referencia a un tipo de aislamiento para conductores?**

a) PVC y XLPE.

b) EPR y cable libre de halógenos.

c) Las dos respuestas anteriores son correctas.

3.12. **Las terminaciones o cabezas por donde se introduce un conductor para aumentar su superficie de contacto, asegurar las conexiones o facilitar la unión de varios conductores en un mismo punto se denominan:**

a) Embarrados.

b) Punteras.

c) Borneros de distribución.

De ampliación

3.13. ¿Qué diferencia existe entre un cable y un conductor?

3.14. Realiza una clasificación de los conductores eléctricos en función de su constitución.

3.15. Sabiendo que la denominación común de los cables eléctricos depende de la sección y agrupamiento de sus conductores, ¿cómo denominarías a los conductores expuestos a continuación?

a) Cable unipolar de 2,5 mm^2.
b) Manguera trifásica, tetrapolar con neutro. Sección de todos los conductores: 16 mm^2.
c) Manguera pentapolar. Sección de todos los conductores: 6 mm^2.
d) Cable multiconductor de 3 conductores de 4 mm^2, sin conductor de protección.
e) Cable multiconductor, con neutro y con conductor de protección (sección de las fases y neutro: 25 mm^2; sección del conductor de protección: 16 mm^2).

3.16. Responde a las siguientes preguntas:

a) ¿Es posible encontrar conductores sin aislamiento en las instalaciones eléctricas?
b) En caso afirmativo, pon dos ejemplos de instalaciones en las que es posible encontrar conductores desnudos.
c) Define las medidas de seguridad que se deben aplicar en cada uno de los ejemplos que has expuesto.

3.17. Razona la siguiente afirmación, justificando si crees que es verdadera o falsa.

«Hay que realizar las conexiones adecuadamente asegurándose de apretar bien los tornillos. De lo contrario se producirían sobrecalentamientos que pueden dañar al elemento de conexión e incluso al propio cable.»

3.18. Dada la siguiente figura, que representa a varios conductores de un circuito eléctrico, responde a las siguientes cuestiones:

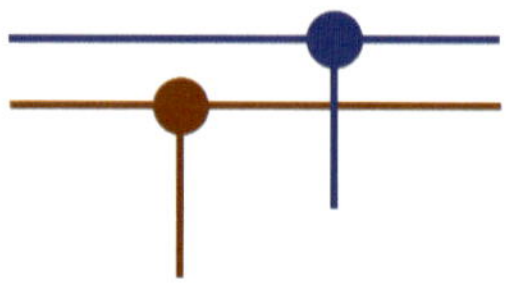

a) ¿Cómo interpretas la imagen? ¿Qué tipo de conexión está representada?
b) Identifica los conductores representados en la figura. Justifica la respuesta.

3.19. Identifica, justificando la respuesta, qué materiales de los relacionados a continuación harían funcionar al receptor en el circuito de la siguiente imagen:

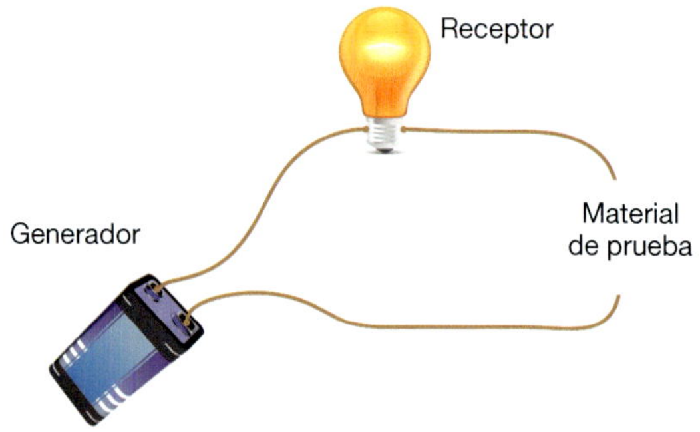

a) Goma.
b) Cobre.
c) Vidrio.
d) Agua con sal.
e) Acero.
f) Plástico.
g) Madera.
h) Aluminio.

3.20. Describe brevemente el proceso de preparación de los conductores para su posterior conexionado, realizando un listado de las herramientas necesarias en cada caso.

Unidad 4

Elementos de maniobra y receptores eléctricos

Introducción

El objetivo final de toda instalación eléctrica es suministrar tensión e intensidad de corriente a los receptores, que convertirán la energía eléctrica en otro tipo de energía de mayor utilidad para los usuarios: luz, calor, etc.

Para la conexión y desconexión de estos receptores en función de las necesidades de los usuarios se utilizarán mecanismos y elementos de maniobra.

En esta unidad se estudian los receptores eléctricos más habituales en las instalaciones convencionales, así como los mecanismos de maniobra que permiten el control de estas cargas eléctricas.

Contenidos

Objetivos

- Conocer las principales bases de toma de corriente.
- Entender la diferencia entre interruptores, pulsadores y reguladores.
- Introducir el funcionamiento de los principales receptores eléctricos.
- Aprender qué es un transformador eléctrico.

Vocabulario

Conector de toma de tierra = *Grounding pin*

Enchufe = *Socket/plug*

Toma de corriente = *Electrical outlet*

4.1. Base de toma de corriente

La base de toma de corriente es un dispositivo de conexión que se encarga de suministrar energía eléctrica a los receptores de un circuito. A una toma de corriente se puede conectar cualquier equipo eléctrico, aportándole el voltaje e intensidad necesarios para su funcionamiento.

Hasta los terminales de una base de corriente llegan los conductores que parten desde el cuadro eléctrico (conductores activos y conductor de protección), proporcionando de este modo la tensión de la red eléctrica: 230 V_{CA} para las tomas monofásicas o 400 V_{CA} para las tomas trifásicas.

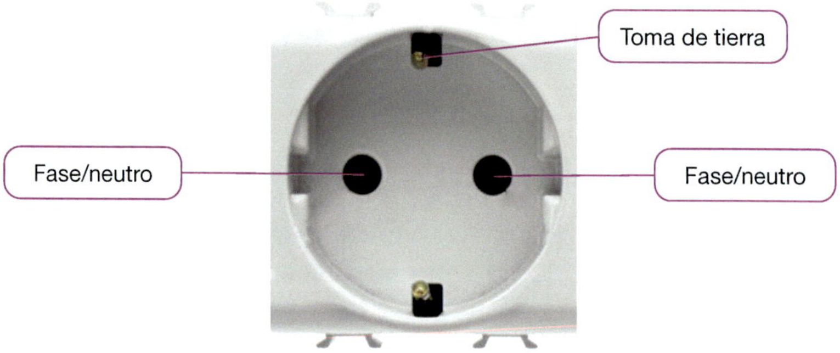

Figura 4.1. Partes de una base de toma de corriente.

La simbología de las tomas de corriente depende de su tipología, tal como se muestra a continuación.

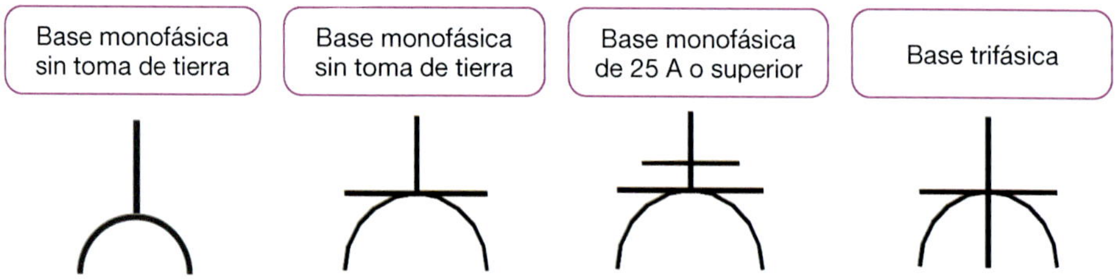

Figura 4.2. Simbología asociada a las bases de toma de corriente.

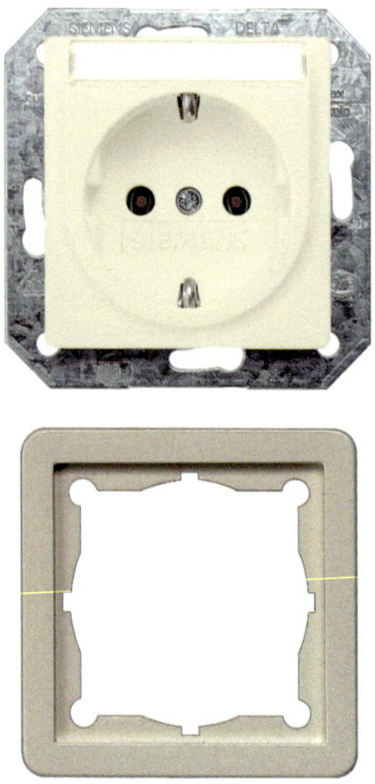

Figura 4.3. Base de toma de corriente de montaje empotrado y embellecedor.

4.1.1. Tipos de toma de corriente

Existen varios formatos de tomas de corriente, dependiendo de su uso, intensidad nominal y características:

- Domésticas.
- Industriales.
- Monofásicas.
- Trifásicas sin neutro.
- Trifásicas con neutro.

Los más utilizados en la actualidad son los mostrados en la Tabla 4.1.

Tabla 4.1. Tipología y características de las bases de toma de corriente

Tipo		Nombre y características	Imagen
Monofásicas	Domésticas	**C1a** Base monofásica sin toma de tierra. Intensidad admisible: 10 o 16 A. Está **prohibido** su uso (salvo para sustituciones).	
Monofásicas	Domésticas	**C2a** Base monofásica de uso general, con contacto de tierra lateral. Intensidad admisible: 16 A. También conocida como base alemana o base *schuko*.	
Monofásicas	Domésticas	**C3a** Base monofásica con contacto de tierra central. Intensidad admisible: 16 A. También conocida como base francesa.	
Monofásicas	Domésticas	**ESB 25a (ESB 25-5)** Base monofásica con contacto de tierra interno. Intensidad admisible: 25 A.	
Monofásicas	Industriales	**Base monofásica de uso industrial 2P+T (16 A)** Conexión para fase, neutro y conductor de protección. Intensidad admisible: 16 A.	
Monofásicas	Industriales	**Base monofásica de uso industrial 2P+T (32 A)** Conexión para fase, neutro y conductor de protección. Intensidad admisible: 32 A.	
Trifásicas	Industriales	**Base trifásica 3P+N+T** Base trifásica de uso industrial. Conexión para tres fases, neutro y conductor de protección (3F+N+PE). Intensidad admisible: 16 A, 32 A, 63 A o 125 A.	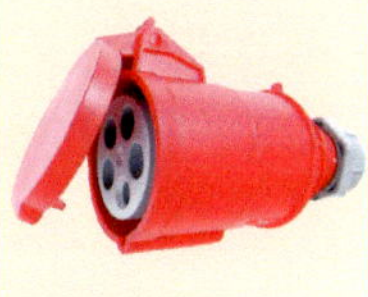
Trifásicas	Industriales	**Base trifásica 3P+T** Base trifásica de uso industrial. Conexión para tres fases y conductor de protección (3F+PE). Intensidad admisible: 16 A, 32 A, 63 A o 125 A.	

Recuerda que...

En la actualidad es necesario que todos los componentes de la instalación eléctrica se encuentren conectados a la instalación de puesta a tierra a través del conductor de protección (PE).

Sabías que...

Existen bases múltiples que combinan bases de toma de corriente, teléfono, televisión y radio.

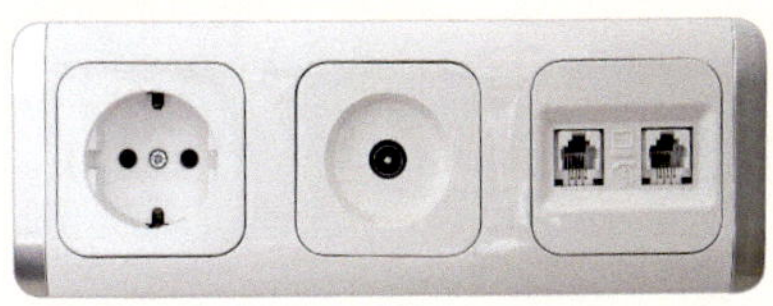

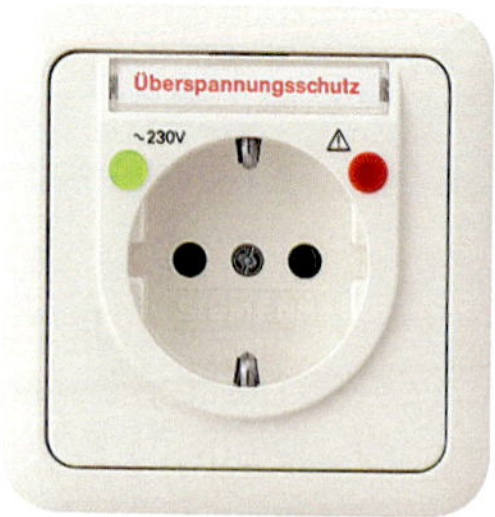

Figura 4.4. Toma de corriente con indicador de tensión.

Figura 4.6. La conexión en serie no es adecuada.

Figura 4.8. Toma de corriente de tipo C2a o *schuko* de carril DIN.

Actividad propuesta 4.1.

¿Qué ocurriría si en una vivienda las bases de toma de corriente estuvieran conectadas en serie?

4.1.2. Conexión de varias tomas de corriente

Las tomas de corriente deben conectarse siempre en paralelo. De este modo todas las bases de la instalación eléctrica tendrán la misma tensión y los receptores conectados a las mismas funcionarán correctamente:

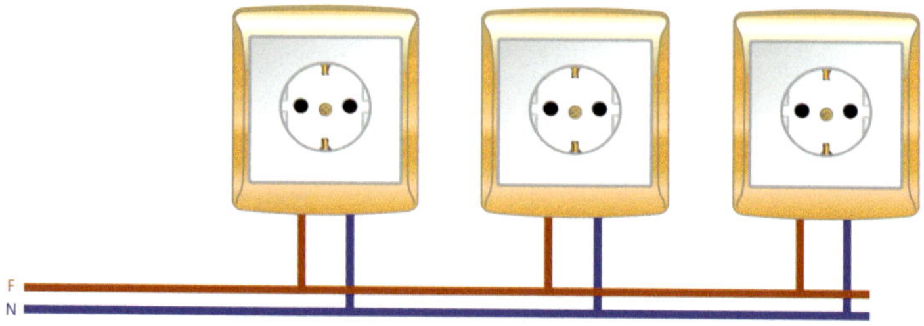

Figura 4.5. Conexión de tomas de corriente en paralelo (la conexión debe realizarse siempre a través de cajas de registro, excepto en el caso de tomas de corriente múltiples).

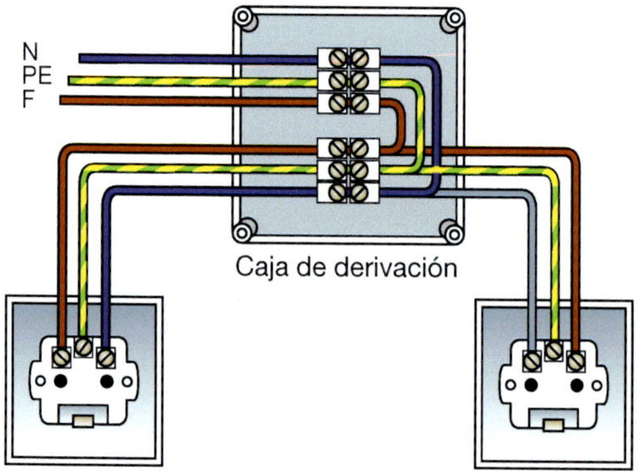

Figura 4.7. Detalle de la correcta conexión de dos tomas de corriente en paralelo, pertenecientes al mismo circuito, a través de una caja de derivación.

Figura 4.9. Ejemplo de instalación de cuatro tomas de corriente junto a una toma de datos. El número máximo que se recomienda instalar en paralelo es cuatro.

4.2. Interruptor, pulsador y regulador

Los elementos de maniobra más comunes en los circuitos eléctricos son tres: los interruptores, los pulsadores y los reguladores.

4.2.1. Interruptor

Un interruptor es un elemento de maniobra utilizado para abrir o cerrar de manera manual un circuito eléctrico de forma permanente, permitiendo el paso de la corriente (conexión) o interrumpiéndolo (desconexión).

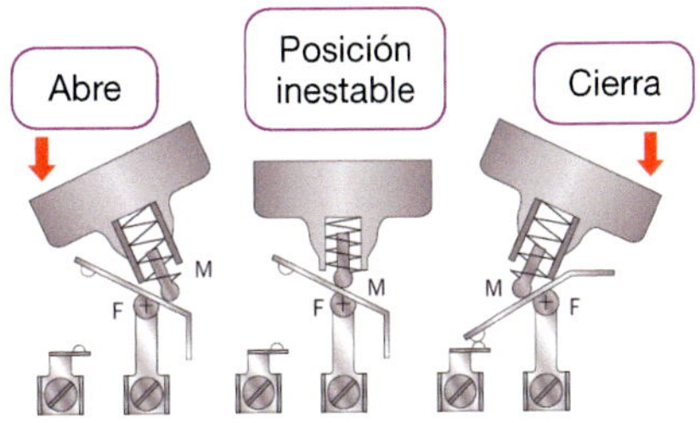

Figura 4.10. Esquema de funcionamiento de un interruptor.

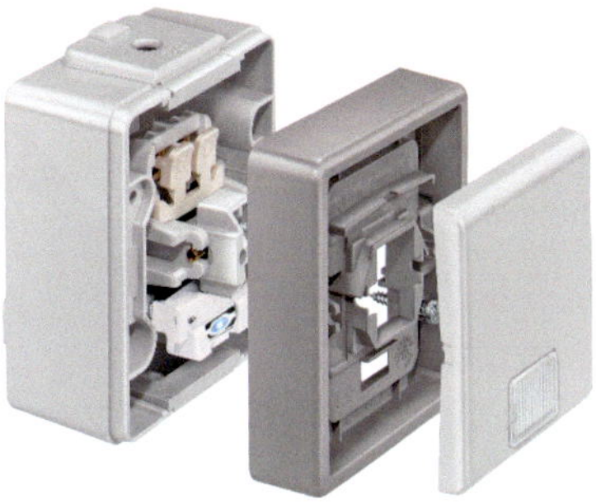

Figura 4.11. Interruptor de superficie.

Figura 4.12. Interruptor de empotrar.

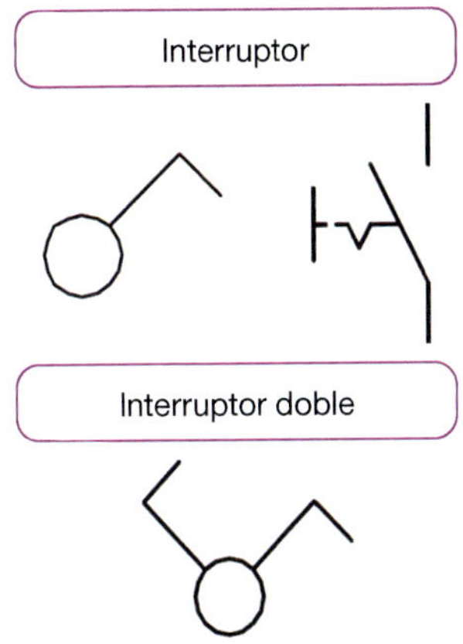

Figura 4.13. Simbología del interruptor.

Dependiendo de la aplicación existen interruptores simples, dobles, triples, conmutados, rotativos, de tirador, etc. En algunas instalaciones especiales es posible incluso encontrar interruptores de seguridad, de palanca, de pedal, etc.

Figura 4.14. Interruptor simple.

Figura 4.15. Interruptor doble.

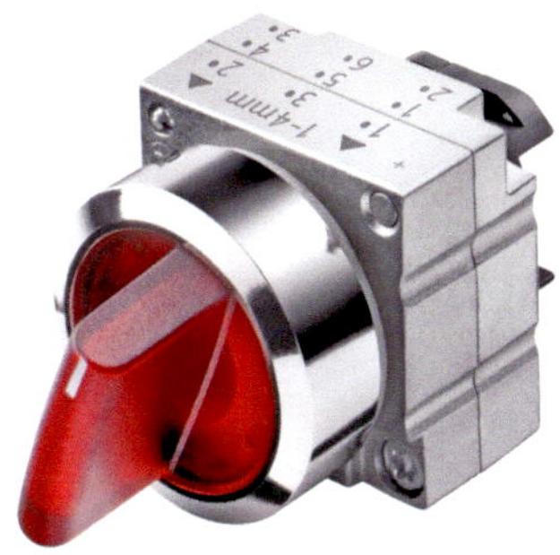

Figura 4.16. Interruptor rotativo.

Figura 4.17. Toma de corriente e interruptor de superficie.

Figura 4.18. Interruptor de tirador.

Figura 4.19. Interruptor compacto.

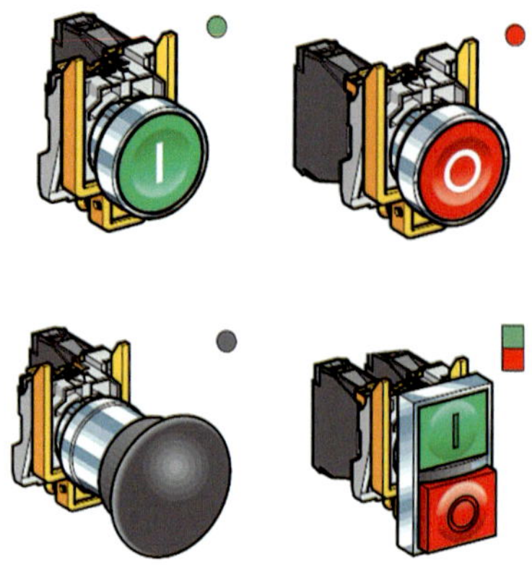

Figura 4.20. Pulsadores para instalaciones industriales.

4.2.2. Pulsador

El pulsador es un tipo de **interruptor momentáneo** que permite el paso de la corriente eléctrica únicamente mientras se encuentra accionado. Cuando el usuario deja de actuar sobre él, vuelve a su posición original.

Figura 4.21. Pulsador de persianas.

Figura 4.22. Pulsador para el timbre de una vivienda.

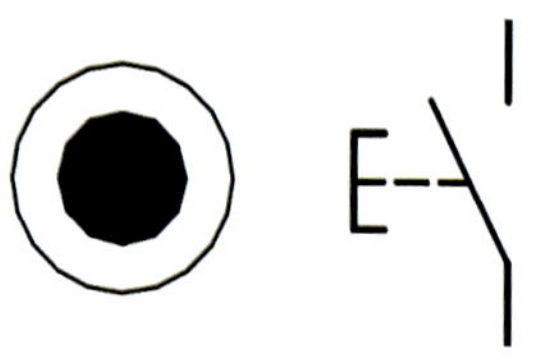

Figura 4.23. Símbolos del pulsador.

Actividad resuelta 4.1.

Indica un ejemplo de uso del interruptor y otro ejemplo del pulsador.

Solución

- **Interruptor:** apagar o encender la iluminación del aula taller.
- **Pulsador:** llamar al timbre en una vivienda.

Figura 4.24. Interruptor para iluminación y pulsador para la bajada y subida de persianas.

4.2.3. Regulador

El regulador, o *dimmer,* permite regular la intensidad de corriente que circula por los conductores de un circuito eléctrico. Variando la intensidad se puede conseguir regular, por ejemplo, la luminosidad de una lámpara o el volumen de un equipo de música.

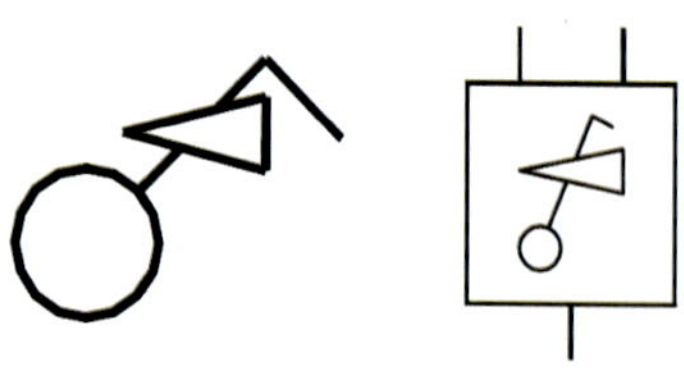

Figura 4.25. Símbolos del regulador.

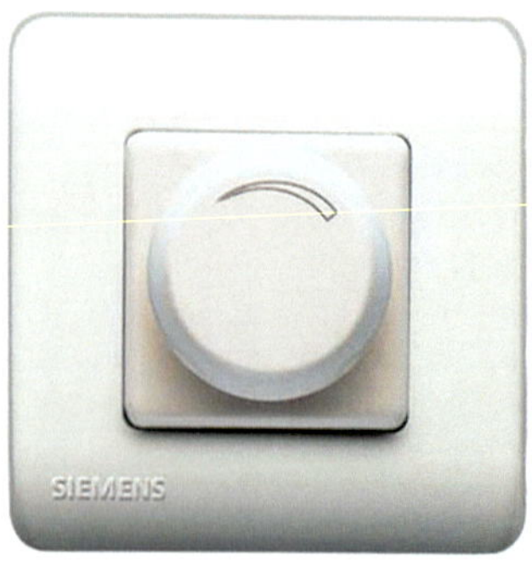

Figura 4.26. Regulador para iluminación.

Figura 4.27. Regulador para hilo musical.

4.3. Receptores más comunes en las instalaciones eléctricas

Los receptores reciben energía eléctrica a través de los conductores y la convierten en otro tipo de energía útil para sus usuarios. Los receptores más comunes presentes en las instalaciones eléctricas son los siguientes:

1 Lámparas

Las lámparas, o **receptores para alumbrado,** convierten la energía eléctrica en energía luminosa. Existen numerosos tipos de lámparas de diferentes características, las cuales serán estudiadas en profundidad en la Unidad 6.

Figura 4.28. Símbolo genérico de una lámpara.

Figura 4.29. Diferentes tipos y modelos de lámparas.

Actividad propuesta 4.2.

Responde a las siguientes preguntas:

a) ¿Cuántos tipos de lámparas conoces?

b) Si las lámparas convierten la energía eléctrica en luminosa, ¿por qué al tocar una lámpara que se encuentra encendida notamos que está caliente?

c) ¿Crees que esto tiene alguna relación con las denominadas lámparas de bajo consumo?

Eficiencia energética

La etiqueta energética identifica los receptores eléctricos más eficientes en una escala con letras desde la A hasta la G.

2 Motores

Los motores convierten la energía eléctrica que reciben en un movimiento mecánico giratorio. Los motores eléctricos pueden ser de corriente continua, monofásicos o trifásicos.

Figura 4.30. Símbolo del motor.

Figura 4.31. Motor eléctrico.

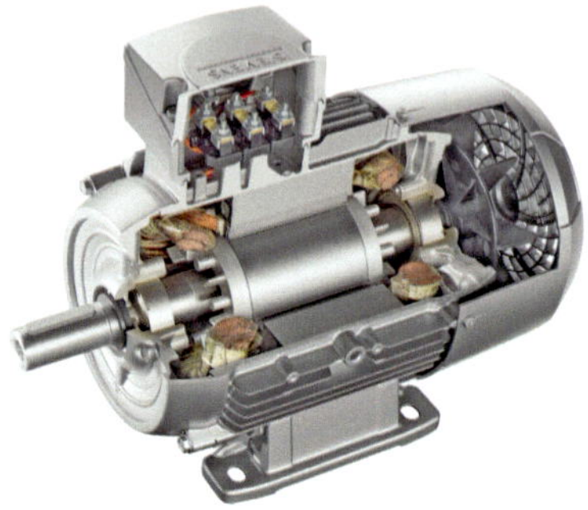

Figura 4.32. Vista interna de un motor eléctrico.

En las instalaciones eléctricas domésticas se utilizan motores monofásicos de pequeña potencia. Sin embargo, existen motores trifásicos para instalaciones industriales de gran potencia sobre los que se pueden hacer diversos tipos de arranques y conexiones.

Figura 4.33. Caja de conexiones de un motor eléctrico trifásico.

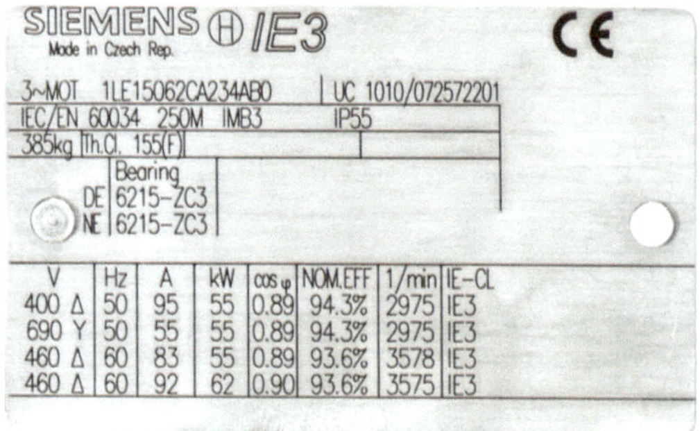

Figura 4.34. Placa de características de un motor eléctrico.

Recuerda que...

No se puede conectar cualquier aparato en una toma de corriente, depende de su potencia. Es necesario adecuar los receptores a la intensidad admisible de las tomas de corriente y de los conductores.

Si la potencia del receptor es demasiado elevada, puede quemarse la base de toma de corriente o el cableado de la instalación.

Figura 4.35. Las herramientas eléctricas basan su funcionamiento en motores.

Figura 4.36. A efectos prácticos, una lavadora o un ventilador son motores eléctricos.

3 Resistencias

Las resistencias convierten la energía eléctrica en calor útil.

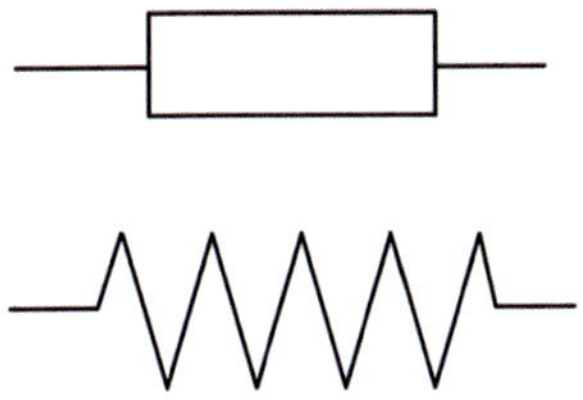

Figura 4.37. Símbolos de la resistencia.

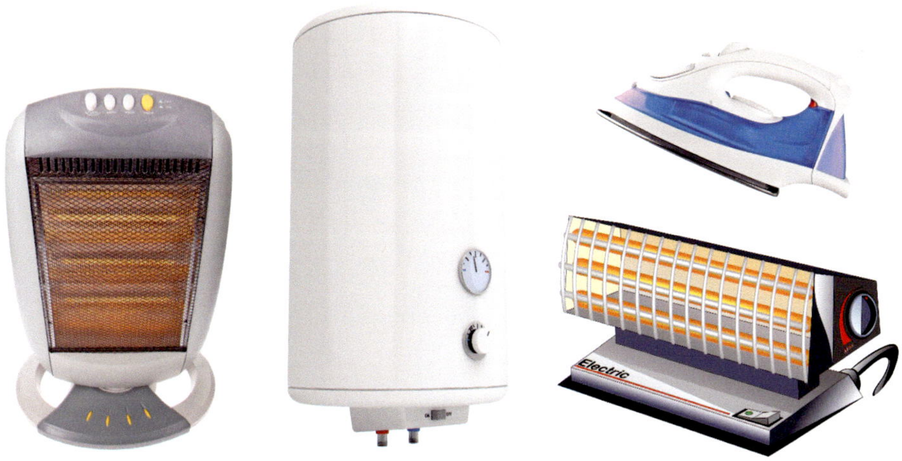

Figura 4.38. Diferentes tipos de receptores basados en resistencias eléctricas.

Actividad propuesta 4.3.

¿Se te ocurren más ejemplos de receptores resistivos que utilices habitualmente en tu vivienda o en tu aula taller?

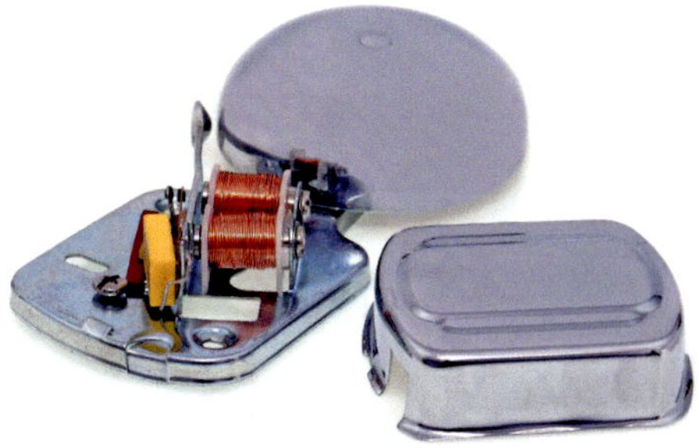

Figura 4.39. Timbre de superficie.

4 Timbres y zumbadores

Los timbres convierten la energía eléctrica en sonido. Dentro de este grupo también se incluyen las bocinas y las sirenas.

Los zumbadores convierten la energía eléctrica en vibración sonora.

Figura 4.40. Símbolo del timbre.

Figura 4.41. Timbre de empotrar.

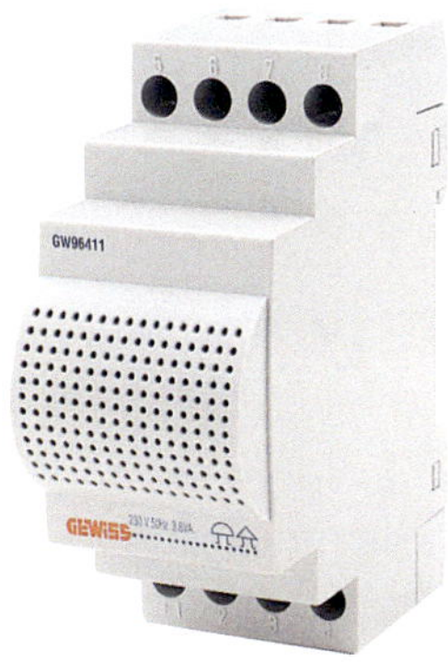

Figura 4.42. Timbre y zumbador integrados en un solo dispositivo.

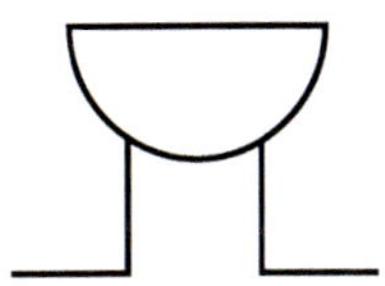

Figura 4.43. Símbolo del zumbador.

Figura 4.44. Sirena de montaje superficial.

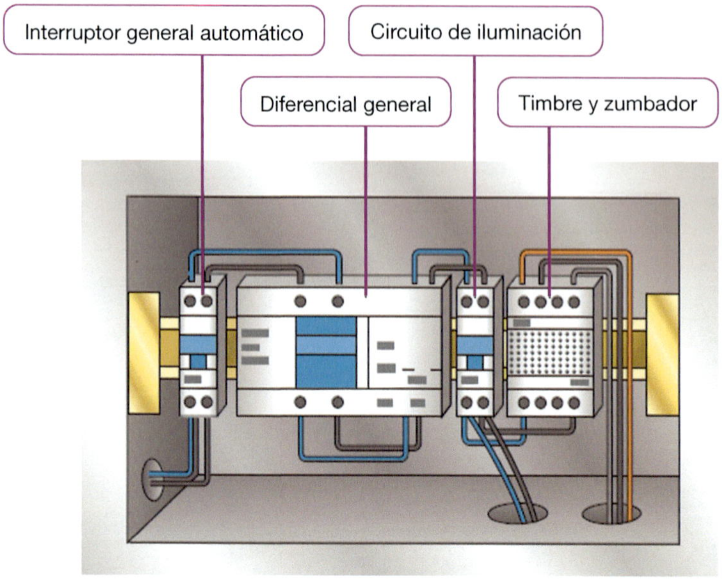

Figura 4.45. Instalación de un timbre para carril DIN en el cuadro eléctrico de una vivienda.

4.4. Transformador

Sabías que...

Se denomina **sonería** al conjunto de receptores eléctricos que convierten energía eléctrica en fenómenos de señalización.

El transformador es un componente muy habitual en las instalaciones eléctricas, pero muy poco conocido.

Los transformadores se encargan de modificar el voltaje de los circuitos de corriente alterna, convirtiendo un valor de tensión de entrada en otro valor de tensión de salida.

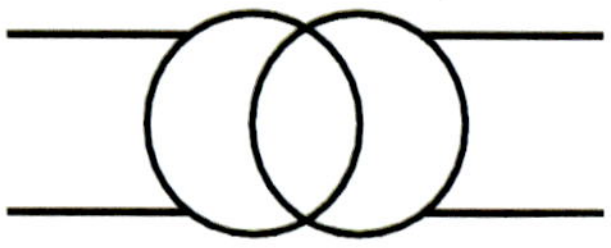

Figura 4.46. Símbolo del transformador.

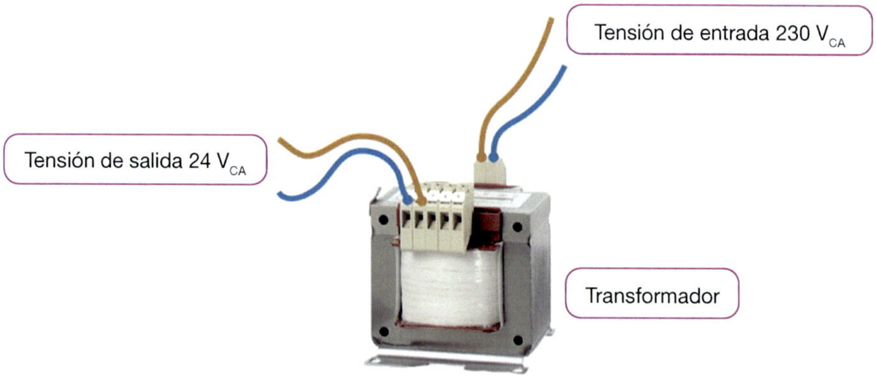

Figura 4.47. Funcionamiento y conexión de un transformador.

Su uso es fundamental, ya que no todos los receptores trabajan al nivel de tensión de la red eléctrica (230 V_{CA} o 400 V_{CA}).

Por ejemplo, las baterías de los teléfonos móviles funcionan con una tensión de entre 3 y 10 voltios, y debido a esto dentro de los cargadores hay un transformador que convierte la tensión de la red, 230 V_{CA}, en la tensión que necesita la batería.

Otro ejemplo del uso del transformador se da en la iluminación, ya que muchos tipos de lámparas (como las halógenas o los *leds*) funcionan con tensiones de 5, 12 o 24 voltios, por lo que necesitan un transformador para poder funcionar.

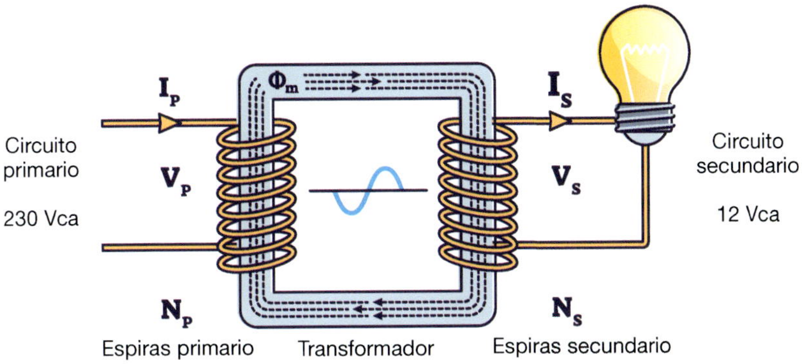

Los motores eléctricos, las resistencias y casi todas las lámparas han sido diseñados para funcionar a la tensión de la red y no necesitan transformador. La gran mayoría de los aparatos electrónicos, sin embargo, necesitan el uso de un transformador para su correcto funcionamiento.

Los transformadores pueden ser de tipo monofásico o trifásico y están formados internamente por varias bobinas de cobre esmaltado.

Al utilizar un transformador es necesario conocer la tensión de entrada, la tensión de salida y su potencia de trabajo o potencia nominal (VA).

Sabías que...

Existen transformadores muy pequeños que sirven, por ejemplo, para cargar el teléfono móvil y transformadores tan grandes como un edificio, que se utilizan para suministrar energía a las ciudades.

Figura 4.48. El cargador de un teléfono móvil tiene en su interior un pequeño transformador.

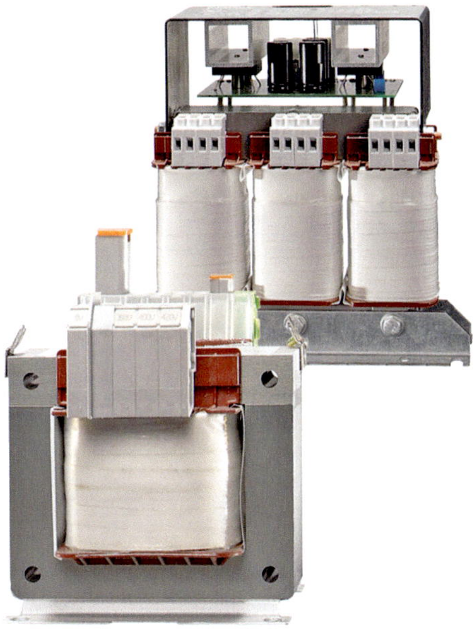

Figura 4.49. Diferentes tipos de transformadores monofásicos.

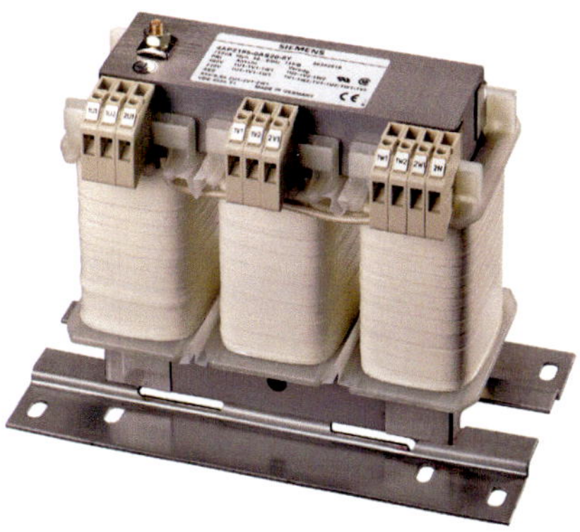

Figura 4.50. Transformador trifásico.

Mapa conceptual

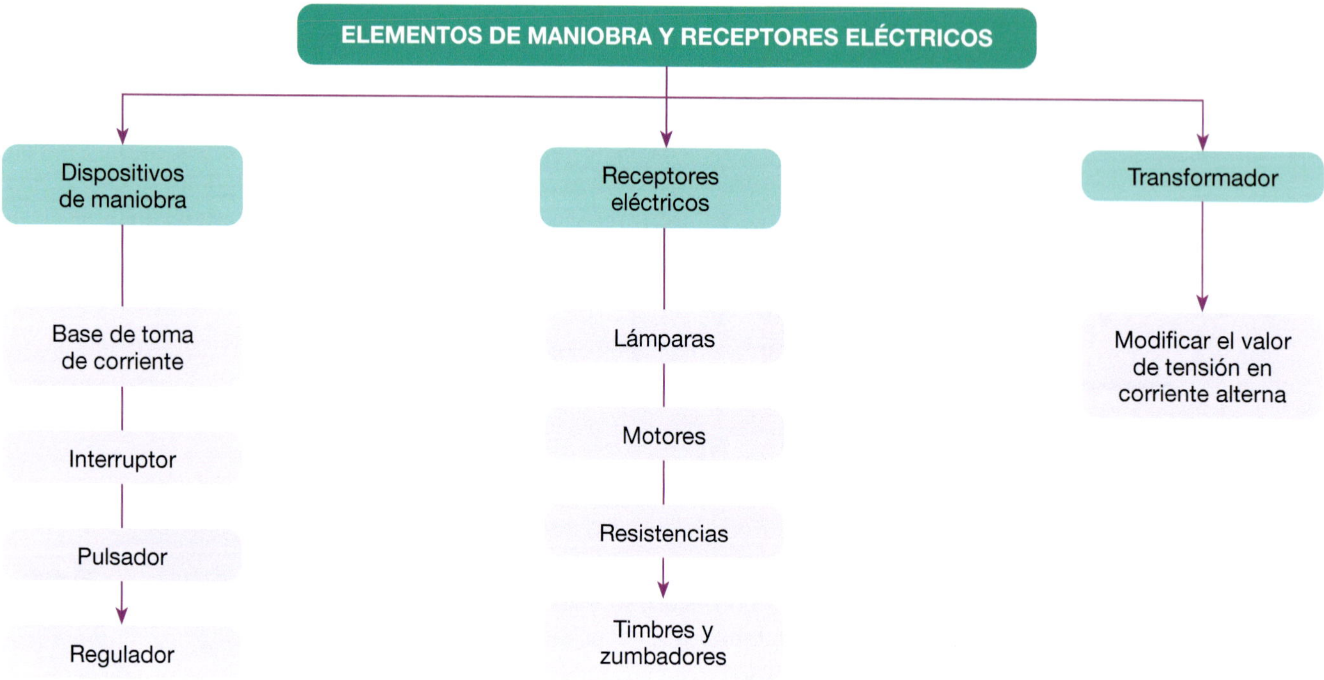

En resumen

- Es fundamental saber escoger la base de toma de corriente adecuada para cada tipo de instalación, dependiendo de su forma e intensidad admisible.
- Los elementos de maniobra más comunes en las instalaciones eléctricas permiten conectar, desconectar o regular el paso de la corriente.
- Existen receptores eléctricos que convierten la energía eléctrica en otro tipo de energía de mayor utilidad, como luz, movimiento, sonido o calor.
- Los receptores que utilizan tensiones de funcionamiento distintas de 230 V_{CA} o 400 V_{CA} necesitan un transformador.

4.1. Conexión y cableado de una base de toma de corriente múltiple

OBJETIVO

- Realizar la conexión y montaje de una base de toma de corriente múltiple monofásica de 16 A con toma de tierra.

MATERIAL

Cables flexibles de cobre de 2,5 mm^2.
Base de toma de corriente múltiple.

HERRAMIENTAS

Tijeras de electricista o pelacables.
Destornillador.

MATERIAL Y HERRAMIENTAS COMPLEMENTARIAS

También te puede resultar útil:

- Caja de mecanismo para el montaje empotrado de la base de corriente.

Proceso

1. Corta y pela los cables necesarios para la conexión del mecanismo. Recuerda que es necesario utilizar cables cortos para realizar los puentes entre tomas.
2. Desmonta la base de corriente múltiple.
3. Realiza las conexiones internas, tal como se muestra en la imagen inferior.
4. Si lo deseas, puedes colocar la base múltiple en una caja de mecanismo empotrado.
5. Vuelve a montar el mecanismo interno sobre el soporte y finaliza el proceso colocando el embellecedor.

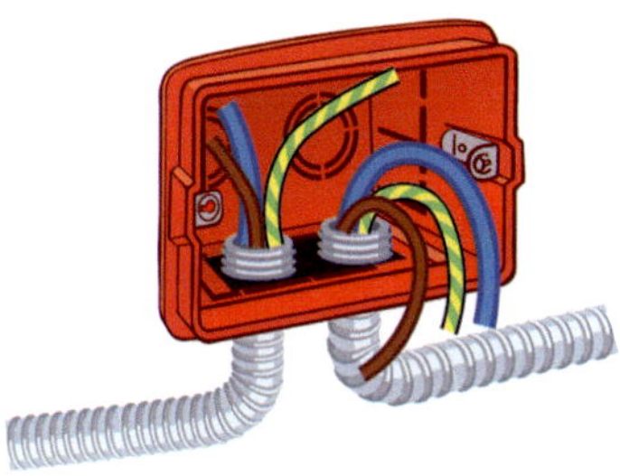

Figura 4.51. Caja de mecanismo para el montaje empotrado de la base múltiple.

Figura 4.52. Detalle de conexión interna.

4.2. Conexión, cableado y comprobación del funcionamiento de un transformador

OBJETIVO

- Realizar la conexión y montaje de un transformador y comprobar su funcionamiento.

MATERIAL

Cables flexibles de cobre de 2,5 mm².

Transformador monofásico.

HERRAMIENTAS

Tijeras de electricista o pelacables.

Destornillador.

MATERIAL Y HERRAMIENTAS COMPLEMENTARIAS

También te puede resultar útil:

- Un polímetro para comprobar el funcionamiento del transformador.

Proceso

1. Corta y pela los cables necesarios para la conexión del mecanismo.
2. Conecta 2 cables en las bornas de entrada del transformador.
3. Conecta 2 cables en las bornas de salida del transformador.
4. Conecta la carcasa metálica del transformador a un conductor de protección.
5. Asegúrate de que el circuito esté protegido en su origen por un interruptor automático y un interruptor diferencial y alimenta el transformador.
6. Comprueba que la tensión de funcionamiento en la entrada del transformador es de 230 V_{CA}, y la tensión a la salida es la indicada en su placa de características.

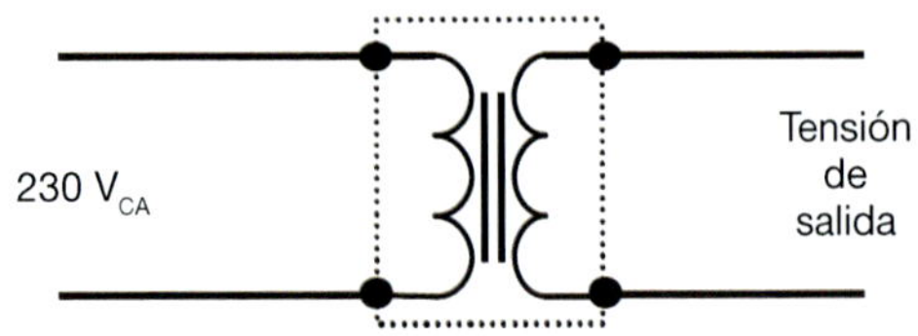

Figura 4.53. Esquema de conexión y funcionamiento.

Figura 4.54. Funcionamiento interno del transformador.

Actividades finales

De comprobación

4.1. **¿Cuál de estas bases de toma de corriente no dispone de toma de tierra?**

a) C1a.

b) C2b.

c) Base *schuko*.

4.2. **¿Cómo se deben conectar las bases de toma de corriente en una instalación eléctrica convencional?**

a) Serie.

b) Paralelo.

c) Mixto.

4.3. **¿Cuál de los siguientes elementos de maniobra vuelve a su posición original cuando se deja de actuar sobre sus contactos?**

a) Interruptor.

b) Regulador.

c) Pulsador.

4.4. **Un *dimmer* es:**

a) Un elemento de maniobra que permite conectar y desconectar cargas eléctricas.

b) Un modelo de base de toma de corriente.

c) Un elemento de maniobra que permite regular la intensidad de corriente.

4.5. **¿Cuál es la intensidad admisible de la base de toma de corriente de la imagen?**

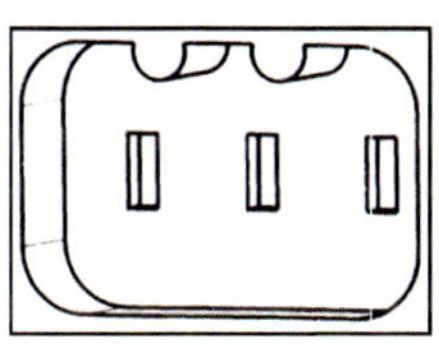

a) 10 A.

b) 16 A.

c) 25 A.

4.6. **El receptor que convierte la energía eléctrica en calor útil es:**

a) Una lámpara.

b) Una resistencia.

c) Un zumbador.

4.7. **¿Qué clase de receptor eléctrico es una lavadora?**

a) Es un motor.

b) Es una lámpara.

c) Es una resistencia.

4.8. **¿Qué elemento representan los símbolos mostrados a continuación?**

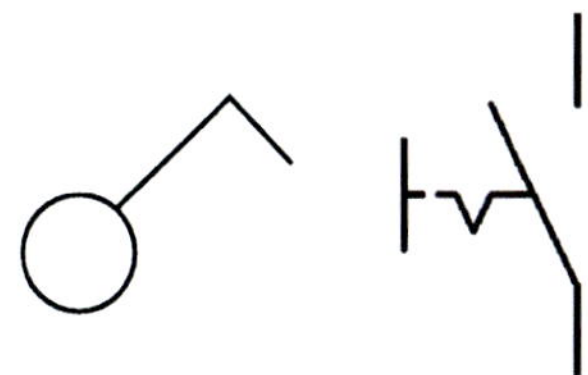

a) Lámpara.

b) Pulsador.

c) Interruptor.

4.9. **El receptor que convierte la energía eléctrica en vibración es:**

a) Un motor.

b) Una resistencia.

c) Un zumbador.

4.10. **El transformador:**

a) Permite conectar y desconectar cargas eléctricas.

b) Convierte la energía eléctrica en sonido.

c) Permite modificar el valor de la tensión en una instalación eléctrica.

4.11. **¿Qué representa el siguiente símbolo?**

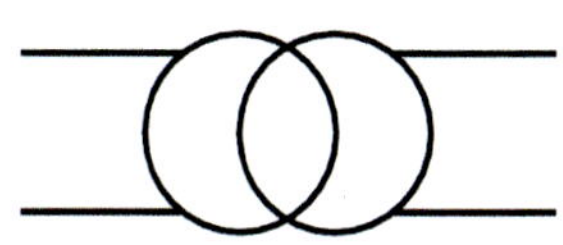

a) Regulador.

b) Pulsador doble.

c) Transformador.

4.12. **Una base de toma de corriente trifásica de tipo 3P+T:**

a) Dispone de conexión para tres fases, neutro y conductor de protección.

b) Tiene una intensidad admisible comprendida entre 16 A o 125 A.

c) Las dos respuestas anteriores son correctas.

Actividades finales

De ampliación

4.13. Describe brevemente los diferentes tipos de bases de toma de corriente domésticas, indicando sus características principales.

4.14. Define, con ayuda de un esquema, cómo debe realizarse la conexión y montaje de varias tomas de corriente pertenecientes a un mismo circuito eléctrico.

4.15. Explica la característica fundamental de funcionamiento que define la diferencia entre los interruptores y los pulsadores.

4.16. Justifica dos aplicaciones en las que pueda resultar de utilidad el disponer de un pulsador.

4.17. Cita, al menos, tres tipos de interruptores distintos.

4.18. ¿Qué otro nombre recibe el regulador? Cita dos aplicaciones en las que pueda resultar de utilidad el disponer de un regulador.

4.19. Cita algunos ejemplos de receptores presentes en las instalaciones eléctricas, definiendo en qué tipo de energía útil convierten la energía eléctrica que reciben.

4.20. Explica el principio de funcionamiento de un transformador, y dos aplicaciones en las que sea necesaria su utilización.

Preinstalación y montaje de las instalaciones eléctricas

Introducción

Para realizar la preinstalación de los elementos que integran las instalaciones eléctricas básicas es necesario conocer sus características y requisitos fundamentales, así como los métodos de montaje más adecuados en cada caso.

En esta unidad se estudian las canalizaciones: cajas por las que discurren los conductores eléctricos y los cuadros eléctricos que deja la aparamenta, aplicando finalmente los conocimientos adquiridos en ejecutar una pequeña instalación eléctrica.

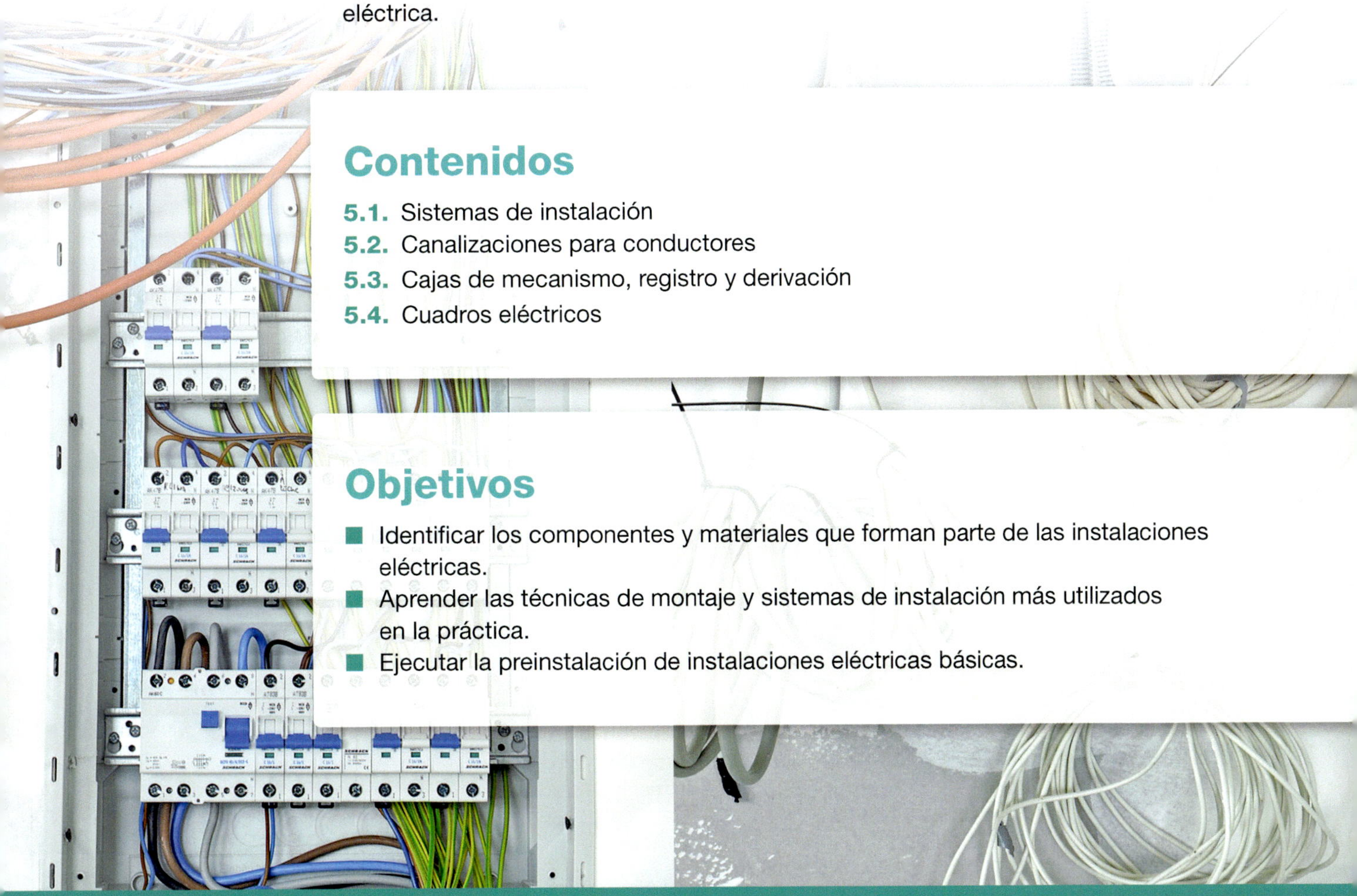

Contenidos

Objetivos

- Identificar los componentes y materiales que forman parte de las instalaciones eléctricas.
- Aprender las técnicas de montaje y sistemas de instalación más utilizados en la práctica.
- Ejecutar la preinstalación de instalaciones eléctricas básicas.

Figura 5.1. Preinstalación de una instalación eléctrica empotrada sobre pared de ladrillo.

5.1. Sistemas de instalación

El montaje y fijación de los elementos que forman parte de las instalaciones eléctricas de baja tensión puede realizarse de diferentes maneras según las necesidades de los usuarios y las características del local o ubicación. Los sistemas de instalación más utilizados en la práctica son los siguientes.

5.1.1. Montaje empotrado

El trazado de las canalizaciones y la instalación de los mecanismos se realiza en el interior de las paredes, tabiques, muros, techos, etc.

Para la ejecución del montaje empotrado generalmente se utiliza un hueco realizado **en el interior** de la pared, que se conoce como **roza,** que posteriormente se recubre con yeso y argamasa.

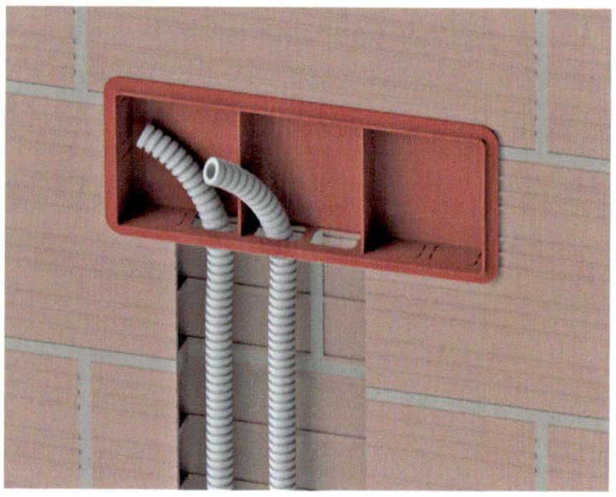

Figura 5.2. Tubos y caja de registro en montaje empotrado.

Figura 5.3. Toma de corriente en montaje empotrado.

En instalaciones realizadas con placas de yeso o pladur, los tubos discurren por la parte posterior de las placas, sin roza, fijándose al forjado, a las paredes interiores o a los perfiles metálicos.

Figura 5.4. Operario cableando una instalación eléctrica empotrada.

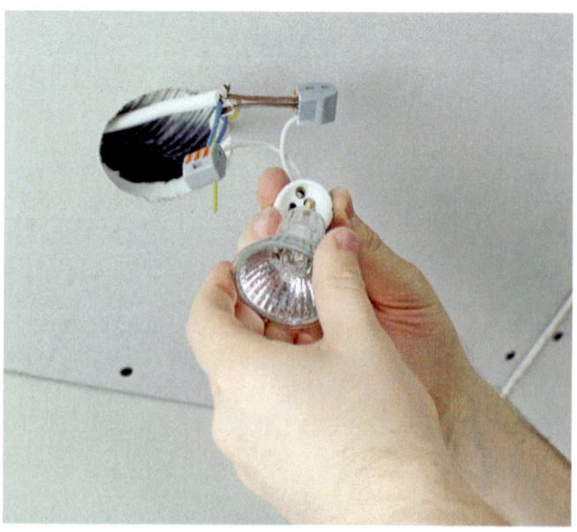

Figura 5.5. Instalación de lámpara en montaje empotrado en techo de pladur.

Figura 5.6. Instalación de una toma de corriente en pladur.

Ventajas

Es el método de montaje que ofrece más protección. Además es muy estético, ya que la mayoría de los componentes quedan ocultos.

¿Dónde se utiliza?

Es el sistema típico en instalaciones interiores de viviendas y edificios, puesto que es el método más estético y las paredes son generalmente de ladrillo y pladur.

5.1.2. Montaje superficial

El trazado de las canalizaciones y la instalación de los mecanismos se realiza **sobre la superficie** de las paredes, tabiques, muros, techos, etc.

Para la ejecución del montaje superficial resulta necesario utilizar accesorios de fijación como tornillos, clavos o materiales adhesivos.

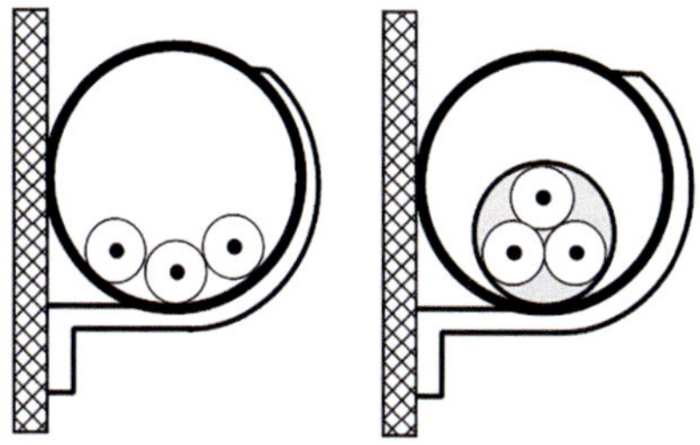

Figura 5.7. Representación de canalizaciones en montaje superficial sobre tubo.

Figura 5.8. Tendido de conductores en montaje superficial sobre bandeja.

Ventajas

Es un método de montaje muy económico, sencillo de realizar y de fácil mantenimiento.

¿Dónde se utiliza?

Es un sistema muy empleado, por ejemplo, en industrias o garajes, puesto que las paredes son generalmente de hormigón.

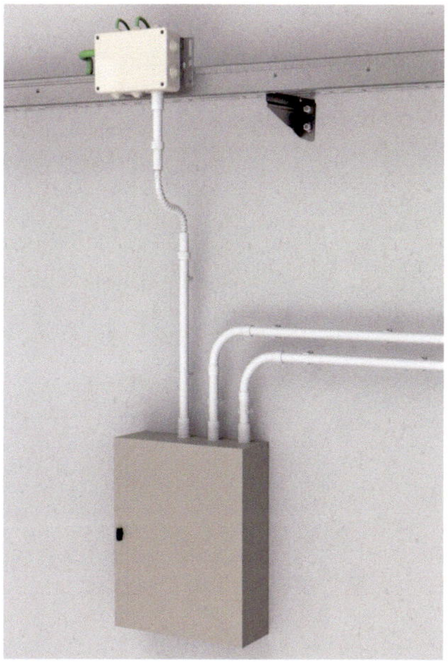

Figura 5.9. Componentes en montaje superficial.

Actividad propuesta 5.1.

¿Qué sistema de instalación se ha utilizado para el montaje de los componentes eléctricos en tu aula de trabajo? ¿Y en tu vivienda?

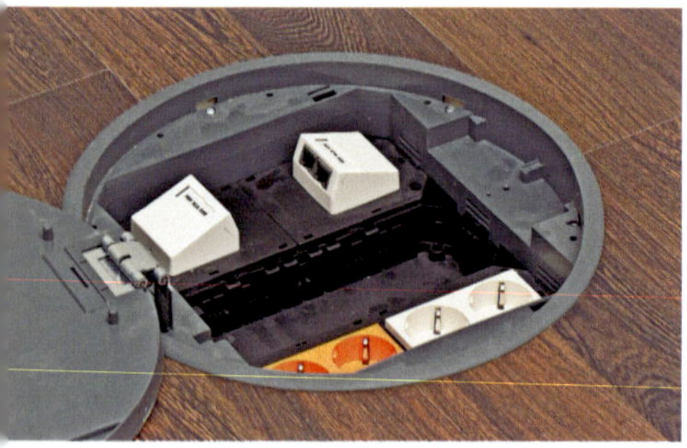

Figura 5.10. Instalación eléctrica y de telecomunicación empotrada en el suelo.

Figura 5.11. Instalación en falso techo.

5.1.3. Montajes especiales

Existen otros sistemas de instalación menos habituales que se utilizan en situaciones muy concretas. Los más destacables son el montaje en falso techo, el montaje empotrado en suelo o bajo falso suelo, las canalizaciones eléctricas prefabricadas y el montaje en molduras o zócalos.

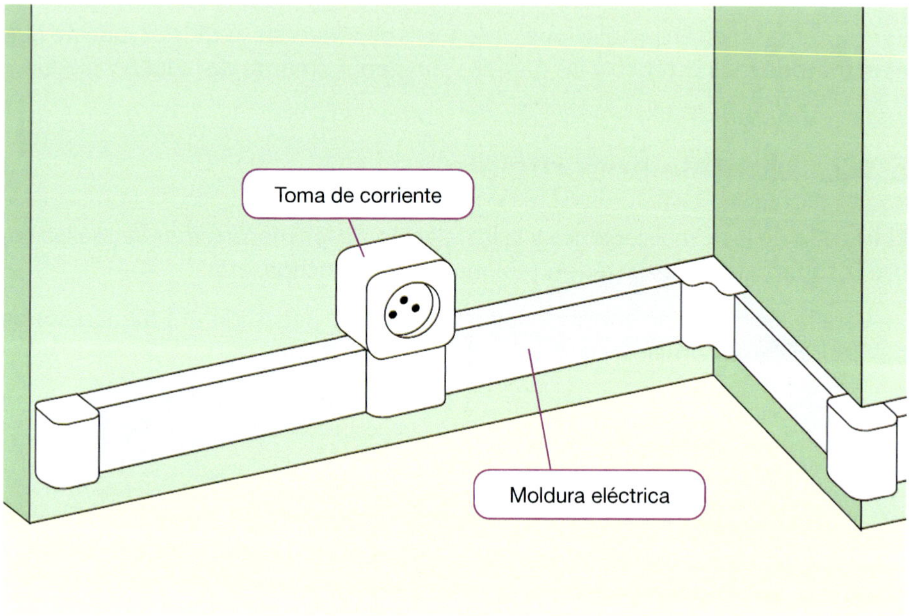

Figura 5.12. Instalación en moldura o zócalo.

5.1.4. Montaje enterrado

Es un sistema poco frecuente en instalaciones interiores, estando más enfocado a aquellas que discurren por el exterior, como pueden ser las de alumbrado. Se utilizan conductores aislados, generalmente bajo tubo y a profundidades determinadas según el tipo de instalación.

5.1.5. Conductores fijados directamente sobre las paredes

Es una técnica actualmente poco utilizada, pero permitida por el reglamento siempre que los cables cumplan una serie de condiciones:

- Deben disponer de aislamiento y cubierta.
- La tensión de aislamiento será 0,6/1 kV.
- Se fijarán sobre las paredes por medio de bridas, abrazaderas o collares.
- Los puntos de fijación estarán a 40 cm como máximo.
- Los empalmes y conexiones se harán por medio de cajas o dispositivos equivalentes.

5.2. Canalizaciones para conductores

Para realizar el tendido de los conductores en una instalación eléctrica es recomendable, y en algunos casos obligatorio, utilizar canalizaciones que aseguren la protección mecánica y faciliten el montaje de los mismos.

Los tipos de canalizaciones más utilizados en la práctica en las instalaciones convencionales son los que se indican en la Tabla 5.1.

Tabla 5.1. Canalizaciones para conductores

Tubos	De plástico flexible
	De plástico rígido
	Metálico
Bandejas	Lisa
	Perforada
	De rejilla
Canalizaciones alternativas	Canales protectoras y canaletas
	Canalizaciones eléctricas prefabricadas

5.2.1. Conductores bajo tubo protector

La instalación bajo tubo es una de las más utilizadas tanto en montaje empotrado como en montaje superficial.

El diámetro del tubo debe seleccionarse en función del número de circuitos que aloja en su interior y de las secciones de los conductores.

Figura 5.13. Preinstalación eléctrica bajo tubo empotrado.

Sabías que...

En ciertas instalaciones también puede realizarse el montaje de los conductores sin canalización, siempre que su aislamiento sea de 0,6/1 kV. Este método cada vez se utiliza menos por su inseguridad y dificultad de mantenimiento.

Dimensiones de los tubos

Los fabricantes solo comercializan tubos de **diámetros normalizados** (Tabla 5.2). En la tabla los más utilizados en instalaciones interiores están marcados en negrita.

Tabla 5.2. Diámetros normalizados de tubos utilizados en instalaciones eléctricas de baja tensión

Diámetros normalizados de los tubos			
12 mm	**32 mm**	75 mm	140 mm
16 mm	**40 mm**	90 mm	160 mm
20 mm	50 mm	110 mm	180 mm
25 mm	63 mm	125 mm	200 mm

NORMATIVA

Puedes consultar la sección y número de conductores que puede ser tendido en cada diámetro de tubo según el tipo de instalaciones en la ITC-BT-21 del Reglamento de Baja Tensión.

Tipos de tubos

Los tubos protectores se pueden clasificar en tres grupos: plástico flexible, plástico rígido y metálicos.

1 Tubo de plástico flexible

Es un tipo de tubo fabricado con PVC u otros plásticos flexibles como el polipropileno (PP). Se encuentra estriado en toda su superficie para facilitar su manipulación, por lo que también es denominado **tubo corrugado.**

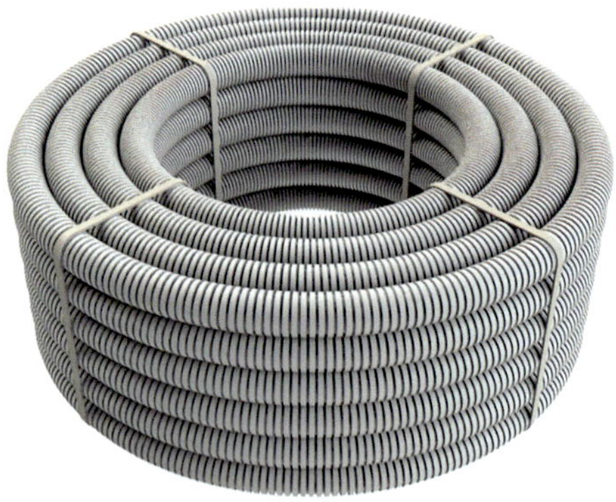

Figura 5.14. Tubo de plástico flexible libre de halógenos.

Al ser muy flexible **no es necesario el uso de herramientas** para realizar su curvado y montaje. El corte se puede llevar a cabo con unas tijeras o una navaja de electricista.

Las uniones y empalmes se realizan uniendo directamente los tubos con cinta aislante y alambre galvanizado.

Su montaje es muy sencillo y su uso se limita a **instalaciones empotradas.**

Figura 5.15. Conductores tendidos bajo tubo corrugado.

2 Tubo de plástico rígido

Es un tipo de tubo fabricado con PVC o materiales termoplásticos, mucho más resistente que el tubo corrugado.

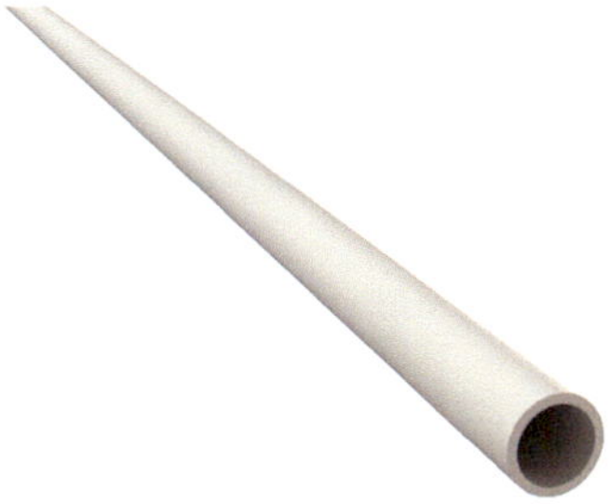

Figura 5.16. Tubo rígido curvable en caliente.

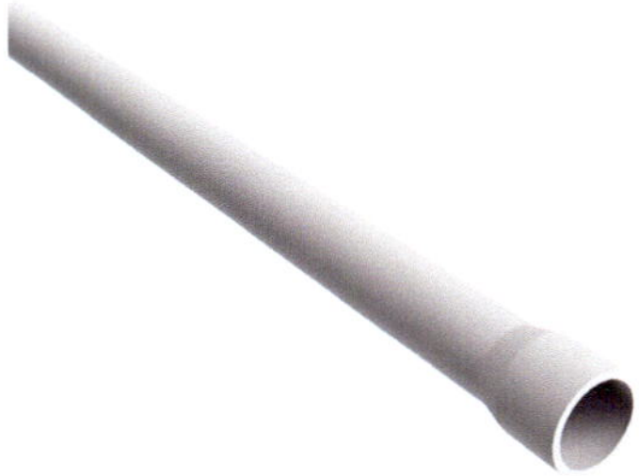

Figura 5.17. Tubo de plástico rígido abocardado.

Figura 5.18. Detalle de conexión de un manguito de empalme sobre tubo de plástico rígido.

Para su manipulación **es necesario el uso de herramientas especiales.** El curvado se hace en caliente con un decapador o un soplete y el corte se realiza generalmente con una sierra de arco. Puede evitarse el proceso de curvado utilizando piezas acodadas prefabricadas.

Las uniones entre tubos se llevan a cabo con manguitos de empalme que pueden ser lisos, roscados o termorretráctiles.

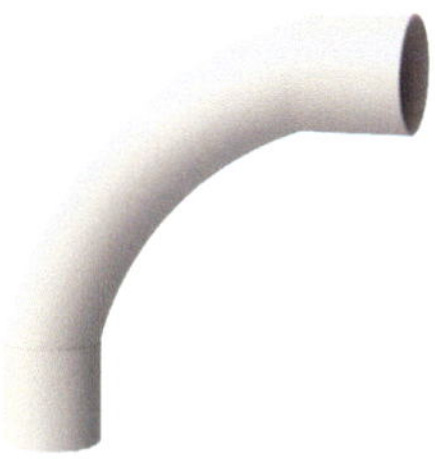

Figura 5.19. Pieza acodada prefabricada.

Figura 5.20. Manguito de empalme.

Figura 5.21. Decapador.

Su montaje requiere destreza para realizar tanto el curvado como los empalmes y su uso es válido en instalaciones empotradas y superficiales.

3 Tubo metálico flexible

Es un tipo de tubo ondulado en forma de espiral, generalmente fabricado con acero galvanizado y recubierto de PVC gris.

Se trata de un tubo resistente, flexible, estanco al aire y al agua, utilizado en instalaciones móviles o para otorgar mayor protección mecánica a los conductores.

Sus acoplamientos y conexiones se realizan mediante racores giratorios y otras piezas específicas.

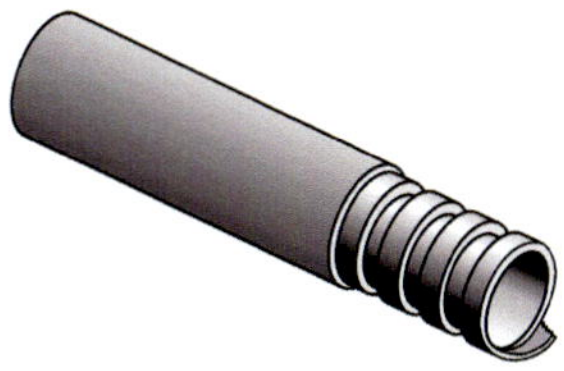

Figura 5.22. Tubo de acero flexible.

Sabías que...

Los tubos metálicos deben estar siempre conectados a la instalación de puesta a tierra.

4 Tubo metálico rígido

Es un tipo de tubo rígido y muy resistente fabricado con aluminio o acero galvanizado para evitar la corrosión.

Figura 5.23. Tubo rígido metálico enchufable.

Figura 5.24. Tubo rígido metálico roscado.

Figura 5.25. Manguito metálico de empalme interior de tipo rosca. La rosca puede realizarse con una terraja.

Para su manipulación **es necesario el uso de herramientas especiales.** El curvado debe realizarse con una máquina dobladora de tubos y el corte con una sierra para metal o una máquina cortadora de tubos, aunque también es frecuente utilizar codos metálicos prefabricados para evitar el proceso de curvado.

Las uniones entre tubos se llevan a cabo con manguitos de empalme metálicos que pueden ser lisos, roscados o atornillados.

Figura 5.26. Manguito metálico de empalme enchufable.

Figura 5.27. Dobladora de tubos.

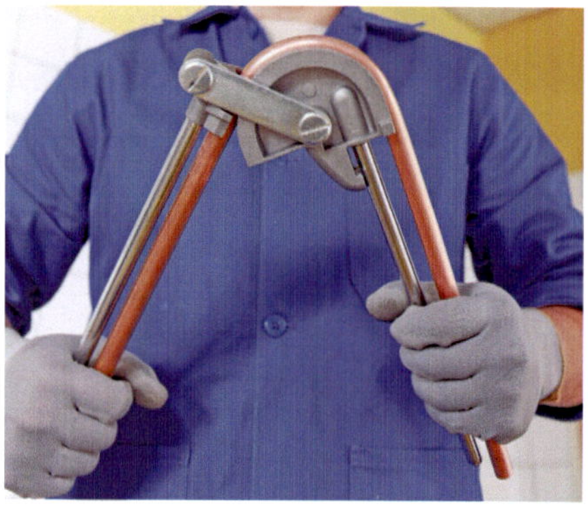

Figura 5.28. Operario utilizando una dobladora de tubo.

Su montaje requiere mucha destreza para realizar tanto el curvado como los empalmes y su uso es válido únicamente en instalaciones superficiales.

Actividad propuesta 5.2.

Completa la siguiente tabla indicando el tipo de tubo que puede utilizarse en cada método de montaje:

	Montaje empotrado	Montaje superficial
Tubo de plástico flexible		
Tubo de plástico rígido		
Tubo metálico		

Métodos de montaje y accesorios de fijación

Los tubos en montaje empotrado no requieren accesorios de fijación, excepto si se encuentran en huecos de la construcción que suelen fijarse mediante bridas. Los tubos en montaje superficial deben anclarse firmemente a las superficies a través de elementos de fijación como abrazaderas, grapas, tacos, tornillos, perchas o fijaciones químicas. Los elementos de fijación no deben estar separados más de 0,5 metros.

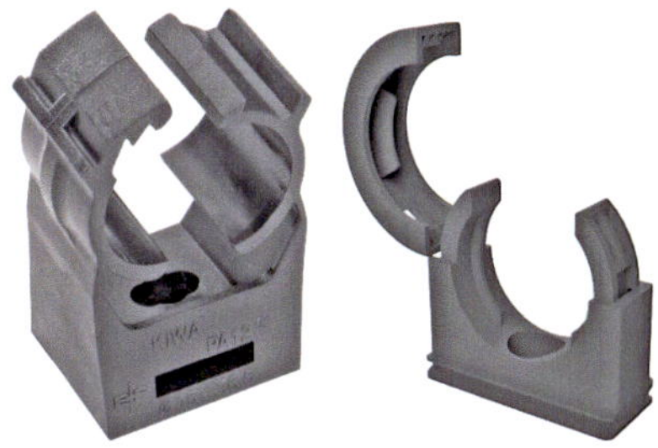

Figura 5.29. Abrazaderas.

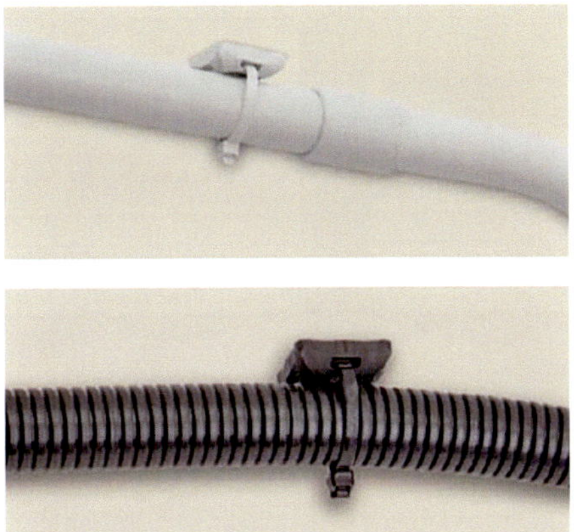

Figura 5.30. Fijación de tubos con abrazaderas y bridas.

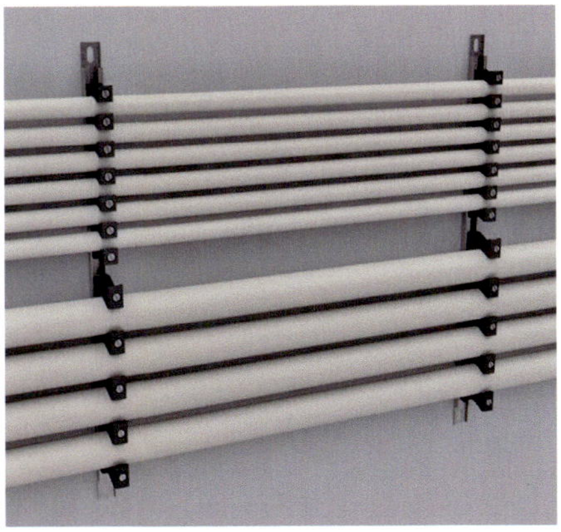

Figura 5.31. Fijación de tubos con perchas.

Tendido de los conductores

El tendido de los conductores en el interior del tubo debe realizarse con una **guía pasacables,** sujetando el cable firmemente y tirando de la guía desde el otro extremo del tubo hasta recuperar el cable.

Las guías pasacables pueden estar fabricadas en distintos materiales y poseer diferentes características en función del trabajo que se va a realizar. Las más utilizadas son las que se citan en la Tabla 5.3.

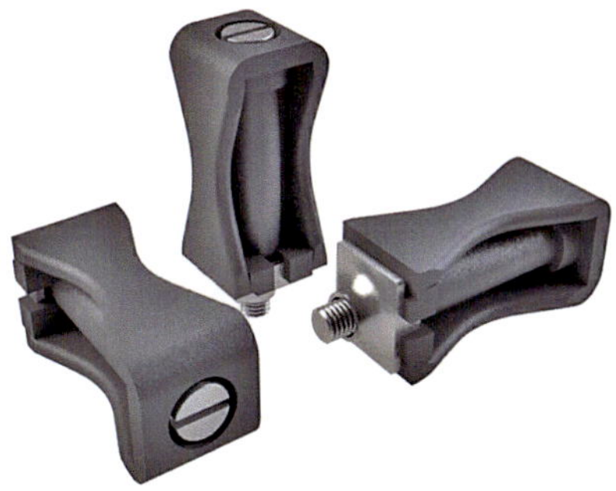

Figura 5.32. Perchas.

Tabla 5.3. Tipos de guías pasacables en función de su uso y características

Material	Grosor	Diámetro del tubo recomendado	Longitud recomendada
Nailon	3 – 4 mm	16 – 25 mm	Hasta 80 m
Poliéster helicoidal	4,5 – 5,8 mm	16 – 50 mm	Hasta 100 m
Fleje de acero	4 – 10 mm	16 – 160 mm	Hasta 250 m
Cable de acero	4 mm	20 – 32 mm	Hasta 150 m
Fibra de vidrio	3 – 15 mm	16 – 200 mm	Hasta 500 m

La introducción del cableado en un tubo utilizando la guía pasacables debe realizarse de forma escalonada tirando suavemente y evitando que se dañe el cable.

Figura 5.33. Representación de guía pasacables para el tendido de los conductores.

Para evitar dañar el aislamiento de los conductores, los extremos de los tubos metálicos deben estar provistos de boquillas o tener los bordes redondeados.

Las conexiones de los cables deben realizarse en cajas de registro o derivación adecuadas, estando prohibidas las uniones con bornes en el interior de los propios tubos.

Figura 5.34. Las conexiones del cableado se realizan en cajas de registro o derivación adecuadas.

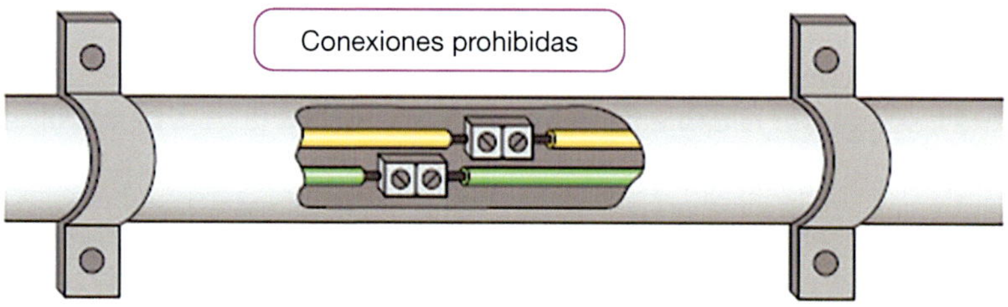

Figura 5.35. Las conexiones dentro de los tubos están prohibidas.

NORMATIVA

REGLAMENTO ELECTROTÉCNICO DE BAJA TENSIÓN

ITC-BT-21

Tubos y canales protectoras

Apartado 2: Instalación y colocación de tubos

«... el trazado de las canalizaciones se hará siguiendo líneas verticales y horizontales... »

«... las curvas practicadas en los tubos serán continuas y no originarán reducciones de sección inadmisibles... »

5.2.2. Conductores en bandeja

El tendido de los conductores sobre bandeja se utiliza generalmente en **montaje superficial** o en falso techo. La ventaja de este sistema de instalación es la posibilidad que ofrece de distribuir varios grupos de cables pertenecientes a distintos circuitos.

Recuerda que...

No se permite la unión de conductores como empalmes o derivaciones por simple retorcimiento o arrollamiento entre sí de los conductores. Deberá realizarse siempre utilizando bornes de conexión adecuados.

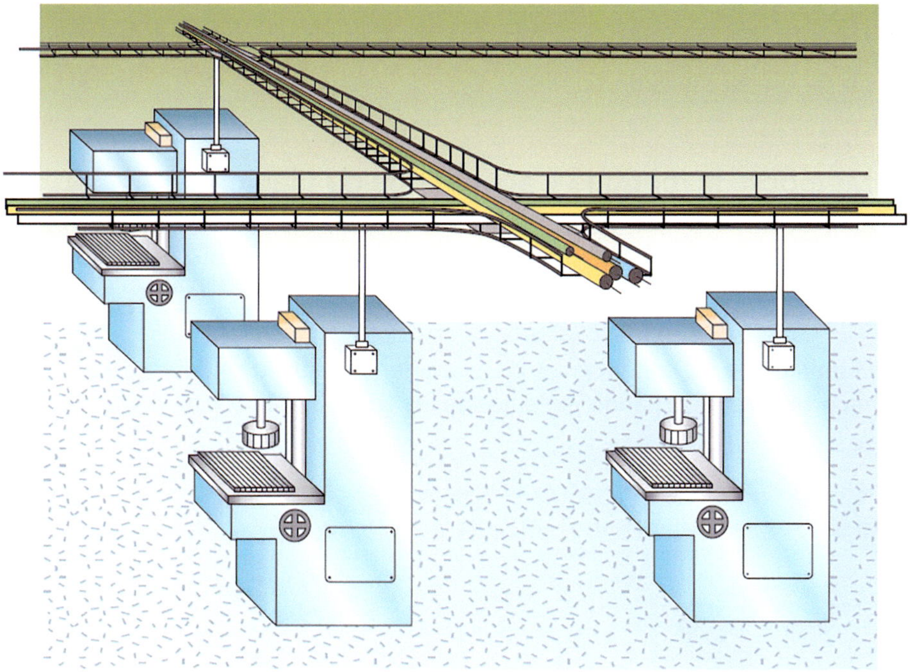

Figura 5.36. Instalación superficial en bandeja.

Tipos de bandejas

Las bandejas se clasifican en tres grupos: perforadas, lisas y de rejilla.

1 Bandeja perforada

Similar a la bandeja lisa pero con perforaciones para disipar el calor producido por los conductores. Puede ser metálica o de material aislante.

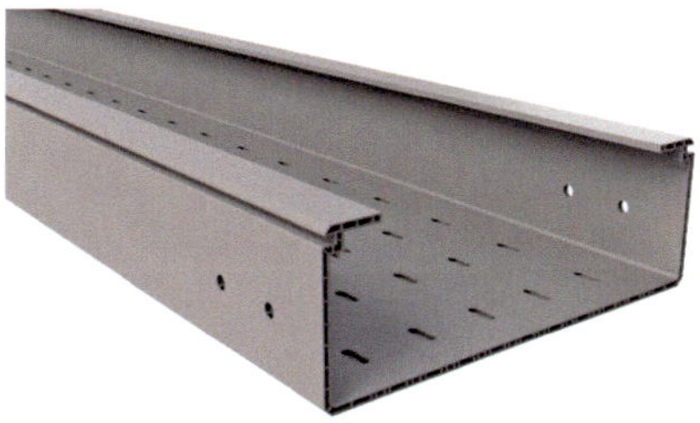

Figura 5.37. Bandeja perforada de material aislante.

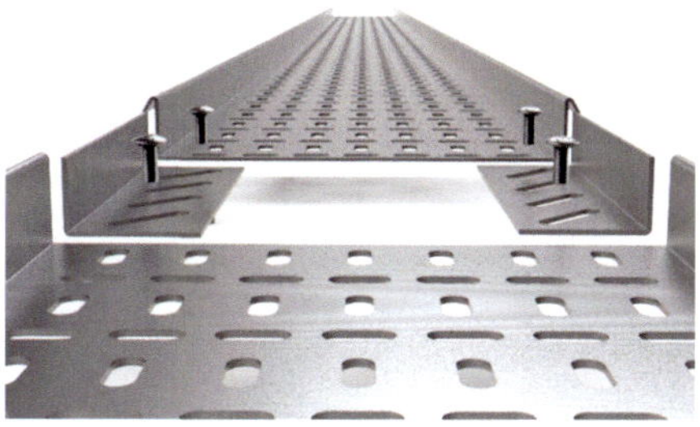

Figura 5.38. Bandeja perforada metálica.

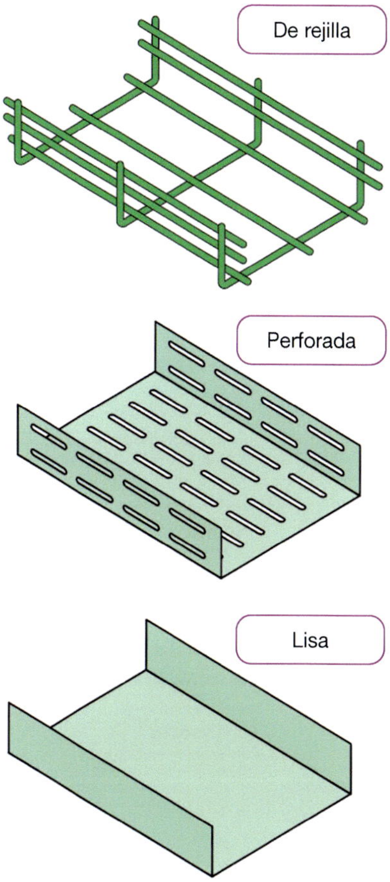

Figura 5.39. Diferentes tipos de bandejas.

Figura 5.40. Bandeja de rejilla.

2 Bandeja lisa

Garantiza una gran protección a los conductores. Puede ser metálica o de material aislante.

3 Bandeja de rejilla

Es un tipo de bandeja metálica de bajo coste diseñada para garantizar la máxima refrigeración del cableado.

Recuerda que...

Las bandejas metálicas deben estar conectadas a la instalación de puesta a tierra.

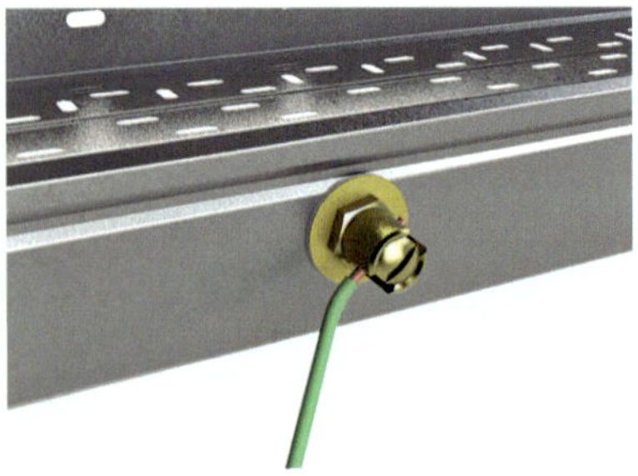

Figura 5.41. Detalle de conexión a tierra de una bandeja metálica.

Métodos de montaje y accesorios de fijación

Las bandejas deben anclarse firmemente a las superficies a través de elementos como ménsulas, grapas, varillas roscadas, terminales de fijación a viga o anclajes a hormigón.

El tendido de los conductores en el interior de la bandeja debe realizarse de forma ordenada, agrupando y separando los conductores adecuadamente.

Figura 5.42. Accesorios de fijación para bandejas.

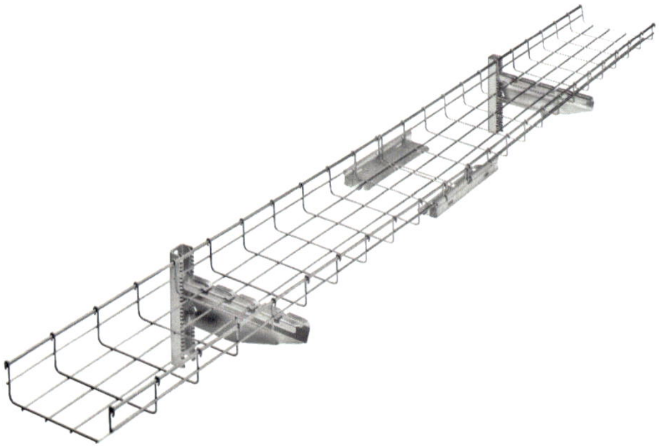

Figura 5.43. Bandeja instalada sobre ménsulas.

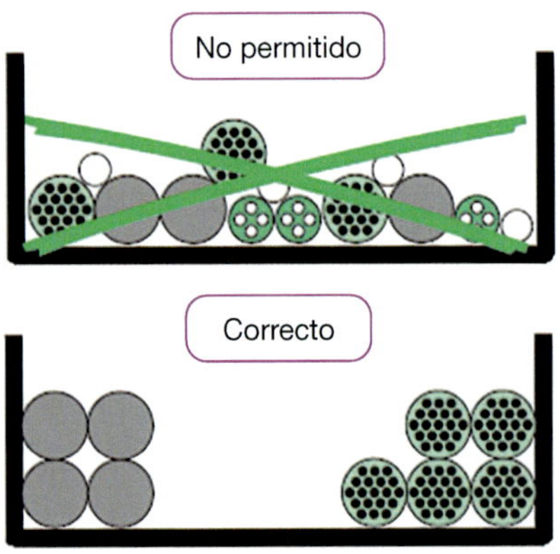

Figura 5.44. Métodos de tendido de conductores sobre bandeja.

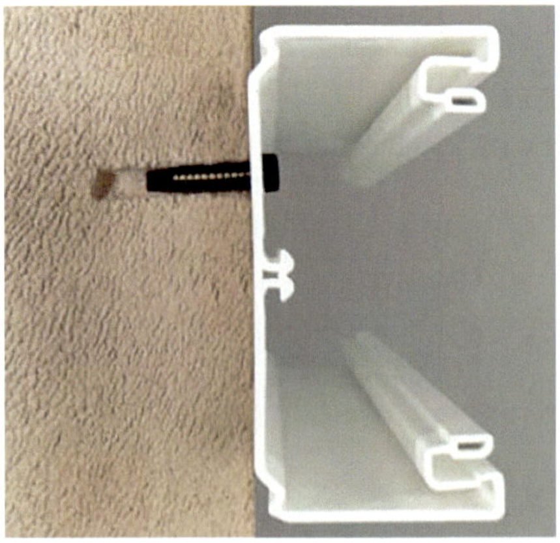

Figura 5.45. Detalle de anclaje en pared de una canaleta.

Figura 5.46. Detalle de fijación al techo de un soporte para bandeja.

5.2.3. Otras canalizaciones utilizadas en las instalaciones eléctricas

Existen canalizaciones para conductores más sofisticadas, que han sido diseñadas para el montaje interior en superficie.

- **Canal protectora y canaleta**

  Es un tipo de bandeja lisa o perforada cerrada por una tapa desmontable. Suele estar fabricada con materiales aislantes. La tapa solo puede abrirse con ayuda de un útil.

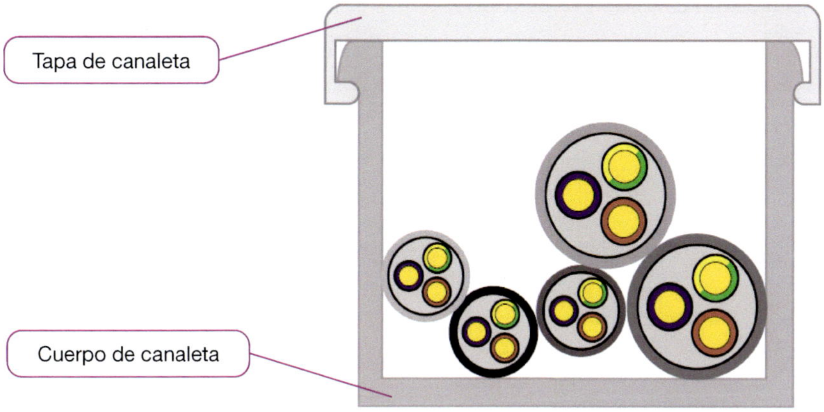

Figura 5.47. Representación del tendido de conductores en el interior de una canaleta.

- **Canalización eléctrica prefabricada**

  Canalización en la que los conductores (que pueden ser cables o barras de cobre) ya se encuentran montados en su interior, por lo que en su instalación únicamente hay que realizar el montaje de los mecanismos.

El uso de este tipo de canalizaciones está menos extendido que el montaje bajo tubo o en bandeja, debido a que el coste es mayor y su instalación puede resultar más complicada.

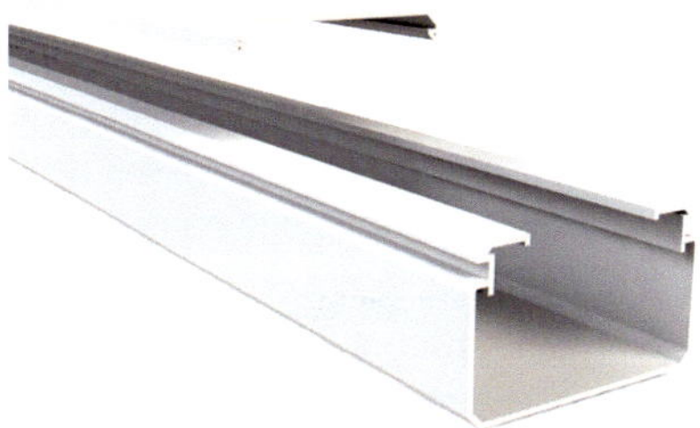

Figura 5.49. Minicanal protectora doméstica.

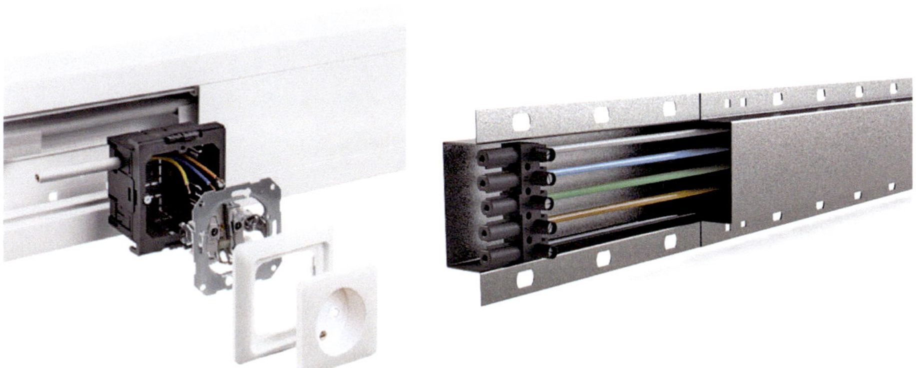

Figura 5.48. Canalizaciones eléctricas prefabricadas.

5.3. Cajas de mecanismo, registro y derivación

Las cajas de una instalación eléctrica pueden ser de tipo metálico o plástico en montaje empotrado o superficial. Dependiendo de su función, pueden clasificarse en dos grupos: cajas de registro y derivación, y cajas de mecanismos.

Figura 5.50. Caja de registro aislante de montaje empotrado.

5.3.1. Cajas de registro y derivación

Se utilizan para efectuar las conexiones eléctricas necesarias entre los conductores y facilitar su tendido en los tubos.

Se instalarán a lo largo del recorrido de las canalizaciones, evitando que los tubos realicen trazados demasiado largos o con muchas curvas.

Las cajas de registro más utilizadas en instalaciones eléctricas de interior son las que se indican en la Tabla 5.4.

Tabla 5.4. Dimensiones de las cajas de registro y derivación más comunes en viviendas y edificios

Caja cuadrada o rectangular (Ancho × Largo × Profundidad)	**Caja redonda** (Diámetro × Profundidad)
100 × 100 × 45 mm	Ø 68 × 46 mm
160 × 100 × 50 mm	Ø 100 × 46 mm
200 × 130 × 60 mm	Ø 150 × 46 mm
300 × 500 × 60 mm	

Figura 5.51. Cajas de registro aislantes de montaje superficial.

Figura 5.52. Conexionado de conductores en el interior de una caja de derivación empotrada.

Sabías que...

Tanto las cajas de registro como las de derivación pueden ser instaladas de modo superficial sobre una bandeja.

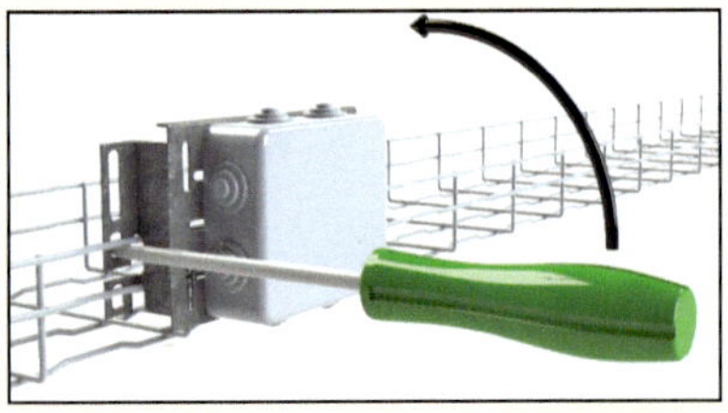

Figura 5.53. Instalación de una caja sobre bandeja.

Al hacer una preinstalación eléctrica, las conexiones entre conductores dentro de las cajas de registro o derivación deben realizarse con regletas o borneros adecuados para el número de cables y su sección, y los diferentes circuitos deben estar correctamente identificados.

5.3.2. Cajas de mecanismos

De forma cuadrada o rectangular, son utilizadas para alojar los diferentes mecanismos eléctricos de la instalación, como interruptores, bases de toma de corriente, etc.

Al realizar el montaje de un mecanismo empotrado en caja, es conveniente dejar el mayor hueco posible para evitar problemas de espacio con el cableado.

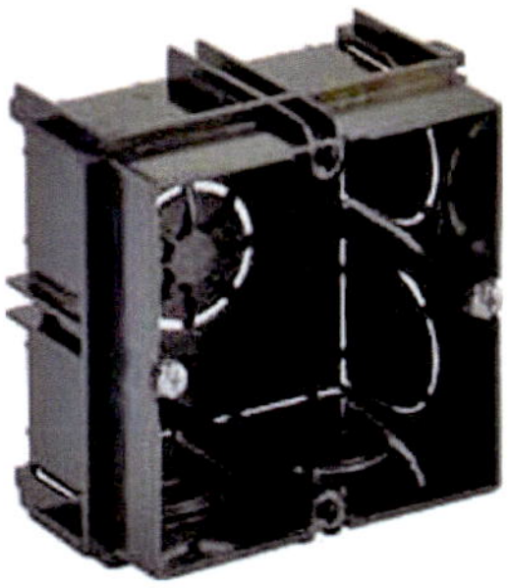

Figura 5.54. Caja de mecanismo cuadrada.

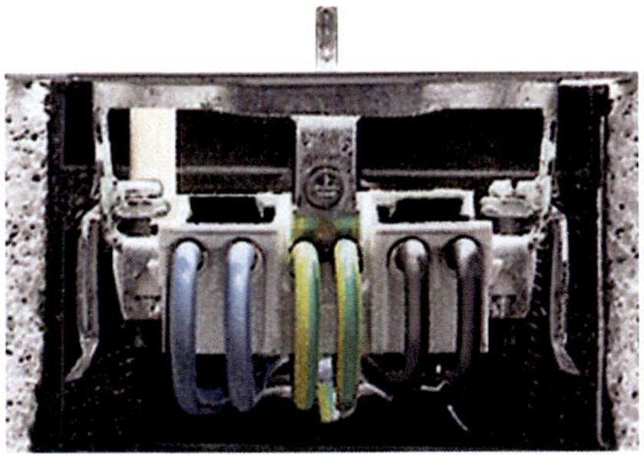

Figura 5.55. Detalle de mecanismo empotrado en caja.

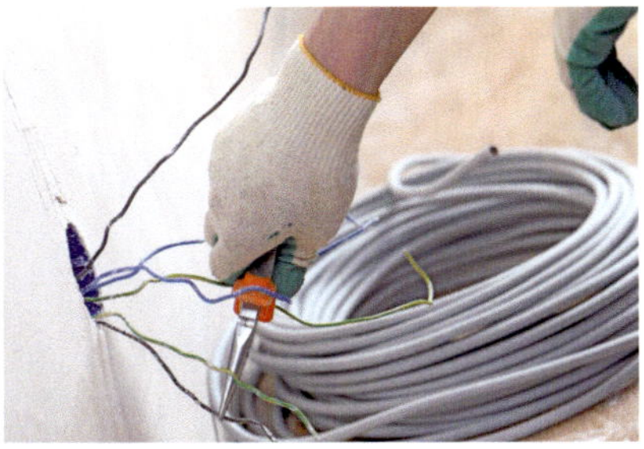

Figura 5.56. Conexionado de conductores en una caja de mecanismo.

5.3.3. Tendido de cables en cajas de registro, derivación y mecanismo

A la hora de realizar una preinstalación eléctrica es muy importante seguir una serie de recomendaciones que facilitarán las labores de conexionado, registro, comprobación y mantenimiento posteriores.

En el caso de las cajas de registro o derivación, cuando los cables las atraviesen sin conexión, es recomendable dejar una vuelta o «coca». Si los cables se conectan en un interior, deberán cortarse dejando una longitud de seguridad de entre 15 a 20 centímetros.

En las cajas de mecanismo se dejarán los conductores con un margen de 10 a 15 centímetros, y una vez conectada la aparamenta quedarán recogidos en el interior de la caja, tras el mecanismo.

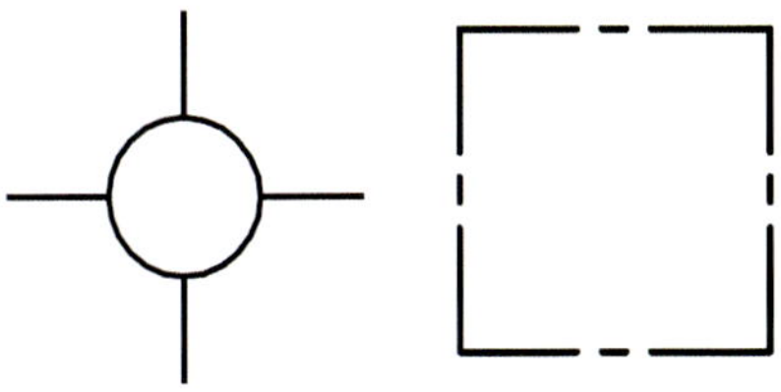

Figura 5.57. Símbolo de una caja de derivación o registro.

Figura 5.58. Detalle de cableado holgado en una caja de derivación.

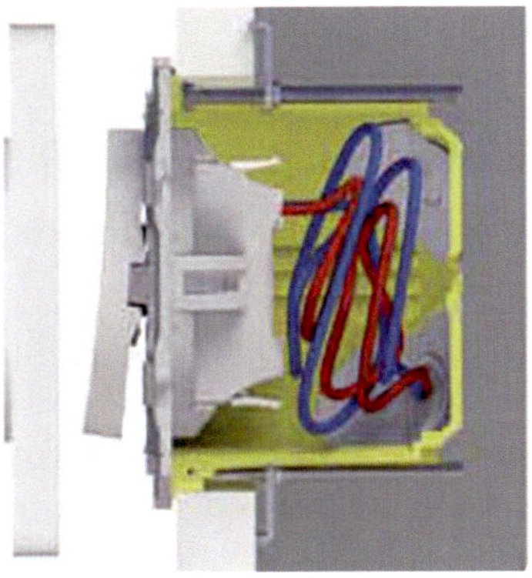

Figura 5.59. Detalle de cableado recogido al fondo de una caja de mecanismo.

Recuerda que...

Las conexiones entre los conductores solo podrán realizarse en el interior de cajas de derivación adecuadas.

Métodos de montaje y accesorios de fijación

Para realizar el montaje de las cajas debe marcarse su ubicación previamente en la pared teniendo en cuenta lo siguiente:

- Las cajas de registro y derivación se instalarán, como mínimo, cada 15 metros en tramos rectos.
- Si el tramo no es recto, el número máximo de curvas entre dos registros no podrá ser superior a 3.

El anclaje de las cajas debe realizarse firmemente a las superficies a través de garras de metal, garras de plástico o tornillos.

Los dispositivos eléctricos que se alojan en las cajas de mecanismo se instalarán mediante tornillos o garras a sus soportes.

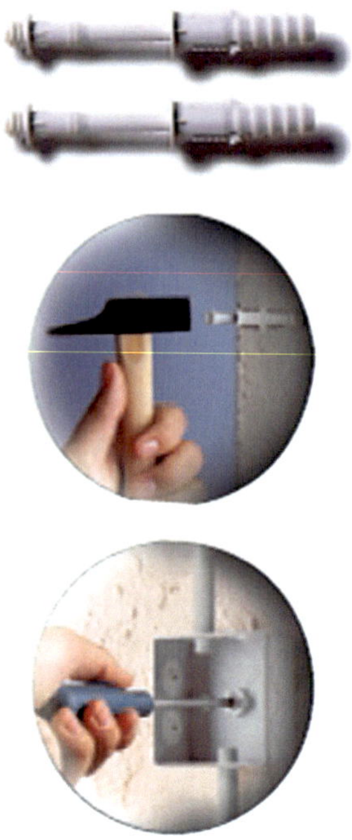

Figura 5.60. Anclaje, mediante tacos y tornillos, de una caja de registro superficial a la pared.

Figura 5.61. Detalle del anclaje de una base de corriente a su caja de mecanismo mediante tornillo central.

Figura 5.62. Prensaestopa.

Actividad resuelta 5.1.

En ocasiones resulta necesario proteger las uniones entre tubos y cajas de registro mediante accesorios que aseguren la **estanqueidad,** como prensaestopas, racores o pasacables.

¿En qué tipo de instalaciones crees que deben utilizarse estos accesorios de conexión?

Solución

Estos accesorios deben utilizarse en instalaciones de características especiales donde el ambiente de trabajo pueda afectar a los componentes eléctricos que no sean estancos. Algunos ejemplos de este tipo de instalaciones son los locales húmedos o mojados, como las piscinas, las industrias con presencia excesiva de polvo, locales con riesgo de incendio o explosión, etc.

5.4. Cuadros eléctricos

El cuadro eléctrico es la envolvente que se utiliza para alojar los dispositivos de protección de la instalación, así como diversos componentes de maniobra, control y medida. Pueden estar fabricados con material metálico o plástico y su montaje puede realizarse de modo empotrado o superficial dependiendo del modelo.

Del cuadro general partirán todos los conductores y canalizaciones correspondientes a cada uno de los circuitos de la instalación eléctrica hacia los receptores o hacia otros cuadros secundarios.

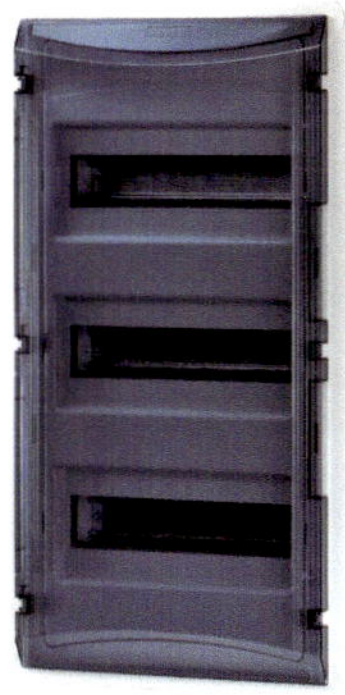

Figura 5.63. Cuadro eléctrico.

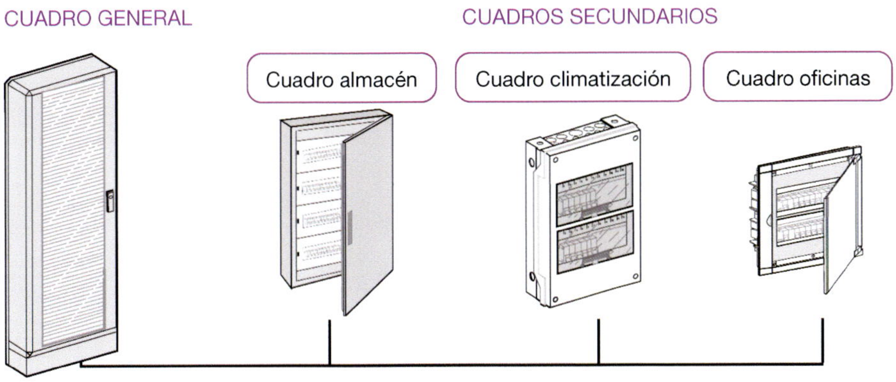

Figura 5.64. Ejemplo de instalación eléctrica con cuadro general y cuadros secundarios.

Carril DIN

Un carril DIN es una barra de metal normalizada con una sección transversal diseñada para poder fijar en ella los dispositivos de protección, control y medida, los borneros de conexión y distribución de conductores, etc.

Los cuadros eléctricos están formados por varios paneles o apantallamientos sobre un fondo donde irá ubicado el carril DIN.

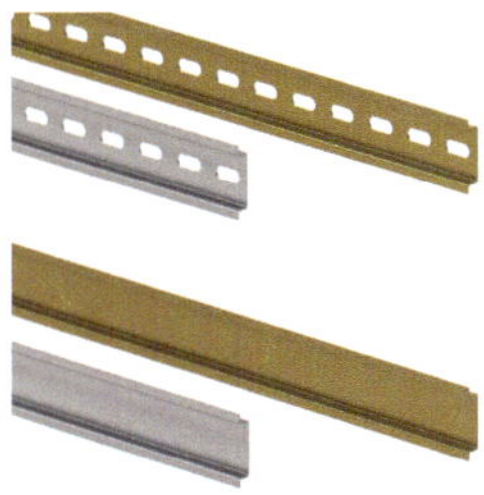

Figura 5.65. Diferentes tipos de carril DIN.

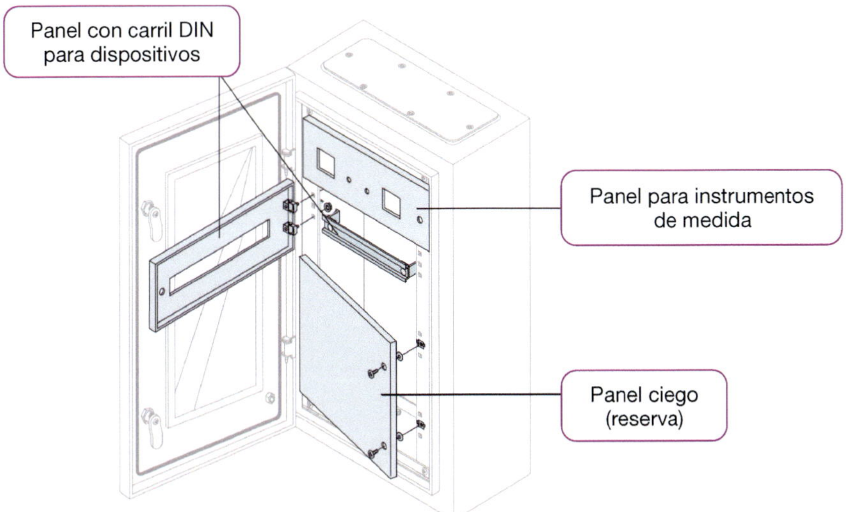

Figura 5.66. Diferentes tipos de paneles en un cuadro eléctrico.

Sabías que...

Dependiendo de la profundidad del cuadro, el carril DIN puede ser regulable.

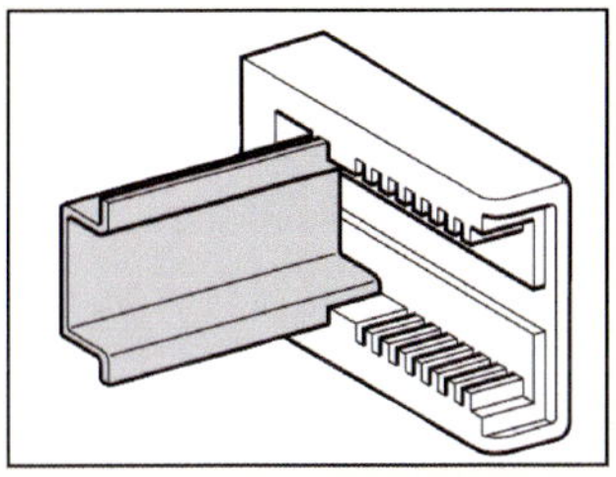

Figura 5.67. La profundidad del carril DIN puede ser regulada en algunos cuadros.

Sabías que...

Pueden utilizarse conductores, borneros o peines de conexión para la unión eléctrica de los componentes de un cuadro.

Métodos de montaje y accesorios de fijación

Los cuadros eléctricos deben anclarse firmemente a las superficies a través de elementos como tornillos, anclajes a hormigón, patas y orejas de fijación mural, etc.

Además, si el cuadro es metálico, tanto el chasis como la puerta se conectarán a la instalación de puesta a tierra.

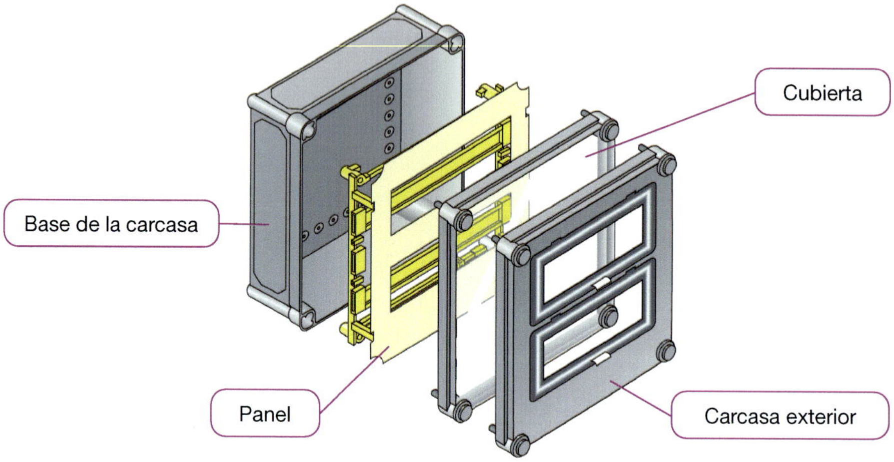

Figura 5.68. Partes que componen un cuadro eléctrico.

Figura 5.69. Orejas de fijación mural para montaje superficial.

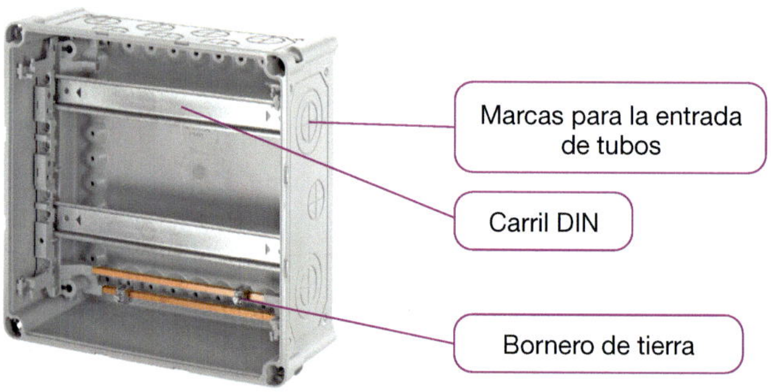

Figura 5.70. Vista de un cuadro eléctrico de montaje empotrado.

Los diversos componentes se fijarán al carril DIN manualmente por presión sobre los mismos.

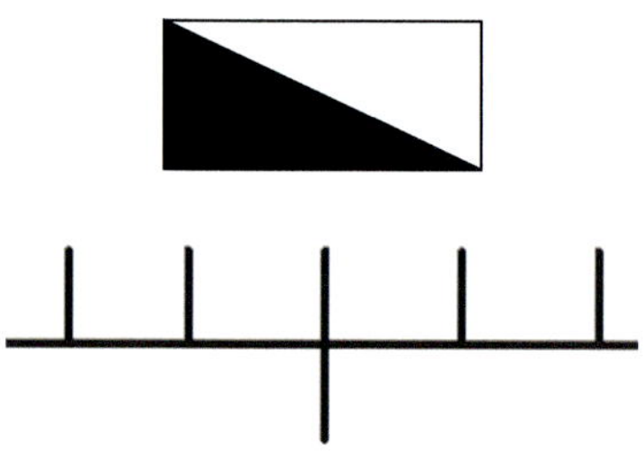

Figura 5.71. Símbolos que representan un cuadro eléctrico.

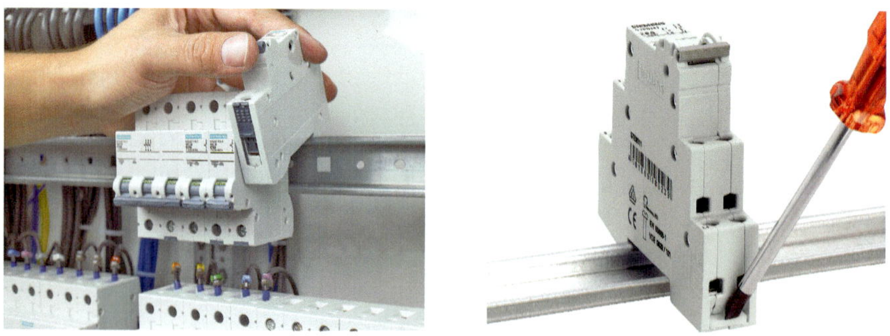

Figura 5.72. Detalle del acoplamiento de dispositivos de protección sobre el carril DIN. A la izquierda se muestra la fijación y a la derecha el sistema de extracción.

Al realizar el montaje de los componentes en un cuadro eléctrico es recomendable **dejar un espacio libre del 25 %** para facilitar futuras ampliaciones de la instalación eléctrica. El espacio libre sobre el carril DIN deberá cubrirse con un elemento llamado **obturador** que evitará el riesgo de accidente y la entrada de suciedad al cuadro.

Los conductores deben conectarse mediante accesorios adecuados y estarán etiquetados o marcados de tal manera que pueda identificarse el circuito al que pertenecen. Todos los circuitos, tubos y dispositivos de protección deberán estar debidamente marcados e identificados.

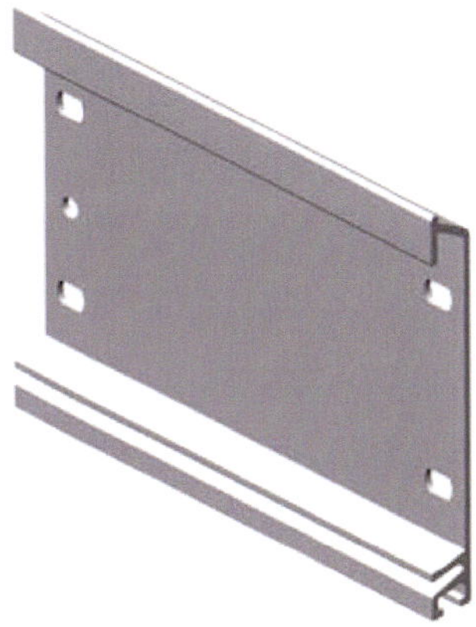

Figura 5.73. Obturador.

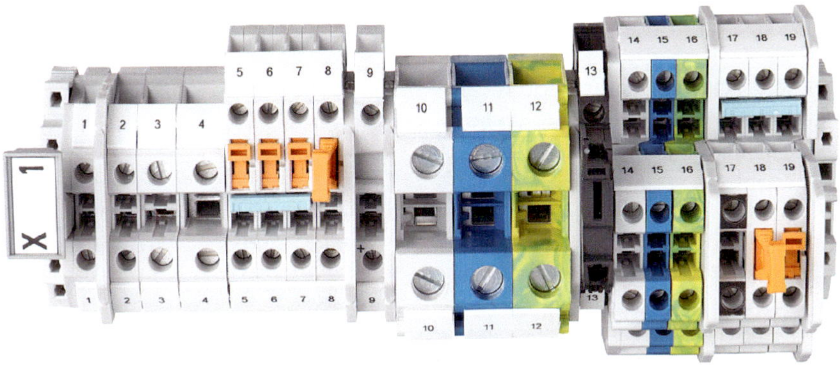

Figura 5.74. Bornero de conexión con el correspondiente marcado numérico para identificar los circuitos.

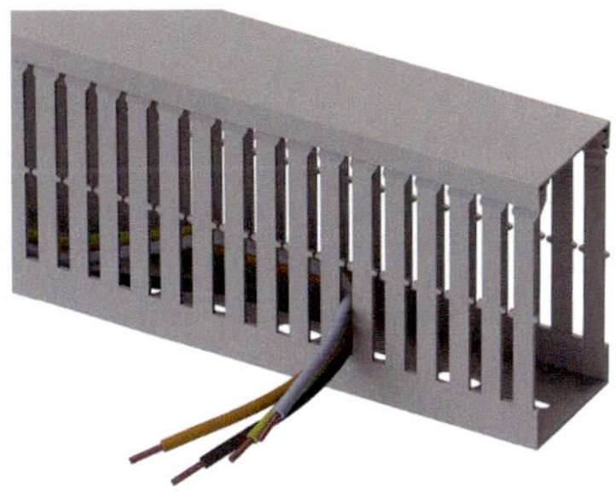

Figura 5.75. Canaleta para el tendido del cableado en el interior del cuadro.

En el interior del cuadro los conductores deben estar instalados de la manera más ordenada posible utilizando elementos de fijación como bridas o discurriendo por un sistema de canaletas destinadas a tal fin.

Figura 5.76. Operario realizando el montaje de un cuadro eléctrico.

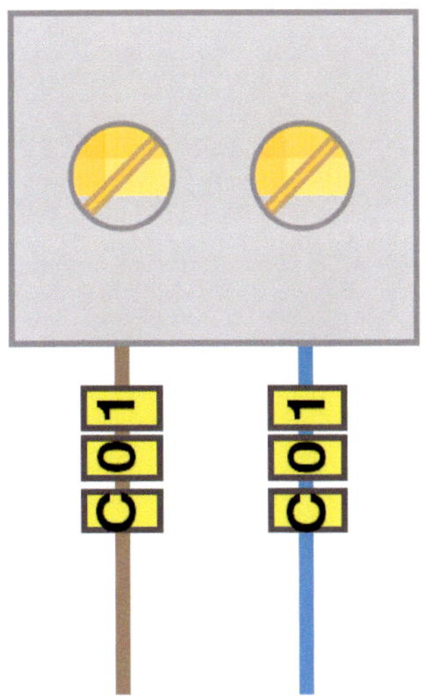

Figura 5.77. Detalle de etiquetas para la identificación de conductores.

5.4.1. Métodos de conexión y montaje de componentes

Figura 5.78. Conexión de componentes en un cuadro mediante derivaciones y puentes.

Las conexiones eléctricas entre los componentes de una instalación eléctrica se realizan generalmente en **paralelo** para garantizar que todos los componentes reciben la misma tensión.

En un cuadro eléctrico los métodos de montaje para realizar este tipo de conexiones son las derivaciones y puentes, y los peines de conexiones.

Derivaciones y puentes

En las derivaciones varios conductores salen desde un mismo punto y cada uno de ellos alimenta a un dispositivo independiente.

En la conexión mediante puentes se conectan los mecanismos uno tras otro, por lo que los conductores deben estar debidamente dimensionados.

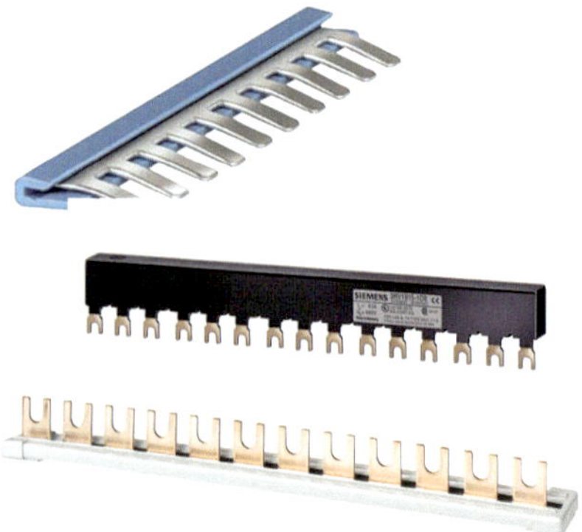

Figura 5.79. Diferentes modelos de peines de conexiones.

Peines de conexiones

El peine de conexiones es un componente eléctrico que sustituye al método de conexión cableado mediante puentes. Es mucho más fácil de instalar y más seguro, ya que el material conductor soporta valores de intensidad muy elevados.

En el propio peine debe venir indicada la sección del conductor a la que equivale y la tensión de utilización.

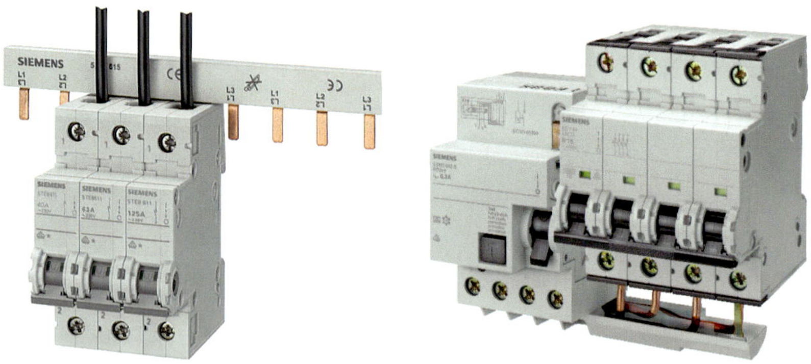

Figura 5.80. Ejemplos de conexión mediante peine de conexiones.

Mapa conceptual

PREINSTALACIÓN Y MONTAJE DE INSTALACIONES ELÉCTRICAS

- Sistemas de instalación
  - Empotrado
  - Superficial
  - Especiales
- Canalizaciones eléctricas
  - Tubos
  - Bandejas
  - Canales protectoras
  - Canalizaciones prefabricadas
- Cajas
  - De mecanismo
  - Registro
  - Derivación
- Cuadros y armarios eléctricos
  - Carril DIN
  - Accesorios de fijación
  - Métodos de conexión

En resumen

- La preinstalación de una instalación eléctrica tiene como objetivo diseñar y dimensionar el cableado, las canalizaciones, las cajas de registro y mecanismo y los cuadros necesarios para realizar el montaje posterior de todos los dispositivos.
- Es necesario conocer las características de todos estos componentes, así como los sistemas de montaje admitidos en cada caso, para seleccionar los que mejor se ajusten a las necesidades de la instalación.
- Los sistemas de instalación de las instalaciones eléctricas pueden ser superficiales, empotrados o de características especiales.

5.1. Instalación de canalizaciones en montaje empotrado

OBJETIVO

- Realizar la preinstalación y montaje empotrado de cajas de registro, canalizaciones y conductores de una instalación interior.

MATERIAL

- Cajas de registro y mecanismo.
- Tubo corrugado.
- Tubo rígido de plástico.
- Guía pasacables.
- Tornillos.
- Abrazaderas.
- Cables flexibles de cobre de varias secciones.

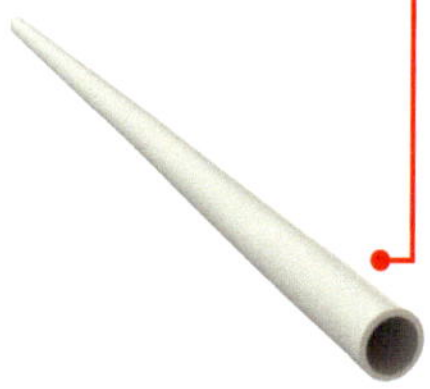

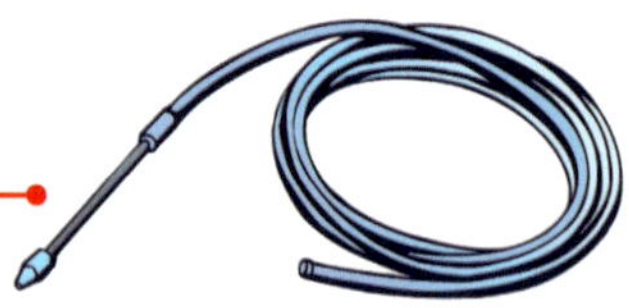

HERRAMIENTAS

- Herramientas de escritura.
- Herramientas de obra.
- Tijeras de electricista.
- Taladradora.
- Sierra para cortar el tubo.
- Destornillador.

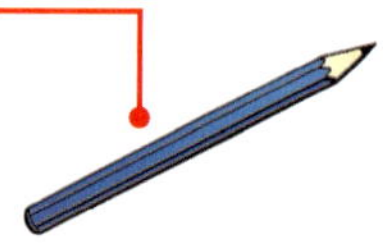
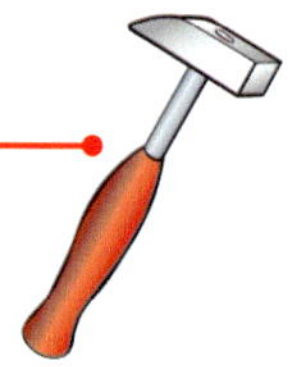
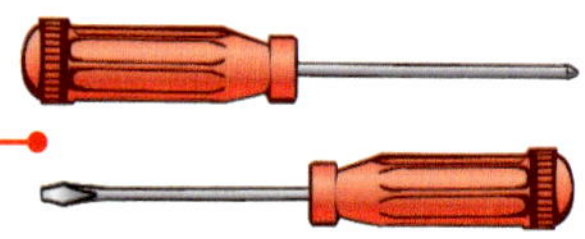
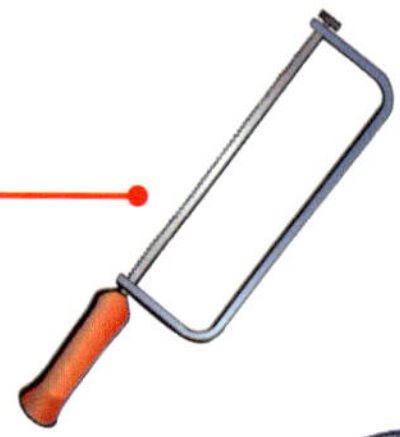
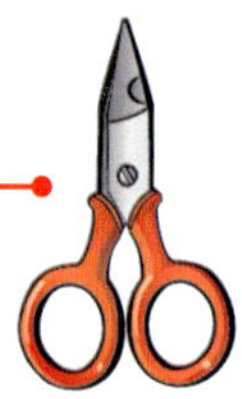
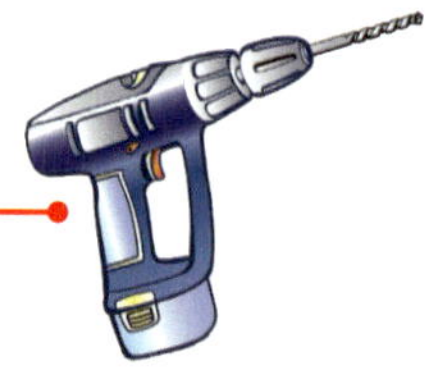

MATERIAL Y HERRAMIENTAS COMPLEMENTARIAS

También te pueden resultar útiles:

- Pintura o espray para marcar el trazado de las canalizaciones.
- Cemento o yeso para tapar los huecos y cajeados sobre las paredes.
- Tacos para la fijación de los tornillos a las paredes.
- Una escalera de mano para acceder a las zonas elevadas.

Proceso con tubo corrugado

1. Realiza el trazado de la preinstalación sobre un plano.
2. Marca el trazado de las canalizaciones y la ubicación de las cajas de registro sobre la pared.
3. Ejecuta el trazado.
4. Instala las cajas y canalizaciones en los huecos.
5. Tapa con yeso o cemento la obra realizada sobre la pared.
6. Corta el tubo corrugado a su paso por las cajas de registro y mecanismo.
7. Introduce, con ayuda de la guía pasacables, los conductores de fuerza, el neutro y el conductor de protección por las canalizaciones a través de las cajas de registro. Es necesario sujetar el cable adecuadamente a la guía pasacables de forma escalonada, tirar de la guía pasacables evitando que se suelte el cable o se dañe hasta recuperar el cable en el otro extremo del tubo y cortar el cable dejando una «coca» en cada extremo.

1

2

3

4

5

6

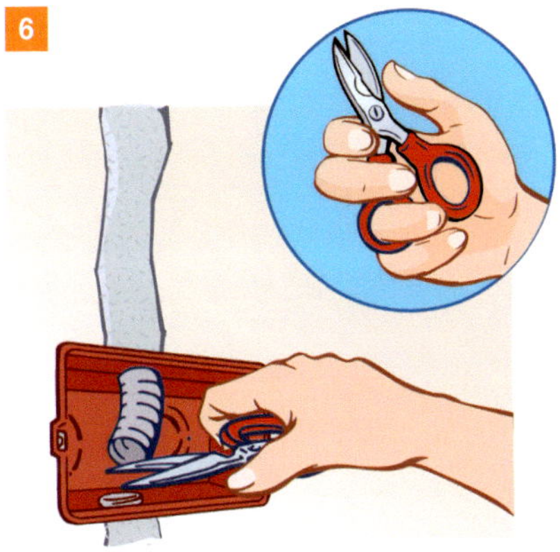

7

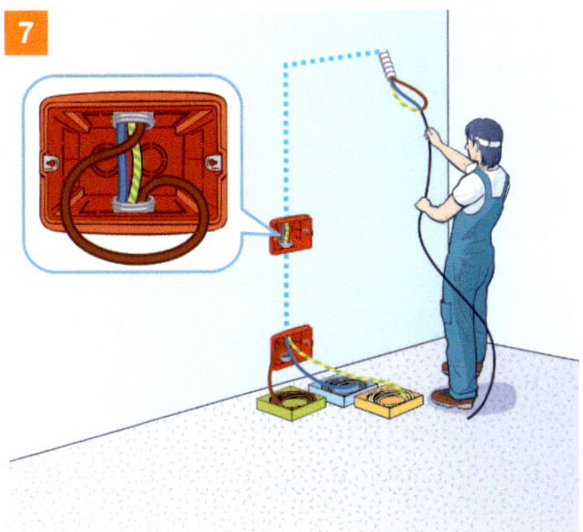

Proceso con tubo rígido

1. Realiza el trazado de la preinstalación sobre un plano.

2. Marca el trazado de las canalizaciones y la ubicación de las cajas de registro sobre la pared.

3. Realiza el montaje de las abrazaderas.

4. Corta el tubo con la sierra en función del trazado diseñado. Calienta y dobla el tubo de plástico 90° de forma manual para cada una de las curvas del trazado.

5. Realiza el montaje del tubo y las cajas e introduce el cableado en las canalizaciones con la ayuda de la guía pasacables.

1

2

3
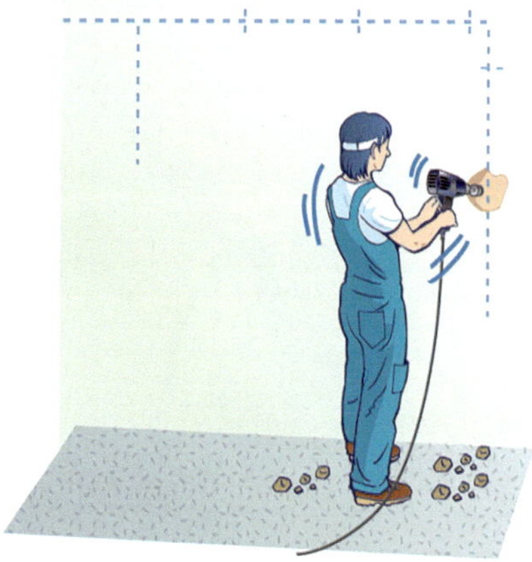

4

5

De comprobación

5.1. **¿Cuál es el tipo de montaje de canalizaciones más utilizado en instalaciones interiores con muros de ladrillo?**

a) Superficial.

b) Empotrado.

c) Bajo moldura.

5.2. **Una canal protectora:**

a) Es un tipo de bandeja cerrada por una tapa desmontable.

b) Es un tipo de carril DIN diseñado para la instalación de las protecciones eléctricas.

c) Es una caja de mecanismo estanca y protegida contra la corrosión.

5.3. **¿Cuál es la distancia máxima de separación permitida para las fijaciones de los tubos protectores en montaje superficial?**

a) 0,5 cm.

b) 50 cm.

c) 0,25 m.

5.4. **Una bandeja de material aislante no puede ser:**

a) Lisa.

b) Perforada.

c) De rejilla.

5.5. **Dentro de un cuadro eléctrico el elemento que cubre el espacio libre sobre el carril DIN, evitando el riesgo de accidente y la entrada de suciedad, se denomina:**

a) Prensaestopa.

b) Obturador.

c) Cubrebornes.

5.6. **El tubo curvable en caliente también es conocido como:**

a) Tubo metálico.

b) Tubo de plástico rígido.

c) Tubo de plástico flexible.

5.7. **El componente de la instalación eléctrica que se utiliza para efectuar las conexiones eléctricas necesarias entre los conductores y facilitar su tendido en los tubos se denomina:**

a) Caja de mecanismo.

b) Cuadro eléctrico.

c) Caja de registro o derivación.

5.8. **Al realizar el montaje de los componentes en un cuadro eléctrico es recomendable dejar un espacio libre del:**

a) 25 %.

b) 75 %.

c) 5 %.

5.9. **¿Cuál de las siguientes medidas no es un diámetro normalizado de tubo protector?**

a) 16 mm.

b) 20 mm.

c) 22 mm.

5.10. **¿Cuál es la distancia máxima de separación permitida entre dos cajas de registro para tramos rectos de canalizaciones bajo tubo?**

a) 10 m.

b) 15 m.

c) 20 m.

5.11. **La denominada comúnmente como roza, es en realidad:**

a) Un tipo de tubo corrugado.

b) Una bandeja de rejilla específica para montaje exterior.

c) Un hueco realizado en el interior de una pared.

5.12. **Identifica cuál de las siguientes afirmaciones no es correcta:**

a) El trazado de las canalizaciones se hará siguiendo líneas verticales y horizontales.

b) Las curvas practicadas en los tubos deben originar siempre reducciones de sección.

c) Los elementos de fijación de tubos en montaje superficial pueden estar separados una distancia de 0,25 m.

De ampliación

5.13. **Describe las ventajas del montaje empotrado y sus principales aplicaciones en la práctica.**

5.14. **¿Dónde se utiliza el montaje superficial? ¿Qué ventajas y desventajas presenta con respecto al montaje empotrado?**

5.15. **Cita dos ejemplos de sistemas de montaje considerados como especiales.**

5.16. **Enumera todos los tipos de canalizaciones para conductores que conozcas.**

5.17. **Cita las herramientas que consideres necesarias para realizar trabajos de manipulación y montaje sobre los siguientes elementos:**

a) Tubo de plástico rígido en montaje superficial.
b) Tubo de plástico flexible en montaje empotrado.
c) Bandeja de rejilla en montaje superficial.

5.18. **¿En qué situaciones se hace necesario el uso de una dobladora de tubos? ¿Qué otros sistemas para realizar el doblado de tubos conoces?**

5.19. **¿Qué es una canal protectora? ¿Qué relación tiene con las bandejas convencionales?**

5.20. **Cita al menos cuatro cajas de registro y derivación de distinta forma y tamaño.**

5.21. **Enumera brevemente los requisitos y normas de montaje de las cajas de registro y derivación pertenecientes a una instalación eléctrica.**

5.22. **Responde a las siguientes cuestiones:**

a) ¿Qué es el carril DIN?
b) ¿Dónde se suele ubicar?
c) ¿Para qué se utiliza?

5.23. **¿Cuáles son los principales métodos de conexión y montaje de componentes en el interior de un cuadro o armario eléctrico?**

5.24. **¿Por qué crees que al tubo de plástico rígido también se le denomina «tubo curvable en caliente»?**

Lámparas y circuitos de alumbrado

Introducción

Las lámparas son los receptores eléctricos por excelencia. Desde su primera aparición comercial en el año 1879 hasta nuestros días, se han diseñado y fabricado numerosos tipos de lámparas de características y métodos de funcionamiento muy diversos, buscando siempre aumentar su durabilidad y, en la actualidad, su eficiencia energética.

En esta unidad se estudian las principales tecnologías utilizadas para convertir la energía eléctrica en energía luminosa, así como los métodos de montaje, conexionado y control de estos receptores.

Contenidos

Objetivos

- Dar a conocer los principales tipos de lámparas, su modo de funcionamiento, sus características y su rendimiento energético.
- Entender las diversas maneras de producir luz a partir de energía eléctrica.
- Interpretar esquemas y realizar conexiones con tubos fluorescentes y tubos led.
- Aprender y dominar las distintas formas de control del alumbrado.
- Estudiar las principales recomendaciones y técnicas de montaje de luminarias.
- Realizar la instalación de puntos de luz simples, conmutados y regulados.

6.1. Lámparas incandescentes

Las lámparas incandescentes basan su funcionamiento en un conductor que al ser atravesado por una corriente eléctrica se calienta hasta alcanzar una temperatura muy elevada, emitiendo energía luminosa (luz).

El rendimiento de este tipo de lámparas es bajo, debido a que gran parte de la energía eléctrica consumida se pierde en forma de calor.

Funcionamiento de una lámpara incandescente

La lámpara incandescente consta de un **filamento** conductor muy fino, encerrado **dentro de una ampolla** de vidrio a la que se le ha hecho el vacío o rellenado con un gas inerte.

Se conecta a la red eléctrica a través de un casquillo metálico, donde se encuentran los hilos conductores que alimentan al filamento.

Cuando la lámpara se conecta a una fuente de tensión se genera una corriente eléctrica que atraviesa el filamento, calentándolo hasta un punto próximo al de fusión. En ese punto la lámpara emite luz y una gran cantidad de calor.

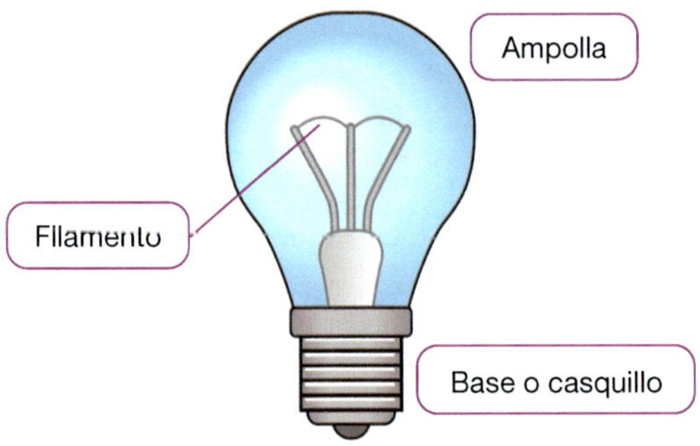

Figura 6.2. Representación de las partes de la lámpara incandescente. El casquillo se utiliza como conector eléctrico y también para fijar la lámpara en un portalámparas.

El filamento de una lámpara incandescente, fabricado con tungsteno, alcanza temperaturas de hasta 2700 °C, por lo que la ampolla debe encontrarse en vacío o rellena de un gas inerte para que no se desintegre.

Más del 95 % de la energía que consume este tipo de lámparas se pierde, la mayor parte en forma de calor. Es por eso que se consideran una tecnología ineficiente y se han sustituido hoy en día por las lámparas led.

Sabías que...

Se denomina **lámpara** al receptor que convierte la energía eléctrica en energía luminosa.

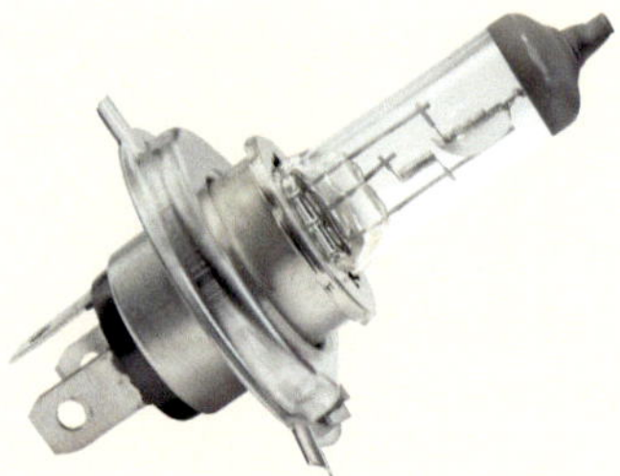

Se denomina **luminaria** al conjunto de la lámpara, los conductores de conexión, los componentes auxiliares y el soporte donde se encuentran instalados.

Figura 6.1. Símbolo de una lámpara incandescente.

Actividad propuesta 6.1.

Responde a las siguientes cuestiones:

a) ¿Para qué crees que la ampolla de la lámpara se rellena de gas inerte?

b) ¿Qué tipo de receptor eléctrico crees que es el filamento de una lámpara incandescente?

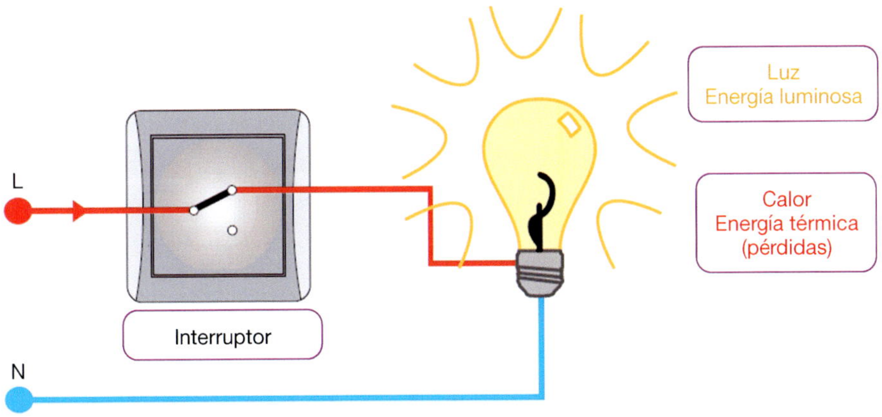

Figura 6.3. Esquema y principio de funcionamiento de una lámpara incandescente.

Eficiencia energética

Una gran cantidad de la energía que consume la pierde en forma de calor. Estas pérdidas de energía hacen que las lámparas de incandescencia se hayan sustituido por otras lámparas más eficientes.

La tensión a la que debe conectarse una lámpara incandescente y su potencia vienen indicadas en la caja y en la parte superior de la ampolla. Cuanto mayor es la potencia, mayor es la ampolla, debido a que tiene que disipar más calor.

Existen dos tipos de lámparas incandescentes: las **lámparas incandescentes estándar** y las **lámparas halógenas.**

6.1.1. Lámpara incandescente estándar

Son las lámparas más antiguas y las más utilizadas históricamente.

El tiempo de funcionamiento (vida útil) de este tipo de lámparas es muy corto, debido a que el filamento se acaba quemando por las elevadas temperaturas que alcanza.

Las lámparas incandescentes estándar se clasifican en función de:

- La potencia.
- El diámetro del casquillo *(E10, E14, E25, E40, B22d, etc.).*
- El tamaño y la forma de la ampolla *(esférica, estándar, vela, gota, etc.).*

Figura 6.4. Lámpara incandescente estándar.

Ubicación habitual

Actualmente en desuso. Desde el año 2009 se ha ido eliminando paulatinamente su fabricación y comercialización por su baja eficiencia energética.

Características técnicas

Lámpara incandescente estándar	Vida útil	Potencia	Tono de luz
	1000 horas	De 3 a 1000 W	Blanco

Figura 6.5. Portalámparas para la conexión a rosca del casquillo de una lámpara incandescente.

Actividad propuesta 6.2.

Las lámparas incandescentes estándar son las más antiguas que existen. La primera lámpara incandescente comercial la fabricó Thomas Edison en 1879.

En el parque de bomberos de Livermore, en Estados Unidos, hay conectada una lámpara incandescente que lleva funcionando ¡más de cien años!

Actualmente podemos ver esta lámpara en directo a través de una cámara web. Entra en la página http://www.centennialbulb.org/cam.htm y podrás observar la lámpara incandescente en funcionamiento más antigua del mundo.

6.1.2. Lámparas halógenas

Son la evolución de las lámparas incandescentes **compactas** a las que se ha añadido en el interior de la ampolla de vidrio un compuesto halógeno (como yodo o bromo) que mejora su rendimiento y alarga su vida útil. El filamento puede ser de tungsteno o wolframio, y la lámpara es más pequeña para la misma potencia en comparación con la incandescente. El vidrio exterior es de cuarzo y soporta temperaturas de hasta 250 °C.

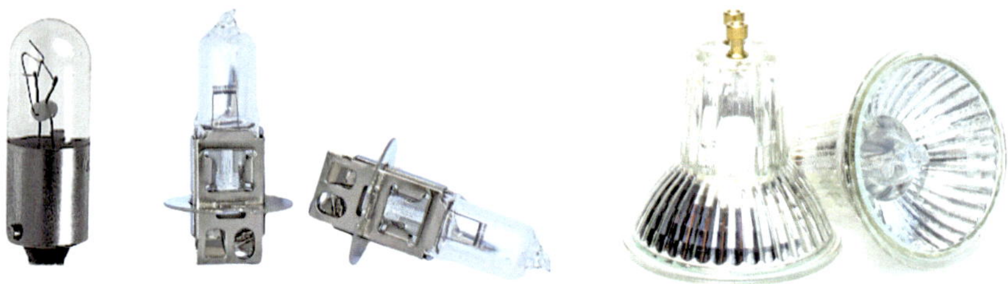

Figura 6.6. Diferentes tipos de lámparas halógenas.

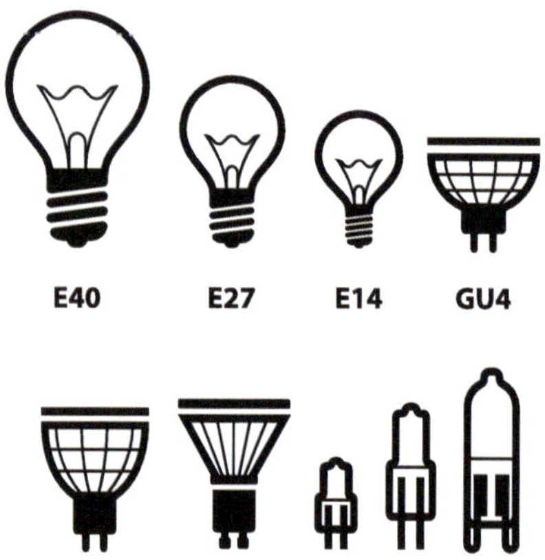

Figura 6.7. Diferentes tipos de casquillos para lámparas.

Las lámparas halógenas estándar se clasifican en función de:

- La potencia.
- La forma y el tipo de casquillo o conector (GU10, GZ10, G9, G4, MR16, etc.).
- La tensión de alimentación, que puede obtenerse directamente de la red eléctrica (**230 V_{CA}**) o a través de un transformador (**12 V**).

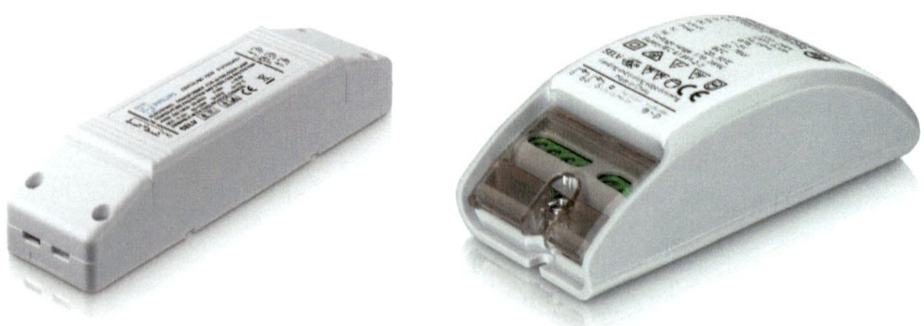

Figura 6.8. Diferentes tipos de transformadores para lámparas halógenas de 12 voltios.

Recuerda que...

Debe aplicarse la tensión adecuada a cada tipo de lámpara para evitar estropearla o que funcione incorrectamente.

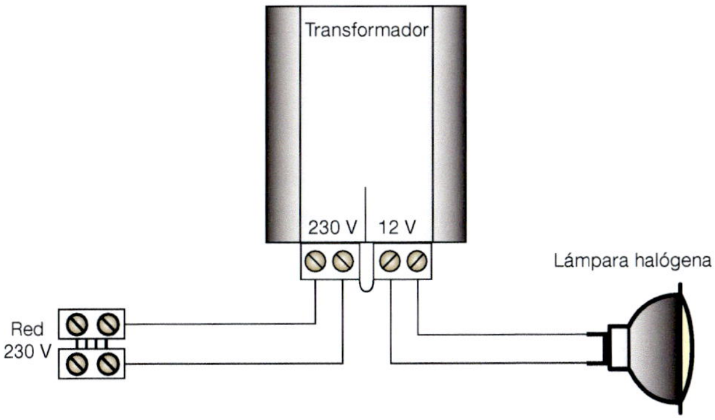

Figura 6.9. Esquema de conexión de una lámpara halógena alimentada a través de transformador.

> **Recuerda que...**
>
> El transformador es un componente que se encarga de convertir una tensión de entrada en la tensión de utilización de un receptor.

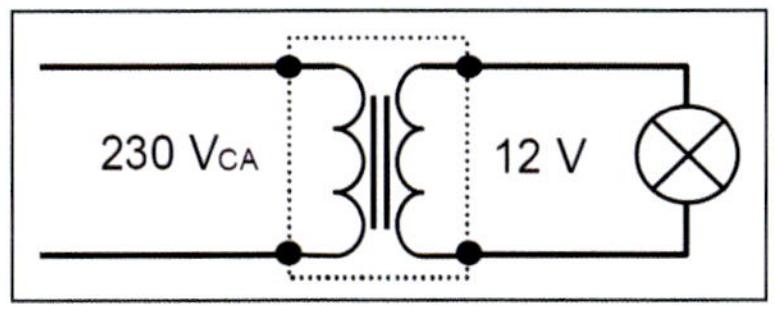

Hay que tener en cuenta, cuando se alimentan lámparas a bajas tensiones, que **la intensidad es mucho mayor en el lado de menor tensión.** Por este motivo, los cables de salida del transformador (secundario) suelen tener secciones mayores que los cables de entrada (primario).

Figura 6.10. Lámpara halógena de tipo foco para exteriores. Su conexión eléctrica es directa a 230 Vca.

Ubicación habitual

Las de baja potencia se usan en entornos domésticos y comerciales y para la iluminación de puntos concretos, aunque están cada vez más en desuso. Las de media y alta potencia han dejado de fabricarse y comercializarse.

Características técnicas

Lámpara incandescente halógena	Vida útil	Potencia	Tono de luz
	2000 horas	5 – 500 W	Blanco brillante

Eficiencia energética

A la derecha se muestra la comparativa entre las diferentes tecnologías para lámparas existentes en la actualidad.

- Incandescentes.
- Halógenas.
- Fluorescentes.
- Led.

En la tabla puede observarse la diferencia de la potencia eléctrica de las lámparas relacionándola con su flujo luminoso (lúmenes).

En función de esto se puede determinar la eficiencia y calificación energética de los equipos.

La peor calificación energética es la G, y la mejor calificación energética actual puede llegar a ser A+++.

Potencia	Menor			Mayor
Tipo de lámpara	Incandescente	Halógena	Fluorescente	LED
Lúmenes				
450	40 W	29 W	9 W	8 W
800	60 W	43 W	14 W	13 W
1100	75 W	53 W	19 W	17 W
1600	100 W	72 W	23 W	20 W
Eficiencia	✕	Hasta 30 %	Hasta 75 %	Hasta 80 %
Calificación	G	C y D	A y B	A+

Vocabulario

Lámpara incandescente = *Tungsten bulb.*

Lámpara halógena = *Halogen bulb.*

Lámpara fluorescente = *Fluorescent bulb.*

6.2. Fluorescentes y otras lámparas de descarga

Las lámparas de descarga basan su funcionamiento en el fenómeno de la **luminiscencia,** por el cual se libera energía luminosa al atravesar la corriente eléctrica un determinado gas, sin un aumento excesivo de la temperatura.

El rendimiento y la vida útil de este tipo de lámparas es mayor que en el caso de la incandescencia, puesto que al no emitir tanto calor tardan más en desgastarse y tienen menos pérdidas. Tienen la desventaja de que en el arranque producen un pico de tensión y corriente, por lo que no deben usarse para servicios intermitentes.

Funcionamiento de una lámpara de descarga

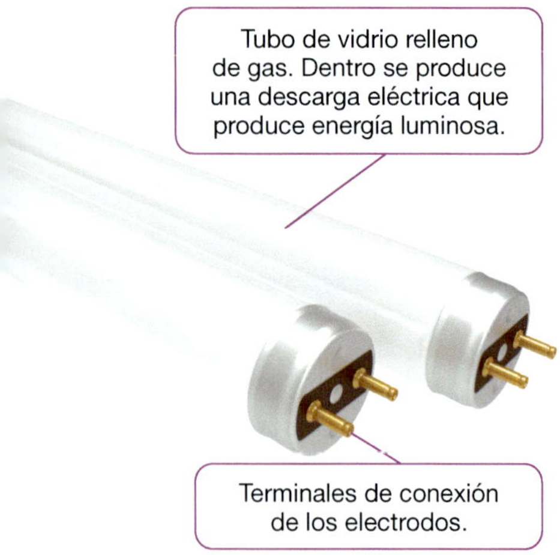

Figura 6.11. Elementos que componen una lámpara de descarga.

La lámpara incandescente consta de **dos electrodos** metálicos **dentro de un tubo** de vidrio relleno con un gas. Cuando se aplica tensión sobre los electrodos se genera una descarga eléctrica entre ellos que atraviesa el gas, lo que produce energía luminosa.

Para que pueda producirse esta descarga y se establezca una corriente eléctrica es necesario utilizar los siguientes elementos auxiliares: cebador y reactancia o balasto.

1 Cebador

Este dispositivo es el encargado de iniciar el proceso de encendido, por lo que también se le conoce con el nombre de **arrancador.**

El **cebador** debe conectarse en **paralelo** con el tubo.

Figura 6.12. Cebador para lámparas de descarga de 18 a 22 vatios.

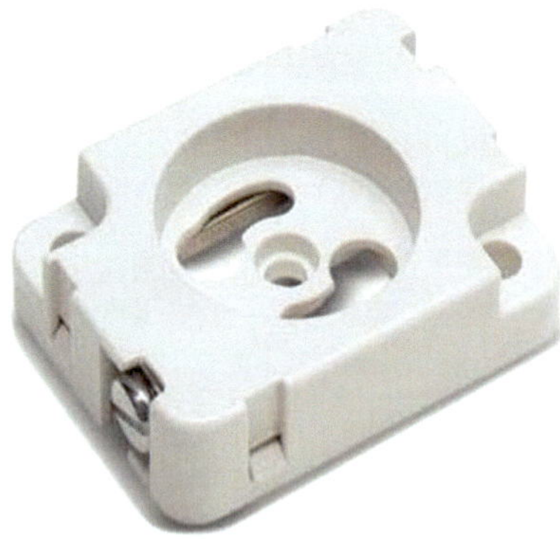

Figura 6.13. Portacebador.

El cebador se acciona en el momento del arranque elevando la tensión en los electrodos hasta que se produce la descarga eléctrica. Una vez que el tubo se ha encendido y se ha establecido la corriente, el cebador se desconecta hasta un nuevo arranque.

2 Reactancia o balasto

La reactancia es una bobina de cobre enrollada sobre una chapa metálica que tiene la doble función de limitar la corriente y estabilizar la tensión que llega al tubo.

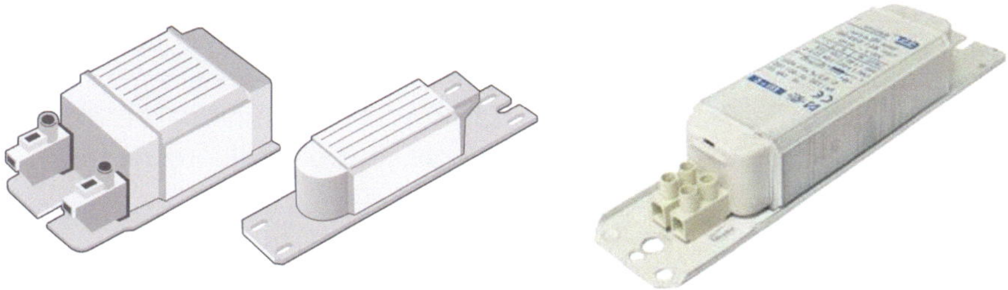

Figura 6.14. Reactancias. Es necesario verificar que las potencias de la reactancia y de la lámpara que se conecta son iguales.

Figura 6.15. Detalle de instalación de un tubo fluorescente en una pantalla.

En la actualidad este tipo de reactancias se están dejando de fabricar y se sustituyen por **balastos electrónicos,** que cumplen las funciones del cebador y de la reactancia.

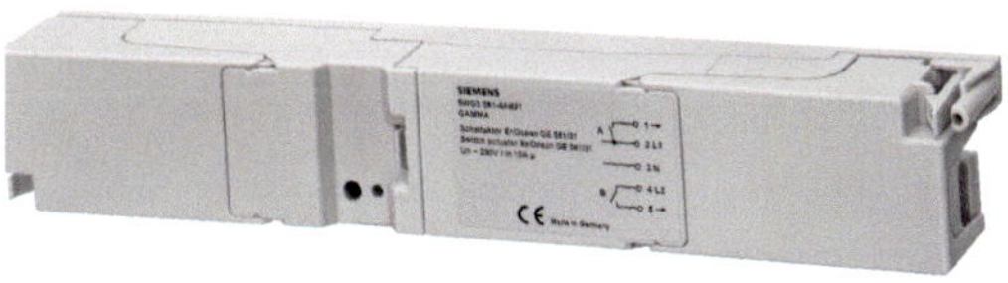

Figura 6.16. Balasto electrónico.

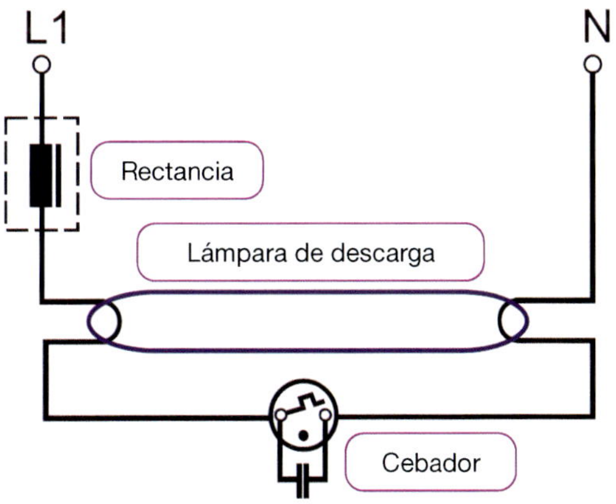

Figura 6.17. Esquema de conexión de una lámpara de descarga de tipo tubo fluorescente. El circuito real se compone de **reactancia, cebador, portatubos, portacebador y tubo fluorescente.**

La **reactancia** debe conectarse en **serie** con el tubo.

Actividad propuesta 6.3.

¿Qué crees que ocurre si quitas un cebador del circuito de arranque de una lámpara de descarga una vez que se ha encendido?

Recuerda que...

Cuanto mayor es la potencia de la lámpara, mayor será su consumo y la cantidad de luz que emite.

Existen numerosos tipos de lámparas de descarga. Las más importantes son los tubos fluorescentes, las lámparas compactas y las lámparas de exterior.

6.2.1. Tubos fluorescentes

Consisten en unos tubos rectos rellenos de **gas argón** y una pequeña cantidad de **mercurio,** para favorecer el establecimiento de la corriente eléctrica. Esta corriente eléctrica genera radiación luminosa ultravioleta invisible para el ojo humano, por lo que el tubo se recubre interiormente con polvos fluorescentes.

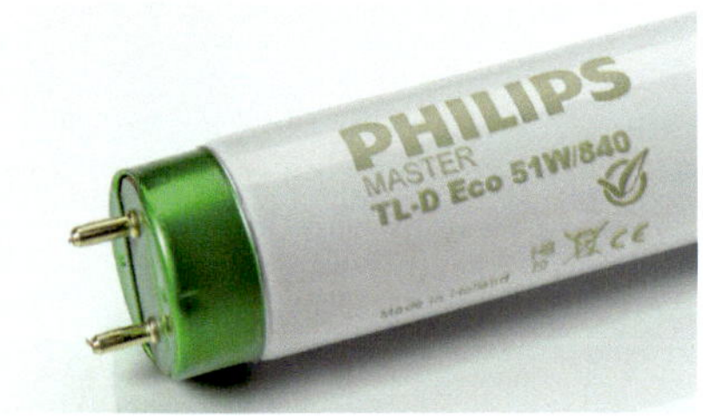

Figura 6.18. La potencia de un tubo fluorescente viene indicada en la caja y sobre el propio tubo.

Figura 6.19. Tubos fluorescentes. Cuando la radiación ultravioleta atraviesa los polvos fluorescentes se produce luz visible.

Figura 6.20. Símbolos de un tubo fluorescente.

Tabla 6.1. Ejemplo de equivalencia entre la longitud del tubo y su potencia

Longitud	Potencia
0,6 m	18 W
0,9 m	30 W
1,2 m	36 W
1,5 m	58 W

Los tubos fluorescentes se clasifican en función de:

- La potencia.
- La longitud del tubo (0,14 m, 0,29 m, 0,6 m, 0,9 m, 1,2 m, 1,5 m, etc.).
- El diámetro del tubo (T5, T8 y T12) y el tipo de casquillo.

Pantallas fluorescentes

Los tubos fluorescentes suelen instalarse en el interior de pantallas que les protegen y mejoran la difusión de la luz.

La forma de denominar a las pantallas se basa en el número y la potencia de los tubos fluorescentes que tienen instalados.

Por ejemplo, una pantalla de 4 tubos de 36 W se denominará **pantalla de 4 × 36 W.**

Eficiencia energética

La Unión Europea prohíbe la fabricación de tubos fluorescentes T5 y T8 a partir de agosto de 2023.

Ubicación habitual

Se usan en todo tipo de lugares en los que la iluminación está conectada largos periodos de tiempo (interiores, exteriores, tiendas, oficinas, grandes almacenes, talleres, escuelas, industrias, etc.). La altura del montaje no debe superar los 5 metros.

Características técnicas

Tubo fluorescente	Vida útil	Potencia	Tono de luz
	7500 horas	De 4 a 56 W	Blanco

6.2.2. Lámparas fluorescentes compactas

Son lámparas que disponen del tubo fluorescente en un reducido espacio. Su color blanco se debe a los polvos incandescentes. Actualmente han sido sustituidas por la tecnología led.

Inicialmente sustituyeron a las lámparas incandescentes convencionales (ya que consumen menos energía), por lo que tienen un casquillo idéntico a estas, pudiéndose conectar a un portalámparas.

Figura 6.21. La potencia de una lámpara compacta viene indicada en la caja y sobre el casquillo.

Figura 6.22. Diferentes modelos de lámparas compactas. Se diferencian de las incandescentes en la forma y en su color blanco, debido a los polvos incandescentes.

Para el arranque de este tipo de lámparas se utiliza un balasto electrónico, incluido en el propio casquillo.

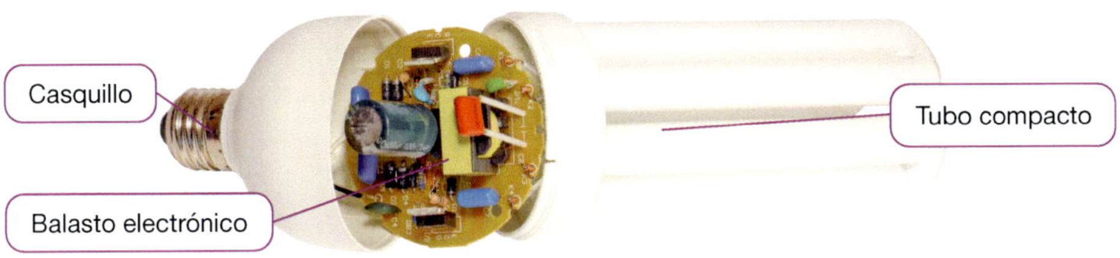

Figura 6.23. Partes de una lámpara compacta. Este tipo de lámparas también son conocidas como **lámparas de bajo consumo.**

Sabías que...

Con la aparición de las lámparas compactas de bajo consumo se establecieron unas fechas límite para proceder a la eliminación de las lámparas incandescentes, ya que son las que más energía consumen.

Puedes encontrar más información sobre esta noticia entre los recursos digitales del libro, a los que puedes acceder desde la ficha web de la obra, mediante un sencillo registro, en www.paraninfo.es.

Ubicación habitual

Actualmente están sustituyendo a las lámparas incandescentes. Se usan, por tanto, en entornos domésticos y en lugares en los que se prevea un funcionamiento muy prolongado. La altura del montaje no debe superar los 5 metros.

Figura 6.24. Instalación de una lámpara compacta sobre su portalámparas.

Características técnicas

Lámpara fluorescente compacta	Vida útil	Potencia	Tono de luz
	10 000 horas	De 5 a 40 W	Blanco

Figura 6.25. La tecnología compacta permite hacer lámparas de diseños muy variados.

Eficiencia energética

Debido a los gases y materiales que las forman, además de los componentes electrónicos, es muy importante llevar a cabo el reciclaje de todos los tipos de lámparas fluorescentes cuando llegan al fin de su vida útil en un punto limpio u otros lugares destinados a este fin.

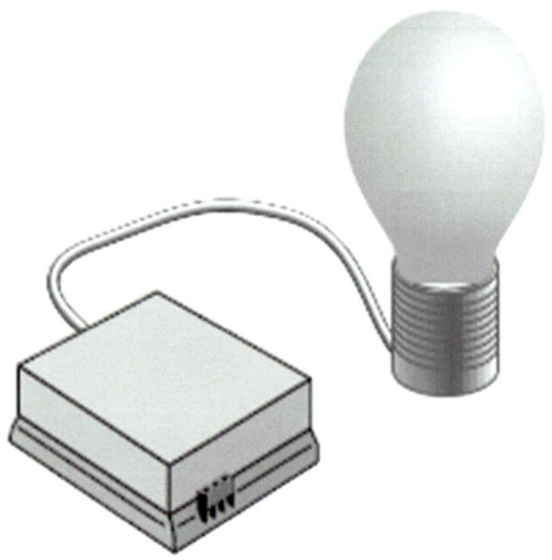

Figura 6.26. Lámpara fluorescente compacta de inducción.

Actividad resuelta 6.1.

A lo largo de esta unidad se ha insistido en la importancia de utilizar lámparas y equipos auxiliares de la misma potencia, pero también es muy importante respetar el voltaje de trabajo de estos dispositivos. Sabiendo esto, responde a la siguiente pregunta:

¿Qué crees que pasaría si conectas una lámpara a una tensión menor de la indicada?

Solución

Hay que diferenciar entre los dos tipos de lámparas estudiados:

- **Lámpara incandescente**: en principio funcionaría, pero la intensidad que circula por el filamento sería menor y por tanto iluminaría mucho menos.
- **Lámpara de descarga**: al no disponer de suficiente voltaje en el momento del arranque, no se podría crear el arco eléctrico inicial y, por tanto, no funcionaría.

6.2.3. Otras lámparas de descarga

Existen otros tipos de lámparas de descarga que son utilizadas, generalmente, en instalaciones de gran potencia como alumbrado exterior, alumbrado de estadios deportivos o naves industriales. Las más destacables son las lámparas de vapor de mercurio, halogenuros metálicos, luz mezcla y vapor de sodio.

1 Lámparas de vapor de mercurio

Están formadas por un tubo de descarga de cuarzo relleno de vapor de mercurio. Se caracterizan por emitir un tono de luz blanco.

Se utilizan en alumbrado público e iluminación de carreteras, así como en fábricas, naves industriales y vestíbulos de gran altura.

Figura 6.27. Lámpara de vapor de mercurio.

Características técnicas

Vapor de mercurio	Vida útil	Potencia
	Entre 16 000 y 24 000 horas	De 40 a 10 000 W

2 Lámparas de halogenuros metálicos

Son lámparas de vapor de mercurio a alta presión a las que se añaden yoduros metálicos para aumentar su rendimiento y obtener mejores propiedades. Emiten un tono de luz blanco.

Figura 6.28. Lámpara de halogenuros metálicos.

Se utilizan en naves industriales de gran altura, áreas amplias y en alumbrado deportivo.

Características técnicas

Halogenuros metálicos	Vida útil	Potencia
	Entre 6000 y 20 000 horas	De 30 a 2000 W

Figura 6.29. Las lámparas de luz mezcla son muy utilizadas en alumbrado público exterior.

3 Lámparas de luz mezcla

La lámpara de luz mezcla es una combinación de la lámpara de vapor de mercurio y la lámpara halógena. Funcionan, por tanto, como una lámpara de descarga pero utilizando un filamento en lugar de la reactancia. En ocasiones incluyen un recubrimiento fosforescente.

Se utilizan en naves industriales de gran altura, áreas amplias, alumbrado público, alumbrado deportivo, estudios de cine, etc.

Características técnicas

Luz mezcla	Vida útil	Potencia
	6000 horas	De 5 a 40 W

Sabías que...

Las lámparas de descarga de gran potencia utilizan un condensador en su circuito de arranque para compensar la energía reactiva que producen.

4 Lámparas de vapor de sodio

Son lámparas con un rendimiento muy elevado que emiten una luz de tono amarillo o amarillo anaranjado. Existen lámparas de vapor de sodio de alta y baja presión.

Se utilizan en alumbrado público, alumbrado de carreteras y autopistas, puertos, aparcamientos, etc.

Características técnicas

Vapor de sodio	Vida útil	Potencia
	Entre 14 000 y 24 000 horas	De 35 a 1000 W (alta presión) De 35 a 180 W (baja presión)

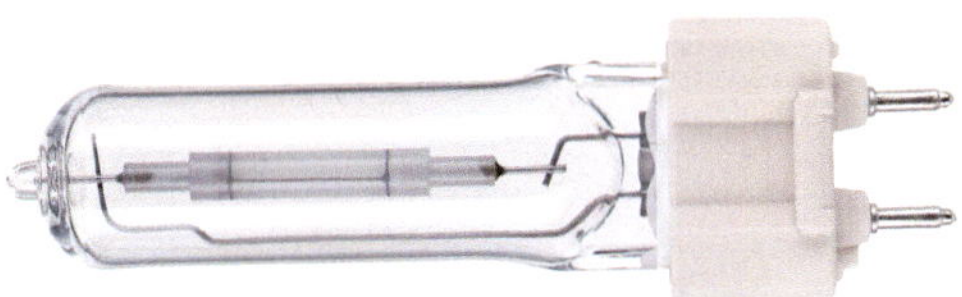

Figura 6.30. Lámpara de vapor de sodio.

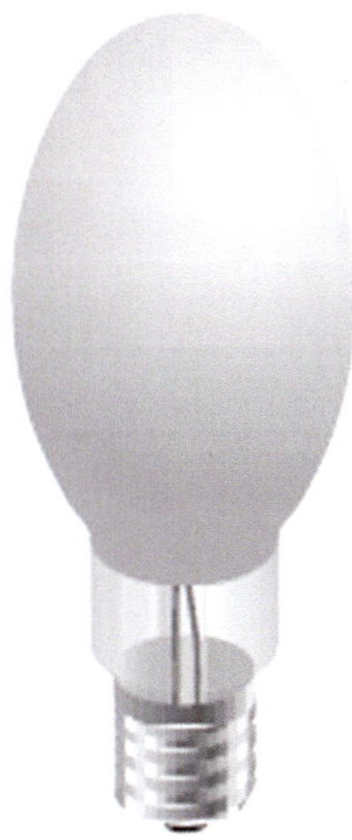

Figura 6.31. Lámpara de luz mezcla.

Figura 6.32. Símbolo del led.

Figura 6.33. Led convencional. Una sola unidad necesita una tensión de entre 1,8 y 3,6 voltios, por lo que suelen asociarse varios *leds* para formar una lámpara.

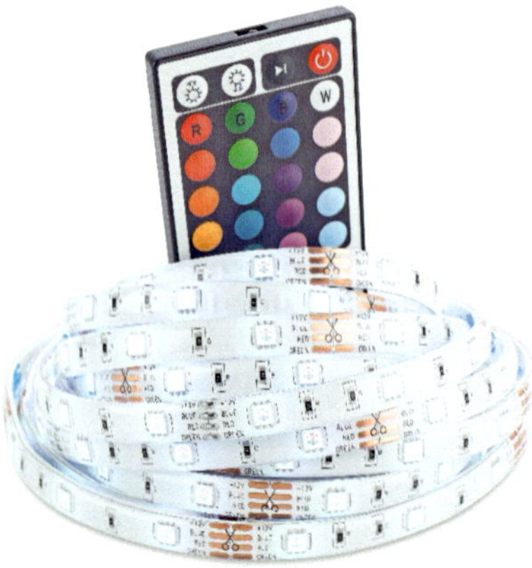

Figura 6.35. Tira led, muy eficiente y con amplio uso en iluminación decorativa.

Recuerda que...

Es necesario tener en cuenta que el led **tiene polaridad,** es decir, al conectarlo hay que tener en cuenta su polo positivo y su polo negativo, así como la tensión de funcionamiento.

6.3. Tecnología led

El diodo de emisión de luz, más conocido como led, es un componente electrónico compuesto por un chip de silicio. Cuando este **chip** es atravesado por una corriente, convierte prácticamente toda la energía eléctrica en luz sin que apenas se produzcan pérdidas de calor, por lo que se considera que el led es el tipo de lámpara más eficiente.

El color de la luz que emite un led varía dependiendo de los cristales que lo forman. Actualmente existen *leds* con toda la gama de colores, algunos de los cuales se pueden regular y modificar mediante la tecnología RGB.

Figura 6.34. Existen lámparas led de diferentes tipos, formas y modelos, que pueden sustituir a cualquier otra tecnología.

Ubicación habitual

El uso del led hasta hace unos años se limitaba a señalización (semáforos, indicaciones de salida y alumbrado de emergencia). Actualmente su uso está totalmente generalizado y se usan en todas las ubicaciones y aplicaciones.

Características técnicas

Son las siguientes:

	Vida útil	Potencia	Tono de luz
LED	Más de 40 000 horas	De 0,05 a 0,1 W / unidad	Variable

Actividad propuesta 6.4.

¿Qué ventajas y qué inconvenientes crees que puede tener el hecho de utilizar la tecnología led para el alumbrado?

6.3.1. Conexionado de lámparas led

Puesto que la tecnología led trabaja a muy bajas tensiones (las lámparas no suelen superar los 12 V_{CC}), su conexión a la red eléctrica convencional, a 230 V_{CA}, debe realizarse a través de fuentes de alimentación específicas que, además de transformar el nivel de tensión, también regulan y mantienen una cantidad constante de corriente, evitando posibles calentamientos de la bombilla. Esta fuente de alimentación y protección de los *leds* se denomina ***driver.***

Las lámparas led de casquillo convencional incorporan el *driver* en su interior, lo que facilita su conexionado y montaje.

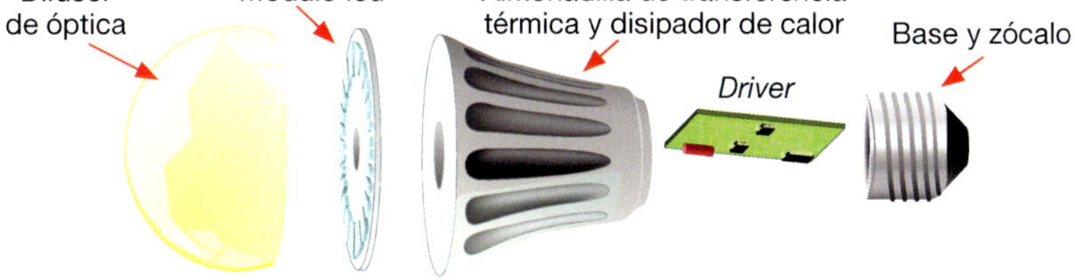

Figura 6.37. Composición interna de una lámpara LED de casquillo estándar.

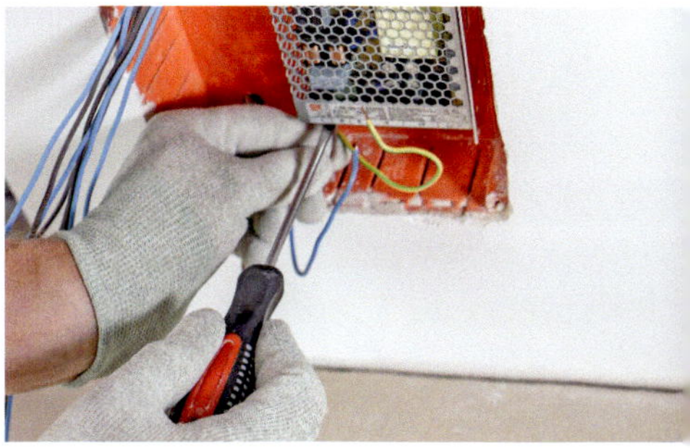

Figura 6.36. Conexión e instalación de un *driver* led.

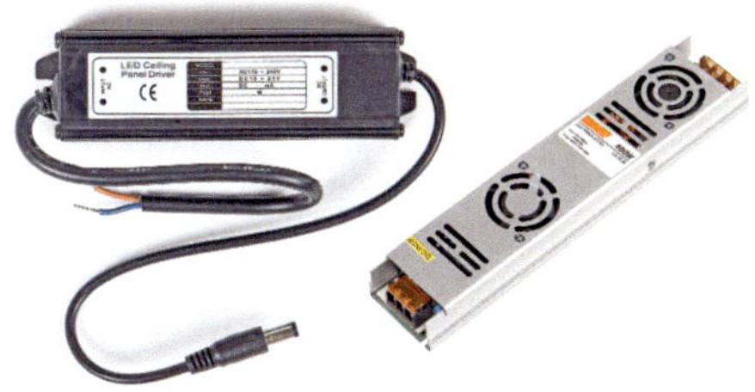

Figura 6.38. Ejemplos de *drivers* led. Si la lámpara lo permite permiten cambiar su color (*driver* RGB), o regular su luminosidad (*driver dimable*).

6.3.2. Conexionado de tubos fluorescentes led

Los tubos de tecnología led se han desarrollado y fabricado con las mismas características (longitud, diámetro y tipo de conector) que los tubos fluorescentes, con el objetivo de sustituir a estos últimos.

La conexión en instalaciones nuevas es sencilla, ya que incorporan el *driver* en su interior, y únicamente tienen que ser conectados a la tensión de red.

Figura 6.40. Esquema de conexión de un tubo led.

La conexión de los tubos led **para sustituir tubos fluorescentes** existentes puede realizarse de dos maneras:

- Retirando el cebador y la reactancia y conectando los conductores como se indica en la Figura 6.41.
- Manteniendo la reactancia y cambiando el cebador por un puente específico con la misma forma y conexión, como se muestra en la Figura 6.42.

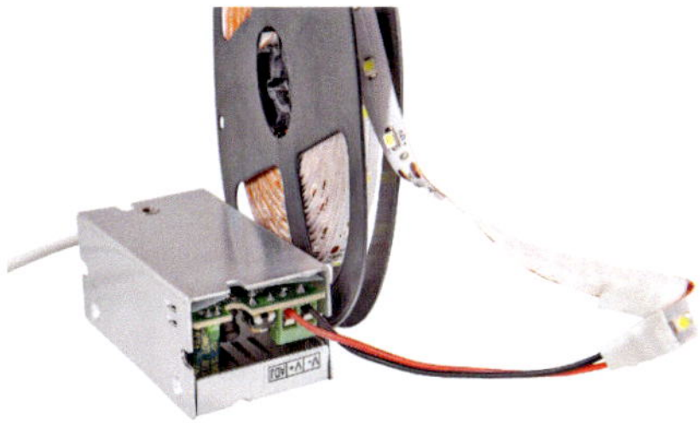

Figura 6.39. Detalle de la conexión de una tira led a su *driver.*

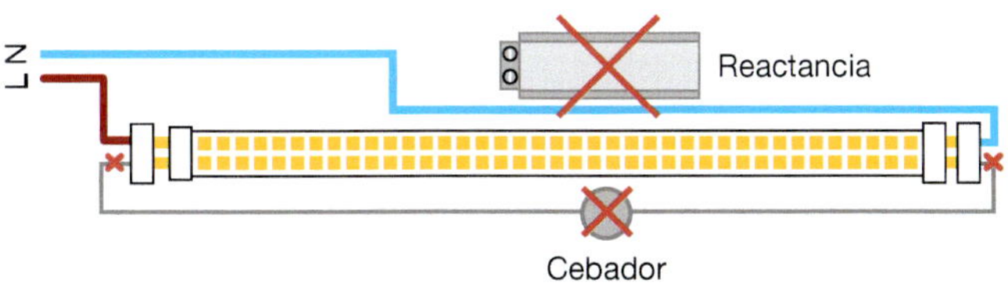

Figura 6.41. Esquema de sustitución de tubo fluorescente por tubo led retirando cebador y reactancia.

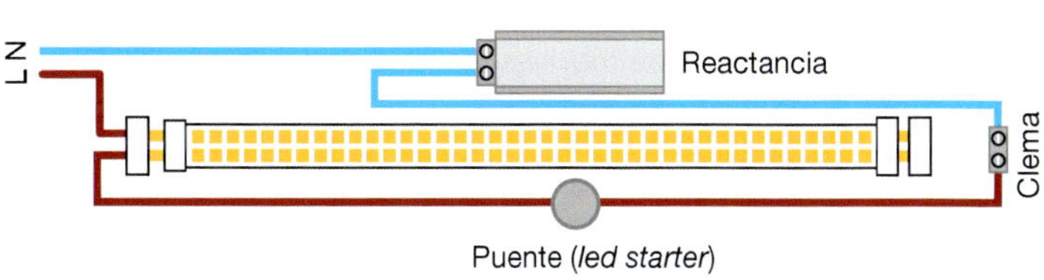

Figura 6.42. Esquema de sustitución de tubo fluorescente por tubo led manteniendo la reactancia.

6.4. Puntos de luz simples

Se denomina punto de luz simple a la lámpara que solo puede ser conectada o desconectada desde un único lugar.

Para el control de los puntos de luz simples se utiliza **un interruptor,** como el estudiado en la Unidad 4 de este libro.

En las Figuras 6.44 y 6.45 se muestra el esquema de encendido y apagado de un punto de luz simple:

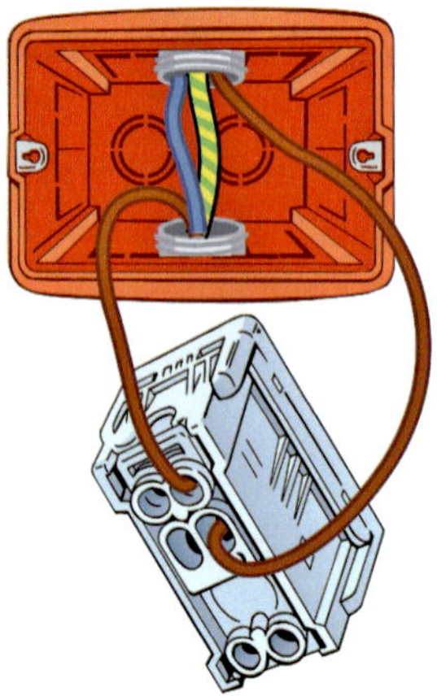

Figura 6.43. Conexión y cableado del interruptor.

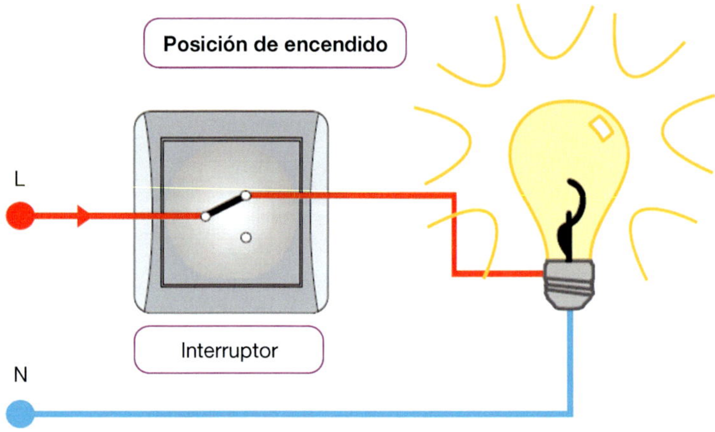

Figura 6.44. Posición de encendido.

Figura 6.46. Mecanismo interno de un interruptor de empotrar con led indicador de tensión.

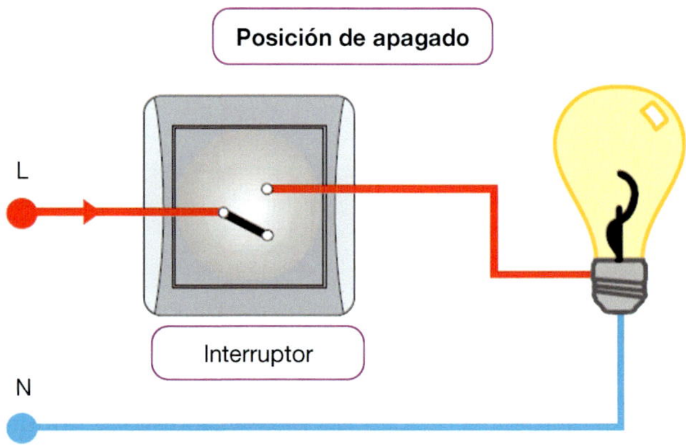

Figura 6.45. Posición de apagado.

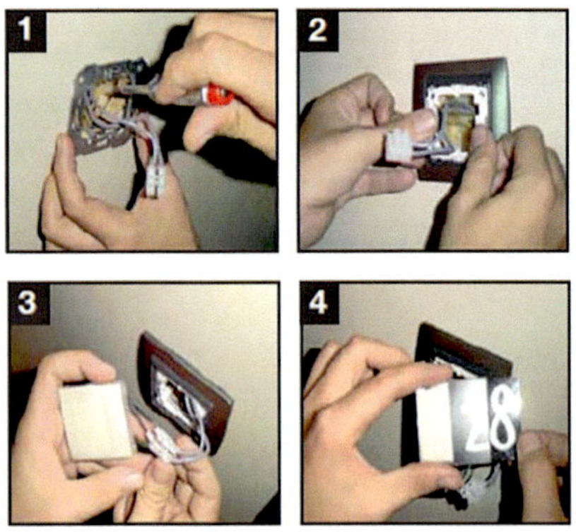

Figura 6.47. Método de montaje de un interruptor.

Explicación del modo de funcionamiento

La lámpara se enciende al actuar sobre el interruptor y se apaga al actuar sobre el interruptor nuevamente.

Recuerda que...

El interruptor es un elemento de maniobra que permite conectar o desconectar un circuito eléctrico de forma permanente.

Actividad propuesta 6.5.

No siempre resulta posible controlar un punto de luz utilizando únicamente un interruptor.

¿Recuerdas qué tipo de lámparas necesitaban, además del interruptor, un equipo auxiliar de arranque para comenzar a funcionar?

6.5. Puntos de luz conmutados

Se denomina punto de luz conmutado a la lámpara que puede ser conectada o desconectada desde varias posiciones.

Para el control de los puntos de luz conmutados se utiliza un **conmutador.**

6.5.1. Conmutador

El conmutador es un dispositivo eléctrico de maniobra, de la familia de los interruptores, que permite modificar el camino de la corriente eléctrica en un circuito (por ejemplo, de alumbrado).

Existen dos tipos de conmutadores para alumbrado:

- El **conmutador simple** para el control de una misma lámpara desde **dos puntos** distintos.
- El **conmutador de cruce** para el control de una misma lámpara desde **tres puntos** distintos.

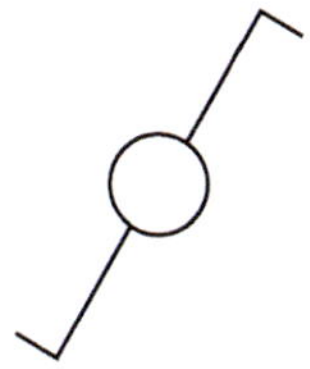

Figura 6.48. Símbolo del conmutador simple.

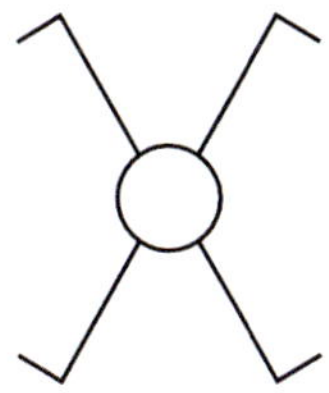

Figura 6.49. Símbolo del conmutador de cruce.

Apariencia externa

Figura 6.50. Apariencia externa del mecanismo.

Interruptor

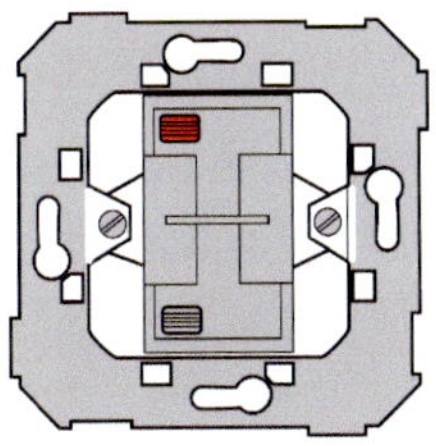

Figura 6.51. Representación del mecanismo interno de un interruptor.

Conmutador simple

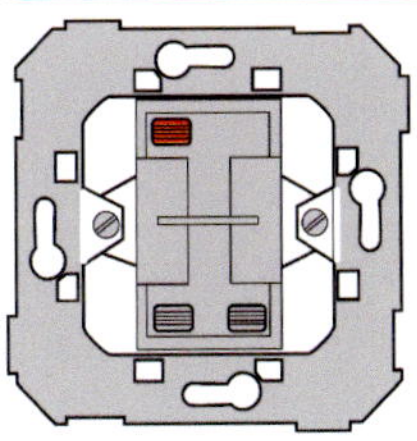

Figura 6.52. Representación del mecanismo interno de un conmutador simple.

Conmutador de cruce

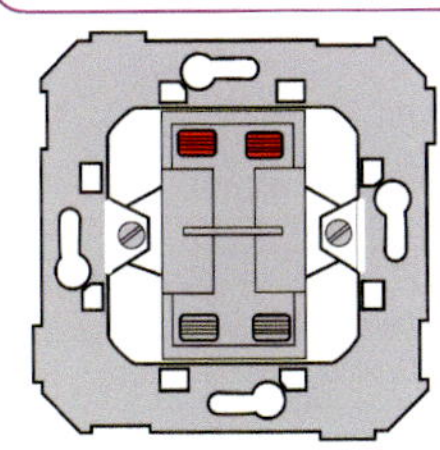

Figura 6.53. Representación del mecanismo interno de un conmutador de cruce.

Figura 6.54. La apariencia externa de un conmutador y de un interruptor es la misma. Solo se diferencian en el mecanismo interno.

6.5.2. Lámparas conmutadas desde dos puntos: conmutación simple

Sabías que...

Los interruptores y los conmutadores convencionales están diseñados para una **intensidad** de funcionamiento de **10 o 16 A** como máximo.

A continuación se muestra el esquema de encendido y apagado de un punto de luz conmutado desde dos puntos y el conexionado interno de los mecanismos.

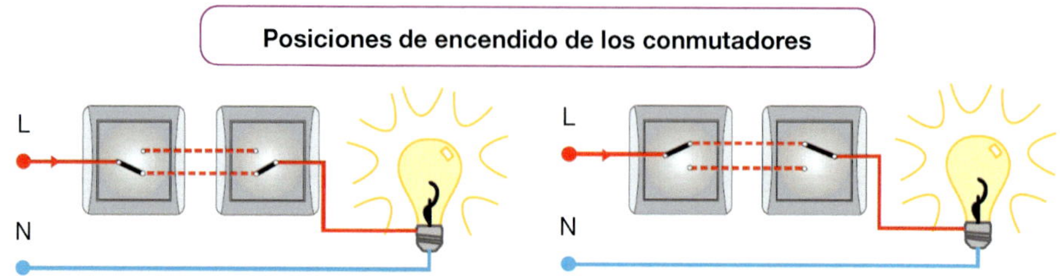

Figura 6.55. Posición de encendido.

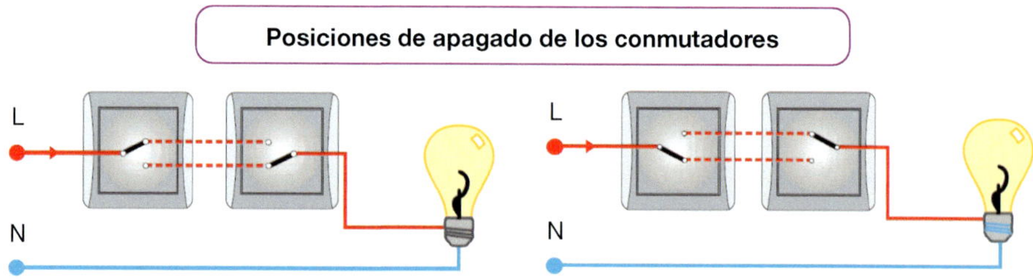

Figura 6.56. Posición de apagado.

Al realizar el conexionado de puntos de luz conmutados, el conductor neutro va directo al punto de luz. El conductor de fase se conectará a uno de los conmutadores y desde otro conmutador saldrá otro cable hasta el punto de luz: a este conductor se le conoce coloquialmente como **cable de retorno o vuelta.**

Las **uniones entre los conmutadores** se realizan con dos conductores independientes, los cuales suelen ser de **color gris** para facilitar su identificación, reservando los colores marrón y negro para el conductor de fase y el cable de vuelta.

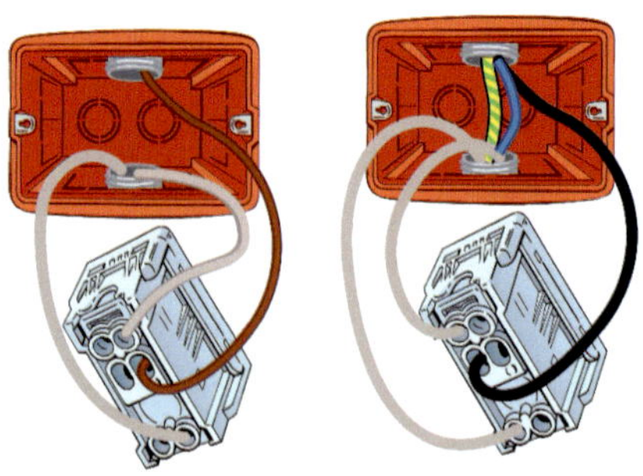

Figura 6.57. Conexión y cableado de los conmutadores en conmutación simple.

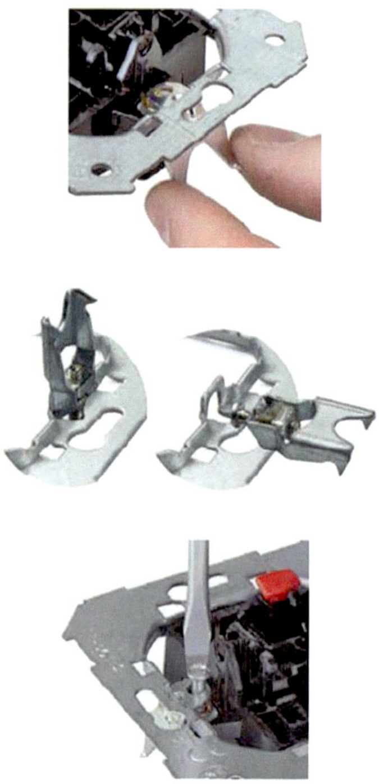

Figura 6.58. Detalle de montaje y garras de fijación de interruptores y conmutadores empotrados.

Explicación del modo de funcionamiento

La lámpara se enciende y se apaga al actuar sobre cualquiera de los dos conmutadores.

6.5.3. Lámparas conmutadas desde tres puntos: conmutación de cruce

En las Figuras 6.59 y 6.61 se muestra el esquema de encendido y apagado de un punto de luz conmutado desde tres puntos, así como el conexionado interno de los mecanismos.

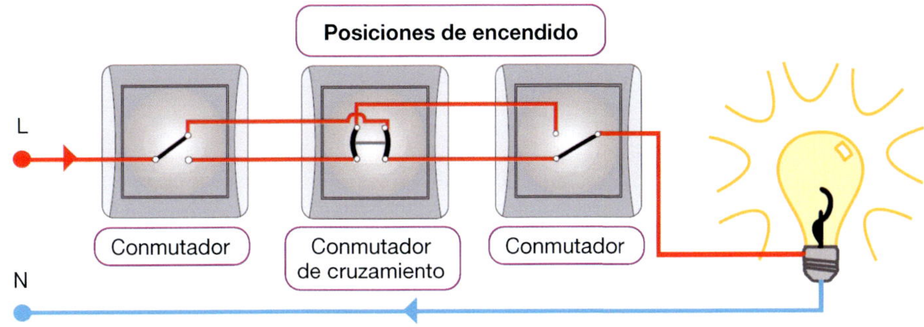

Figura 6.59. Posición de encendido.

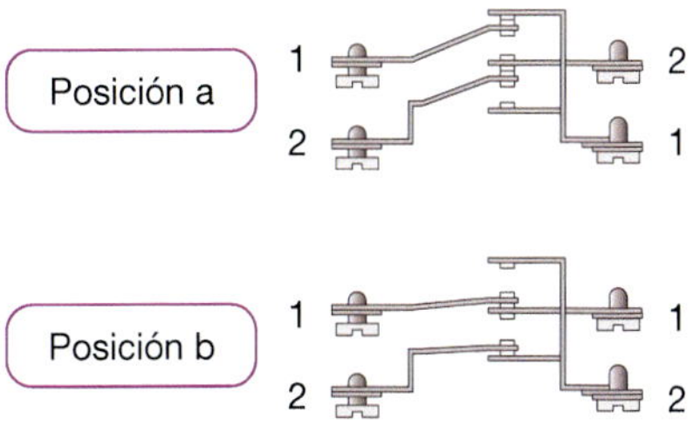

Figura 6.60. Principio de funcionamiento del cruzamiento.

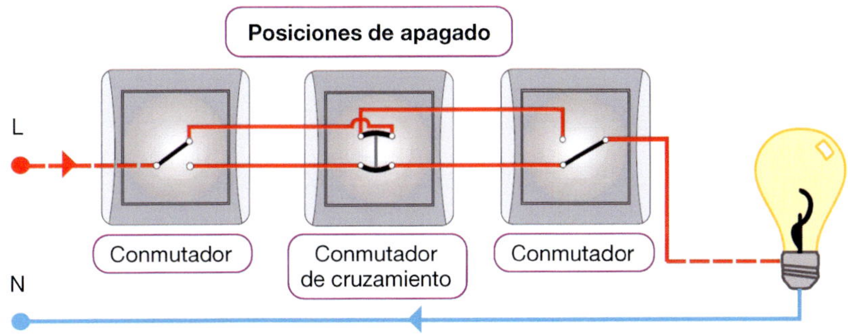

Figura 6.61. Posición de apagado.

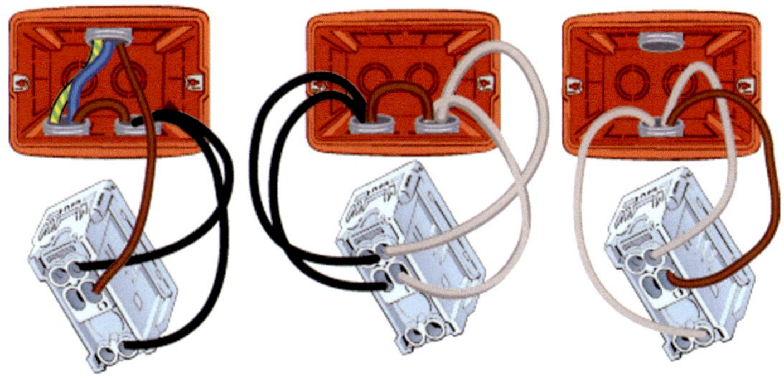

Figura 6.62. Conexión y cableado de los conmutadores en conmutación de cruce.

Explicación del modo de funcionamiento

La lámpara se enciende y se apaga al actuar sobre cualquiera de los tres conmutadores.

Actividad propuesta 6.6.

Responde a las siguientes cuestiones:

a) Cita una o varias estancias de tu vivienda en las que, para el control de la iluminación:
   1. Se utilice un punto de luz simple.
   2. Se utilice un punto de luz conmutado.
   3. Se utilice la conmutación de cruce.

b) ¿Qué tipo de esquema de alumbrado tiene tu aula taller?

6.6. Puntos de luz regulados

Se denomina punto de luz regulado a la lámpara con un nivel de iluminación variable.

Para el control de los puntos de luz regulados se utiliza un **regulador** (también conocido como ***dimmer***), como el estudiado en la Unidad 4 de este libro.

En la Figura 6.64 se muestra el esquema de funcionamiento de un punto de luz regulado.

Figura 6.63. *Dimmer* de tipo pulsador.

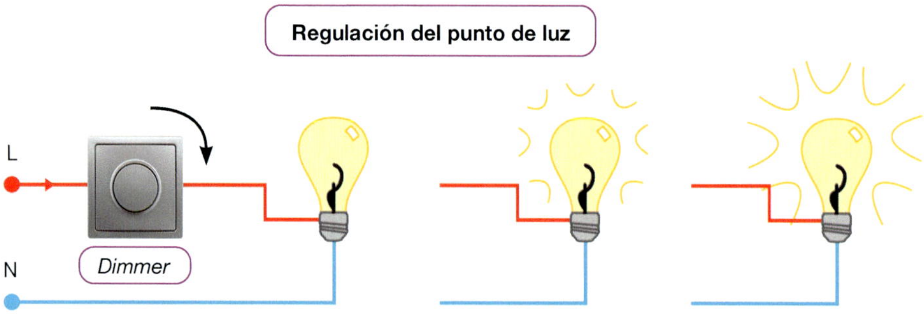

Figura 6.64. Regulación de la iluminación en una lámpara incandescente.

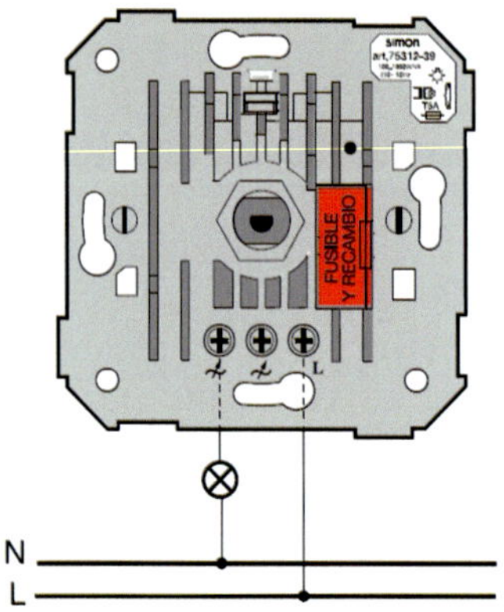

Figura 6.65. Esquema de conexión de un punto de luz regulado.

Figura 6.66. Este símbolo aparece en todos los mecanismos tipo *dimmer.* Indica el punto de conexión para realizar la regulación.

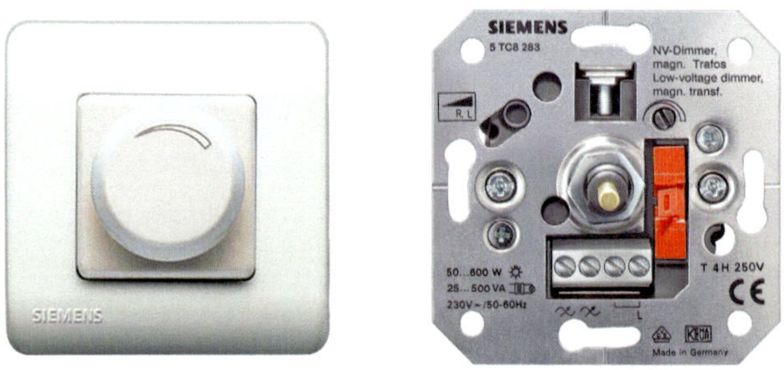

Figura 6.67. *Dimmer* de tipo giratorio. Forma exterior y mecanismo interior.

La regulación de luminosidad puede realizarse directamente sobre lámparas incandescentes; sin embargo, para variar la intensidad luminosa de otro tipo de lámparas, como por ejemplo los tubos fluorescentes, puede resultar necesario utilizar **equipos auxiliares de regulación.**

Sabías que...

Los reguladores de luminosidad tienen una potencia asignada que debe ajustarse a la potencia de las lámparas conectadas.

Si se supera esta potencia podría quemarse el circuito interno del regulador.

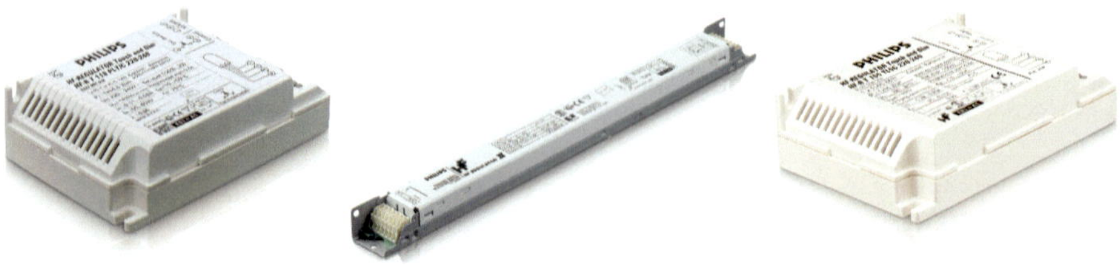

Figura 6.68. Equipos auxiliares de regulación para lámparas fluorescentes.

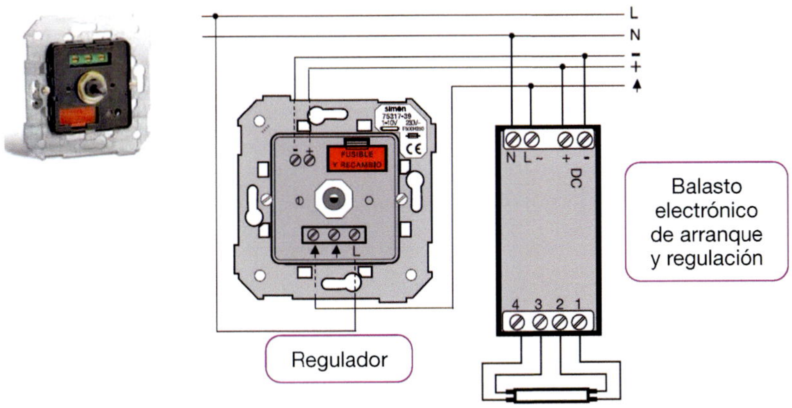

Figura 6.70. Esquema de conexión de un sistema de regulación de lámparas fluorescentes.

Figura 6.69. Este símbolo, ubicado en el mecanismo interno de un regulador, indica que se pueden conectar lámparas incandescentes y tubos fluorescentes.

En el caso de las lámparas led, la posibilidad de llevar a cabo la regulación dependerá del modelo y del fabricante. Será necesario, por tanto, que la lámpara led tenga la posibilidad de poder ser regulada (lámpara *dimerizable*) y, además, se utilizará un regulador específico.

Figura 6.71. Regulador específico para lámparas led regulables.

Actividad resuelta 6.2.

Es importante recordar que las características eléctricas de un regulador deben ajustarse a las del punto de luz conectado.

Observa la siguiente imagen, correspondiente al mecanismo interno de un *dimmer*, y responde a las siguientes preguntas:

1. ¿Qué tipo de lámparas pueden conectarse a este regulador?
2. ¿Cuál debe ser la tensión y la frecuencia de entrada al mecanismo?
3. ¿Podrías conectar sin problema una lámpara incandescente de 60 W?
4. ¿Sería posible conectar un circuito de doce lámparas como la anterior?

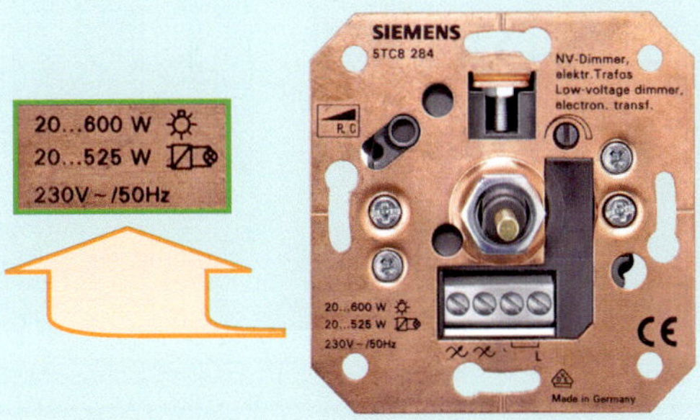

Solución

1. Lámparas incandescentes convencionales y lámparas halógenas.
2. Tensión: 230 V_{CA} / Frecuencia: 50 Hz.
3. Sí, puesto que admite potencias de 20 a 600 W.
4. La potencia total, en este caso, habría que calcularla:

   $P = 12\ lámparas \cdot 60\ W = 720\ W$

   La potencia total supera la máxima admisible indicada en el mecanismo, por lo que no sería posible realizar este montaje.

Figura 6.72. Algunos reguladores llevan incorporado un fusible interno de protección para evitar daños en el circuito electrónico.

Vocabulario

Conmutador = *Commutator*

Interruptor = *Switch*

Regulador = *Regulator*

Regulador de intensidad o voltaje = *Dimmer*

6.6.1. Lámparas conmutadas y reguladas

Existe la posibilidad de combinar un *dimmer* con uno o varios interruptores, de manera que el punto de luz quede configurado como **conmutado y regulado.**

En los esquemas de funcionamiento de las Figuras 6.73 y 6.74 se representa un punto de luz regulado con conmutación simple y conmutación de cruce.

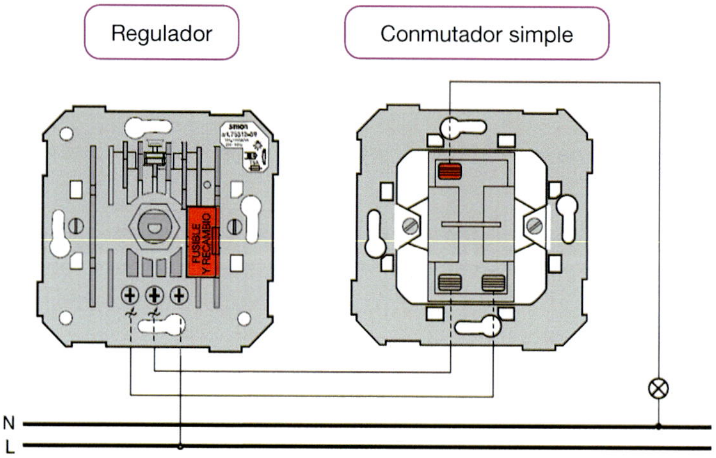

Figura 6.73. Esquema de conexión de un circuito de alumbrado regulado con conmutación simple.

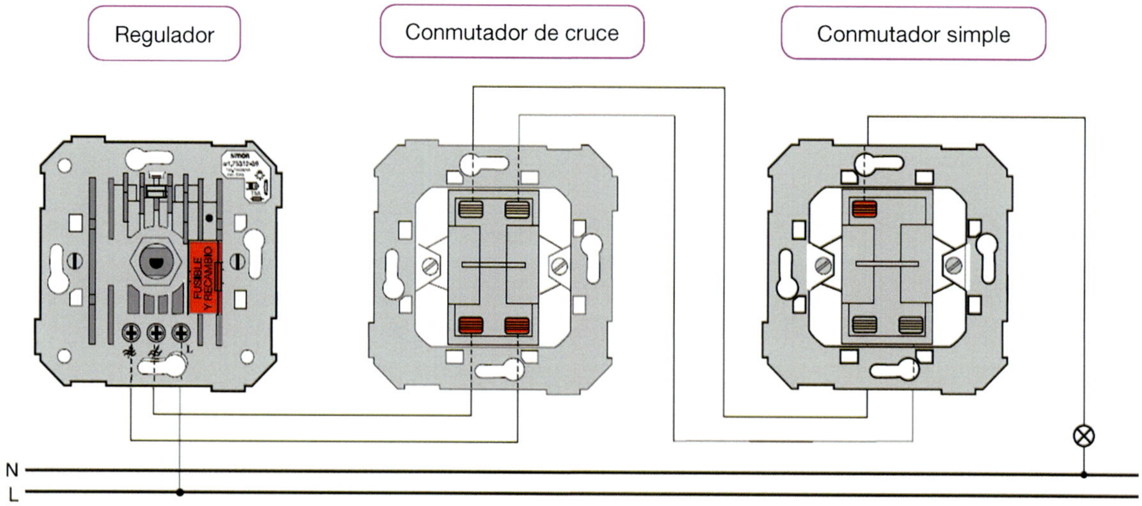

Figura 6.74. Esquema de conexión de un circuito de alumbrado regulado con conmutación de cruce.

Explicación del modo de funcionamiento

La lámpara se enciende y se apaga al actuar sobre cualquiera de los mecanismos y la luminosidad puede regularse a través del *dimmer.*

6.7. Técnicas de montaje de circuitos de alumbrado

Al efectuar el montaje de un circuito de alumbrado hay que tener en cuenta una serie de indicaciones en función del tipo de trabajo que se vaya a realizar. Las más importantes se describen a continuación.

6.7.1. Conexión de los puntos de luz

El cableado y conexión de las lámparas a la red eléctrica debe realizarse de la siguiente manera:

- Los interruptores deben conectarse siempre al conductor de fase, puesto que es el cable que presenta mayor diferencia de potencial.
- El conductor neutro se conectará directamente al portalámparas.

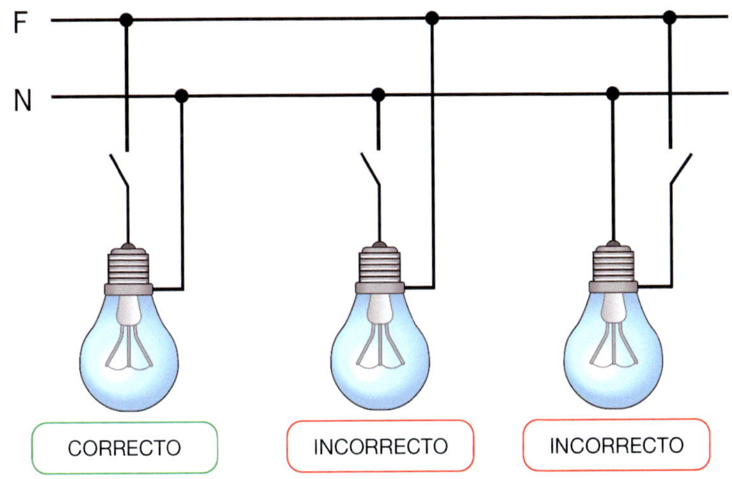

Figura 6.75. Posibles esquemas de conexión de un punto de luz y su interruptor asociado.

Si en el circuito de iluminación se utilizan lámparas incandescentes o fluorescentes compactas, para realizar la conexión de los portalámparas deben respetarse, además, las indicaciones mostradas en la Figura 6.76.

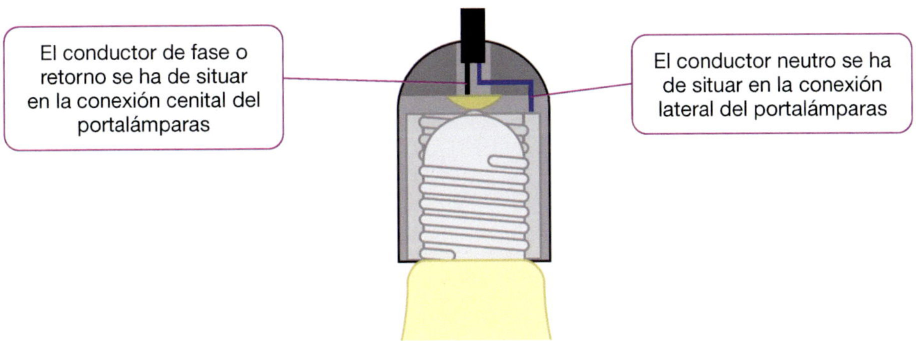

Figura 6.76. Método de conexión de un portalámparas.

Sabías que...

El cable que sale del interruptor y llega a la lámpara se denomina comúnmente **cable de retorno.**

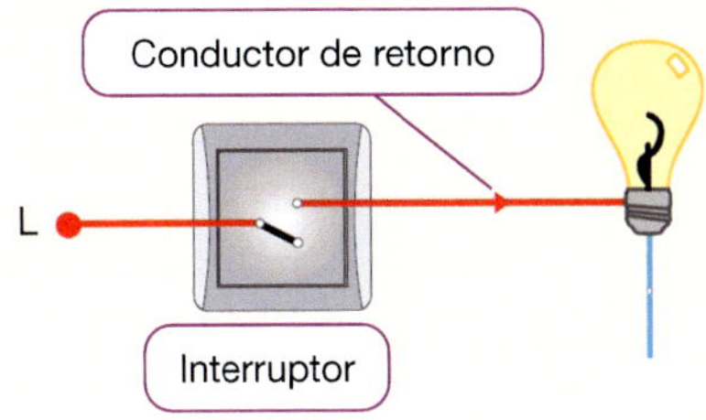

Recuerda que...

El conductor de protección es de color amarillo-verde y se identifica con las siglas PE.

Actividad propuesta 6.7.

¿Por qué crees que el conductor neutro se debe conectar directamente a la lámpara, en la parte lateral exterior del portalámparas?

6.7.2. Instalación o sustitución de las lámparas

Las lámparas deben sustituirse siempre con la **corriente desconectada.** De no ser así las consecuencias son las siguientes:

- En los circuitos de 230 V_{CA} al tocar el material conductor del casquillo puede producirse un accidente.
- En los circuitos de 12 V la corriente es más elevada, por lo que al retirar la lámpara pueden fundirse los contactos del casquillo.

Además, hay que evitar tocar con las manos las lámparas halógenas, ya que las huellas dactilares en la ampolla se queman al encender la lámpara. En caso de tocar la ampolla accidentalmente deben limpiarse las huellas con un trapo impregnado en alcohol.

En el caso de utilizar transformadores, estos deben encontrarse alejados de cualquier material inflamable. La distancia entre el transformador y cualquier lámpara, además, no debe ser inferior a 20 centímetros.

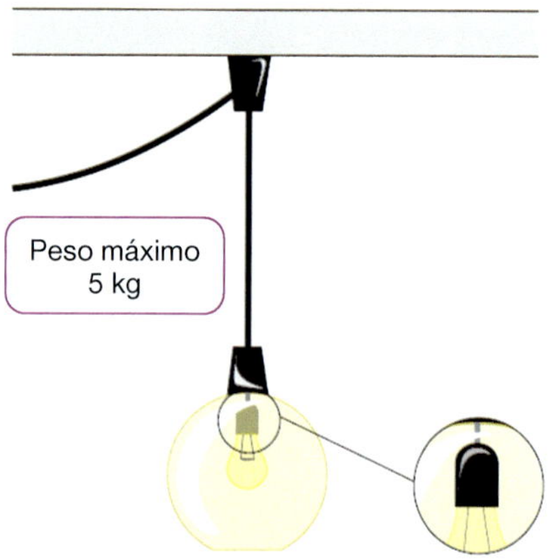

Figura 6.77. Representación de una luminaria suspendida.

6.7.3. Montaje de luminarias suspendidas

Si las luminarias de la instalación son de tipo **suspendido,** tienen que cumplirse dos condiciones:

- No puede utilizarse el propio conductor de la lámpara como cable de sujeción.
- El peso de la lámpara no debe superar los 5 kg.
- Los conductores de alimentación de la lámpara deben ser de tipo flexible.

Recuerda que...

No puede utilizarse el propio conductor de alimentación de una lámpara como cable de sujeción.

6.7.4. Puesta a tierra de las luminarias

Las partes metálicas de una lámpara o luminaria que puedan resultar accesibles para las personas deben estar conectadas al conductor de protección (PE).

La finalidad de este conductor es la de asegurar que dichas partes metálicas queden unidas con la toma de tierra, aumentando la seguridad de la instalación en caso de que se produzca un fallo de aislamiento.

La conexión a tierra es una medida de seguridad que por su importancia se estudiará en unidades posteriores de este libro.

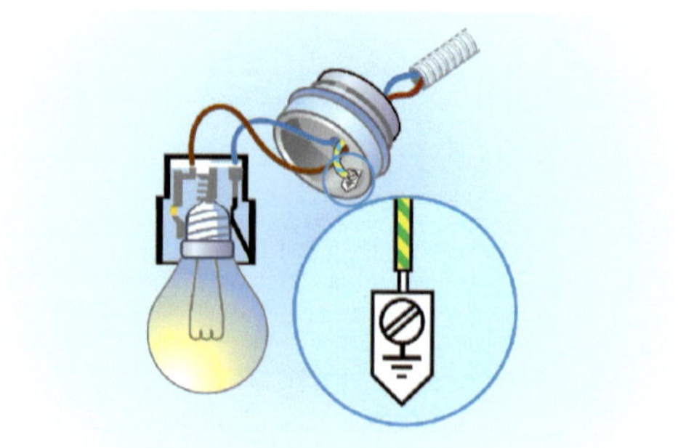

Figura 6.78. Detalle de conexión a tierra de un casquillo metálico.

Mapa conceptual

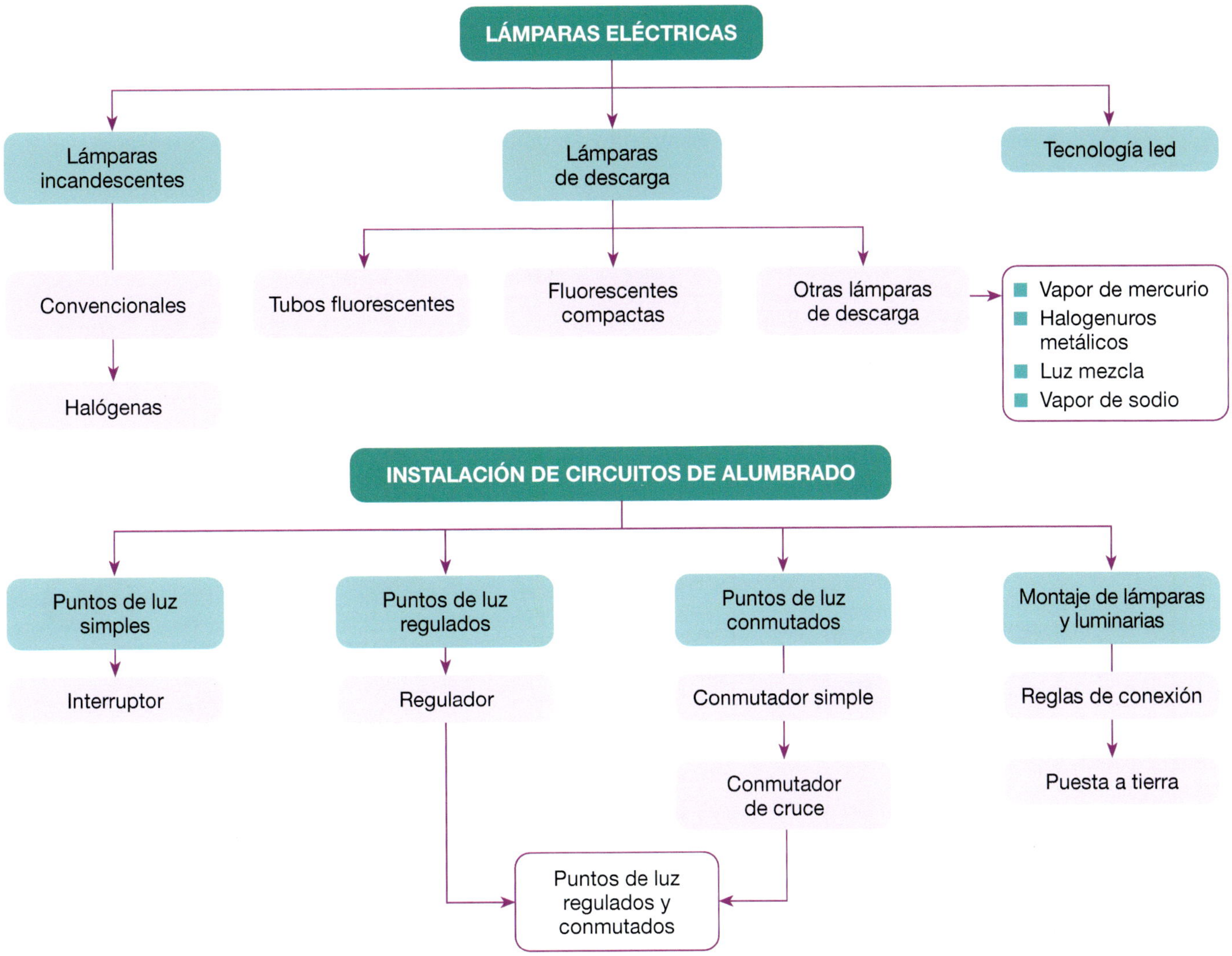

En resumen

- Existen tres grandes grupos de lámparas que se diferencian en la forma de transformar la energía eléctrica en energía luminosa: incandescentes, de descarga y led.
- Las lámparas incandescentes son las más antiguas y su uso es cada vez menor como consecuencia del bajo rendimiento, corta vida útil y excesivo consumo, lo que ha hecho que prácticamente ya no se fabriquen.
- Las lámparas de descarga consumen menos energía que las incandescentes, pero utilizan equipos auxiliares y ciertos metales nocivos para el medio ambiente.
- La tecnología led es la más eficiente y no es tan dañina para el medio ambiente, por lo que actualmente es la principal alternativa de iluminación.
- El alumbrado puede ser gestionado de varias formas:
  - Mediante un interruptor simple, que permite un control individual.
  - Mediante conmutadores, que permiten un control desde dos o más puntos.
- Es posible variar la intensidad luminosa de una lámpara a través de un *dimmer.*
- A la hora de realizar el montaje de una instalación de iluminación es necesario respectar las indicaciones básicas en cada caso y asegurarse de que todos los equipos han sido diseñados para el mismo rango de potencias.

6.1. Instalación, montaje y conexión de tubos fluorescentes

OBJETIVO

- Realizar el montaje y comprobar el funcionamiento de un tubo fluorescente y dos tubos fluorescentes en paralelo.

MATERIAL

- Cables flexibles de cobre de 1,5 mm^2.
- 2 tubos fluorescentes y 2 portatubos.
- Cebador.
- 2 portacebadores.
- 2 reactancias.
- 2 interruptores.
- Tornillos.

HERRAMIENTAS

- Tijeras de electricista o pelacables.
- Destornillador.
- Taladradora.

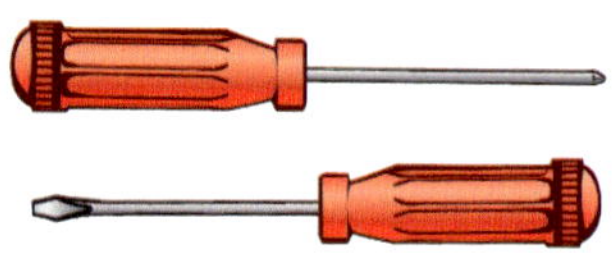

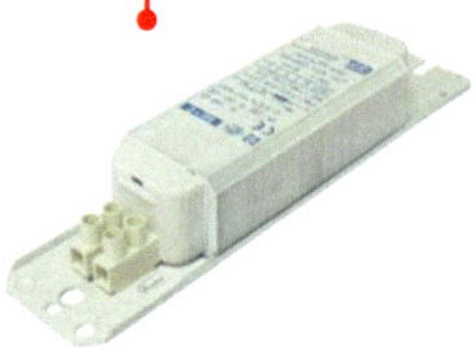

MATERIAL Y HERRAMIENTAS COMPLEMENTARIAS

También te pueden resultar útiles:

- Tacos para asegurar la fijación de los tornillos.

Proceso

1. Realiza la preparación previa de los conductores, cortándolos a la medida deseada y pelando sus extremos.
2. Instala las reactancias, los portatubos y los portacebadores en el tablón de las prácticas utilizando los tornillos.
3. Realiza la conexión de los componentes de la manera que se muestra en los esquemas de las figuras.
4. Coloca el tubo fluorescente en el portatubos.
5. Coloca el cebador en el portacebador.
6. Asegúrate de que el circuito esté protegido en su origen por un interruptor automático y un interruptor diferencial y activa el interruptor.
7. Comprueba que el circuito funciona correctamente y responde la siguiente pregunta:
   - Si desconectas el portacebador con el circuito en marcha, ¿qué ocurre?

a) Conexión de un tubo fluorescente:

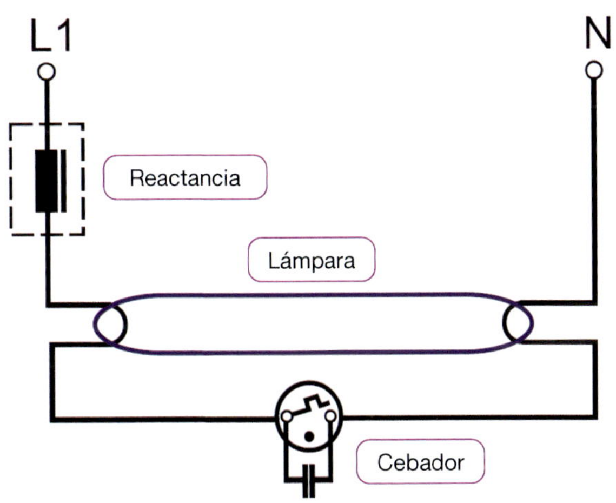

Figura 6.79. Esquema de conexión de un tubo fluorescente.

b) Conexión de dos tubos fluorescentes en paralelo:

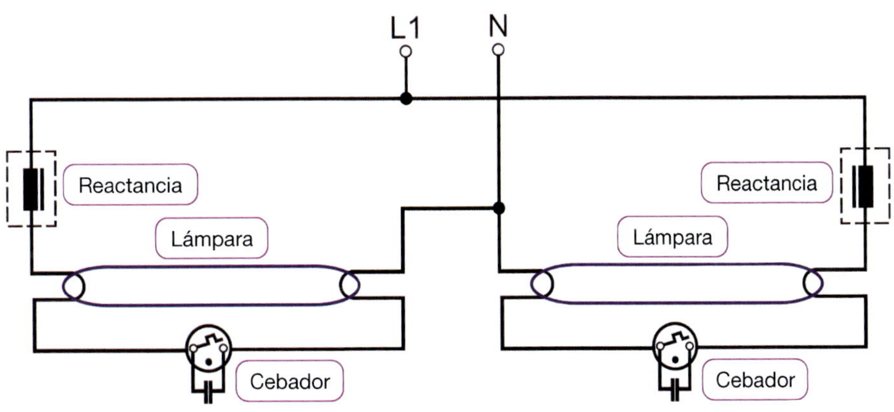

Figura 6.80. Esquema de conexión de dos tubos fluorescentes en paralelo.

6.2. Instalación de un punto de luz simple

OBJETIVO

- Realizar el montaje y comprobar el funcionamiento de un punto de luz simple controlado por un interruptor.

MATERIAL

- Cables flexibles de cobre de 1 × 1,5 mm^2.
- Interruptor.
- Lámpara incandescente y portalámparas.
- Tornillo.

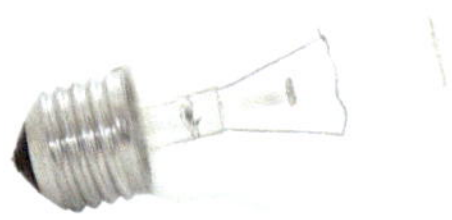

HERRAMIENTAS

- Tijeras de electricista o pelacables.
- Destornillador.
- Taladradora.

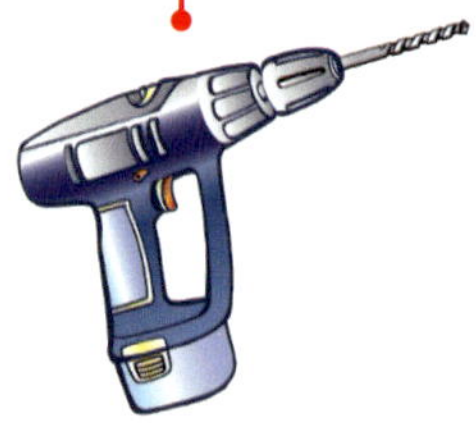
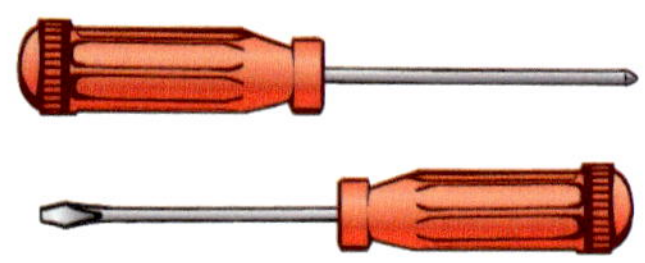

MATERIAL Y HERRAMIENTAS COMPLEMENTARIAS

También te pueden resultar útiles:

- Varios tacos para asegurar la fijación de los tornillos.
- Tubo rígido, abrazaderas para el tubo y guía pasacables si se desea realizar un montaje bajo tubo.

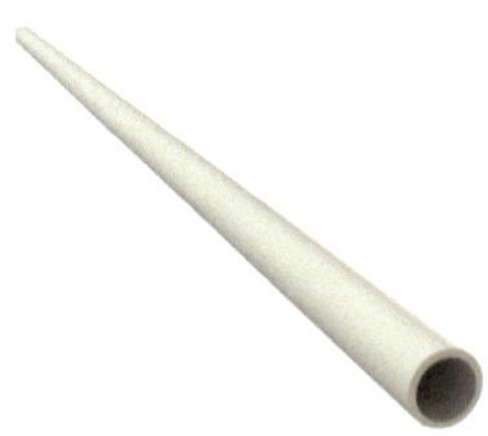

Proceso

1. Instala y sujeta mediante tornillos el portalámparas y el interruptor en el tablón de las prácticas.
2. Realiza el montaje y conexionado de los componentes tal como se muestra en las imágenes inferiores.
3. Coloca la lámpara en el portalámparas.
4. Asegúrate de que el circuito esté protegido en su origen por un interruptor automático y un interruptor diferencial y activa el interruptor.
5. Comprueba el funcionamiento del sistema; la lámpara debe encenderse y apagarse al accionar el interruptor.

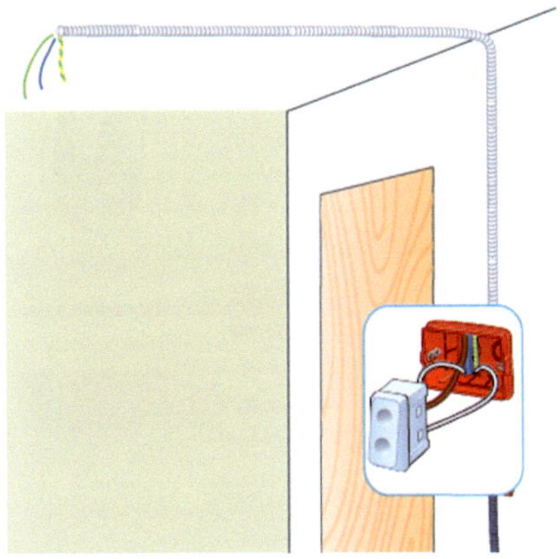

Figura 6.81. Conexión del punto de luz simple.

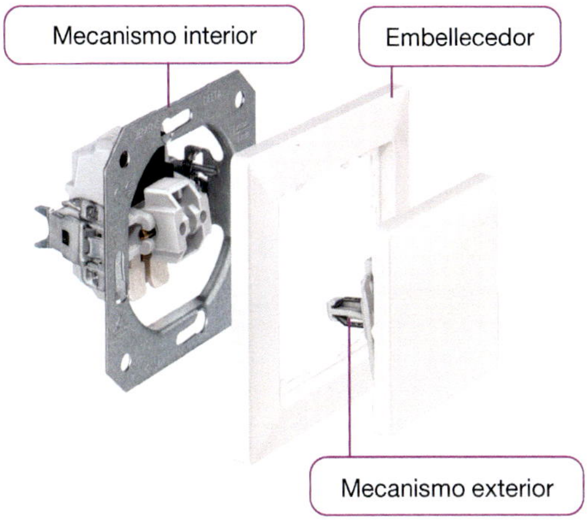

Figura 6.82. Detalle de montaje del interruptor.

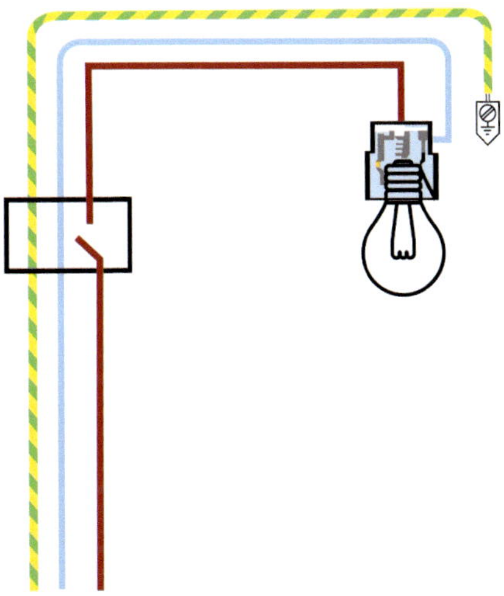

Figura 6.83. Esquema de funcionamiento.

6.3. Instalación de un punto de luz conmutado

OBJETIVO

- Realizar el montaje y comprobar el funcionamiento de un punto de luz con conmutación simple.

MATERIAL

- Cables flexibles de cobre de 1 × 1,5 mm².
- 2 conmutadores simples.
- Lámpara incandescente y portalámparas.
- Tornillos.

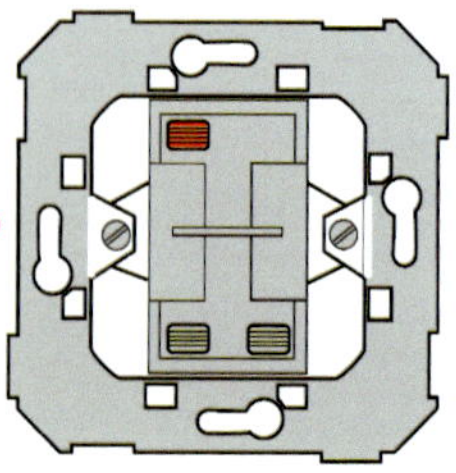

HERRAMIENTAS

- Tijeras de electricista o pelacables.
- Destornillador.
- Taladradora.

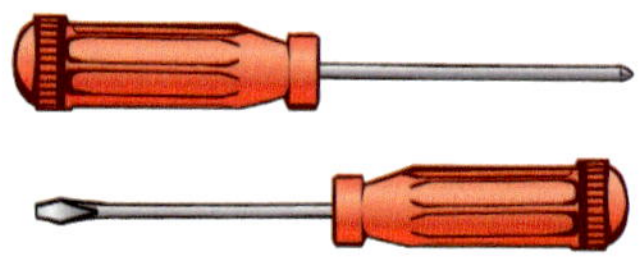

MATERIAL Y HERRAMIENTAS COMPLEMENTARIAS

También te pueden resultar útiles:

- Varios tacos para asegurar la fijación de los tornillos.
- Tubo rígido, abrazaderas para el tubo y guía pasacables si se desea realizar un montaje bajo tubo.

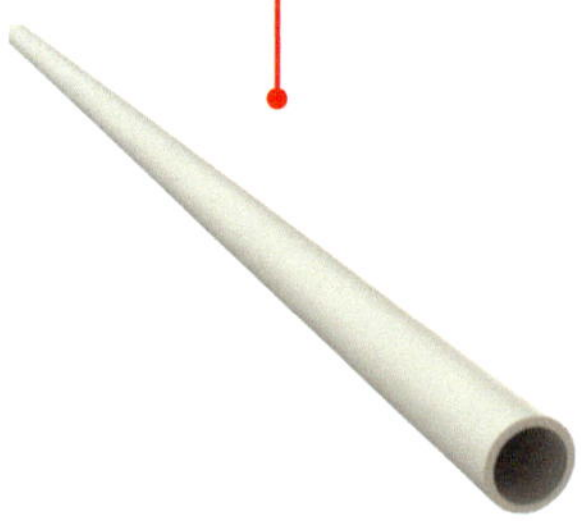

Proceso

1 Instala y sujeta mediante tornillos el portalámparas y el interruptor en el tablón de las prácticas.

2 Realiza el montaje y conexionado de los componentes tal como se muestra en las imágenes inferiores.

3 Coloca la lámpara en el portalámparas.

4 Asegúrate de que el circuito esté protegido en su origen por un interruptor automático y un interruptor diferencial y activa cualquiera de los conmutadores.

5 Comprueba el funcionamiento del sistema; la lámpara debe encenderse y apagarse al accionar cualquiera de los dos conmutadores.

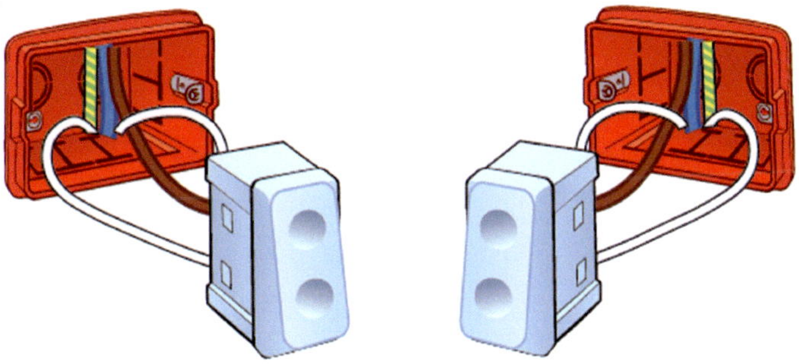

Figura 6.84. Conexión de los conmutadores.

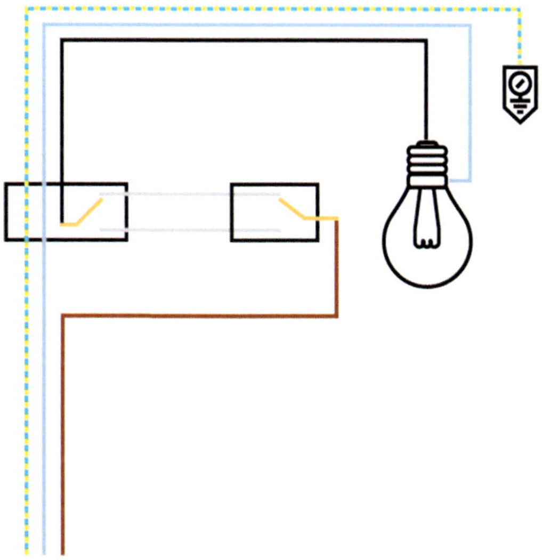

Figura 6.85. Esquema de funcionamiento.

6.4. Instalación de un punto de luz con conmutación de cruce

OBJETIVO

- Realizar el montaje y comprobar el funcionamiento de un punto de luz con conmutación de cruce.

MATERIAL

- Cables flexibles de cobre de 1 × 1,5 mm^2.
- 2 conmutadores simples y 1 conmutador de cruce.
- Lámpara incandescente y portalámparas.
- Tornillos.

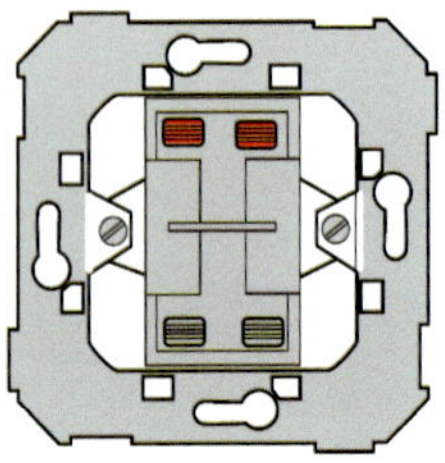

HERRAMIENTAS

- Tijeras de electricista o pelacables.
- Destornillador.
- Taladradora.

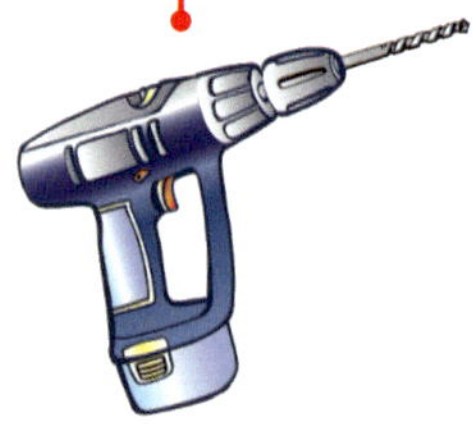
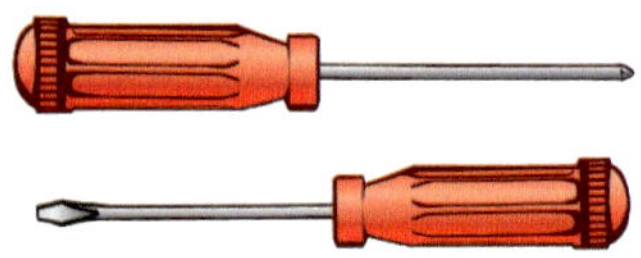

MATERIAL Y HERRAMIENTAS COMPLEMENTARIAS

También te pueden resultar útiles:

- Varios tacos para asegurar la fijación de los tornillos.
- Tubo rígido, abrazaderas para el tubo y guía pasacables si se desea realizar un montaje bajo tubo.

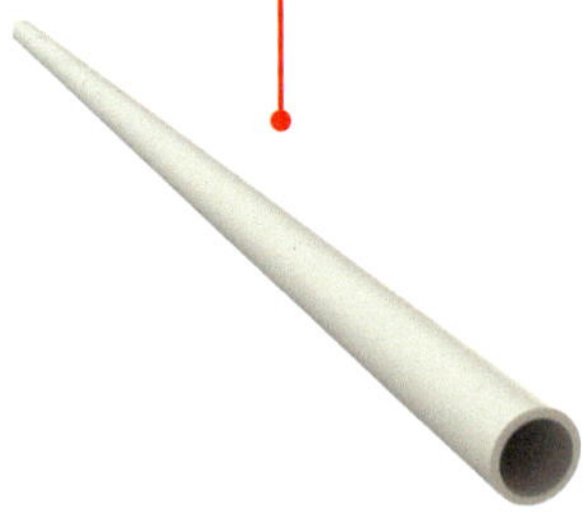

Proceso

1. Instala y sujeta mediante tornillos el portalámparas y los conmutadores en el tablón de las prácticas.

2. Realiza el montaje y conexionado de los componentes tal como se muestra en las imágenes inferiores.

3. Coloca la lámpara en el portalámparas.

4. Asegúrate de que el circuito está protegido en su origen por un interruptor automático y un interruptor diferencial y activa cualquiera de los conmutadores.

5. Comprueba el funcionamiento del sistema; la lámpara debe encenderse y apagarse al accionar cualquiera de los 3 conmutadores.

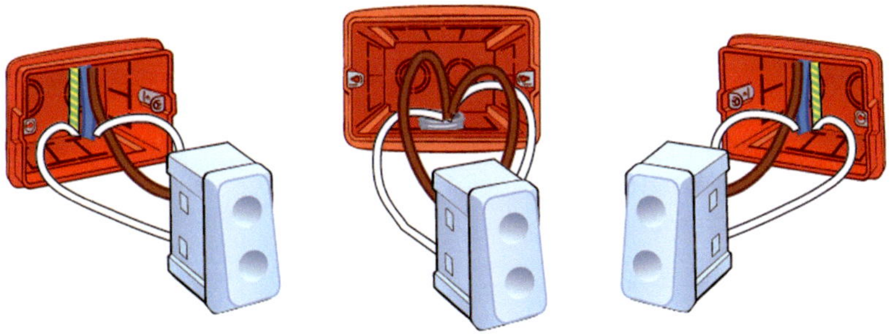

Figura 6.86. Conexión de los conmutadores.

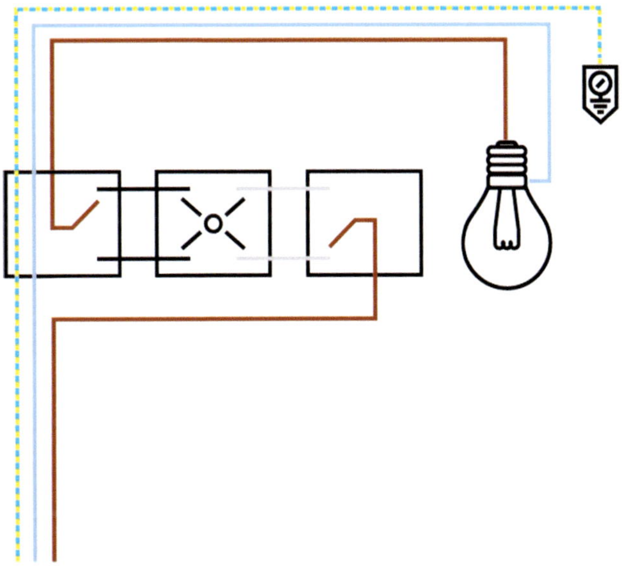

Figura 6.87. Esquema de funcionamiento.

Actividades finales

De comprobación

6.1. ¿Cuál de estas lámparas disipa más calor cuando se encuentra en funcionamiento?

a) Led.

b) Fluorescente.

c) Incandescente.

6.2. ¿Cuál de las siguientes lámparas tiene mayor vida útil?

a) Lámpara fluorescente.

b) Lámpara incandescente.

c) Led.

6.3. ¿Cómo debe conectarse una reactancia para que el circuito de arranque de una lámpara de descarga funcione adecuadamente?

a) En serie.

b) En paralelo.

c) Es indiferente.

6.4. Suponiendo que, de media, la vida útil de una lámpara incandescente es de 1000 horas, ¿cuántos días seguidos podrías tenerla encendida continuamente?

a) Aproximadamente 16 días.

b) Aproximadamente 42 días.

c) Aproximadamente 100 días.

6.5. ¿Cuál de los siguientes elementos no forma parte de una lámpara incandescente común?

a) Ampolla.

b) Balasto.

c) Filamento.

6.6. ¿Qué otro nombre recibe generalmente el regulador de luminosidad?

a) Conmutador.

b) Variador.

c) *Dimmer.*

6.7. La denominación E14, ¿a qué hace referencia?

a) A la potencia de una lámpara incandescente.

b) Al tipo de casquillo de una lámpara fluorescente.

c) Ninguna de las respuestas anteriores es correcta.

6.8. Para el control de un punto de luz simple se utiliza:

a) Un interruptor convencional.

b) Un conmutador.

c) Un interruptor automático.

6.9. ¿Qué elemento se corresponde con el símbolo de la figura?

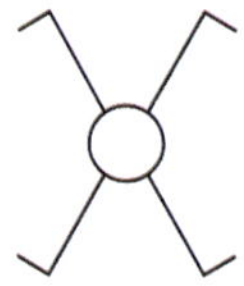

a) Regulador.

b) Conmutador.

c) Conmutador de cruce.

6.10. La intensidad de funcionamiento de un interruptor convencional puede establecerse en:

a) 10 – 16 V.

b) 16 – 25 A.

c) 10 – 16 A.

6.11. ¿A qué conductor debe conectarse la entrada de un interruptor?

a) Al conductor de fase.

b) Al conductor neutro.

c) Al conductor de protección.

6.12. ¿Desde cuántos puntos puedes maniobrar sobre una lámpara si utilizas un conmutador simple?

a) Desde un punto.

b) Desde dos puntos.

c) Desde tres puntos.

6.13. ¿Cómo se denomina al cable que sale del interruptor y llega al punto de luz?

a) Cable de conmutación.

b) Cable de regulación.

c) Cable de retorno.

De ampliación

6.14. **Realiza una tabla comparativa de la potencia, eficiencia y flujo luminoso de cada uno de los siguienes tipos de lámparas.**

- Lámparas halógenas.
- Lámparas de descarga.
- Lámparas de tipo led.

6.15. **¿Qué elemento o dispositivo se corresponde con el símbolo de la figura? Justifica tu respuesta e indica su función.**

a) Balasto electrónico de arranque.
b) *Dimmer.*
c) Conmutador rotativo.

6.16. **Explica brevemente el funcionamiento de una lámpara incandescente.**

6.17. **¿Qué tipos de lámparas incandescentes conoces? ¿Cuáles son sus principales características?**

6.18. **Indica los parámetros mediante los que se clasifican las lámparas halógenas.**

6.19. **Explica brevemente el funcionamiento de una lámpara de descarga.**

6.20. **¿Cuál es la función de un cebador? ¿A qué tipo de lámparas está asociado este dispositivo?**

6.21. **Realiza el esquema de conexión de una lámpara de descarga de tipo tubo fluorescente. Todos los componentes que intervengan en el esquema deben quedar debidamente identificados.**

6.22. **Indica los parámetros mediante los que se clasifican los tubos fluorescentes.**

6.23. **Indica la vida útil media y el tono de luz que ofrecen las siguientes lámparas:**

a) Lámpara incandescente estándar.
b) Lámpara de tipo led.
c) Tubo fluorescente.
d) Lámpara de vapor de sodio.

6.24. **Realiza un breve listado de los principales tipos de lámparas eléctricas de descarga existentes en el mercado, indicando su ubicación habitual.**

6.25. **Explica brevemente en qué se basa la tecnología de iluminación de tipo led. Compara sus características principales con las características de las lámparas incandescentes halógenas y de las lámparas fluorescentes compactas.**

6.26. **Explica brevemente el funcionamiento de una lámpara accionada como punto de luz simple.**

6.27. **Explica brevemente el funcionamiento de una lámpara conmutada.**

6.28. **¿Qué diferencia existe entre la conmutación simple y la conmutación de cruce?**

6.29. **Realiza un esquema simplificado en el que se muestren las posiciones de encendido y las posiciones de apagado de una lámpara conmutada desde dos puntos.**

6.30. **Define brevemente qué es un equipo auxiliar de regulación y en qué situaciones puede ser necesario su uso.**

6.31. **¿Cómo debe realizarse, de manera genérica, el cableado y conexión de las lámparas en una instalación eléctrica? ¿Cómo debe realizarse el cableado y conexión de los portalámparas?**

6.32. **Describe los criterios necesarios que debes tener en cuenta para el montaje de lámparas suspendidas.**

6.33. **Justifica la necesidad de poner a tierra determinadas luminarias, respondiendo a las siguientes preguntas:**

a) ¿Para qué resulta necesaria la puesta a tierra?
b) ¿Qué partes de la lámpara o luminaria deben estar conectadas a la instalación de puesta a tierra?
c) ¿De qué color característico es el conductor de puesta a tierra?

Dispositivos de protección eléctrica

Introducción

En los circuitos eléctricos pueden producirse determinadas situaciones en las que se ven alteradas las condiciones normales de funcionamiento de los componentes.

Estas alteraciones, conocidas como **defectos o fallos eléctricos,** pueden provocar daños irreversibles en la instalación e incluso afectar a las personas que la utilizan.

En esta unidad se estudian los principales dispositivos y métodos de protección utilizados para evitar situaciones de riesgo al producirse un defecto eléctrico.

Contenidos

7.1. Defectos en las instalaciones eléctricas
7.2. Protecciones de las instalaciones eléctricas
7.3. Riesgos eléctricos para personas y animales
7.4. Protecciones contra contactos directos e indirectos

Objetivos

- Determinar los defectos que pueden producirse en un circuito eléctrico.
- Conocer las medidas de protección de las instalaciones eléctricas.
- Definir las situaciones de riesgo más importantes a las que pueden verse expuestos los usuarios de las instalaciones.
- Estudiar las medidas de protección de personas y animales.

7.1. Defectos en las instalaciones eléctricas

Existe una gran variedad de fallos o defectos que pueden producirse en una instalación eléctrica. De entre todos ellos, los más destacables son las sobretensiones y las sobreintensidades.

Sobretensión y sobreintensidad

Una **sobretensión,** o exceso de tensión, es un **aumento del voltaje** dentro de una instalación eléctrica por encima de su valor normal de funcionamiento, conocido como **valor nominal.**

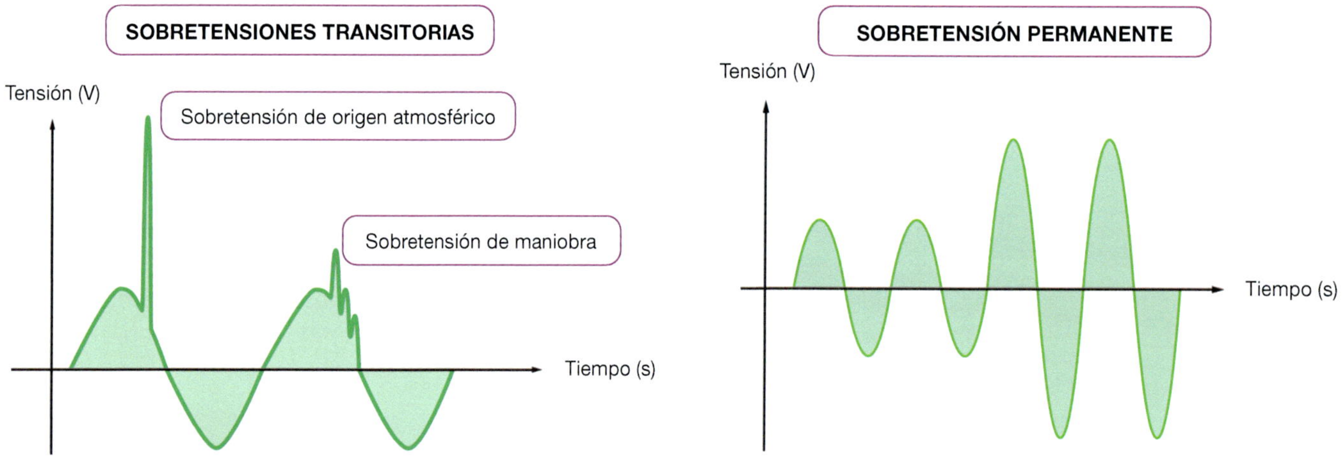

Figura 7.1. Representación gráfica de los dos tipos de sobretensiones posibles, permanentes y transitorias.

Por ejemplo, si a una vivienda le llega una sobretensión de 1,5 kV durante unos segundos, todos los equipos electrónicos y eléctricos conectados en ese momento a la red eléctrica resultarían dañados.

Una **sobreintensidad,** o exceso de corriente, es un **aumento de la intensidad** de la corriente eléctrica en un circuito por encima de su valor normal de funcionamiento o **valor nominal.**

Las sobreintensidades pueden ser de dos tipos: sobrecargas o cortocircuitos.

Sabías que...

Las **descargas atmosféricas,** como por ejemplo los rayos, pueden producir sobretensiones y sobreintensidades en los circuitos eléctricos.

Sobrecarga

Una sobrecarga es un aumento de corriente no demasiado elevado pero con una duración indeterminada, lo que produce el calentamiento excesivo de los conductores y otros componentes. Se dice que son **sobreintensidades de tipo térmico.**

Las sobrecargas pueden estar producidas por:

- Dimensionamiento inadecuado de la instalación.
- Carga excesiva del circuito eléctrico.
- Mal apriete de las conexiones o terminales.

Cortocircuito

Un cortocircuito es un aumento de corriente muy elevado, que puede alcanzar decenas de kiloamperios y cuya duración es muy breve (normalmente inferior a un segundo). Se dice que son **sobreintensidades de tipo magnético.**

Los cortocircuitos se producen por **contactos entre dos conductores** o **entre un conductor y la tierra.**

Estos contactos pueden estar originados por:

- Fallos o daños en el aislante de los conductores.
- Presencia de agua o humedad.
- Empalmes y uniones defectuosas.
- Equipos eléctricos con funcionamiento defectuoso.

Las posibles consecuencias de las sobretensiones y sobreintensidades en las instalaciones eléctricas son las siguientes:

- Calentamiento excesivo de los materiales.
- Riesgo de incendio.
- Deterioro o destrucción de los equipos.
- Interrupción del suministro eléctrico.

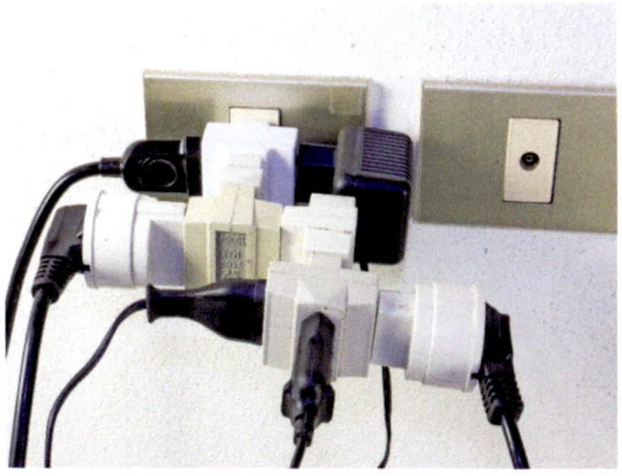

Figura 7.2. La conexión de demasiados receptores eléctricos produce sobrecargas en los conductores.

Figura 7.3. Arco eléctrico producido por un cortocircuito.

Figura 7.4. Señal indicativa de riesgo eléctrico.

Actividad propuesta 7.1.

¿Por qué crees que se dice que las sobrecargas son sobreintensidades de tipo térmico y los cortocircuitos son sobreintensidades de tipo magnético?

Sabías que...

Se dice que un elemento de protección es de **corte omnipolar** cuando desconecta todos los conductores activos (fases y neutro).

7.2. Protecciones de las instalaciones eléctricas

En la Tabla 7.1 se describen los principales dispositivos de protección de las instalaciones eléctricas y el tipo de función que cumplen.

Tabla 7.1. Principales dispositivos de protección de las instalaciones eléctricas

Elemento de protección de la instalación	Protección que ofrece		
	Cortocircuitos	Sobrecargas	Sobretensiones
Fusible	✓	✓	
Interruptor automático	✓	✓	
Relé térmico		✓	
Descargador de sobretensiones			✓

7.2.1. Fusible

El fusible es un elemento de protección muy económico que tiene en su interior un material conductor capaz de soportar un determinado valor de intensidad de corriente.

Si la intensidad de un circuito aumenta por encima del valor que puede soportar el fusible, el material interno se romperá y el circuito quedará desconectado, evitando que resulte dañado algún otro componente de la instalación. Se dice entonces que el fusible **se ha fundido.**

Puesto que el fusible se rompe cada vez que se produce una determinada sobreintensidad, es **necesario reemplazarlo** por uno nuevo para poder conectar de nuevo el circuito.

Para instalar un determinado fusible en un circuito eléctrico se utiliza un componente denominado **portafusibles.**

Figura 7.5. Representación de un fusible fundido.

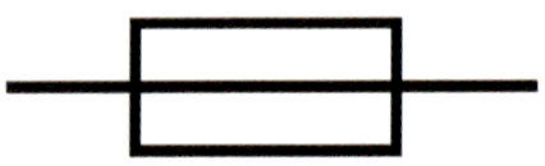

Figura 7.6. Símbolo del fusible.

Figura 7.7. Símbolo del portafusibles.

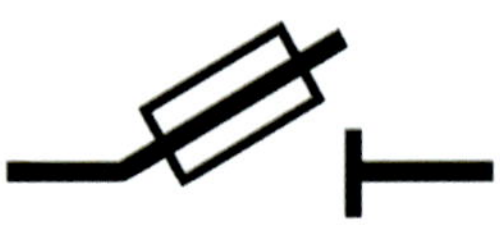

Figura 7.8. Símbolo del seccionador con fusible.

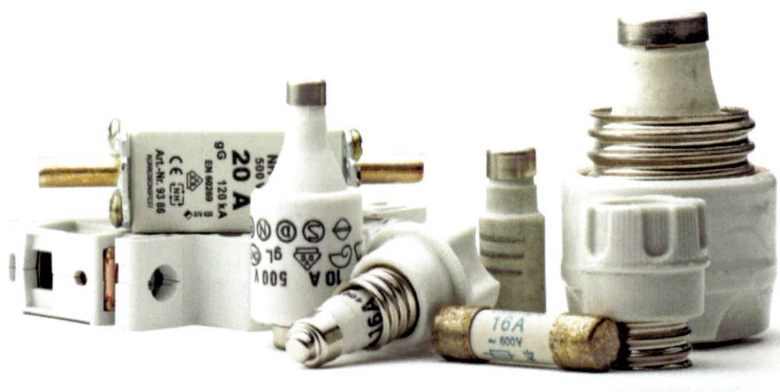

Figura 7.9. Diferentes tipos de fusibles.

Características de los fusibles

Las características de los fusibles quedan definidas por los siguientes parámetros:

1 Intensidad nominal o calibre

Es la intensidad a la que se funde el fusible. Se expresa en amperios (A).

2 Tensión nominal

Es la tensión máxima de funcionamiento del fusible. Se expresa en voltios (V).

3 Poder de corte

Es la intensidad que es capaz de aislar un fusible cuando ya se ha fundido. Se expresa en kiloamperios (kA).

Recuerda que...

El calor que producen los electrones en movimiento puede quemar los conductores.

La intensidad que es capaz de soportar un cable sin romperse se denomina **intensidad máxima admisible.**

Tipos de fusibles

Los fusibles más utilizados en instalaciones de baja tensión son los siguientes:

Tabla 7.2. Tipos de fusibles

Cilíndricos	De rosca	De cuchilla

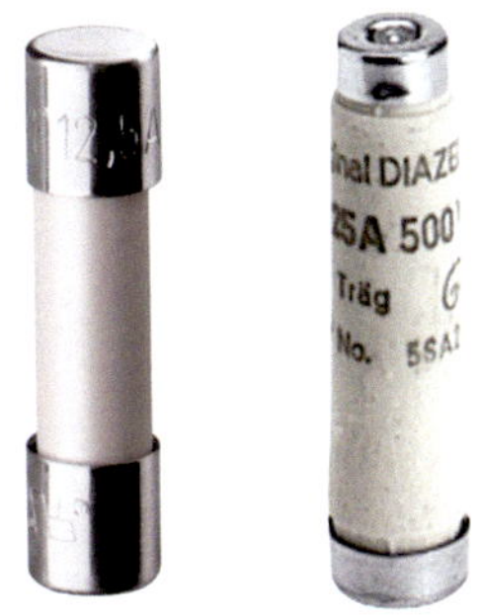

Figura 7.10. Fusibles cilíndricos.

- **Fusibles cilíndricos:** son fusibles de pequeño tamaño con una intensidad nominal diseñada para proteger circuitos de poca potencia, generalmente entre 0,5 y 125 A. Su poder de corte oscila entre 10 kA y 100 kA.

Figura 7.11. Portafusibles para fusibles cilíndricos.

Figura 7.12. Ejemplo de instalación de un fusible cilíndrico.

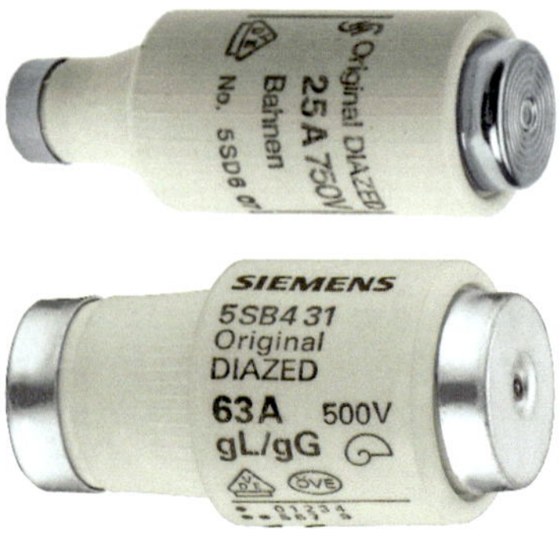

Figura 7.13. Fusibles de rosca. Existen básicamente dos modelos, denominados DIAZED Y NEOZED.

- **Fusibles de rosca:** son fusibles de tamaño medio con una intensidad nominal diseñada para proteger circuitos de potencia intermedia, generalmente entre 2 A y 100 A. Su poder de corte oscila entre 60 kA y 100 kA.

Figura 7.14. Portafusibles para fusibles de rosca.

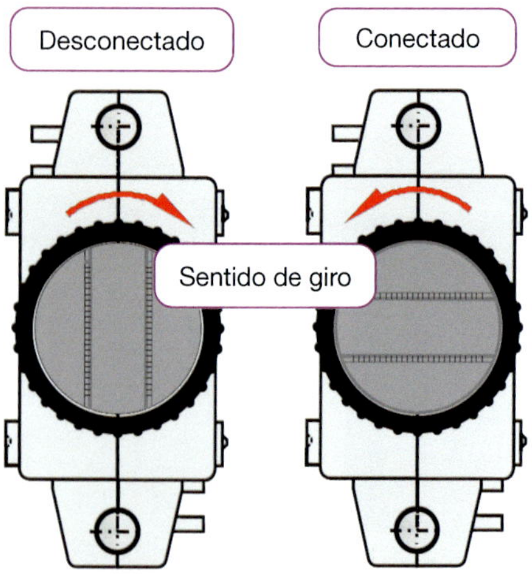

Figura 7.15. Método de instalación de un fusible de rosca.

- **Fusibles de cuchilla:** son fusibles de gran tamaño con una intensidad nominal diseñada para proteger circuitos de alta potencia, generalmente entre 50 A y 1250 A. Su poder de corte suele ser de 120 kA.

Figura 7.16. Fusibles de cuchilla, también denominados fusibles NH.

También es posible realizar el montaje de los fusibles en el interior de bases especiales tipo BUC o de un elemento conocido como **seccionador,** que se utiliza para aumentar el **poder de corte** que ofrece un fusible.

Figura 7.17. Portafusibles de tipo BUC para fusibles de cuchilla.

Actividad propuesta 7.2.

En la siguiente imagen se muestra un fusible de tipo rosca. Analiza sus características y responde a las siguientes preguntas:

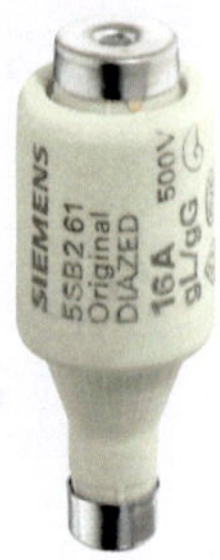

a) ¿Cuál es la intensidad nominal del fusible?

b) ¿Cuál es la tensión nominal del fusible?

c) ¿Podrías utilizar este fusible para proteger un circuito de alumbrado que utiliza un cable flexible de cobre de 1,5 mm², cuya intensidad máxima admisible es de 10 A?

7.2.2. Interruptor automático magnetotérmico

El interruptor automático es un dispositivo de protección que se basa en el mismo principio de funcionamiento del fusible, pero con la ventaja de que no tiene que ser sustituido cada vez que se produce una sobreintensidad.

Este componente consta de un resorte interno que actúa y desconecta un circuito cuando se sobrepasa la intensidad para la que ha sido diseñado. Se dice entonces que **se ha disparado** el interruptor.

Para volver a conectar el circuito una vez corregido el defecto que ha producido la sobreintensidad basta con accionar de nuevo la palanca del interruptor, que es lo que se conoce como **rearme.**

Sabías que...

Existen interruptores automáticos que solo protegen contra sobreintensidades de tipo cortocircuito. Son denominados **interruptores automáticos magnéticos.**

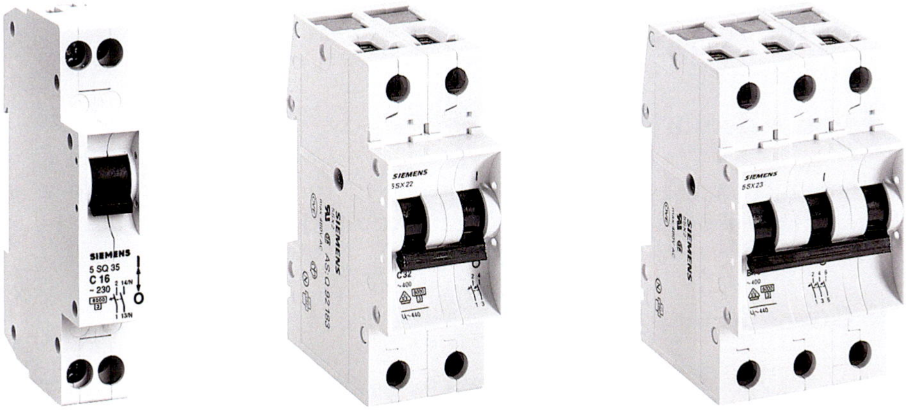

Figura 7.18. Interruptores automáticos magnetotérmicos. Este dispositivo de protección es el más utilizado para la protección de los circuitos eléctricos frente a sobreintensidades.

Figura 7.19. Símbolo simplificado genérico del interruptor automático magnetotérmico.

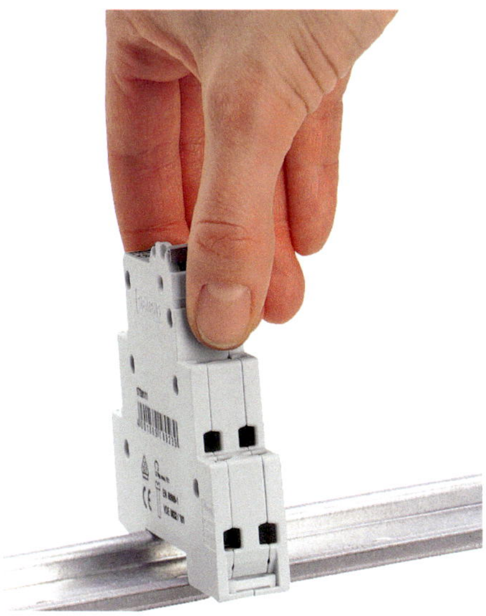

Figura 7.20. Montaje de un interruptor automático en un carril DIN.

Figura 7.21. Mecanismo interno de un interruptor automático.

Sabías que...

Entre los recursos digitales del libro, a los que puedes acceder desde la ficha web de la obra, mediante un sencillo registro, en **www.paraninfo.es,** encontrarás un archivo que explica el funcionamiento de un interruptor automático magnetotérmico.

Características de los interruptores automáticos

Las características de los interruptores automáticos quedan definidas por los siguientes parámetros:

1 Intensidad nominal o de disparo

Es la intensidad a la que el interruptor actúa y desconecta el circuito. Se expresa en amperios (A).

2 Tensión nominal

Es la tensión máxima de funcionamiento del interruptor automático. Se expresa en voltios (V).

3 Poder de corte

Es la intensidad que es capaz de aislar un interruptor automático cuando ya ha desconectado el circuito. Se expresa en amperios (A) o kiloamperios (kA).

4 Curva de disparo

Es una característica que indica el modo de funcionamiento del interruptor. La más común es la **curva C,** aunque existen otras curvas de disparo como la **B,** la **D,** la **Z** o la **MA.**

Recuerda que...

Es muy importante seleccionar en cada caso aquellos dispositivos de protección cuyas características técnicas sean las más adecuadas para la correcta protección de las instalaciones eléctricas y de las personas.

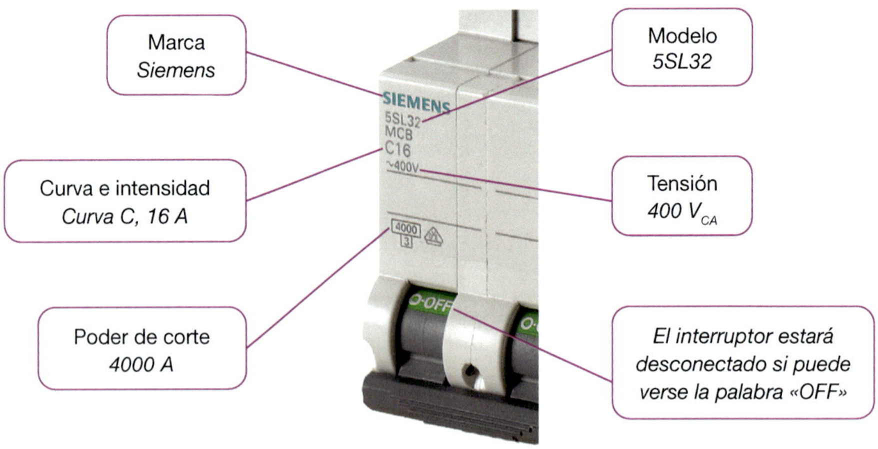

Figura 7.22. Parámetros característicos de un interruptor automático.

Recuerda que...

Los valores normales de funcionamiento de una instalación eléctrica se conocen como **valores nominales.**

Es muy común, por tanto, utilizar los términos **intensidad nominal** *o* **tensión nominal.**

Tipos de interruptores automáticos

Los interruptores automáticos pueden ser de dos tipos:

- Domésticos.
- Industriales.

Sabías que...

En una vivienda se utilizan generalmente interruptores automáticos domésticos de curva C.

1 Interruptores automáticos domésticos

Están diseñados para instalaciones de pequeña o mediana potencia, donde pueden ser manipulados por cualquier usuario sin preparación ni conocimientos eléctricos.

Los interruptores automáticos domésticos que se comercializan en la actualidad pueden tener los valores de intensidad nominal que se indican en la Tabla 7.3. Los números en negrita indican los más usuales.

Tabla 7.3. Intensidades asociadas a los interruptores automáticos domésticos

1 A	2 A	6 A	**10 A**	**16 A**	**20 A**	**25 A**
32 A	**40 A**	50 A	**63 A**	80 A	100 A	125 A

Algunos ejemplos de interruptores automáticos domésticos se muestran en las siguientes imágenes. Dependiendo del número de fases que un interruptor automático es capaz de proteger, será monopolar, bipolar, tripolar o tetrapolar.

Figura 7.23. Interruptor automático monopolar **(1 × 16 A).**

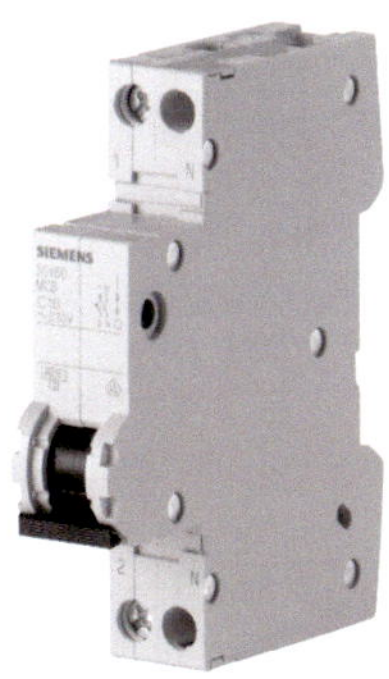

Figura 7.24. Interruptor automático bipolar compacto **(DPN 2 × 16 A).**

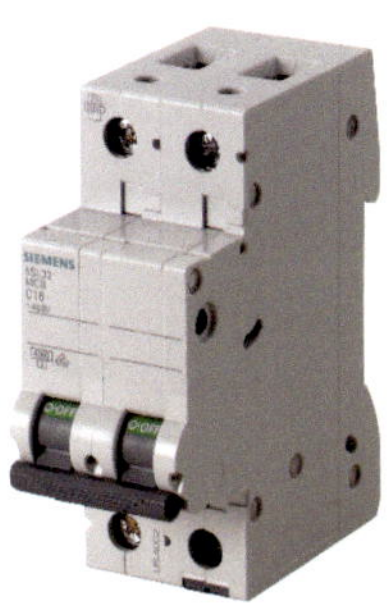

Figura 7.25. Interruptor automático bipolar **(2 × 16 A).**

Figura 7.26. Interruptor automático tripolar **(3 × 16 A).**

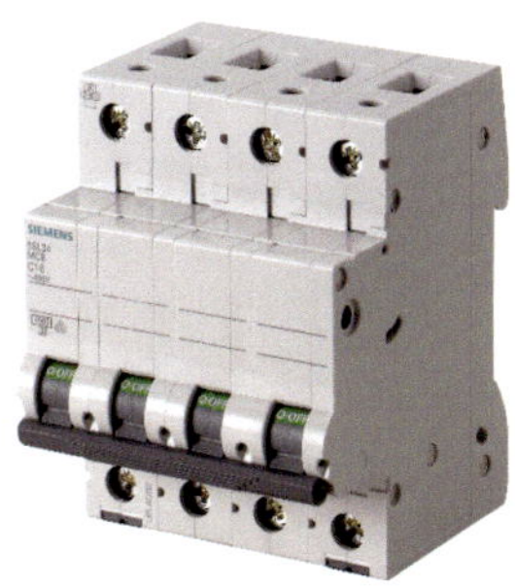

Figura 7.27. Interruptor automático tetrapolar **(4 × 16 A).**

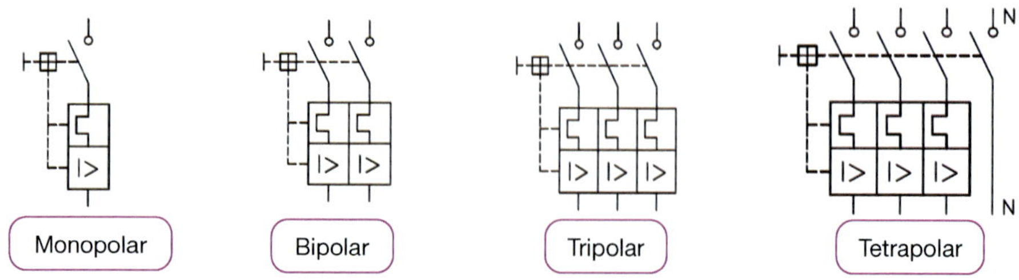

Figura 7.28. Símbolos de los interruptores automáticos en función de su polaridad.

Sabías que...

Si un interruptor automático es capaz de cortar los conductores de fase y el conductor neutro, se dice que es de **corte omnipolar.**

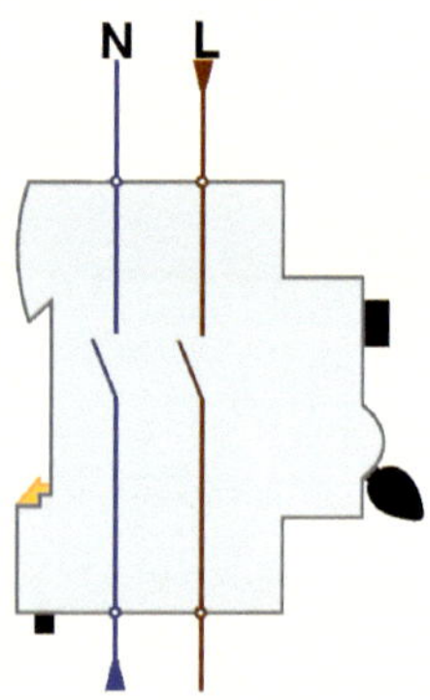

Actividad resuelta 7.1.

En la siguiente imagen se muestra un interruptor automático. Analiza sus características y responde a las siguientes preguntas:

a) ¿Cuál es la curva e intensidad nominal del interruptor?

b) ¿Cómo denominarías a este interruptor?

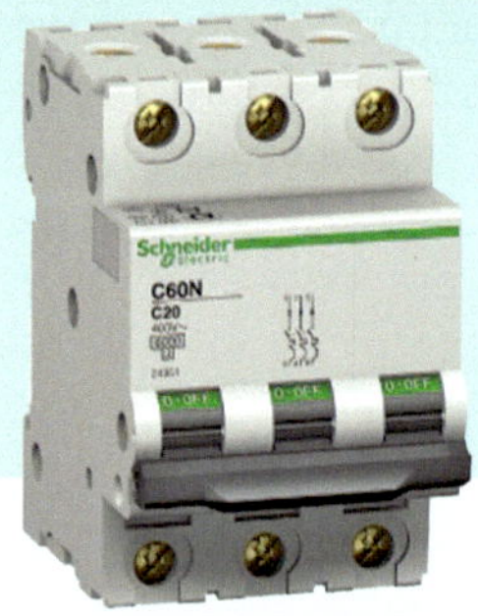

Solución

a) Curva C, intensidad nominal 20 A.

b) Interruptor automático de 3 × 20 A.

2 Interruptores automáticos industriales

Están diseñados para instalaciones de gran potencia, donde solo pueden ser manipulados por personal autorizado con los conocimientos técnicos adecuados.

Los interruptores automáticos industriales que se fabrican en la actualidad tienen valores de intensidad nominal desde 25 A hasta 4000 A.

Figura 7.29. Interruptor automático industrial. Este tipo de dispositivos pueden ser de dos tipos: **interruptores de caja moldeada** o **de bastidor abierto.**

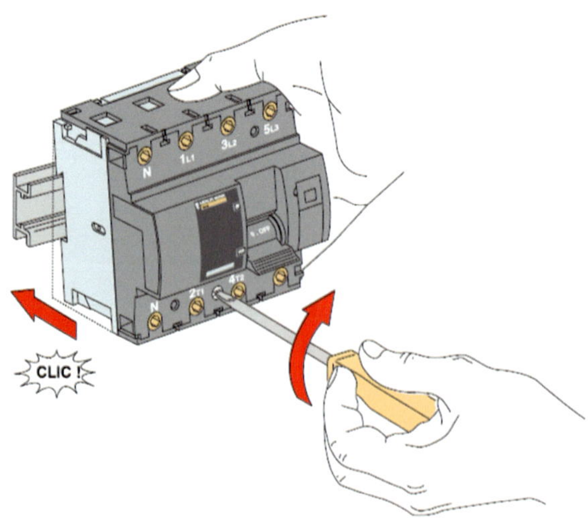

Figura 7.30. Montaje de un interruptor automático industrial sobre carril DIN.

7.2.3. Relé térmico

El relé térmico es un dispositivo diseñado para proteger a determinadas instalaciones eléctricas frente a las sobreintensidades de tipo sobrecarga.

Su uso se limita a circuitos muy específicos en los que se encuentran instalados receptores eléctricos de gran potencia, como motores y otras máquinas industriales.

Figura 7.31. Diferentes modelos de relés térmicos. Este dispositivo de protección es muy común en circuitos relacionados con automatismos para motores.

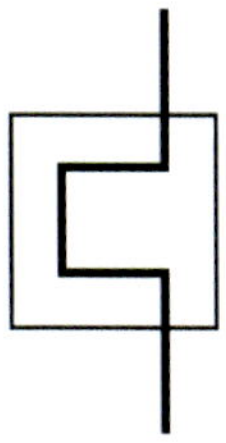

Figura 7.32. Símbolo del relé térmico.

7.2.4. Descargador de sobretensiones

El descargador (o limitador) de sobretensiones es el dispositivo encargado de proteger a los circuitos eléctricos frente a los aumentos excesivos de voltaje.

Existen dos tipos diferentes de sobretensiones y, en función de esto, dos tipos diferentes de descargadores:

- **Descargadores de sobretensiones transitorias.** Se conectan en paralelo con la instalación eléctrica y derivan a tierra la sobretensión.

  Su interior está formado por un material capaz de derivar a tierra las sobretensiones, evitando que penetren en la instalación y dañen a los equipos eléctricos.

- **Descargadores de sobretensiones permanentes.** Se conectan en serie con la instalación y la desconectan en caso de presencia de una sobretensión de larga duración.

Figura 7.33. Cartucho interno de un descargador de sobretensiones; cuando el indicador cambia de color verde a color rojo, debe ser sustituido.

Figura 7.34. Descargadores de sobretensiones transitorias (izquierda y centro) y permanentes (derecha).

Sabías que...

Solo es obligatorio el uso de descargadores de sobretensiones en determinadas regiones de España, donde el número de rayos que se contabilizan cada año es muy elevado.

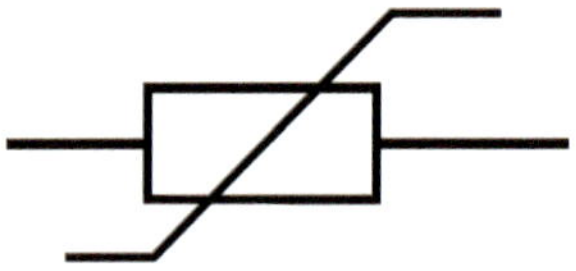

Figura 7.35. Símbolo del descargador de sobretensiones.

Características de los descargadores de sobretensiones

Las características de los descargadores de sobretensiones quedan definidas por los siguientes parámetros:

1 Tensión nominal o de disparo

Es la tensión a partir de la cual el descargador entra en funcionamiento. Se expresa en voltios (V) o kilovoltios (kV).

2 Número de descargas (vida útil)

Es el número de descargas a tierra que es capaz de realizar. Cuando se supera este valor deja de funcionar.

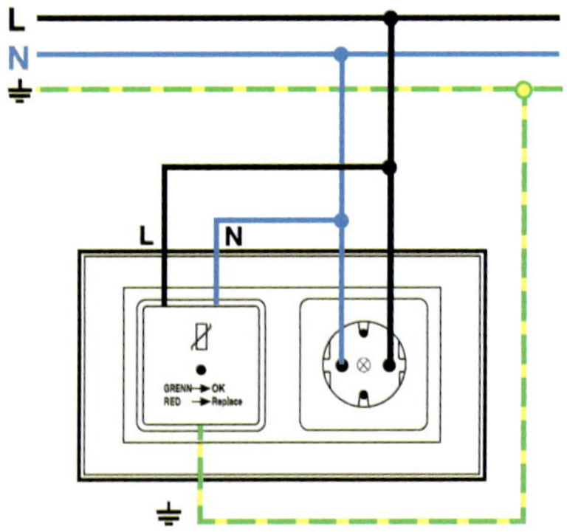

Figura 7.36. Esquema de conexión de un descargador de sobretensiones para la protección de una base de toma de corriente.

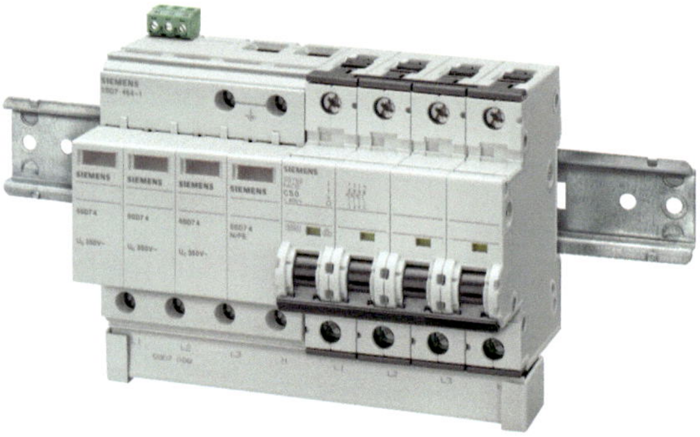

Figura 7.37. Ejemplo de montaje de un descargador de sobretensiones junto a un interruptor automático.

Los descargadores de sobretensiones llevan incorporado un indicador luminoso que indica el fin de su vida útil. De este modo, el usuario sabe cuándo debe sustituir el cartucho por otro nuevo.

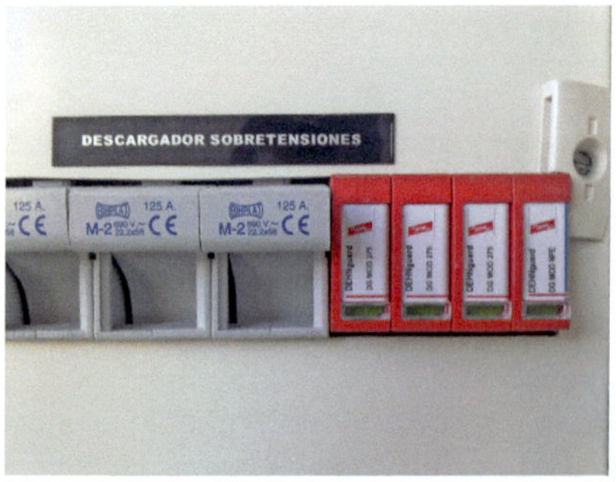

Figura 7.38. Detalle de un descargador de sobretensiones instalado e identificado en un cuadro eléctrico.

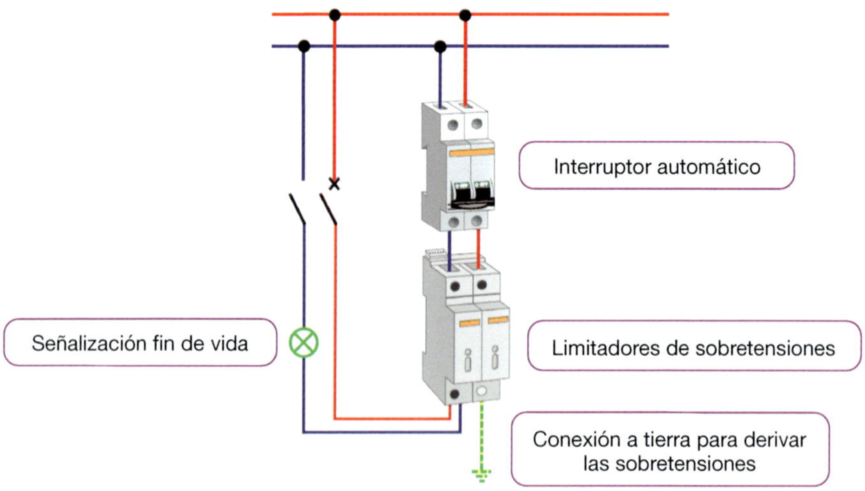

Figura 7.39. Esquema de conexión de un descargador de sobretensiones para carril DIN.

7.3. Riesgos eléctricos para personas y animales

Los valores de tensión e intensidad presentes en las instalaciones eléctricas suponen un riesgo para las personas y los animales, ya que si penetran en el organismo pueden producir desde lesiones leves hasta la muerte.

Los riesgos eléctricos más importantes para las personas son los denominados **contactos,** que se clasifican en **directos** e **indirectos.**

1 Contactos directos

Contactos con los conductores activos (fases o neutro) o piezas metálicas normalmente en tensión.

2 Contactos indirectos

Contactos con partes metálicas que accidentalmente se han puesto bajo tensión (**masas**), como consecuencia de un defecto de aislamiento.

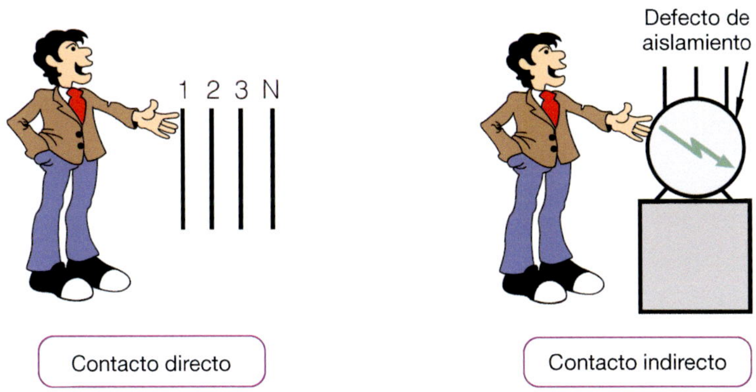

Figura 7.40. Representación de los contactos directos e indirectos.

Dado el peligro que la electricidad entraña para los usuarios de las instalaciones eléctricas, es obligatorio incluir en todos los circuitos eléctricos elementos de protección que eviten o disminuyan las consecuencias de los contactos directos e indirectos.

Actividad propuesta 7.3.

Justifica si los siguientes defectos pueden considerarse contactos directos o indirectos:

a) Tocar una toma de corriente con la mano.

b) Que un cable suelto dentro de la lavadora entre en contacto con la carcasa metálica.

Sabías que...

Un choque eléctrico es la puesta en contacto de una persona o animal con una parte de la instalación eléctrica que se encuentre en tensión.

7.4. Protecciones contra contactos directos e indirectos

Recuerda que...

El **valor nominal** de corriente o tensión en una instalación eléctrica es el **valor normal de funcionamiento.**

En la Tabla 7.4 se describen los principales dispositivos y métodos de protección frente a los contactos directos e indirectos.

Tabla 7.4. Métodos de protección frente a contactos directos e indirectos

El interruptor diferencial	La puesta a tierra	Doble aislamiento
Separación de circuitos	Uso de tensiones de seguridad	Alejamiento de las partes activas

7.4.1. Interruptor diferencial

Cuando en una instalación eléctrica se produce un contacto, sea de tipo directo o indirecto, aparece una **corriente de falta o de fuga** que se deriva hacia tierra.

El interruptor diferencial es un elemento de protección capaz de detectar este tipo de corrientes, desconectando automáticamente el circuito en el que se ha producido la **derivación.**

Para volver a conectar el circuito una vez corregido el defecto basta con accionar de nuevo la palanca del interruptor diferencial, que es lo que se conoce como **rearme.**

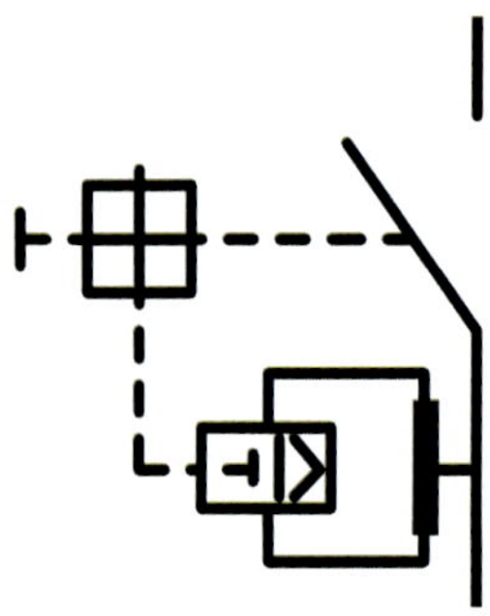

Figura 7.41. Símbolo genérico del interruptor diferencial.

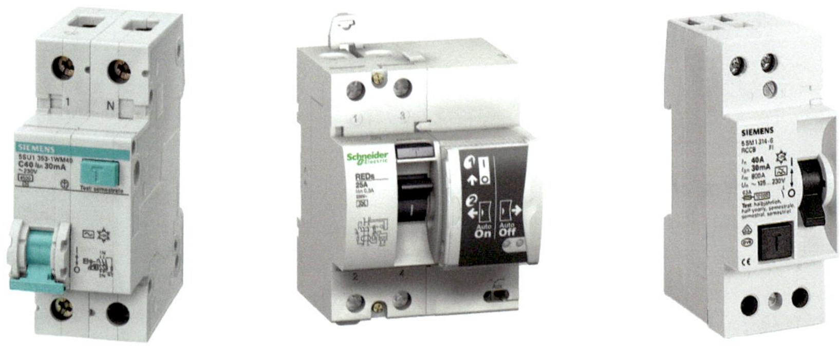

Figura 7.42. Interruptores diferenciales.

Características de los interruptores diferenciales

Las características de los interruptores diferenciales quedan definidas por los siguientes parámetros:

1 Intensidad y tensión nominales

Son los valores de tensión e intensidad máximos de funcionamiento. Se expresan en amperios (A) y voltios (V), respectivamente.

2 Sensibilidad

Es el valor de la intensidad de fuga que hace que el diferencial actúe y desconecte el circuito. Se expresa en amperios (A) o en miliamperios (mA).

3 Poder de corte

Es la intensidad que es capaz de aislar un interruptor diferencial cuando ya ha desconectado el circuito. Se expresa en amperios (A) o kiloamperios (kA).

Sabías que...

Entre los recursos digitales del libro, a los que puedes acceder desde la ficha web de la obra, mediante un sencillo registro, en **www.paraninfo.es**, encontrarás un archivo que explica el funcionamiento de un interruptor diferencial.

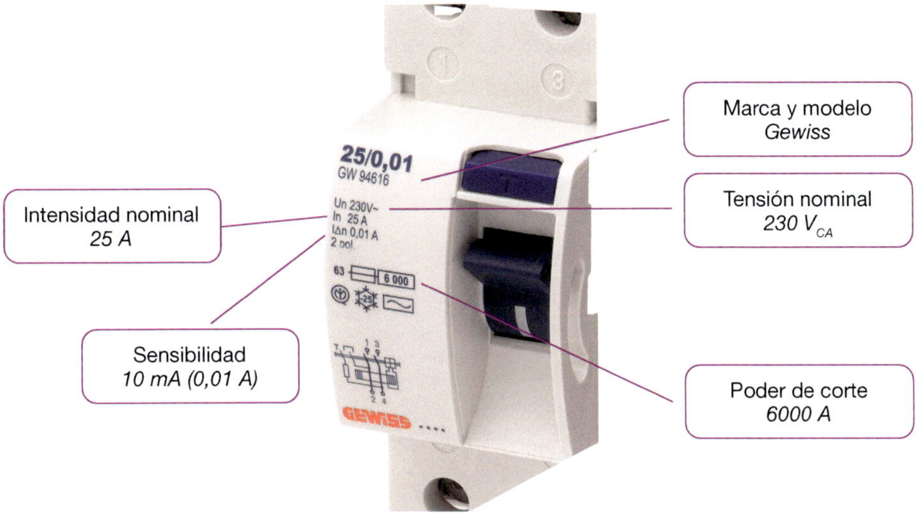

Figura 7.43. Parámetros característicos de un interruptor diferencial. **Cuanto más pequeña sea la sensibilidad del diferencial, más protegido estará el circuito.**

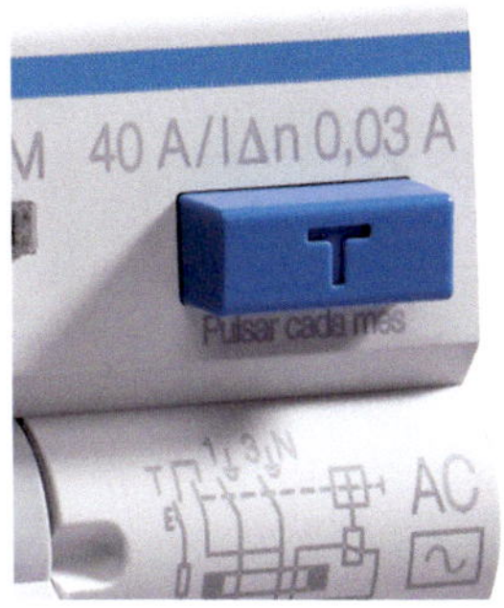

Figura 7.44. Detalle del pulsador de test de un interruptor diferencial para realizar un disparo manual. Debe accionarse este mecanismo una vez al mes para comprobar que el dispositivo funciona correctamente.

Tipos de interruptores diferenciales

Los interruptores diferenciales, al igual que los interruptores automáticos, pueden ser bipolares, tripolares o tetrapolares, pero la clasificación más relevante se basa en su sensibilidad:

- Interruptores diferenciales de **muy alta sensibilidad** (**10 mA**). Se utilizan en ambientes con presencia constante de humedad, tales como saunas, equipos de hidromasaje, etc.
- Interruptores diferenciales de **alta sensibilidad** (**30 mA**). Es el nivel mínimo de protección para las personas. Se utilizan en lugares como viviendas, oficinas, colegios, hoteles, etc.
- Interruptores diferenciales de **baja sensibilidad** (**300 mA, 500 mA y superiores**). Se utilizan para la protección de maquinaria en entornos industriales y en instalaciones de alumbrado público exterior.

En la actualidad pueden encontrarse interruptores diferenciales con prestaciones añadidas, de entre los que destacan los selectivos, los superinmunizados y los bloques Vigi.

Estos últimos combinan las protecciones de un interruptor automático y un interruptor diferencial en un espacio muy reducido.

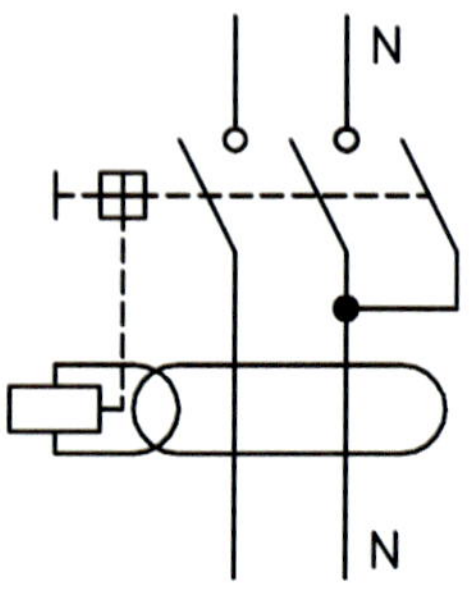

Figura 7.45. Símbolo del interruptor diferencial con neutro diferenciado.

Figura 7.46. Interruptor diferencial bipolar de 10 mA de sensibilidad y 25 A de intensidad nominal **(2 × 25/10 mA).**

Figura 7.47. Interruptor diferencial tetrapolar de 30 mA de sensibilidad y 40 A de intensidad nominal **(4 × 40/30 mA).**

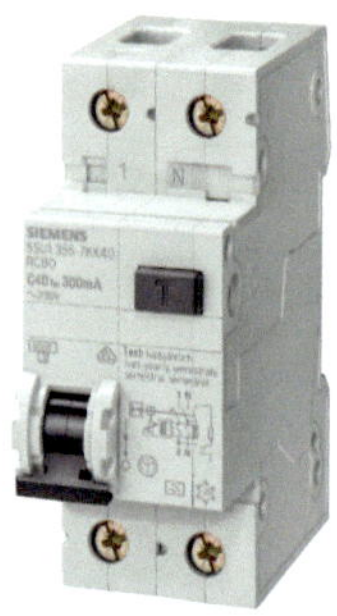

Figura 7.48. Interruptor diferencial bipolar de 300 mA de sensibilidad y 40 A de intensidad nominal **(2 × 40/300 mA).**

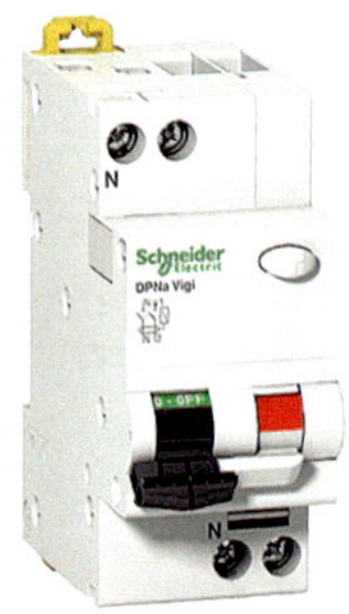

Figura 7.49. Bloque Vigi, también conocido como interruptor automático diferencial.

Sabías que...

Existen interruptores diferenciales que, tras dispararse, esperan unos segundos y vuelven a reconectarse automáticamente.

Son conocidos como **diferenciales rearmables.**

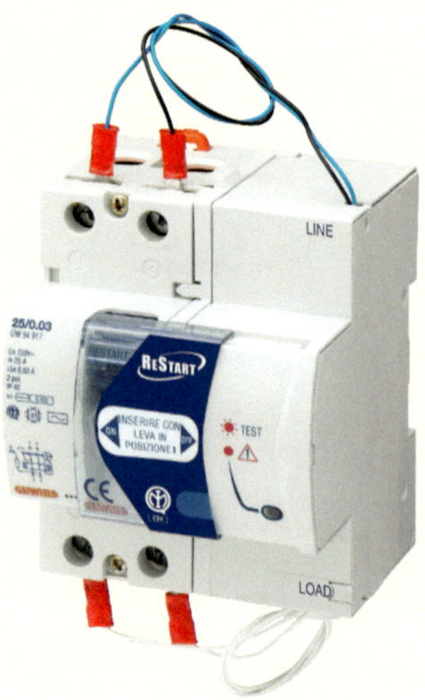

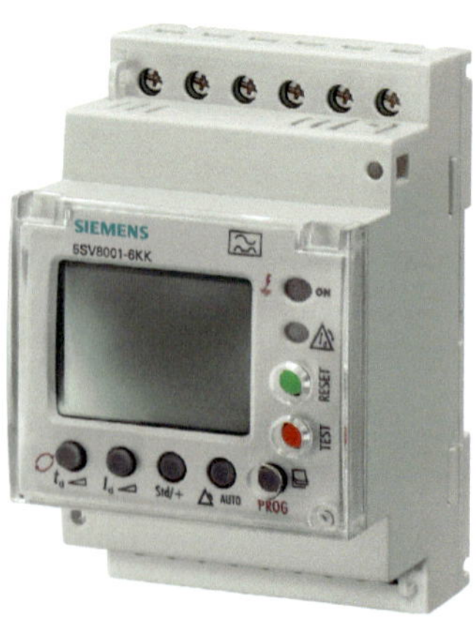

Figura 7.50. Relé diferencial.

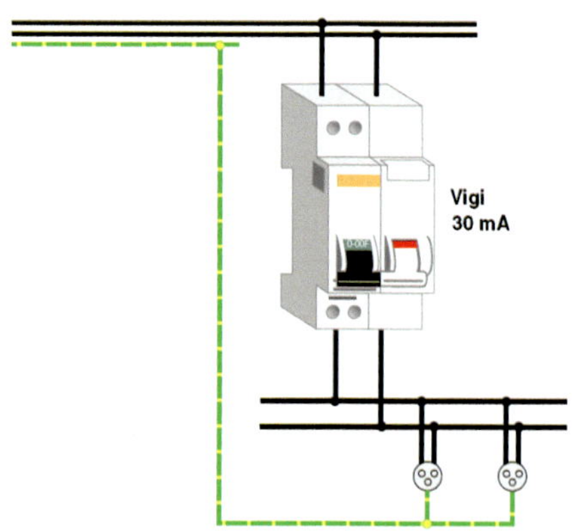

Figura 7.51. Esquema de conexión de un bloque Vigi para proteger dos bases de toma de corriente diferencialmente y frente a sobreintensidades.

Todos los circuitos de una instalación eléctrica deben estar protegidos frente a sobreintensidades, contactos directos y contactos indirectos, por lo que en la mayoría de los cuadros eléctricos se instalan interruptores automáticos para la protección de cada uno de los circuitos e interruptores diferenciales asociados a uno o varios interruptores automáticos.

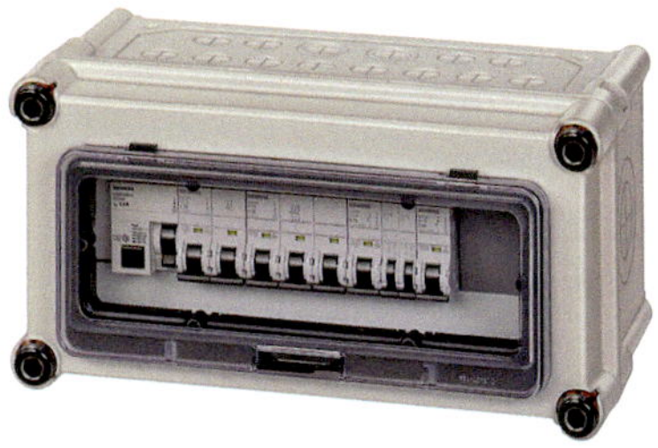

Figura 7.52. Pequeño cuadro eléctrico en el que varios interruptores automáticos protegen a cada uno de los circuitos y un interruptor diferencial protege diferencialmente.

Recuerda que...

Al instalar dispositivos de protección es recomendable dejar un espacio libre en el cuadro del 25 %.

Actividad propuesta 7.4.

En la siguiente imagen se muestra un interruptor diferencial. Analiza sus características y responde a las siguientes preguntas:

a) ¿Cuál es la sensibilidad del diferencial? ¿Cómo lo catalogarías?

b) ¿Podría conectarse este interruptor diferencial en un circuito de 690 V_{CA}?

7.4.2. Otros métodos de protección

Existen varios métodos de protección contra los contactos directos e indirectos que pueden complementar a los interruptores diferenciales o ser una alternativa a estos. Los más importantes se describen a continuación.

1 Puesta a tierra

Consiste en unir, mediante un conductor de protección, las masas metálicas de las instalaciones eléctricas a tierra para que derive las corrientes de fuga y defecto.

Una instalación de puesta a tierra se compone de:

- Conductores de protección.
- Conductores de unión equipotencial.
- Conductor de tierra (línea de enlace con el electrodo de puesta a tierra).
- Borne principal de tierra.
- Toma de tierra (arqueta de registro y electrodo de puesta a tierra).

Figura 7.53. Manguera que incluye un conductor de protección de puesta a tierra.

Figura 7.54. Símbolo del transformador de seguridad.

2 Separación de circuitos

Consiste en separar la fuente de tensión del circuito principal por medio de un transformador de seguridad.

3 Uso de tensiones de seguridad

Consiste en utilizar tensiones muy bajas (24 o 50 voltios) que no sean perjudiciales para el ser humano en caso de contacto directo.

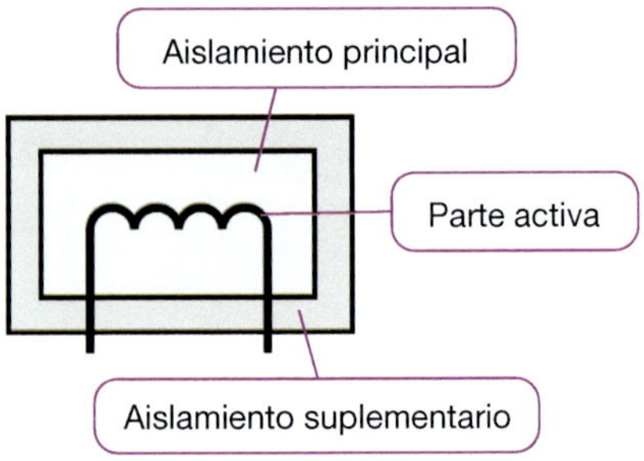

Figura 7.55. Doble aislamiento.

4 Doble aislamiento

Se basa en añadir un aislamiento adicional de protección en determinados equipos eléctricos como electrodomésticos, ordenadores, herramientas, etc.

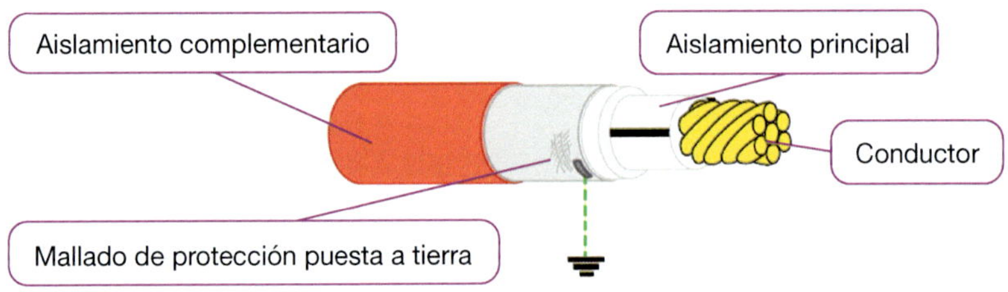

Figura 7.56. Conductor con doble aislamiento.

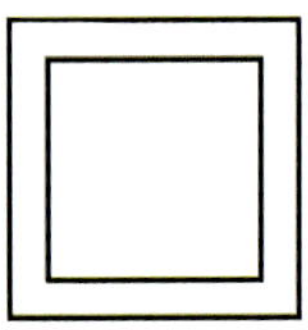

Figura 7.57. Símbolo que indica que un componente posee doble aislamiento.

5 Alejamiento de las partes activas

Se basa en disminuir el riesgo de contacto directo protegiendo las partes activas de la instalación o alejándolas fuera del alcance de los usuarios.

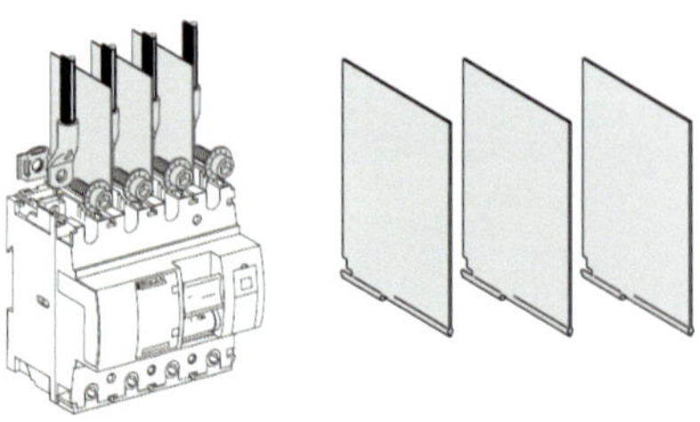

Figura 7.58. Las pantallas aislantes son un método de protección frente a contactos directos y cortocircuitos.

Figura 7.59. Protección de barras en tensión mediante pantalla de metacrilato.

Figura 7.60. Ejemplo de protección por alejamiento de las partes activas.

Mapa conceptual

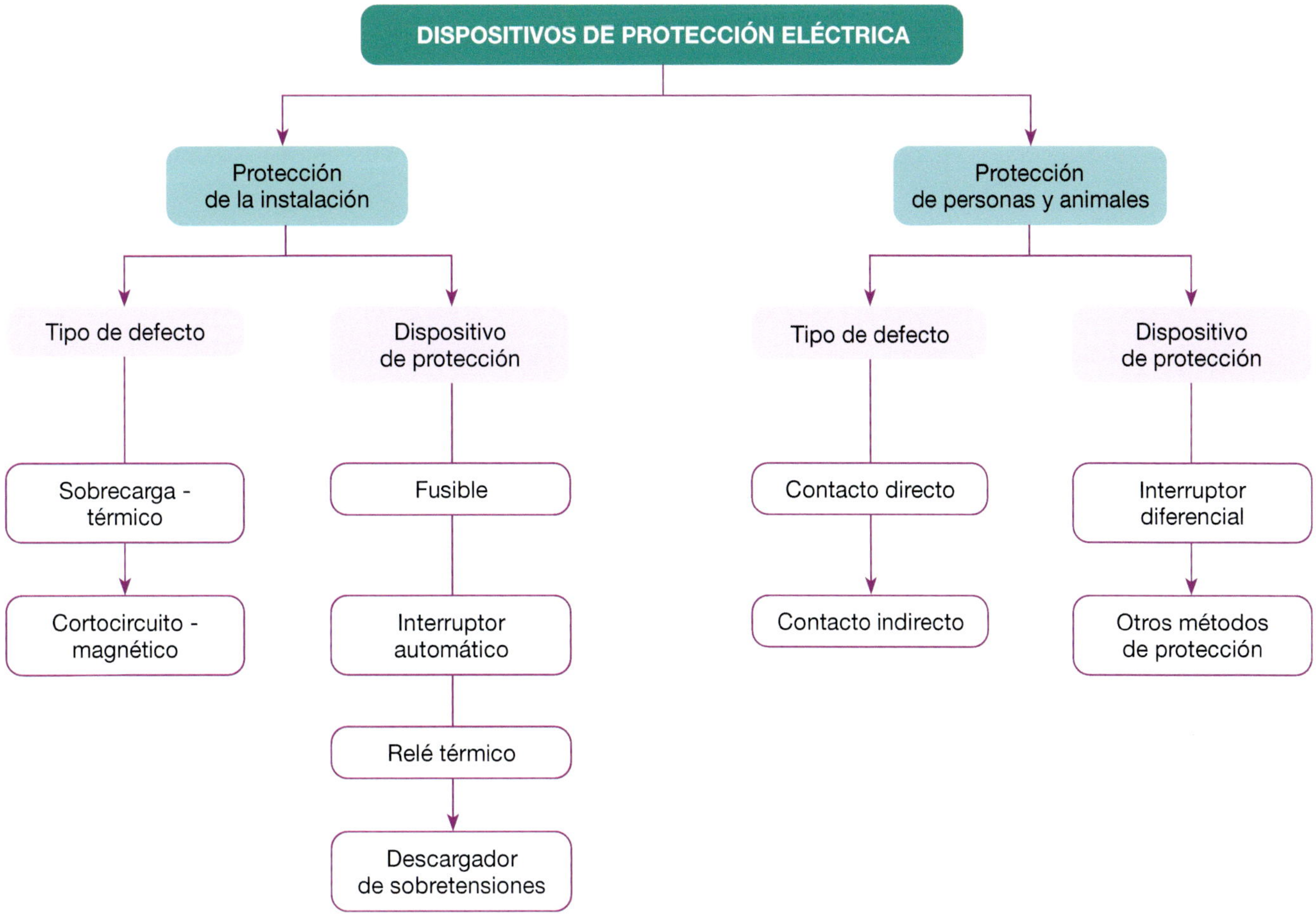

En resumen

- En una instalación eléctrica pueden producirse situaciones de peligro que afecten tanto a los componentes eléctricos como a los propios usuarios.
- Para proteger a los componentes se utilizan dispositivos de corte frente a sobrecargas, cortocircuitos y sobretensiones.
- Para proteger a las personas y animales se utilizan dispositivos de corte por corriente diferencial y otros métodos complementarios, como la puesta a tierra.
- La normativa exige que todo circuito eléctrico esté protegido frente a sobreintensidades, contactos directos y contactos indirectos.

7.1. Técnicas de montaje y preinstalación de interruptores automáticos y diferenciales

OBJETIVO

- Familiarizarse con los métodos más comunes de montaje, conexión y marcado de interruptores automáticos y diferenciales.

MATERIAL

- Cables flexibles de cobre de varias secciones.
- Interruptores automáticos de diversas intensidades nominales.
- Interruptores diferenciales de diversas intensidades nominales.
- Carril DIN.
- Canales para conductores.

HERRAMIENTAS

- Tijeras de electricista o pelacables.
- Destornillador.

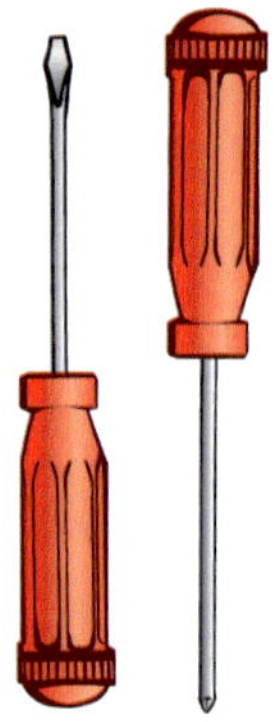

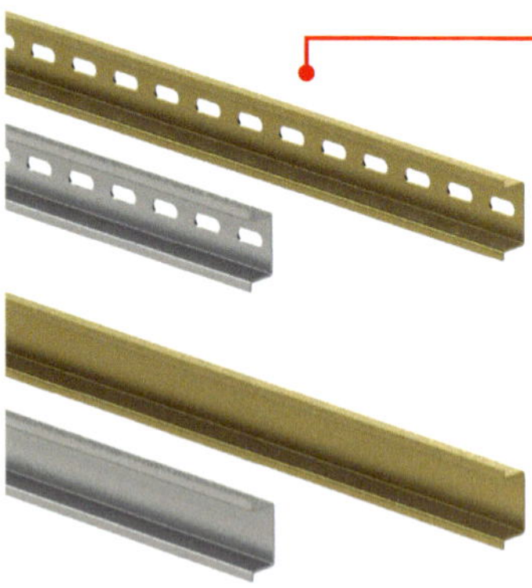

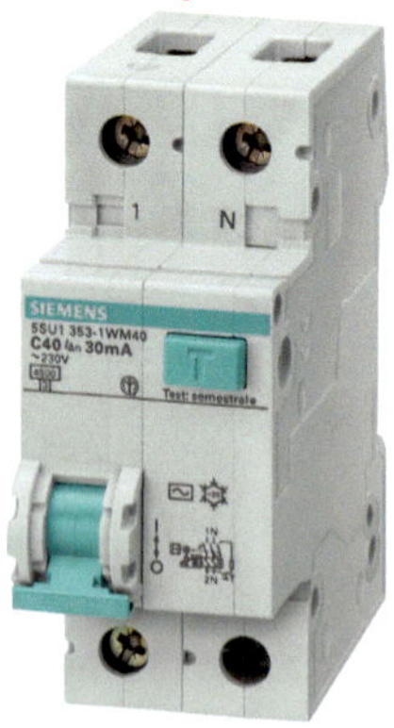

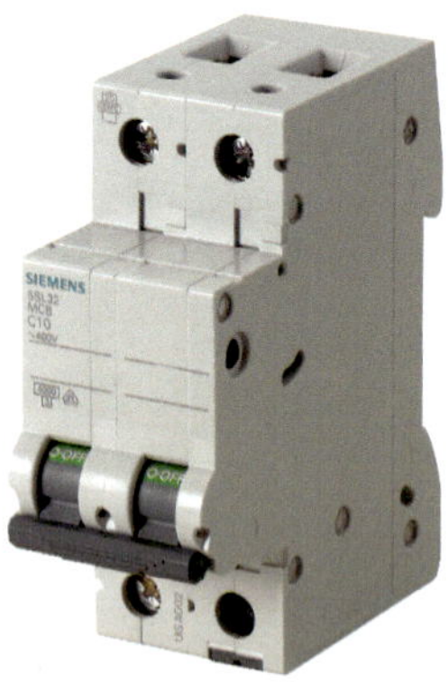

Proceso

1 Realiza el montaje de los dispositivos de protección sobre el carril DIN.

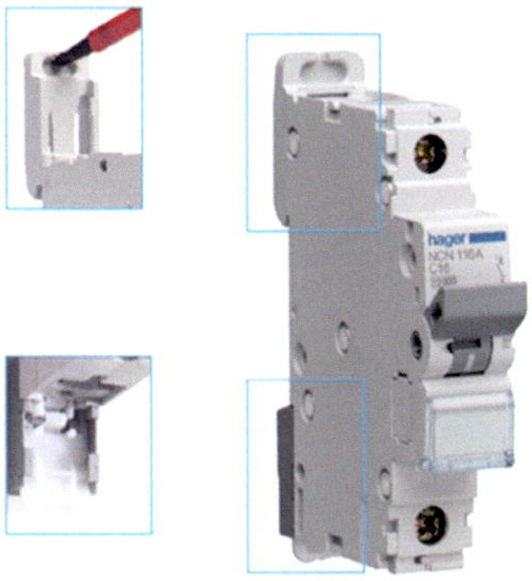

Figura 7.61. Montaje mediante clips con resorte.

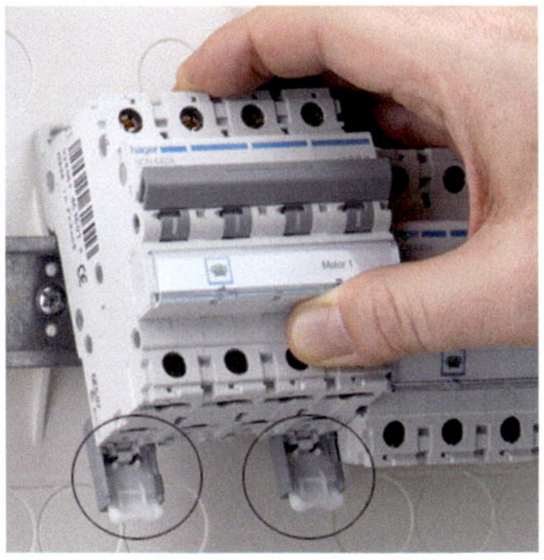

Figura 7.62. Montaje mediante clips estáticos.

2 Ejecuta la conexión del cableado en los terminales de los dispositivos de protección.

Figura 7.63. Conexión mediante tornillo.

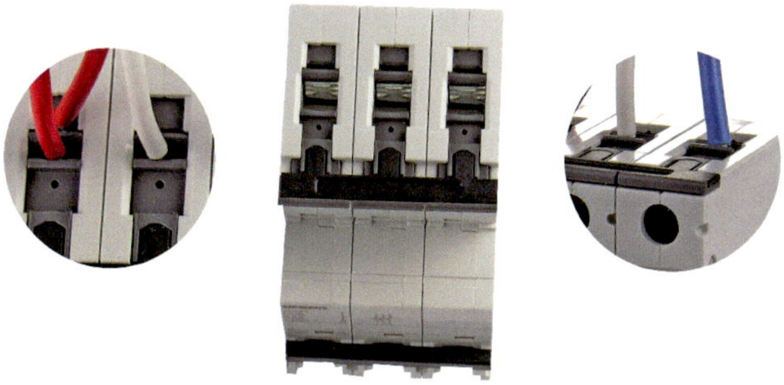

Figura 7.64. Conexión mediante resorte a presión.

3 Marca e identifica los circuitos utilizando los portaetiquetas que contienen los dispositivos de protección.

Figura 7.65. Identificación de circuitos.

4 Instala y ordena el cableado, introduciendo los conductores en el sistema de canales.

Figura 7.66. Conductores instalados y ordenados.

7.2. Identificación, acopio y montaje de dispositivos de protección

OBJETIVO

- Identificar la simbología asociada a los dispositivos de protección y realizar el montaje de componentes a partir de un esquema unifilar.

MATERIAL

Cables flexibles de cobre de 6 mm².

Dispositivos de protección identificados en el esquema.

Envolvente (cuadro eléctrico).

HERRAMIENTAS

Tijeras de electricista o pelacables.

Destornillador.

Material de escritura.

Cuaderno de actividades.

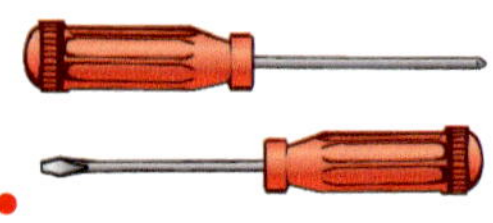

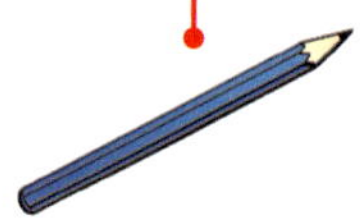

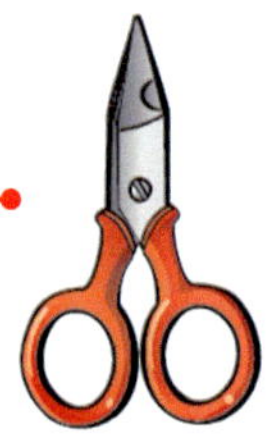

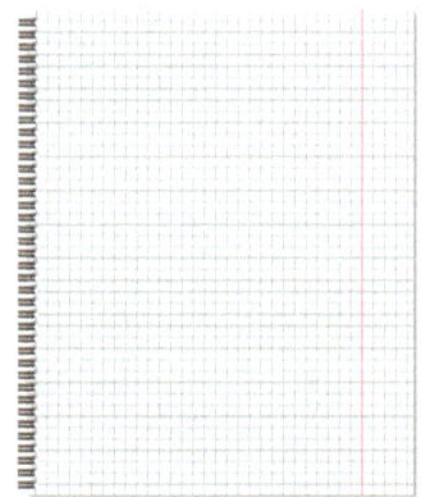

Proceso

1. Identifica los dispositivos de protección representados en el siguiente esquema unifilar, a partir de la simbología mostrada a lo largo de la unidad.
2. Define las características de los dispositivos en una tabla.
3. Localiza los dispositivos identificados y realiza su acopio en el aula taller.
4. Lleva a cabo el montaje de los diferentes dispositivos en una envolvente (cuadro eléctrico) cableándolos según el esquema.

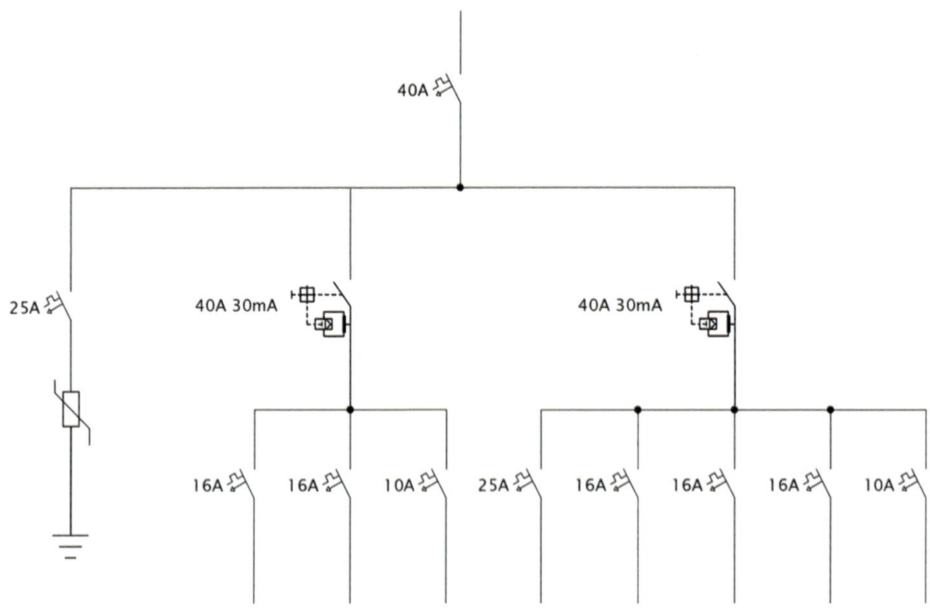

Figura 7.67. Esquema unifilar de un cuadro eléctrico.

Actividades finales

De comprobación

7.1. **Un exceso de cargas eléctricas conectadas en un circuito eléctrico puede producir:**

a) Cortocircuitos.

b) Sobrecargas.

c) Sobretensiones.

7.2. **¿Qué es el calibre de un fusible?**

a) El diámetro del fusible.

b) El nivel de tensión máximo que soporta el fusible.

c) El valor de intensidad límite que es capaz de soportar sin fundirse.

7.3. **Las posibles consecuencias de las sobretensiones y sobreintensidades en las instalaciones eléctricas son:**

a) Calentamiento excesivo de los materiales.

b) Interrupción del suministro eléctrico.

c) Las dos respuestas anteriores son correctas.

7.4. **Si tienes un interruptor automático de 2 × 16 A, puedes afirmar que:**

a) Es un interruptor automático tripolar de 16 A de intensidad nominal.

b) Es un interruptor automático bipolar de 16 A de intensidad nominal.

c) Es un interruptor automático bipolar de 16 A de poder de corte.

7.5. **¿Cuál de los siguientes interruptores diferenciales se puede considerar como de alta sensibilidad?**

a) Interruptor diferencial 2 × 40 A/300 mA.

b) Interruptor diferencial 4 × 63 A/0,03 A.

c) Interruptor diferencial 2 × 25 A/0,5 A.

7.6. **Un interruptor automático magnetotérmico protege frente a:**

a) Sobrecargas y cortocircuitos.

b) Sobretensiones y cortocircuitos.

c) Sobrecargas y sobretensiones.

7.7. **Un interruptor diferencial tiene la función de proteger:**

a) Frente a sobrecargas.

b) Frente a contactos indirectos.

c) Frente a sobretensiones.

7.8. **¿Cuál de los siguientes términos no hace referencia a un tipo de fusible?**

a) DPN.

b) Cuchilla.

c) Rosca.

7.9. **El símbolo de la figura representa:**

a) Un descargador de sobretensiones.

b) Un bloque Vigi.

c) Un relé térmico.

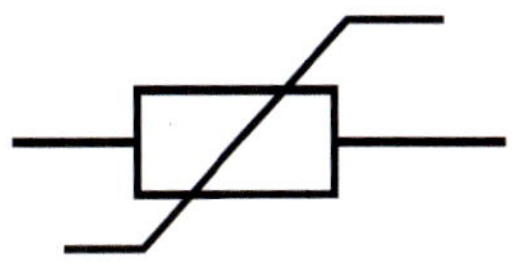

7.10. **¿Qué método de protección se basa en añadir un aislamiento adicional de protección en determinados equipos eléctricos?**

a) La separación de circuitos.

b) El uso de tensiones de seguridad.

c) El doble aislamiento.

Actividades finales

De ampliación

7.11. **Explica brevemente los posibles tipos de fallos o defectos que pueden presentarse en las instalaciones eléctricas.**

7.12. **Realiza un listado de todos los dispositivos de protección de las instalaciones eléctricas que conoces, y relaciónalos con el tipo de defecto frente al que protegen.**

7.13. **Define brevemente el funcionamiento de un fusible y relaciona este funcionamiento con las principales características asociadas a este dispositivo.**

7.14. **¿Cuántos tipos de fusible conoces? ¿En qué se diferencian unos de otros?**

7.15. **Define brevemente el funcionamiento de un interruptor automático magnetotérmico y relaciona este funcionamiento con las principales características asociadas a este dispositivo.**

7.16. **¿Cuántos tipos de interruptores automáticos magnetotérmicos conoces? ¿Cuáles son los más utilizados para la protección de circuitos eléctricos convencionales?**

7.17. **Realiza un esquema de conexión simplificado para el montaje de un descargador de sobretensiones en un cuadro eléctrico.**

7.18. **En la siguiente tabla se muestran varios dispositivos de protección reales, como los estudiados a lo largo de la unidad. Dibuja el símbolo de cada uno de ellos e intenta localizar en tu aula taller dispositivos de características similares:**

Interruptor automático 2 × 16 A	Interruptor automático tripolar	Interruptor automático 4 × 63 A
Fusible de cuchilla de 250 A	Relé térmico 23…32 A	Descargador de sobretensiones
Interruptor diferencial 2 × 40 A / 30 mA	Interruptor diferencial 4 × 40 A / 300 mA	Fuente de alimentación de 24 V

7.19. **Define los siguientes conceptos:**

a) Contacto directo.

b) Contacto indirecto.

c) Masa metálica.

d) Puesta a tierra.

7.20. **Define brevemente el funcionamiento de un interruptor diferencial y relaciona este funcionamiento con las principales características asociadas a este dispositivo.**

7.21. **Razona y justifica si la siguiente afirmación es verdadera o falsa:**

«Si un receptor eléctrico dispone de doble aislamiento no es necesario que cuente con un conductor de protección conectado a sus partes metálicas, ya que estas no son accesibles».

7.22. **A continuación se exponen una serie de situaciones prácticas reales en las que resulta necesario hacer uso de alguno de los dispositivos de la tabla de la Actividad 7.18. Imagina que dispones de todos ellos e indica cuál utilizarías en cada caso.**

Situación real
Protección de un circuito eléctrico monofásico frente a sobrecargas y cortocircuitos.
Protección de un motor frente a sobrecargas.
Protección de personas y animales frente a contactos indirectos en una vivienda.
Protección de un circuito eléctrico trifásico de tres conductores frente a sobrecargas y cortocircuitos.
Protección de personas frente a contactos directos utilizando muy bajas tensiones de seguridad.
Protección económica de un circuito de alta potencia frente a cortocircuitos.
Protección diferencial de un circuito de alumbrado exterior.
Protección de una instalación eléctrica frente a elevaciones del nivel de tensión.
Protección de un circuito eléctrico tetrapolar frente a sobrecargas y cortocircuitos.

Simbología y representación de esquemas eléctricos

Introducción

Para poder realizar la preinstalación y posterior montaje y puesta en marcha de una instalación eléctrica es necesario saber reconocer e interpretar los planos y esquemas eléctricos que se facilitan, así como entender la simbología para poder realizar el trazado de las canalizaciones y ubicar los componentes de cada uno de los circuitos adecuadamente.

En esta unidad se aprende a realizar e interpretar de una manera sencilla los planos, esquemas y representaciones más utilizadas en las instalaciones eléctricas.

Contenidos

Objetivos

- Conocer los diferentes planos y posibles representaciones gráficas utilizadas por los electricistas.
- Saber interpretar adecuadamente los esquemas y planos eléctricos.
- Repasar la simbología básica utilizada en las instalaciones eléctricas.

8.1. Representación gráfica de los circuitos eléctricos

Sabías que...

Los esquemas unifilares son los más utilizados por los electricistas, puesto que resultan más claros y más fáciles de realizar e interpretar.

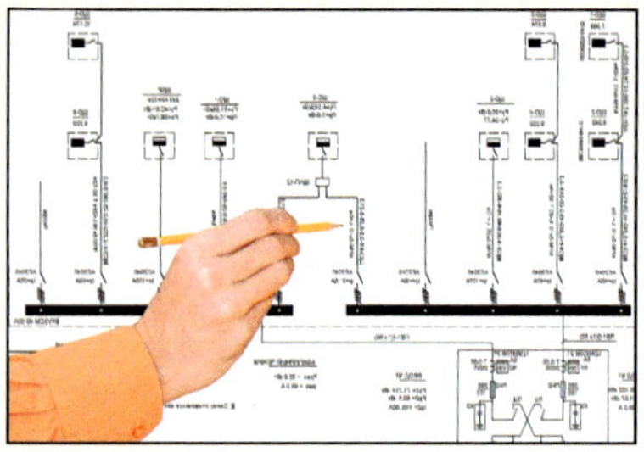

Los circuitos que componen una instalación eléctrica se representan inicialmente sobre uno o varios planos en los que se detallan las características de todos los materiales y dispositivos.

Para la representación gráfica de los circuitos eléctricos pueden utilizarse básicamente dos tipos de esquemas:

- Esquemas unifilares.
- Esquemas multifilares.

8.1.1. Esquemas unifilares

En un esquema unifilar cada circuito se representa por medio de una única línea, independientemente del número de conductores que utilice.

Para indicar la cantidad de conductores que posee cada línea del circuito **(si es monofásico o trifásico)** se utilizan pequeños segmentos que cruzan con la línea principal, uno por cada conductor.

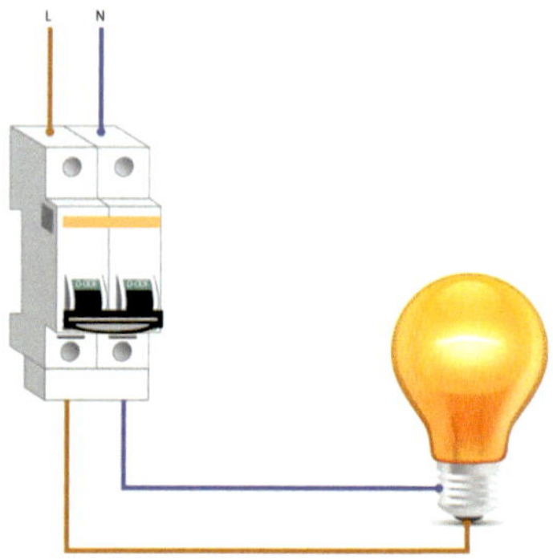

Figura 8.1. Circuito de dos conductores con interruptor automático que alimenta a una lámpara.

Figura 8.2. Esquema unifilar del circuito.

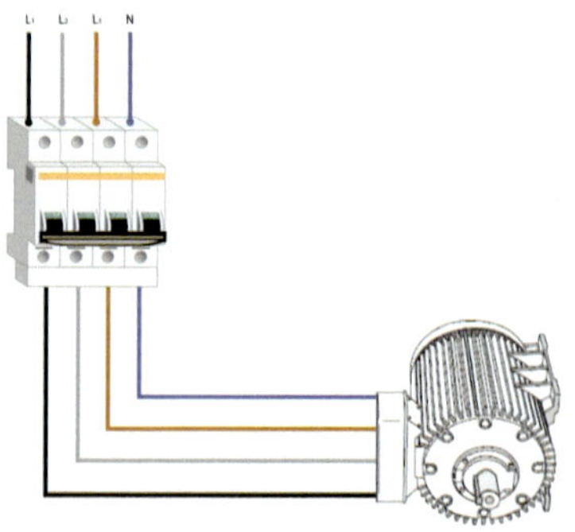

Figura 8.3. Circuito de cuatro conductores con interruptor automático que alimenta a un motor.

Figura 8.4. Esquema unifilar del circuito.

Actividad propuesta 8.1.

Realiza el esquema unifilar correspondiente a la instalación eléctrica de un almacén que consta de:

- Un equipo de medida.
- Un interruptor general de 4 × 40 A.
- Un interruptor diferencial general de 4 × 40 A con sensibilidad de 30 mA.
- Tres circuitos interiores monofásicos de las siguientes características:
  - Circuito 1: tomas de corriente para usos varios protegido por un interruptor automático de 2 × 16 A.
  - Circuito 2: alumbrado ordinario protegido por un interruptor automático de 2 × 10 A.
  - Circuito 3: alumbrado de emergencia protegido por un interruptor automático de 2 × 10 A.

En ocasiones resulta necesario identificar en los esquemas unifilares a cada uno de los conductores que discurren por una determinada línea para evitar confusiones a la hora de llevar a cabo el montaje.

La simbología utilizada para realizar esta diferenciación es la mostrada en la Figura 8.5.

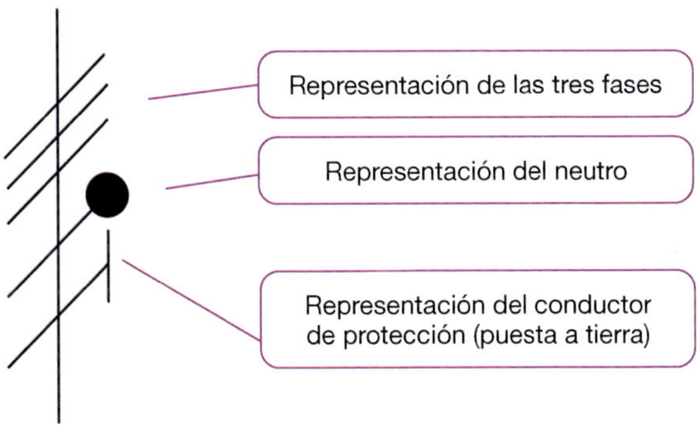

Figura 8.5. Representación específica de conductores en los esquemas unifilares.

Sabías que...

En los esquemas eléctricos los conductores de cobre se representan por las letras **Cu** y los conductores de aluminio por las letras **Al.**

Actividad resuelta 8.1.

Plantea dos supuestos en los que sea necesario identificar los conductores de un esquema unifilar para evitar confusiones.

Solución

Caso 1. Si hay tres conductores no se puede identificar si se trata de un circuito monofásico con conductor de protección o si se trata de un circuito trifásico sin neutro.

Caso 2. Si hay cuatro conductores no se puede identificar si se trata de un circuito trifásico con conductor de protección o si se trata de un circuito trifásico con neutro.

Recuerda que...

La sección de los conductores y el diámetro de los tubos dependen de las características del circuito y de la potencia de los receptores que se conecten.

8.1.2. Interpretación de esquemas unifilares

Junto a los componentes que forman los esquemas eléctricos, ya sean unifilares o multifilares, suele incluirse cierta información adicional de gran utilidad para el instalador, puesto que se le indican, con un solo plano, las características fundamentales de la instalación.

En la Figura 8.6 se muestra un ejemplo de interpretación del contenido de un esquema unifilar.

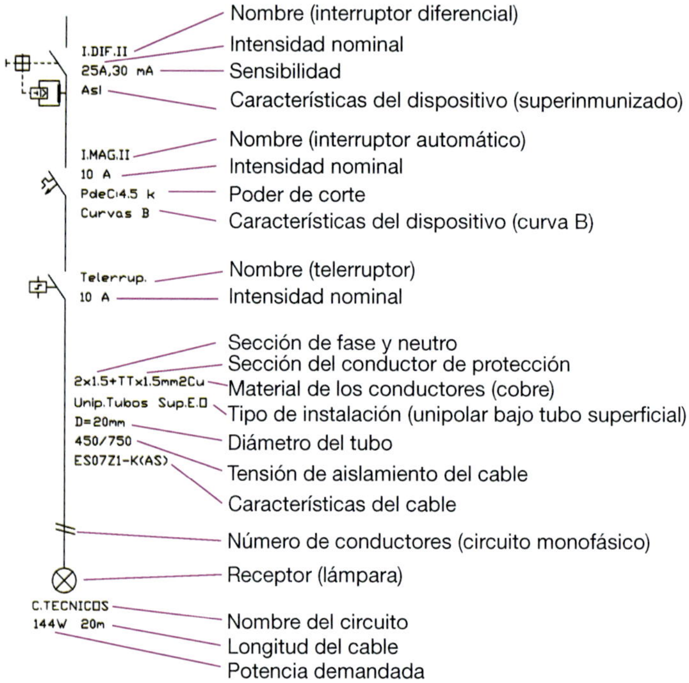

Figura 8.6. Interpretación de los datos de un esquema unifilar.

Actividad propuesta 8.2.

Dado el siguiente esquema unifilar, responde a las siguientes preguntas:

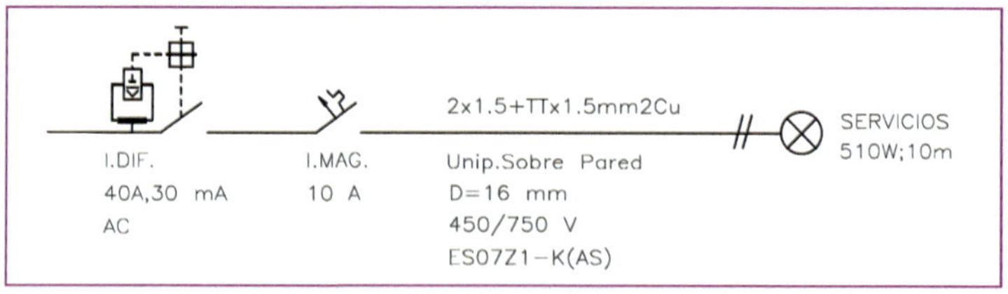

a) ¿Es un circuito monofásico o trifásico? ¿De qué material son los conductores?

b) ¿Cuál es la longitud de la línea? ¿Y su sección?

c) ¿Qué sensibilidad tiene el interruptor diferencial?

d) ¿Cuál es el diámetro del tubo?

e) ¿Qué potencia tiene el circuito? ¿Qué receptor alimenta?

f) ¿Cuál es la intensidad nominal del interruptor automático?

Vocabulario

Esquema unifilar = *Line diagram.*

8.1.3. Esquemas multifilares

En un esquema multifilar se representan todas las líneas de cada circuito, identificando debidamente el conductor neutro y cada una de las fases.

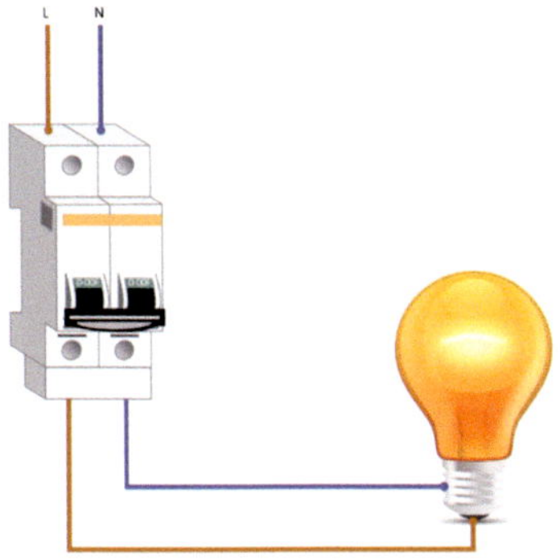

Figura 8.7. Circuito de dos conductores con interruptor automático que alimenta a una lámpara.

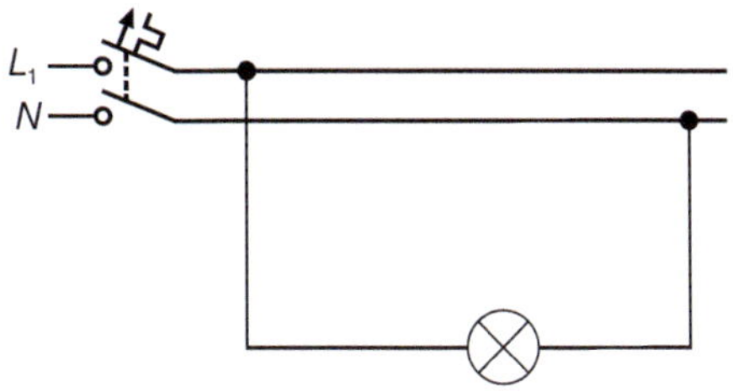

Figura 8.8. Esquema multifilar del circuito.

Sabías que...

Los esquemas multifilares también se denominan **esquemas funcionales.**

Los esquemas multifilares en principio parecen más comprensibles que los unifilares, pero tienen la desventaja de que pueden resultar confusos si los circuitos que se representan son muy grandes, puesto que en el plano aparecerían demasiadas líneas.

Estos esquemas son muy utilizados en circuitos de automatismos, circuitos de maniobra y esquemas de montaje, donde es necesario conocer la posición exacta en la que debe conectarse cada uno de los conductores.

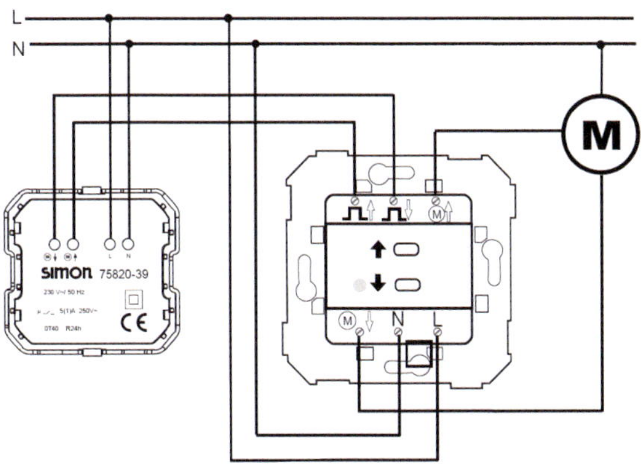

Figura 8.9. Esquema multifilar que representa la automatización de un motor a través de un pulsador.

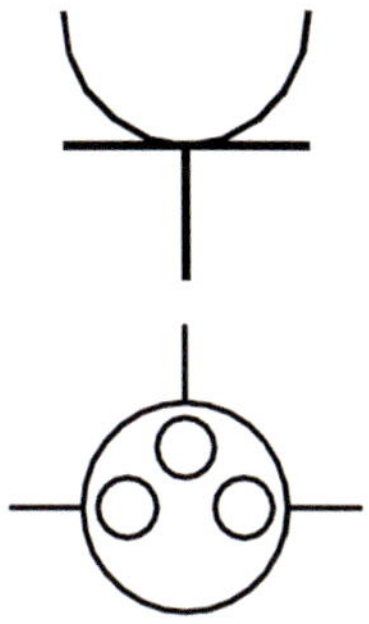

Figura 8.10. Símbolo que representa una base de toma de corriente en unifilar (arriba) y multifilar (abajo).

Actividad propuesta 8.3.

Representa el símbolo multifilar que se corresponde con un interruptor diferencial trifásico tetrapolar, al que se conectan tres fases y el conductor neutro.

8.2. Planos de planta

Junto con los esquemas unifilares o multifilares es necesario incluir una representación en planta del lugar donde se va a realizar la instalación eléctrica, indicando la posición exacta de cada uno de los mecanismos de modo que sea posible reconocer su ubicación real.

En los planos de planta es recomendable incluir líneas continuas o discontinuas que indiquen qué receptores están asociados a qué elementos de maniobra.

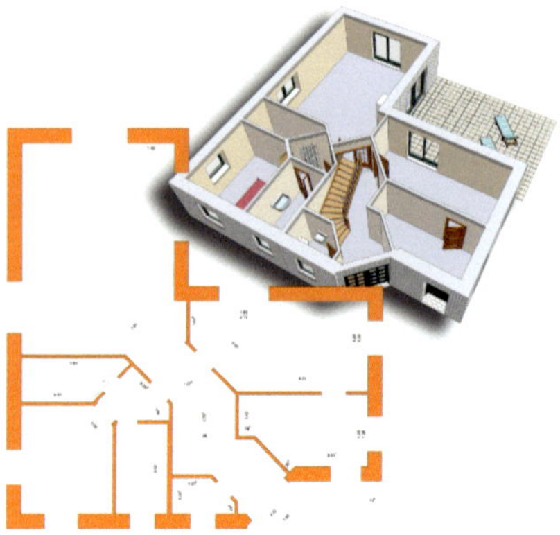

Figura 8.11. Es muy común representar edificaciones en planos de planta.

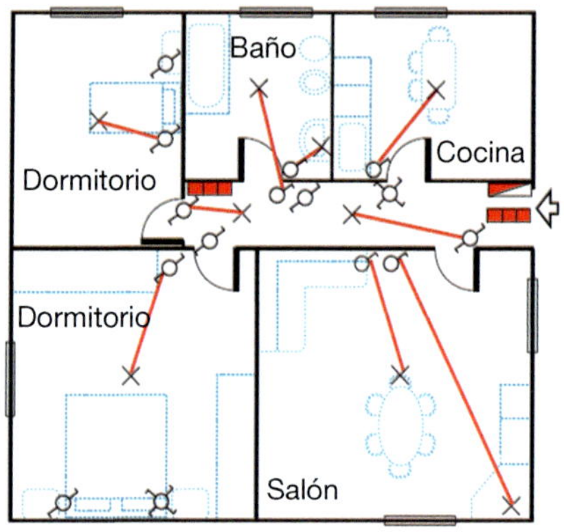

Figura 8.12. Plano de planta del circuito de alumbrado en una vivienda en el que se indican los puntos de luz asociados a los interruptores y conmutadores.

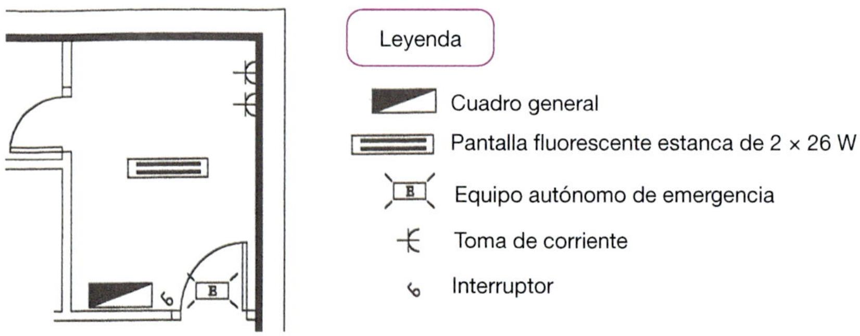

Figura 8.13. Ejemplo de plano de planta y leyenda de la simbología utilizada.

8.3. Esquemas de principio

Los esquemas de principio se elaboran en proyectos de instalaciones de grandes dimensiones, donde puede resultar necesario dar una orientación previa de la distribución de los circuitos del sistema.

Este tipo de esquemas presentan una estructura arborescente y su finalidad puede estar orientada a la función o al emplazamiento.

Se utilizan generalmente para mostrar en un único documento gráfico la ubicación de todos los cuadros eléctricos de una edificación; estos serán detallados en esquemas posteriores.

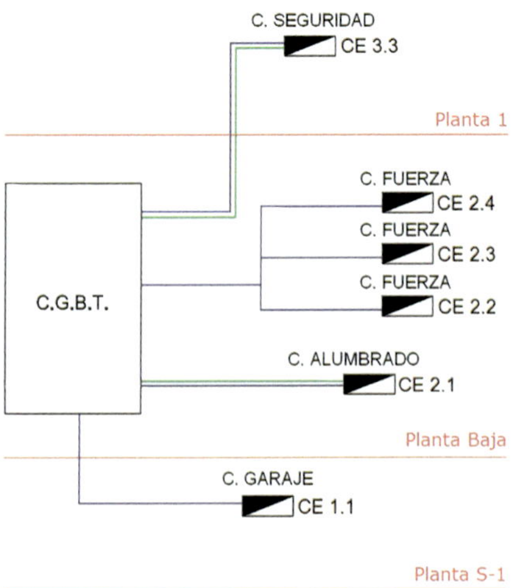

Figura 8.14. Esquema de principio.

8.4. Trazado de las canalizaciones

Otro tipo de esquema eléctrico, de gran utilidad para el electricista, es aquel en el que se indica el trazado por el cual deben discurrir las canalizaciones eléctricas por las que se realiza el tendido del cable.

Estas canalizaciones, que partirán del cuadro general, recorrerán los muros y techos de la instalación comunicando las cajas de registro, derivación y mecanismo. El trazado de las canalizaciones puede representarse en dos formatos.

1 Trazado de las canalizaciones en perspectiva (3D)

Indica exactamente el recorrido de los tubos y la posición de las cajas de registro y mecanismos de la instalación eléctrica estancia por estancia.

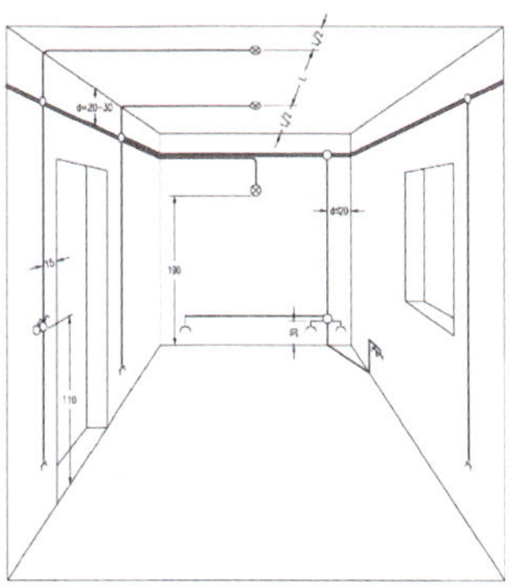

Figura 8.15. Ejemplo de plano de trazado de las canalizaciones en 3D con las medidas exactas acotadas.

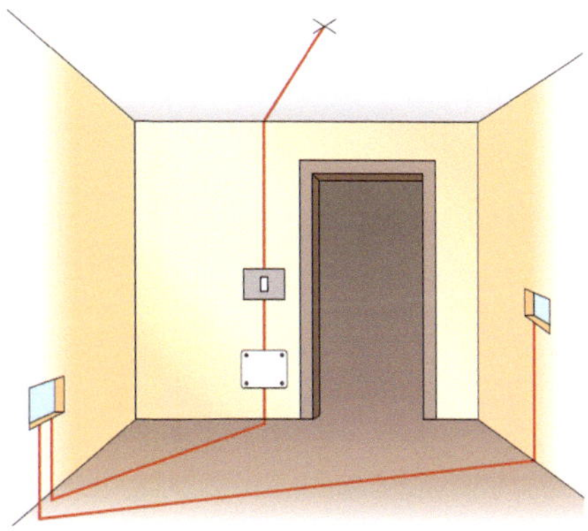

Figura 8.16. Croquis de trazado de las canalizaciones en 3D orientativo.

Sabías que...

Los planos en 3D son muy útiles para conocer las distancias exactas de ubicación de los dispositivos respecto al suelo, las paredes o el techo.

2 Trazado de las canalizaciones en planta

Da una visión orientativa del recorrido de los tubos y muy aproximada de la ubicación de las cajas de registro y derivación. Este tipo de plano es muy útil para calcular la longitud total del tubo protector que será necesario utilizar durante la preinstalación.

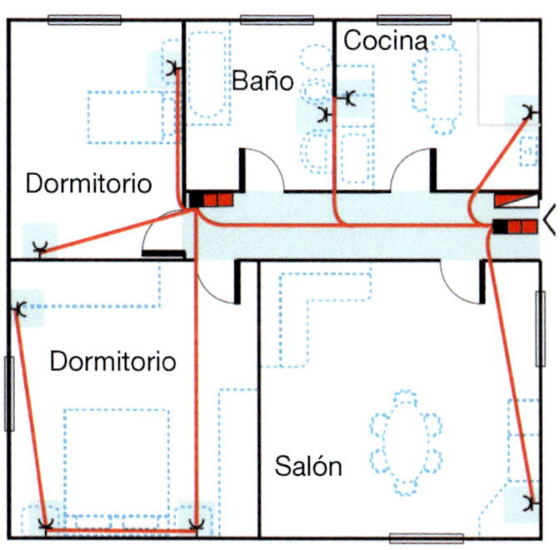

Figura 8.17. Ejemplo de plano de trazado de las canalizaciones en planta.

Recuerda que...

El trazado de las canalizaciones se hará siguiendo líneas verticales y horizontales o paralelas a las aristas de las paredes.

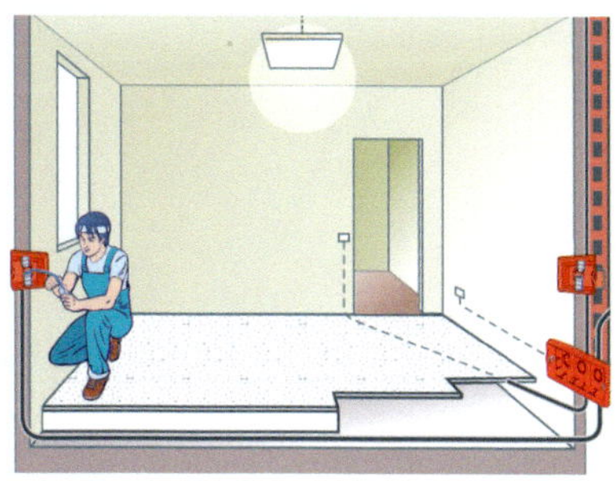

8.5. Simbología eléctrica básica

Sabías que...

Los símbolos eléctricos no son iguales en todos los países. En España, por ejemplo, utilizamos la normativa europea y en Estados Unidos la normativa americana.

Todo componente de una instalación eléctrica, ya sea un mecanismo, un elemento de protección, un receptor o incluso un simple cable, debe poder ser representado gráficamente en un plano o esquema eléctrico.

Esta representación gráfica, que se conoce como **simbología,** debe además estar **normalizada** de manera que cualquier persona que utilice el plano o esquema sea capaz de interpretarlo adecuadamente.

En cada una de las unidades de este libro se han ido mostrando los diversos símbolos gráficos que se corresponden con los componentes eléctricos estudiados.

La Tabla 8.1 resume toda esta simbología eléctrica, sirviendo como recordatorio y como futuro punto de consulta a la hora de ejecutar instalaciones eléctricas. El formato de los símbolos es unifilar, al tratarse del tipo de representación gráfica más utilizada.

Recuerda que...

La adecuada revisión de los planos es fundamental antes de comenzar con la preinstalación y montaje de una instalación eléctrica.

Tabla 8.1. Simbología eléctrica normalizada

 Alumbrado de emergencia	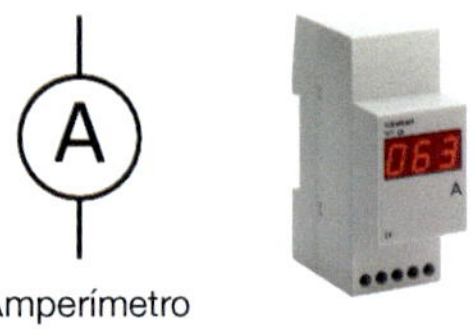 Amperímetro	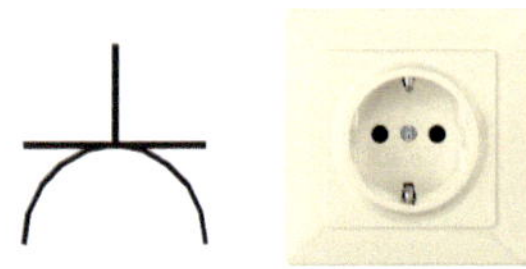 Base de corriente monofásica 16 A
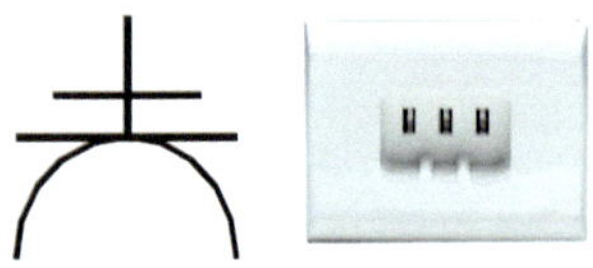 Base de corriente monofásica 25 A	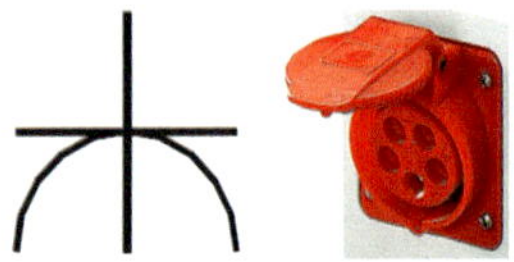 Base de corriente trifásica	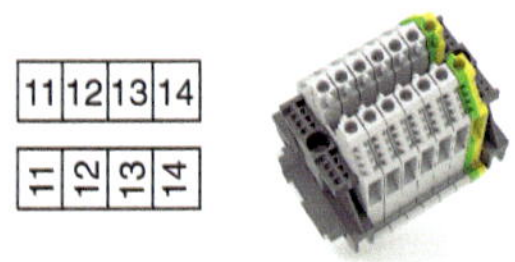 Bornero
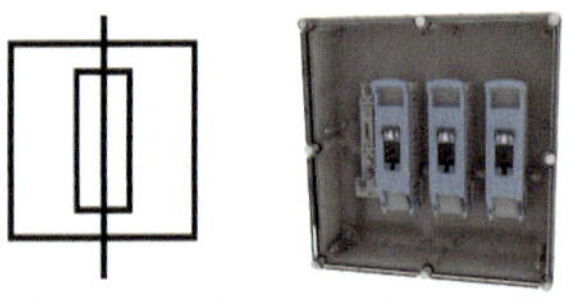 Caja general de protección	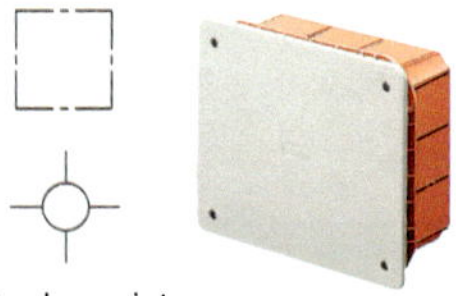 Caja de registro	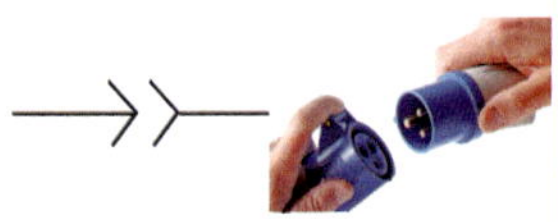 Clavija y toma asociada
 Condensador	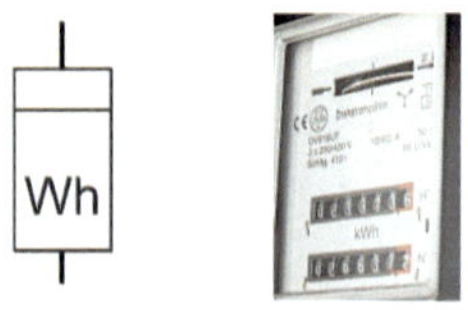 Contador de energía	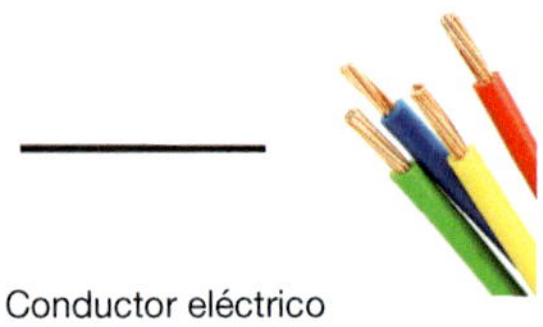 Conductor eléctrico
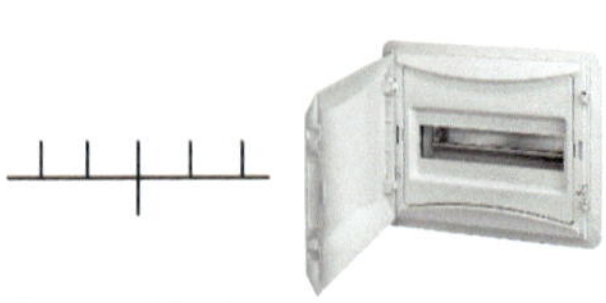 Cuadro eléctrico	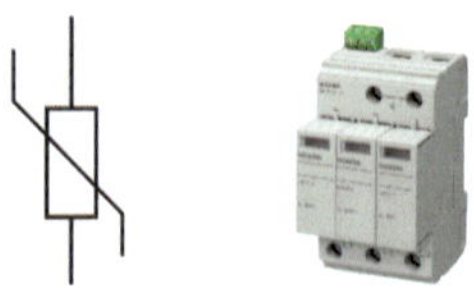 Descargador de sobretensiones	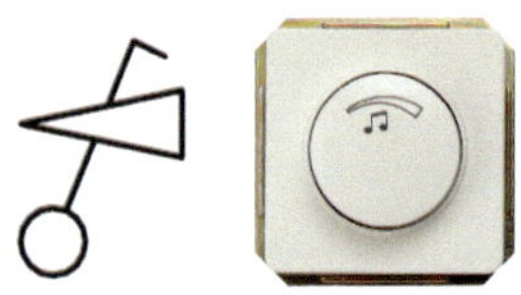 *Dimmer*

Tabla 8.1. Simbología eléctrica normalizada (continuación)

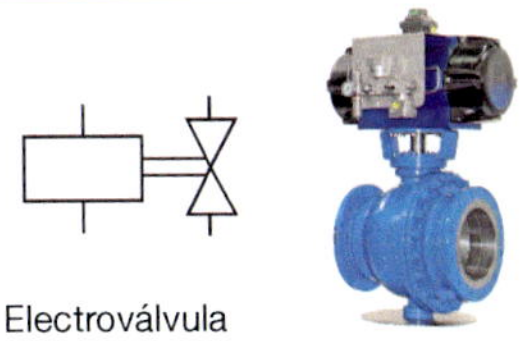 Electroválvula	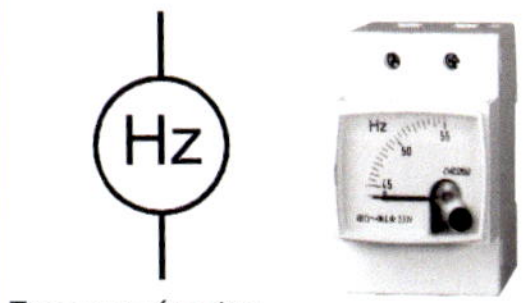 Frecuencímetro	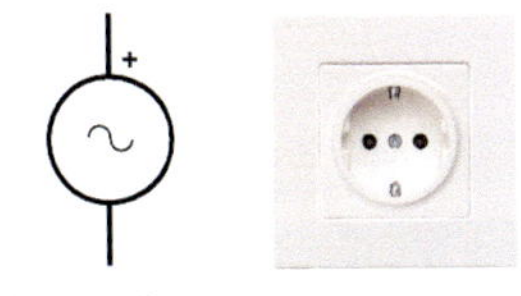 Fuente alterna
 Fuente continua	 Fusible	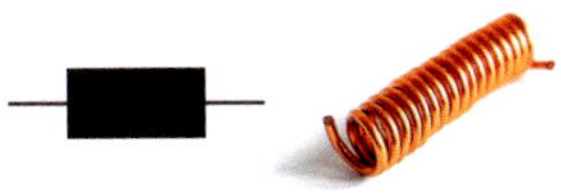 Inductancia
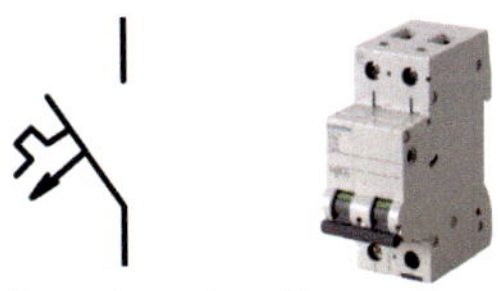 Interruptor automático	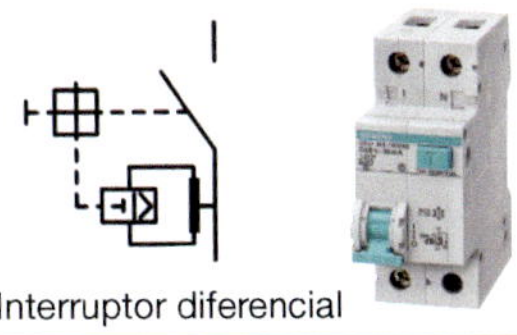 Interruptor diferencial	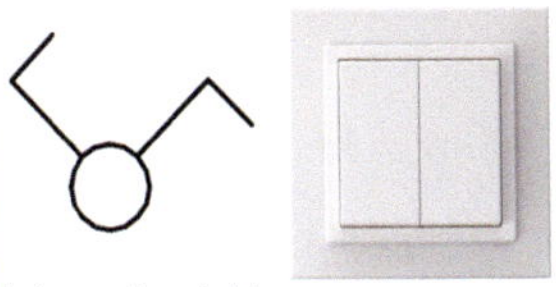 Interruptor doble
 Interruptor horario	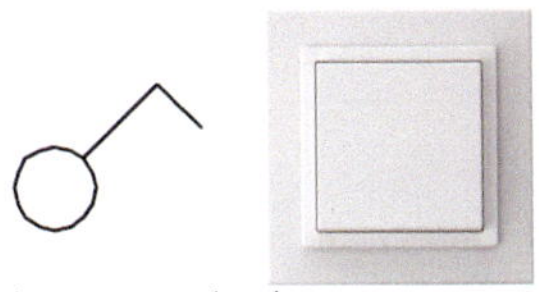 Interruptor simple	 Lámpara fluorescente
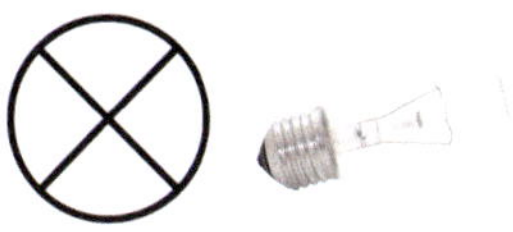 Lámpara incandescente	 Led	 Motor
 Puesta a tierra	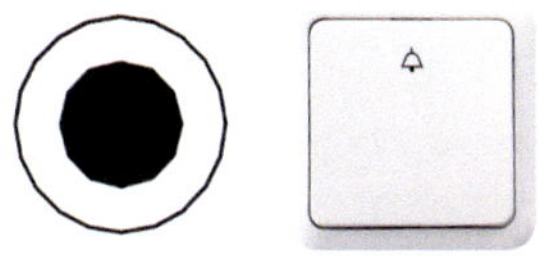 Pulsador	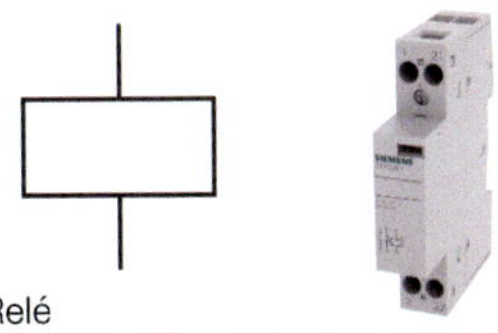 Relé
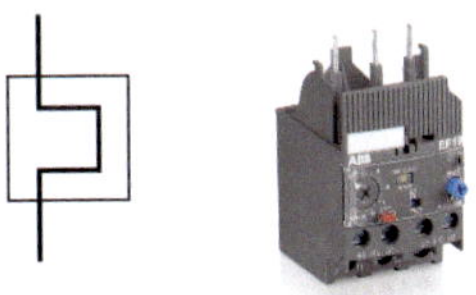 Relé térmico	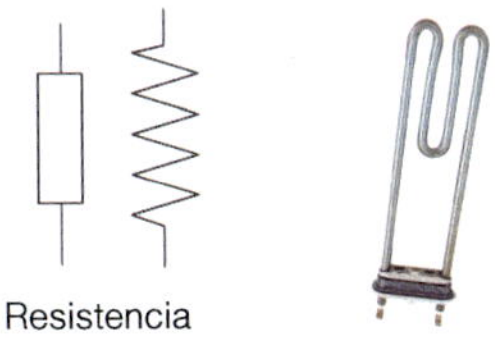 Resistencia	 Sirena
 Telerruptor	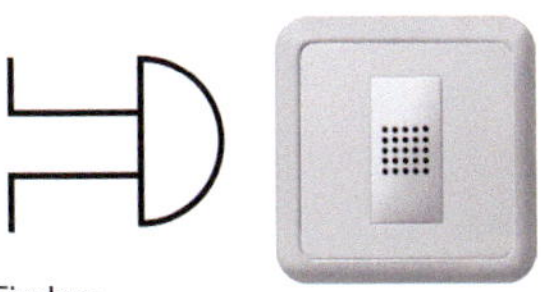 Timbre	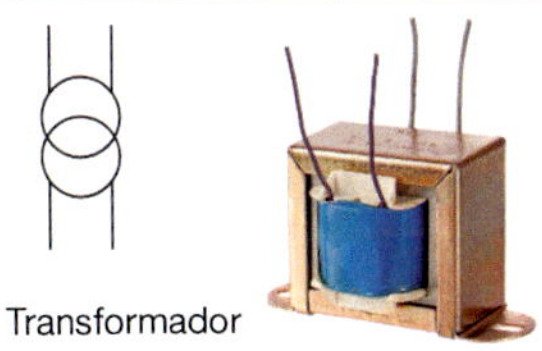 Transformador
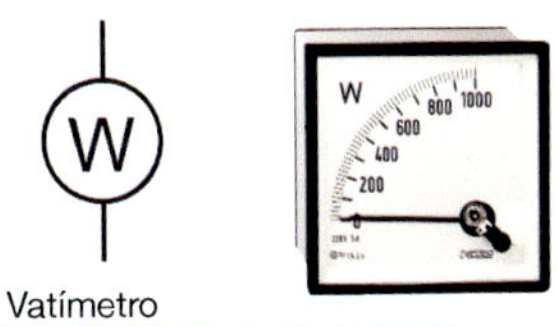 Vatímetro	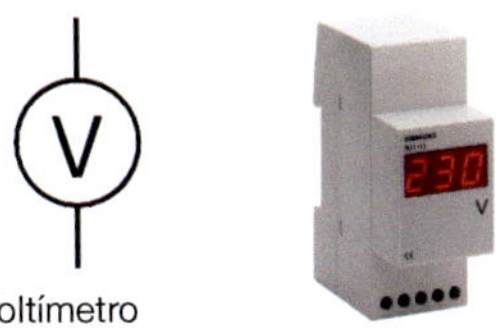 Voltímetro	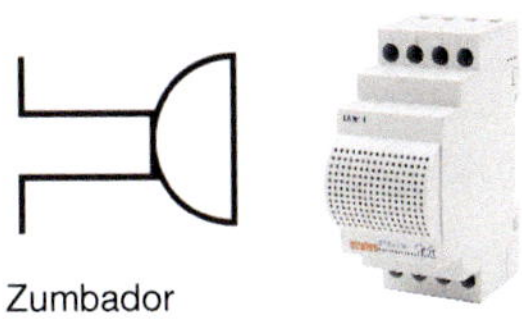 Zumbador

Mapa conceptual

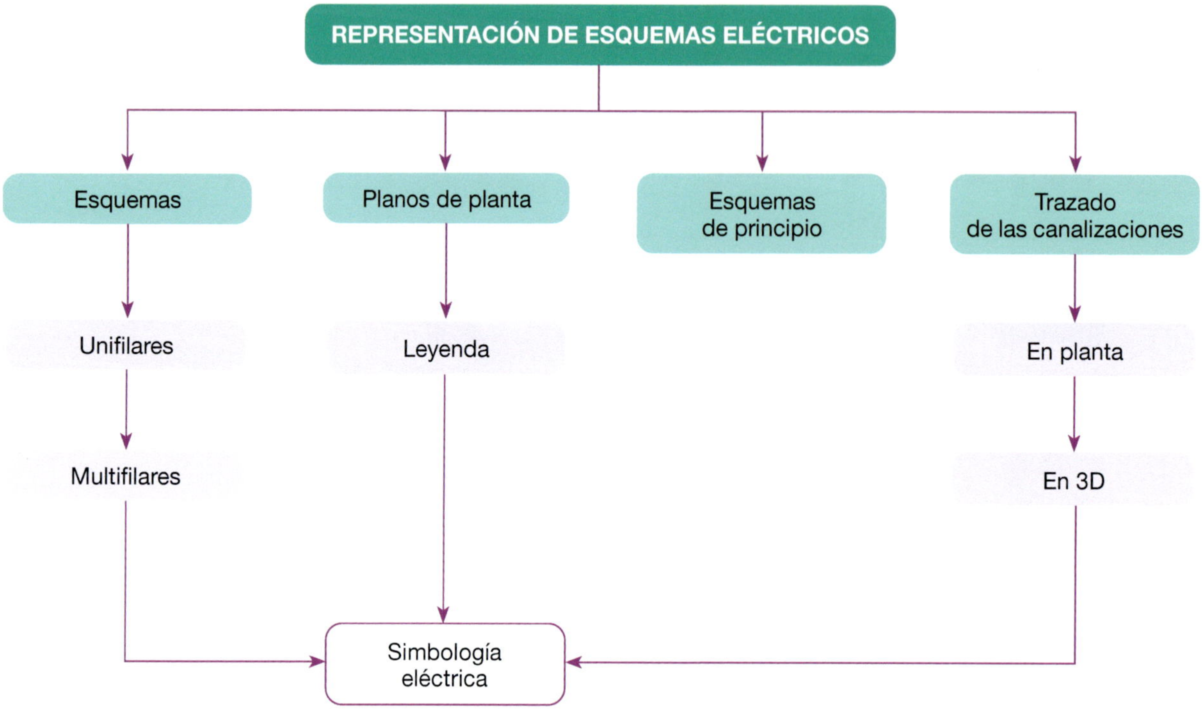

En resumen

- Los esquemas y la simbología eléctrica pueden estar representados en formato desarrollado (de tipo multifilar) o simplificado (de tipo unifilar).
- Para conocer la posición exacta de los diferentes mecanismos, cajas y canalizaciones en una instalación eléctrica es necesario utilizar planos de planta y planos de trazado, que pueden ser orientativos o estar acotados.
- Se debe utilizar simbología normalizada a la hora de representar instalaciones eléctricas.

8.1. Interpretación de esquemas unifilares

OBJETIVO

- Realizar la instalación eléctrica correspondiente a un esquema unifilar.

MATERIAL

- Cables flexibles de cobre de varias secciones.
- 4 interruptores automáticos monofásicos.
- 1 interruptor diferencial monofásico.
- 2 lámparas incandescentes.
- Portalámparas para el montaje de las lámparas incandescentes.
- 1 base de toma de corriente.
- Carril DIN.

HERRAMIENTAS

- Tijeras de electricista o pelacables.
- Destornillador.

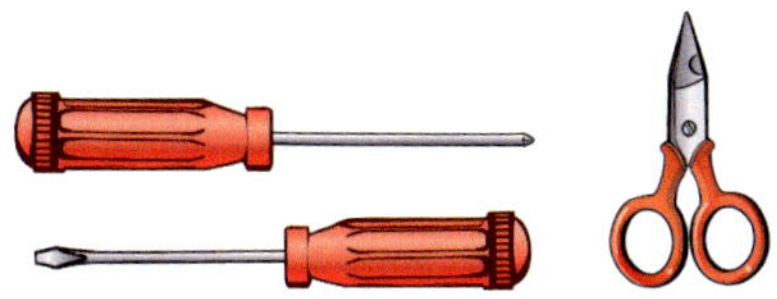

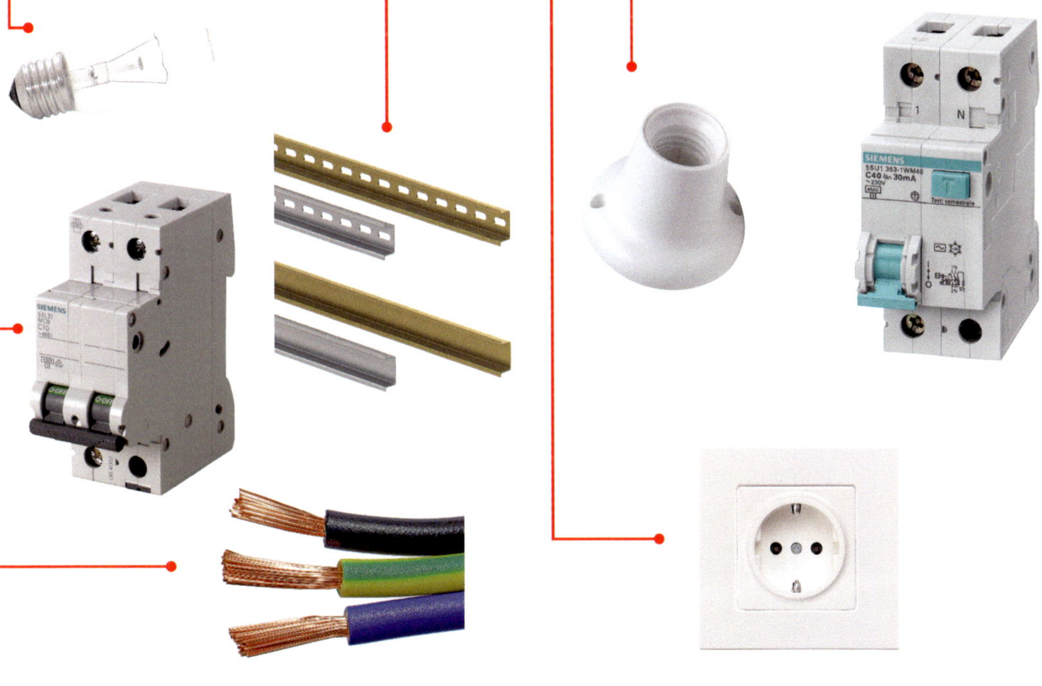

Proceso

1 Observa el esquema unifilar representado en la imagen inferior y selecciona los conductores, los interruptores automáticos y el interruptor diferencial en función de las características eléctricas indicadas.

2 Instala en el tablón de las prácticas el carril DIN y el resto de los componentes necesarios para ejecutar adecuadamente el esquema.

3 Prepara el cableado, cortándolo a la medida adecuada y pelando sus extremos.

4 Realiza las conexiones entre todos los componentes.

5 Instala los receptores y suministra energía al sistema, comprobando que cada circuito funciona adecuadamente.

6 Puedes realizar la misma instalación bajo tubo rígido, seleccionándolo en función del diámetro indicado.

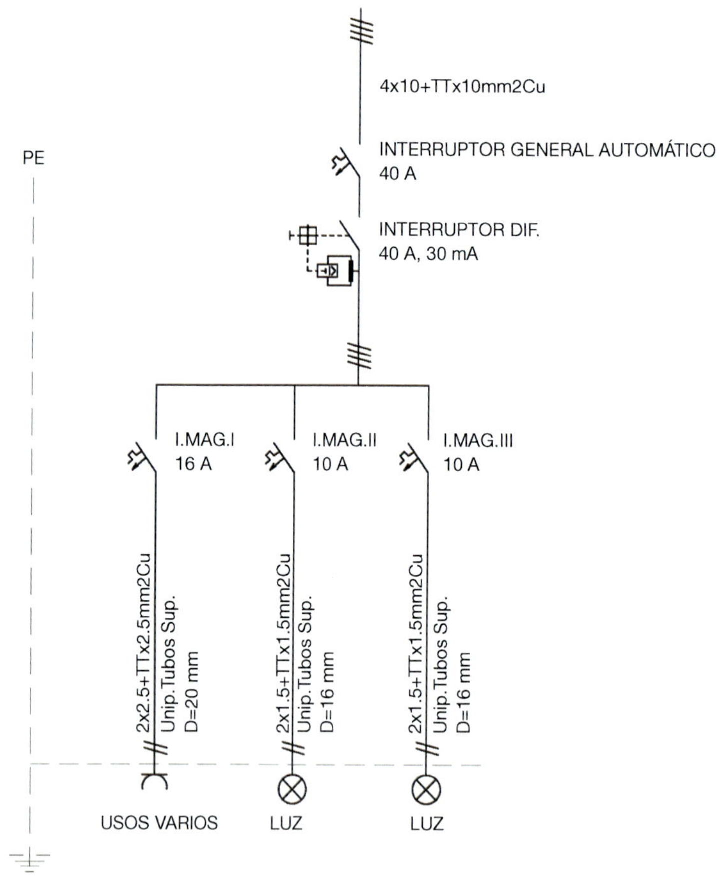

Figura 8.18. Esquema unifilar de la instalación.

De comprobación

8.1. **Si en un esquema eléctrico cada circuito se representa por medio de una única línea, se dice que es de tipo:**

a) Unificar.

b) Unifilar.

c) Unifiliar.

8.2. **Los esquemas multifilares también son denominados:**

a) Esquemas funcionales.

b) Esquemas ramificados.

c) Esquemas compuestos.

8.3. **En un esquema eléctrico, ¿cómo se indica que un conductor es de cobre?**

a) Por las letras Co.

b) Por las letras Cb.

c) Por las letras Cu.

8.4. **En un esquema eléctrico, ¿cómo se indica que un conductor es de aluminio?**

a) Por las letras Al.

b) Por las letras Am.

c) Por las letras Amn.

8.5. **¿En qué tipo de planos es recomendable incluir líneas continuas o discontinuas que indiquen qué receptores están asociados a qué elementos de maniobra?**

a) Planos unifilares.

b) Planos de planta.

c) Planos asociativos.

8.6. **¿Cómo puede representarse el trazado de las canalizaciones en una instalación eléctrica?**

a) En tres dimensiones.

b) En planta.

c) Las dos respuestas anteriores son correctas.

8.7. **¿Qué representa el símbolo de la figura?**

a) Un conductor de fase.

b) Un conductor neutro.

c) Un conductor de protección.

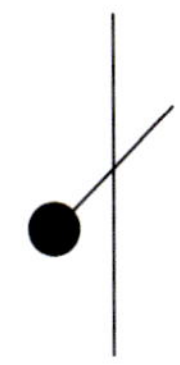

8.8. **El tipo de plano que indica exactamente el recorrido de los tubos y la posición de las cajas de registro y mecanismos de la instalación estancia por estancia se denomina:**

a) Plano de canalizaciones en perspectiva.

b) Plano de canalizaciones en planta.

c) Plano de recorrido.

8.9. **Si en un esquema unifilar a la línea principal del circuito la cruzan dos pequeños segmentos, puedes afirmar que:**

a) En el circuito existe un conductor de protección.

b) Se trata de un circuito monofásico.

c) No es posible ese tipo de representación.

8.10. **¿Cómo puede representarse el trazado de las canalizaciones en una instalación eléctrica?**

a) En tres dimensiones.

b) En planta.

c) Las dos respuestas anteriores son correctas.

8.11. **¿Qué parámetros asociados al receptor o receptores eléctricos alimentados por un determinado circuito suelen aparecer en un esquema unifilar?**

a) Nombre del circuito o de los receptores.

b) Potencia demandada y longitud de la línea.

c) Las dos respuestas anteriores son correctas.

De ampliación

8.12. ¿Qué expresión se utiliza para indicar que los símbolos en un plano están representados de manera que cualquier persona es capaz de interpretarlos adecuadamente?

8.13. Indica y justifica, en un esquema unifilar, a qué hacen referencia las siglas TT:

a) Al tipo de tubo y su instalación.

b) Al conductor de tierra o protección.

c) Al receptor eléctrico conectado al circuito.

8.14. Si en un esquema eléctrico encuentras la siguiente información:

$$2 \times 2.5\,mm^2 + TT \times 2.5\,mm^2\ Cu$$

a) ¿A qué elementos o componentes se está haciendo referencia?

b) Interpreta cada uno de los datos ofrecidos.

8.15. ¿En qué dos formatos puede representarse el trazado de las canalizaciones en una instalación eléctrica? ¿Qué ventajas presenta cada uno de ellos?

8.16. Responde a las siguientes preguntas:

a) ¿Cuál es la diferencia fundamental entre los esquemas multifilares y los esquemas unifilares?

b) ¿Qué ventajas presenta cada uno de ellos?

c) ¿Qué desventajas presenta cada uno de ellos?

8.17. Representa gráficamente la simbología utilizada para identificar en un esquema unifilar los siguientes circuitos:

a) Un circuito monofásico.

b) Un circuito trifásico sin neutro.

c) Un circuito trifásico con el neutro diferenciado.

8.18. ¿Qué es un plano de planta de una instalación eléctrica? ¿Cuál es su finalidad?

8.19. Abre el cuadro eléctrico de tu aula de trabajo, observa las conexiones entre los componentes y dibuja el esquema unifilar que se corresponde con la instalación. Debes indicar:

a) Características de los dispositivos de protección.

b) Sección de los conductores.

c) Nombre de los circuitos alimentados.

8.20. Dado el siguiente plano en planta de una vivienda, copia y dibuja los componentes eléctricos indicados en la leyenda que crees que son necesarios en cada una de las estancias.

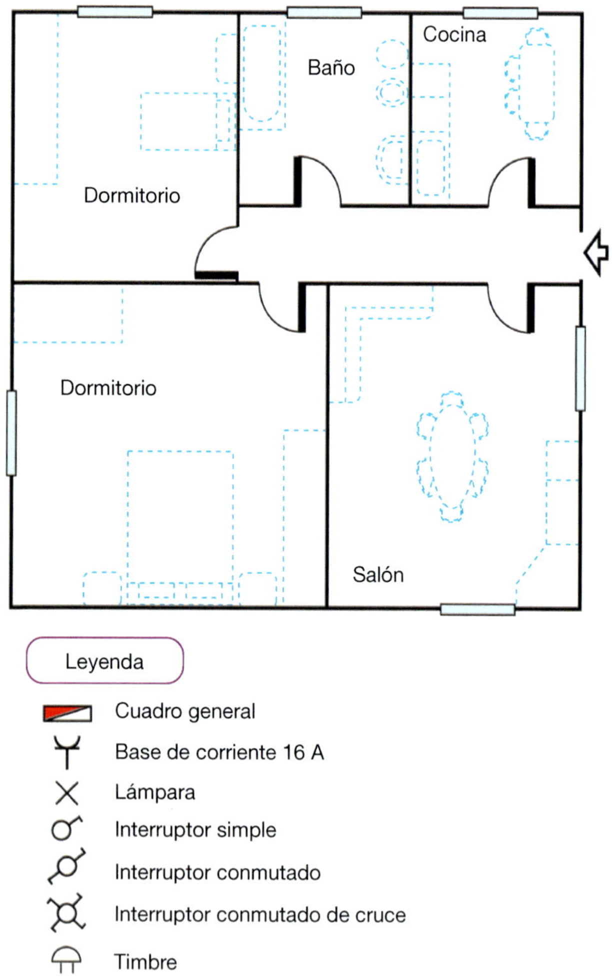

Instalaciones eléctricas de enlace

Introducción

Desde la red de distribución de baja tensión hasta las instalaciones interiores de los usuarios, la energía eléctrica debe pasar por una serie de componentes de mando, protección y medida, que forman lo que se conoce como instalación de enlace.

En esta unidad se estudian las principales características de los elementos y dispositivos que componen las instalaciones de enlace, así como las técnicas de montaje y requisitos de instalación de todos ellos basándose en las especificaciones del Reglamento Electrotécnico de Baja Tensión.

Contenidos

Objetivos

- Dar a conocer los diferentes esquemas de enlace.
- Definir los componentes que forman las instalaciones de enlace.
- Aprender los requisitos de montaje en estas instalaciones.
- Introducir el cuadro de servicios comunes de un edificio de viviendas.

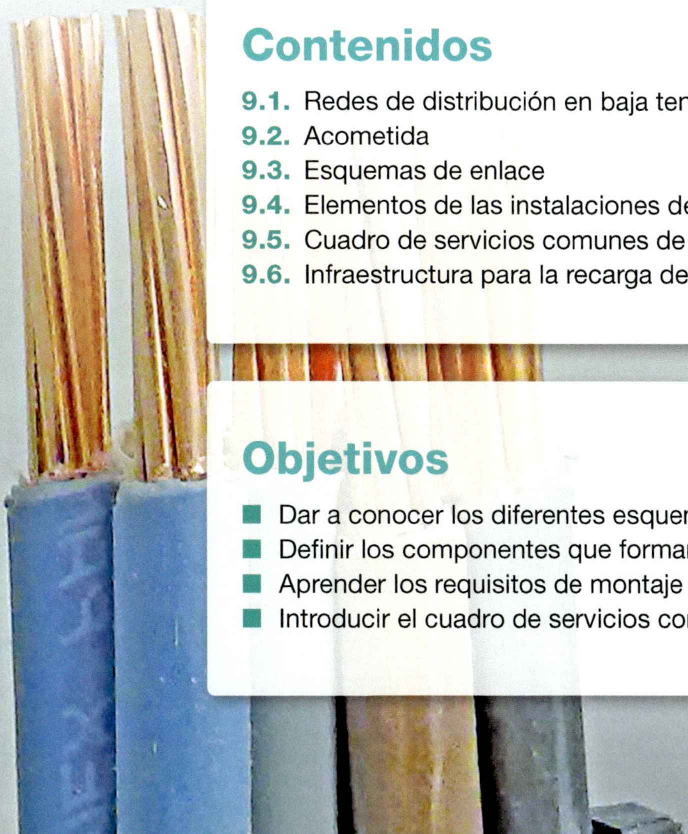

Recuerda que...

Las redes de transporte y distribución de la energía eléctrica utilizan corriente alterna trifásica.

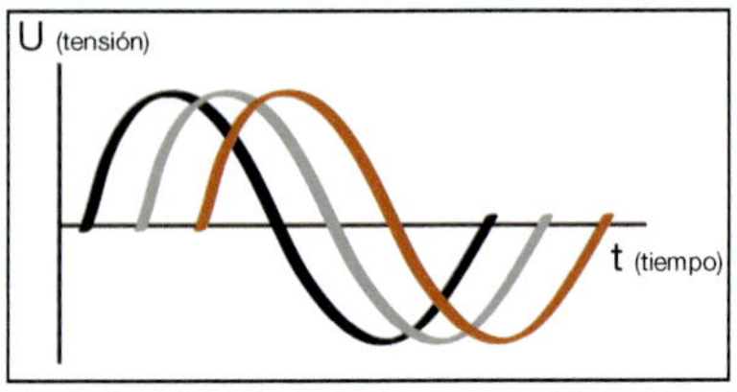

9.1. Redes de distribución en baja tensión: sistemas trifásicos

Tras la generación de la electricidad, esta se transporta a través de torres eléctricas de **alta tensión** hasta llegar a un lugar denominado **centro de transformación,** donde un transformador convierte la alta tensión en **baja tensión,** que es la que utilizan la mayoría de los consumidores.

La red de distribución en baja tensión es, por tanto, el conjunto de conductores que partiendo del centro de transformación distribuyen energía eléctrica en baja tensión hasta los lugares de consumo (viviendas, locales comerciales, industrias, colegios, hoteles, etc.).

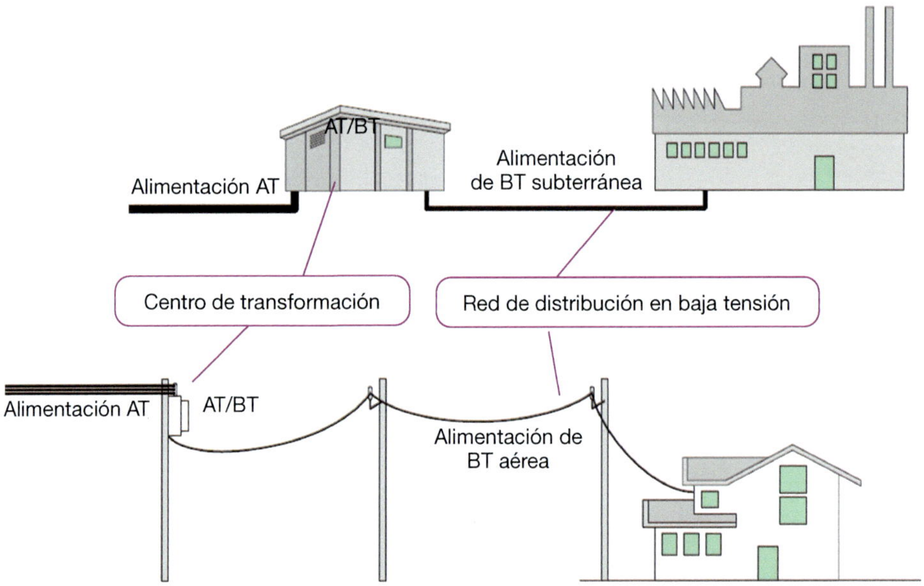

Figura 9.1. Las redes de distribución pueden ser aéreas (abajo) y subterráneas (arriba).

Al comienzo de este libro se definieron las tensiones de consumo en baja tensión más comunes, que son las pertenecientes al sector doméstico y al sector terciario e industrial. Ambos niveles de tensión son suministrados desde redes de distribución en baja tensión.

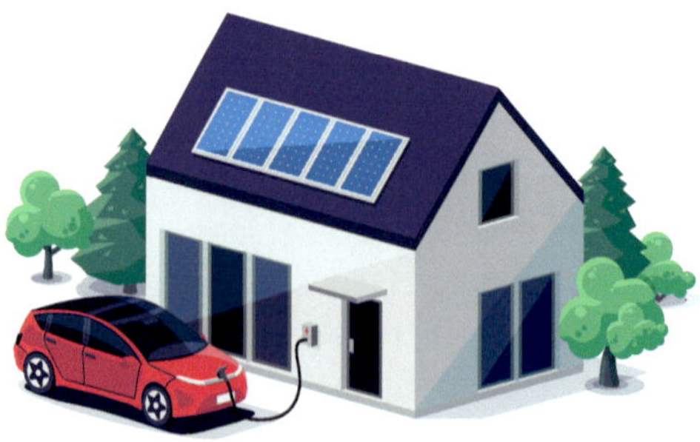

Figura 9.2. Sector doméstico: **230 V_{CA}. Corriente alterna monofásica.**

Figura 9.3. Sector terciario e industrial: **400 V_{CA}. Corriente alterna trifásica.**

Para suministrar energía a estos puntos de consumo, las redes de distribución, en función de las tensiones nominales usualmente utilizadas, pueden ser de dos tipos:

Figura 9.5. Tubos destinados a albergar los conductores de las redes de distribución subterráneas.

1 Red de distribución de 3 conductores, compuesta por 3 fases (3F)

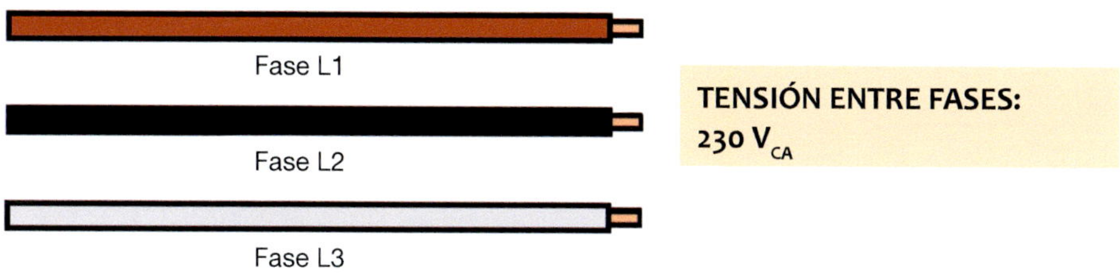

Figura 9.4. Red de distribución trifásica de 3 conductores.

Este tipo de red únicamente se utiliza en instalaciones eléctricas muy antiguas, generalmente en bloques de viviendas y oficinas del centro de algunas ciudades. A este tipo de redes se les denomina «sistema de tensiones B1».

2 Red de distribución de 4 conductores, compuesta por 3 fases y 1 conductor neutro (3F+N)

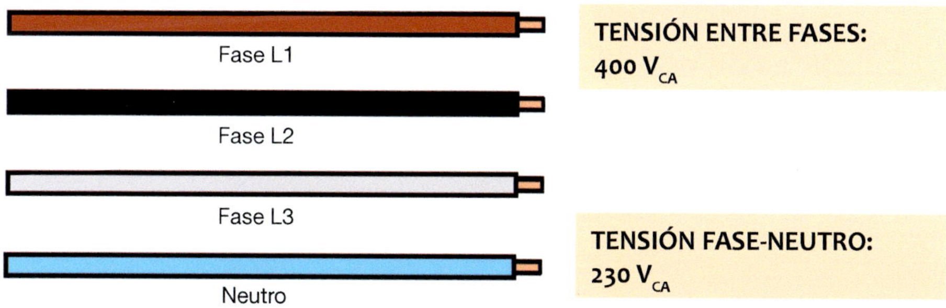

Figura 9.6. Red de distribución trifásica de 4 conductores.

Figura 9.7. Red de distribución aérea de cuatro conductores sobre fachada.

Este es el tipo de red de distribución más utilizada en la actualidad. A este tipo de redes se les denomina «sistema de tensiones B2».

En los dos tipos de redes la frecuencia del sistema es de 50 Hz.

Actividad propuesta 9.1.

¿Qué ventaja fundamental crees que puede tener la red de distribución de 4 conductores, que la hace ser la más utilizada en la actualidad?

9.2. Acometida

Se denomina acometida al conjunto de conductores que unen la red de distribución de baja tensión con las instalaciones internas de los usuarios, conocidas como **instalaciones de enlace.**

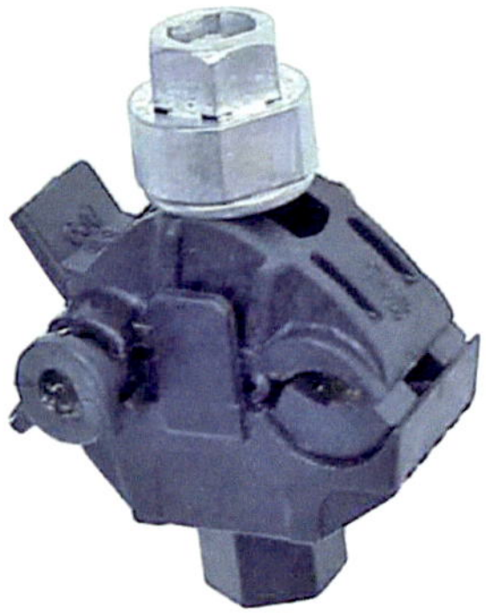

Figura 9.8. Conector para acometida aérea.

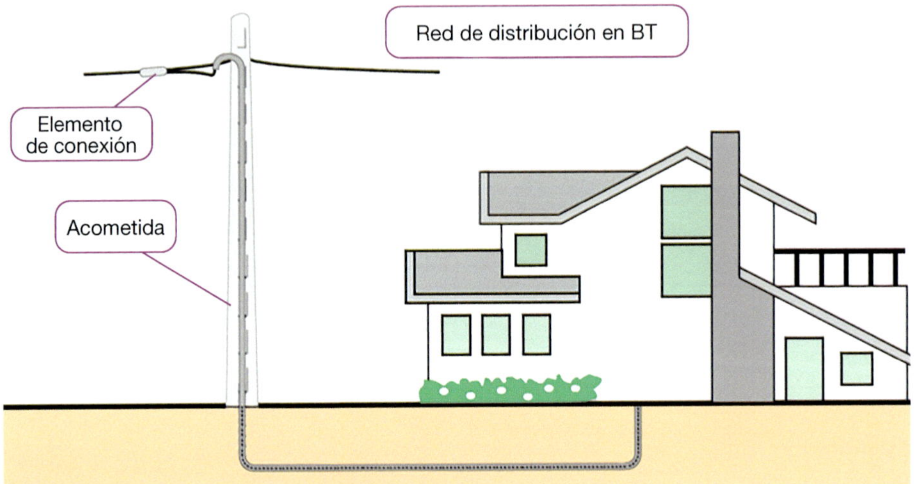

Figura 9.9. Representación de una acometida.

9.2.1. Tipos de acometidas

Las acometidas se pueden clasificar atendiendo a varios criterios: las características eléctricas (tipo y número de conductores) y las características de instalación.

Sabías que...

En general se dispondrá de una sola acometida por edificio o finca. Sin embargo, podrán establecerse varias acometidas independientes para suministros de potencias muy elevadas.

Clasificación por sus características eléctricas

Las acometidas pueden clasificarse en función del número de conductores y su material, como se muestra en la Tabla 9.1.

Tabla 9.1. Tipos de acometida en función de sus características eléctricas

Por tipo de conductor	Por número de conductores
Acometida de cobre	Acometida monofásica (2 conductores)
Acometida de aluminio	Acometida trifásica (4 conductores)

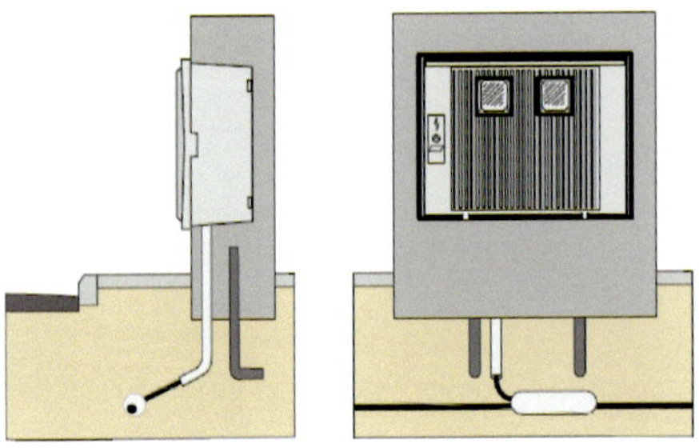

Figura 9.10. Ejemplo de acometida subterránea.

Clasificación por su trazado y sistema de instalación

- **Acometida aérea posada** (sobre fachada).
- **Acometida aérea tensada** (sobre postes o fachadas).
- **Acometida subterránea.**
- **Acometida mixta o aerosubterránea.**

Las acometidas, al formar parte de la red de distribución, son propiedad de la compañía eléctrica. Su montaje seguirá los trazados más cortos posibles realizando las conexiones mediante sistemas apropiados.

9.3. Esquemas de enlace

Los esquemas de enlace pueden resumirse en dos tipos, dependiendo de la cantidad de usuarios que se encuentren conectados a una misma acometida.

Esquema de la instalación de enlace para un usuario o dos usuarios alimentados desde el mismo lugar

Esta suele ser la configuración típica en viviendas unifamiliares (chalés):

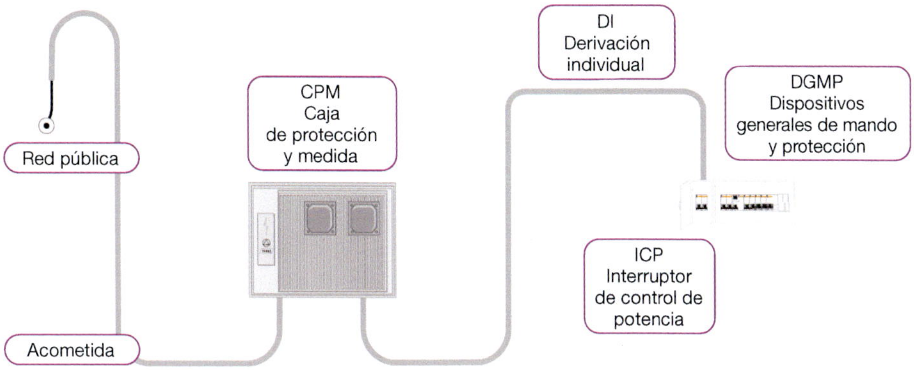

Figura 9.11. Esquema de la instalación de enlace para un usuario o dos usuarios alimentados desde el mismo lugar.

Esquema de la instalación de enlace para más de dos usuarios

Esta es la configuración típica en bloques de viviendas y oficinas. En este caso los usuarios son los propietarios de las viviendas, de los locales comerciales y de las oficinas del edificio.

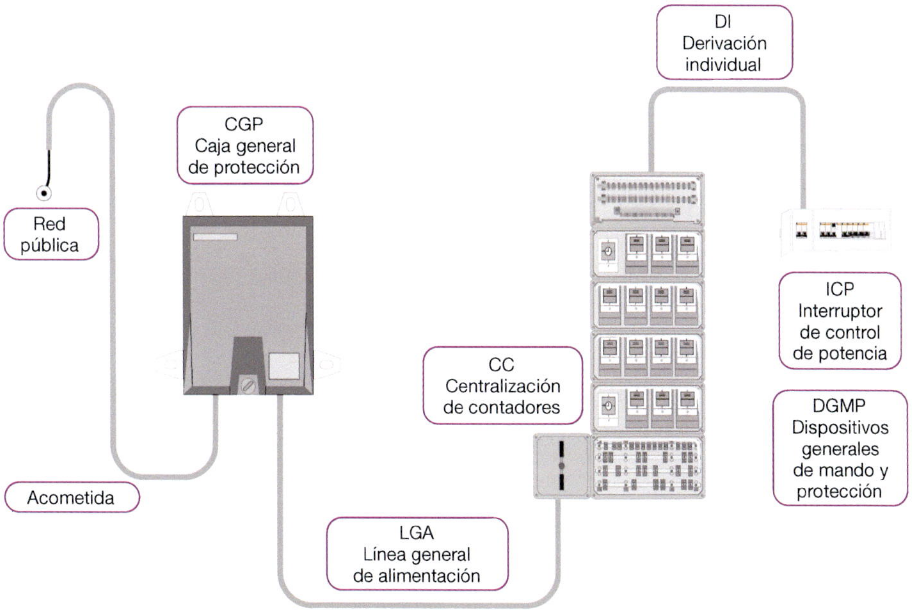

Figura 9.12. Esquema de la instalación de enlace para un usuario o dos usuarios alimentados desde el mismo lugar.

Recuerda que...

La instalación de enlace es propiedad de sus usuarios, ya que hasta la acometida la instalación eléctrica es propiedad de la compañía suministradora de electricidad.

Actividad propuesta 9.2.

Infórmate acerca del tipo de esquema de enlace que tienes en tu vivienda y en tu aula taller e intenta identificar todos los elementos que lo componen.

9.4. Elementos de las instalaciones de enlace

A continuación se describen las características y técnicas de instalación y montaje de los elementos que forman las instalaciones de enlace, desde la caja general de protección hasta la instalación interior de usuario.

9.4.1. Caja general de protección (CGP)

La caja general de protección (CGP) es una caja de material aislante a la que entran los conductores de la acometida y de la que salen los conductores de la **línea general de alimentación.**

En la CGP se encuentran instalados los elementos de protección de la instalación de enlace: los **fusibles de maniobra.**

Debe existir un fusible de maniobra individual para proteger cada una de las fases, cuya intensidad dependerá de la sección de los conductores. El neutro no estará protegido por un fusible, en su lugar se instalará un **tubo de neutro** o una **pletina metálica amovible.**

Figura 9.13. Los fusibles de la CGP suelen ser de tipo chuchilla con intensidades entre 160 A y 400 A.

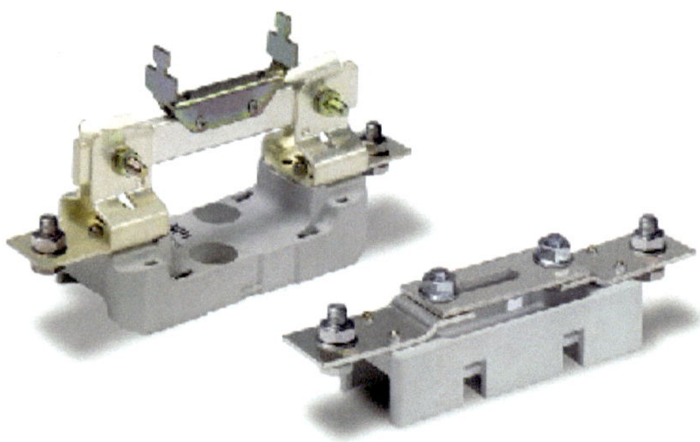

Figura 9.14. Neutro amovible.

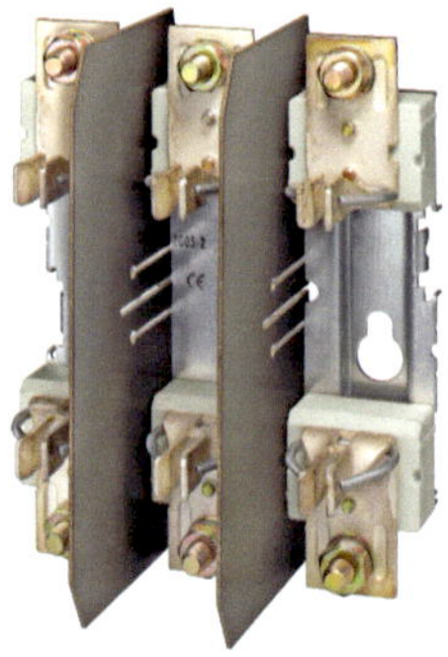

Figura 9.15. Portafusibles y pantallas aislantes, muy utilizados en antiguas CGP.

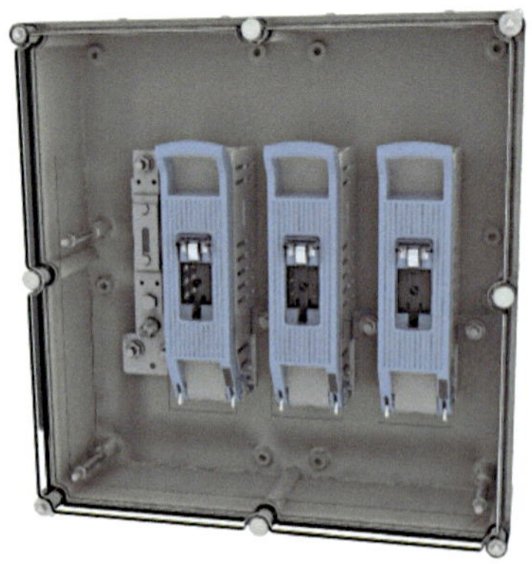

Figura 9.16. CGP con bases portafusibles tipo BUC para montaje empotrado en nicho.

Instalación de la CGP

La CGP puede instalarse de modo **superficial** en la fachada exterior del edificio o de modo **empotrado** en un nicho en pared.

En el montaje superficial sobre fachada o poste debe respetarse una altura mínima al suelo de entre 3 y 4 m.

En el montaje empotrado el nicho debe estar ubicado a una altura mínima de 30 cm sobre el suelo.

Solo puede instalarse una CGP en montaje superficial y dos en el montaje empotrado en nicho, lo que limita el número de líneas generales de alimentación de la instalación. Para solucionar este problema pueden utilizarse las denominadas **bases tripolares verticales (BTV)**, que cumplen la misma función que una CGP, pero cuentan con un mayor número de posibles salidas, al poder albergar más fusibles de maniobra.

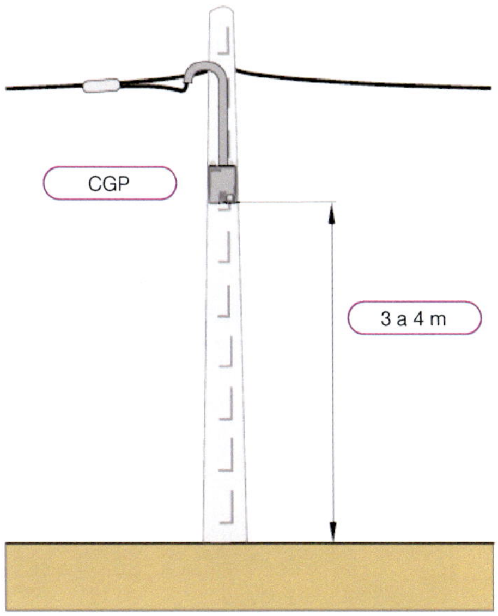

Figura 9.18. Montaje superficial sobre poste.

Figura 9.19. CGP de superficie.

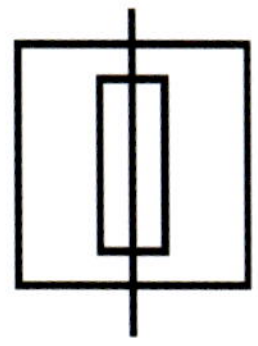

Figura 9.17. Símbolo unifilar de la CGP.

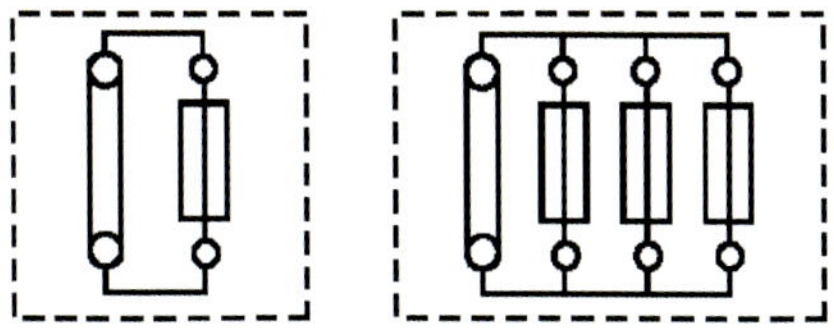

Figura 9.20. Símbolo multifilar de dos tipos de CGP.

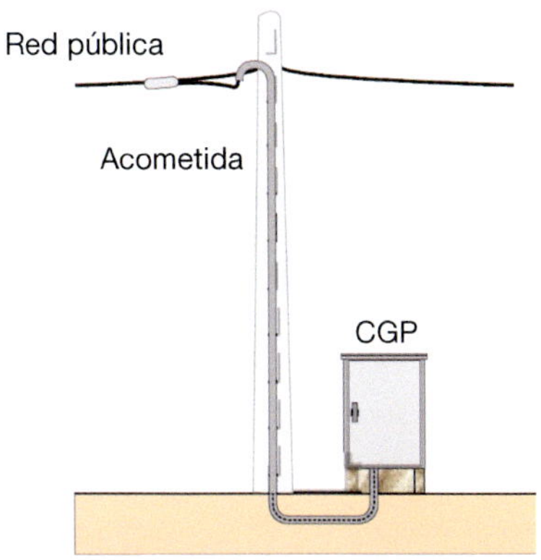

Figura 9.21. CGP instalada en nicho, proveniente de una acometida mixta.

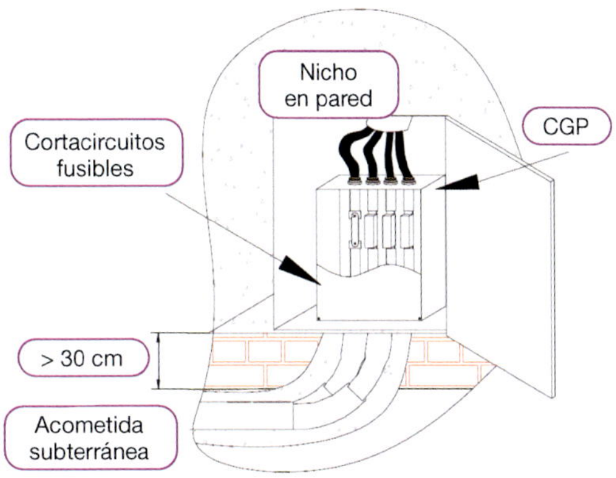

Figura 9.22. Montaje empotrado en nicho.

Las bases tripolares verticales (BTV) tienen las mismas características que las CGP, salvo que disponen de más salidas y solo se pueden instalar en montaje empotrado.

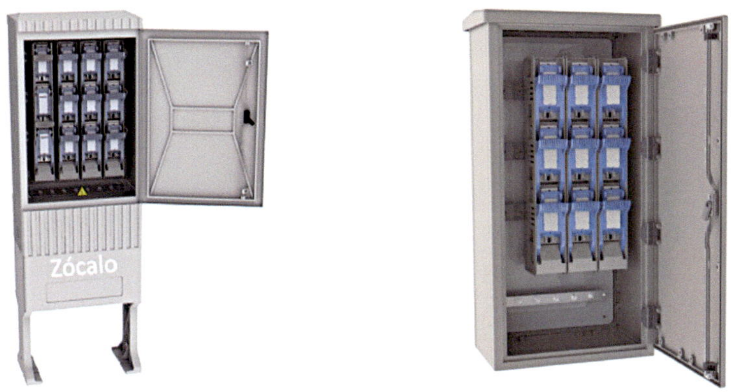

Figura 9.23. Diferentes tipos de BTV.

Recuerda que...

La utilización de una CGP o una CPM depende del número de usuarios conectados a la instalación de enlace.

9.4.2. Caja de protección y medida (CPM)

Si el suministro eléctrico se realiza sobre **un solo usuario o sobre dos usuarios alimentados desde el mismo lugar** la instalación de enlace se simplifica: **no existe línea general de alimentación** y la CGP se sustituye por una caja de protección y medida (CPM).

La CPM es una caja aislante a la que entran los conductores de la acometida y de la que salen los conductores de la **derivación individual.** Contiene un **equipo de medida** para tarificar la energía consumida por los usuarios y **fusibles de seguridad** que protegen las fases de la instalación de enlace.

Debe permitir la lectura del contador de su interior.

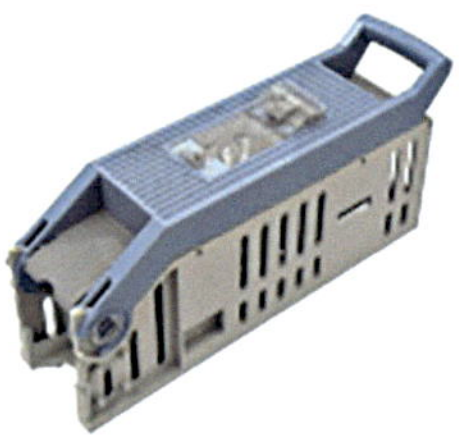

Figura 9.24. Bases portafusibles individuales.

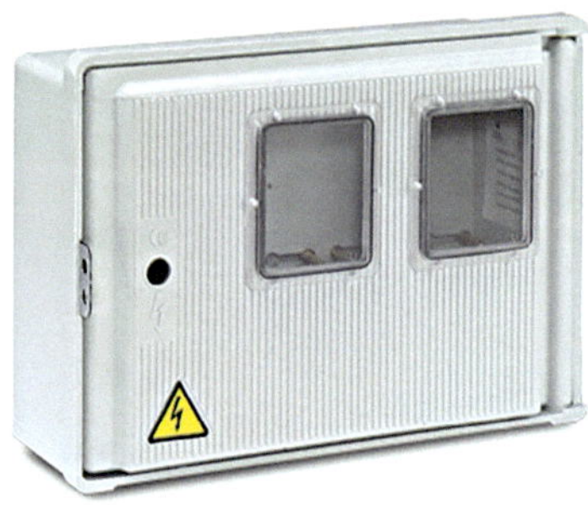

Figura 9.25. Caja de protección y medida.

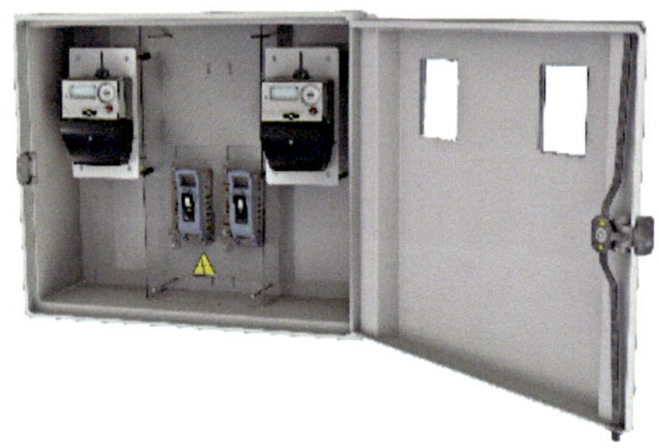

Figura 9.26. Fusibles y contadores en una CPM para dos usuarios.

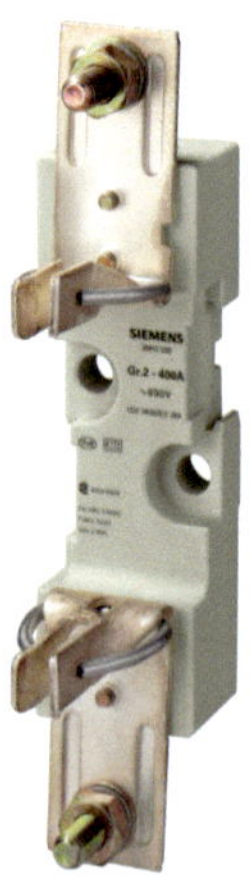

Figura 9.27. Pletina para la conexión directa del neutro en una CPM.

Instalación de la CPM

La CPM no puede ser instalada en montaje superficial. Debe estar **empotrada** en un muro exterior a una altura entre 0,7 m y 1,8 m.

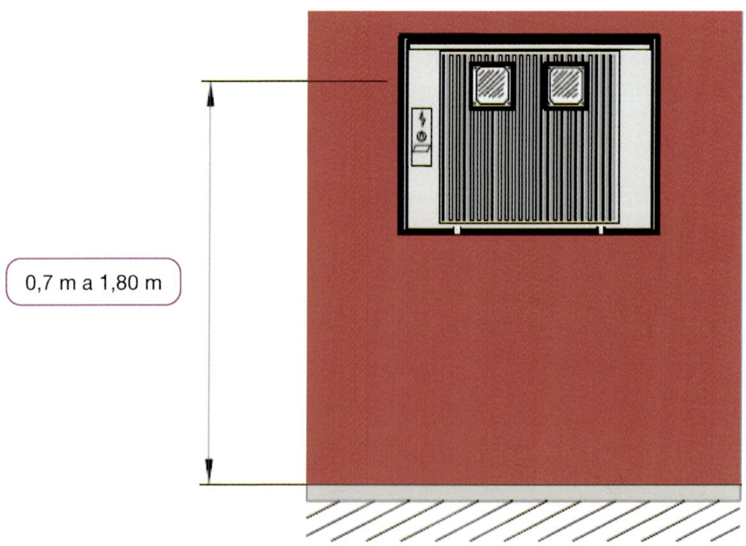

Figura 9.28. Medidas de montaje de la CPM.

9.4.3. Línea general de alimentación (LGA)

Se denomina línea general de alimentación (LGA) al conjunto de conductores que salen desde la caja general de protección y llegan hasta la centralización de contadores.

Figura 9.29. Imagen de una línea general de alimentación saliendo desde una CGP superficial y entrando en un edificio. El color verde indica que se trata de un **cable libre de halógenos,** no propagador del fuego.

Instalación de la LGA

El trazado de la LGA será lo más corto y rectilíneo posible y debe pasar por las zonas comunes del edificio. Estará compuesta por conductores de cobre o aluminio de material libre de halógenos.

- La sección de los conductores dependerá de la previsión de potencia del edificio, pero nunca será inferior a 10 mm^2 en cobre y 16 mm^2 en aluminio.
- El diámetro mínimo de los tubos será de 75 mm.

Actividad propuesta 9.3.

¿Qué crees que ocurriría en un edifico de viviendas si alguien cortase los conductores que componen la línea general de alimentación?

Recuerda que...

Los contadores de la LGA quedan protegidos por los fusibles de la CGP. La intensidad de estos fusibles depende de la sección de los cables de la LGA.

9.4.4. Centralizaciones de contadores (CC)

En los bloques de viviendas y en los edificios destinados a oficinas o pequeñas industrias todos los contadores de energía se encuentran agrupados en **centralizaciones de contadores.**

Cada una de las viviendas, locales comerciales, oficinas, e incluso los trasteros y el garaje cuentan con un contador de energía propio (como los estudiados en la Unidad 2) para tarificar la energía consumida (kWh).

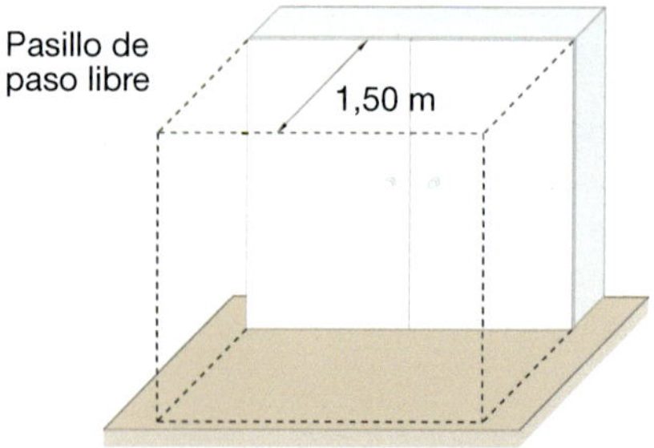

Figura 9.30. Representación y características de un armario de contadores. Pueden alojarse más de 16 contadores en un armario siempre que lo autorice la compañía distribuidora.

Las formas de colocación de las centralizaciones de contadores son dos:

Armario o local	Si el número de contadores ≤ 16
Local	Si el número de contadores > 16

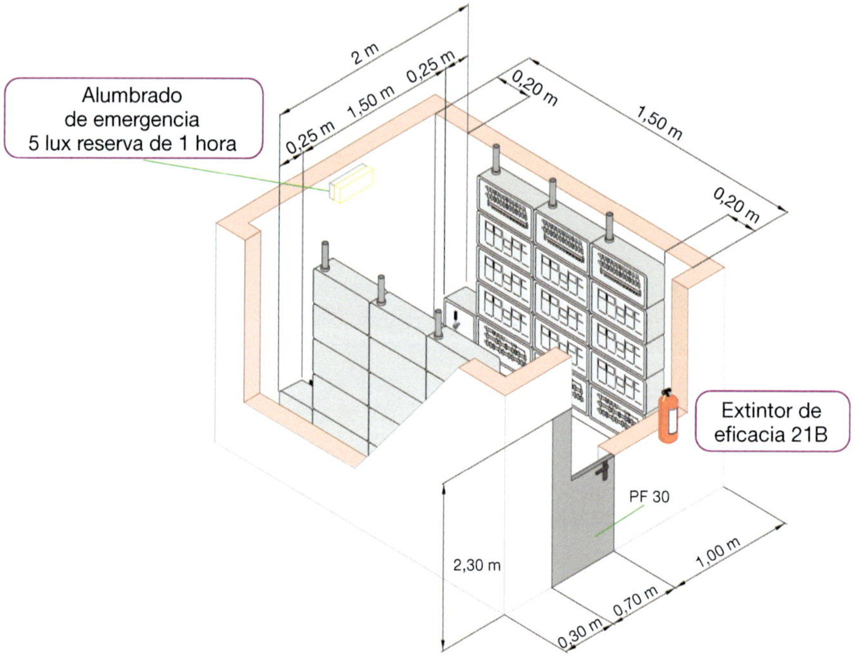

Figura 9.31. Representación y características de un local o **cuarto de contadores.**

Figura 9.32. El armario o local de la centralización debe tener una cerradura que impida el paso al personal no autorizado.

Dentro del armario o del local todos los contadores estarán instalados en uno o varios módulos con forma de columna, formados por las unidades funcionales que se muestran en la Figura 9.33.

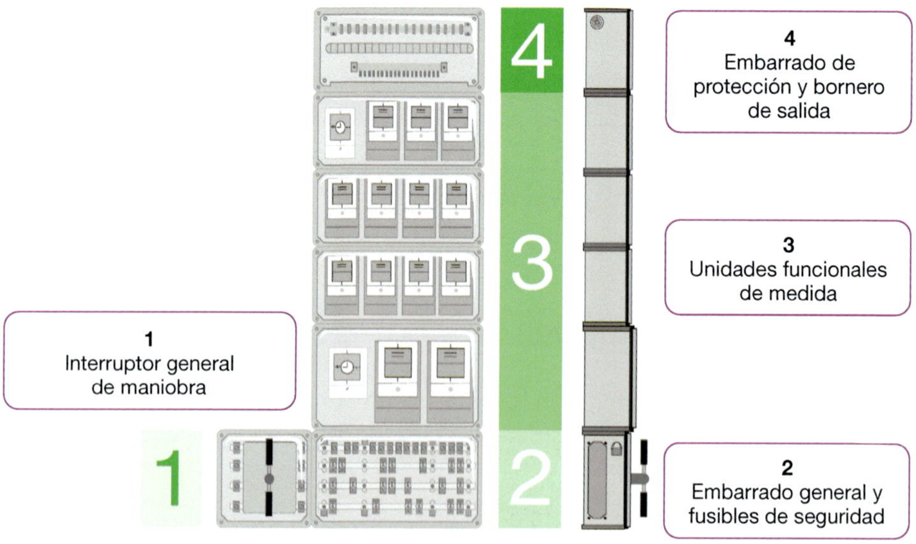

Figura 9.33. Elementos que componen un módulo de contadores.

1 Interruptor general de maniobra

Es un interruptor de corte en carga. Se utiliza para dejar fuera de servicio toda la concentración de contadores, pero no la protege.

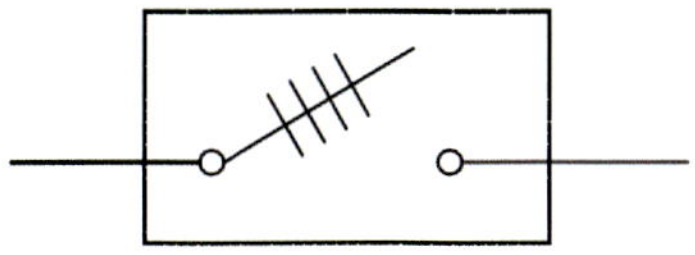

Figura 9.34. Símbolo del interruptor general de maniobra.

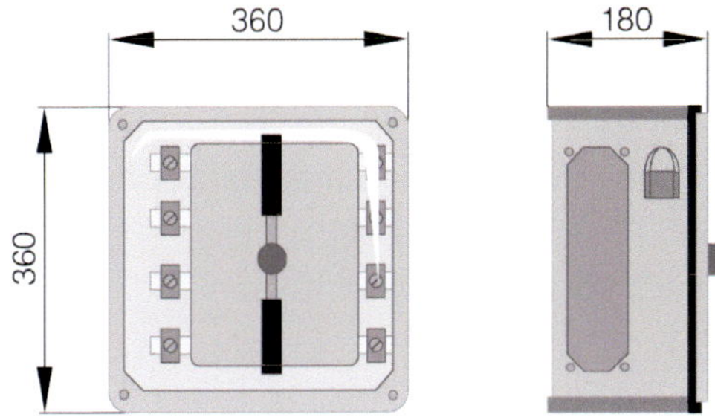

Figura 9.35. Representación de un interruptor general de maniobra (IGM).

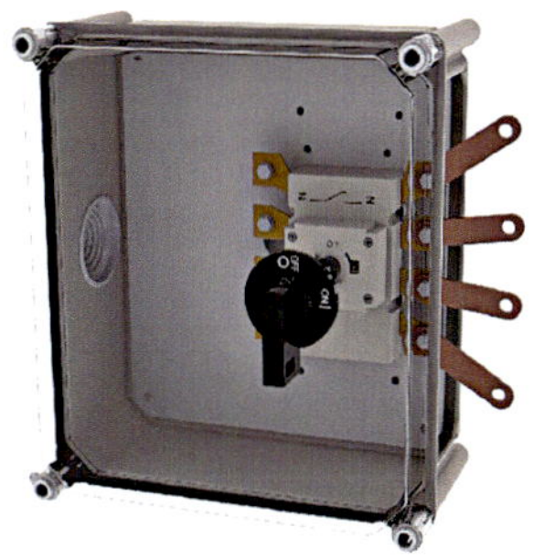

Figura 9.36. Imagen de un interruptor general de maniobra.

La potencia máxima que puede llegarle a través de la LGA es de 150 kW. El calibre mínimo de este interruptor es de 160 A.

> **NORMATIVA**
>
> **REGLAMENTO ELECTROTÉCNICO DE BAJA TENSIÓN**
>
> **ITC-BT-16**
>
> **Apartado 3**
>
> El interruptor general de maniobra será, como mínimo, de 160 A para previsiones de carga hasta 90 kW, y de 250 A para las superiores a esta, hasta 150 kW.

2 Embarrado general y fusibles de seguridad

Contiene el embarrado de entrada de las fases y el neutro y el fusible de seguridad correspondiente a cada uno de los suministros.

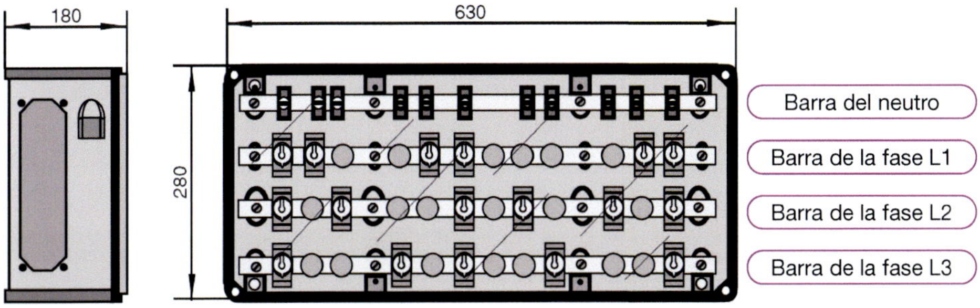

Figura 9.37. Embarrado general de entrada, que contiene las barras correspondientes a las tres fases y al neutro.

> **Sabías que...**
>
> En la práctica es frecuente utilizar un IGM de 400 A.

Los fusibles de seguridad son generalmente de tipo rosca y su función es la de proteger cada una de las derivaciones individuales. Los portafusibles se colocarán en el embarrado, **para cada una de las fases** que alimentan a las derivaciones individuales.

Figura 9.38. Fusibles de seguridad de tipo rosca de 25, 35 y 63 A.

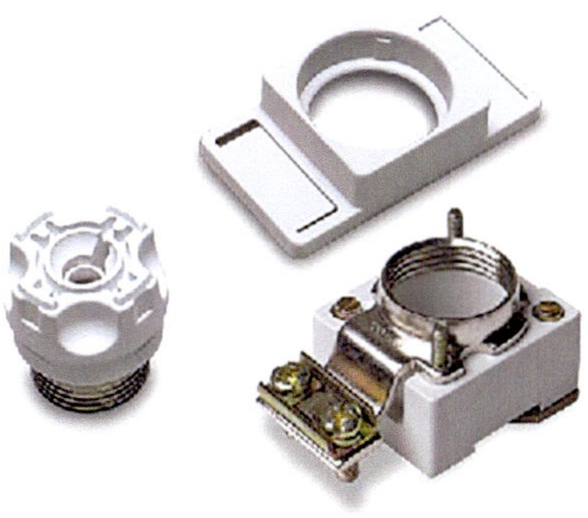

Figura 9.39. Portafusibles de rosca para centralización de contadores.

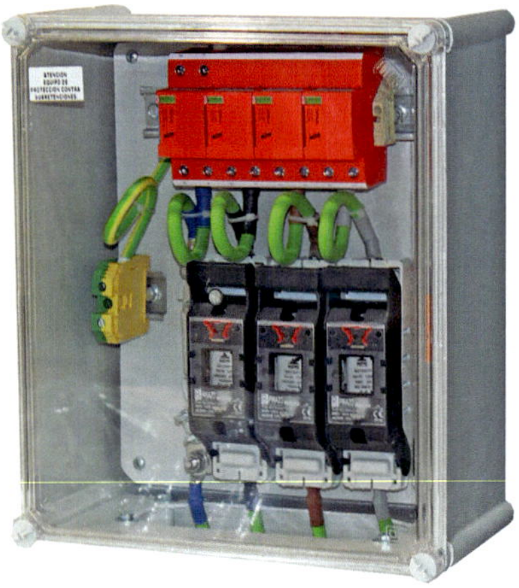

Figura 9.40. Módulo opcional: descargador de sobretensiones.

Opcional Módulo auxiliar

Se trata de una unidad funcional que se ubica sobre el IGM, utilizada para el montaje de determinados elementos opcionales, bien por decisión de la propiedad, bien por exigencias de la compañía distribuidora.

Los posibles elementos que pueden colocarse son los siguientes:

- Módulo descargador de sobretensiones.
- En instalaciones que disponen de infraestructura de recarga para el vehículo eléctrico:
  - Sistema de protección para la línea general de alimentación (SPL).
  - Contador adicional.
  - Módulo de derivación de los puntos de recarga de vehículo eléctrico.

3 Unidad funcional de medida

Módulos donde se ubican los contadores de energía, interruptores horarios y dispositivos de mando para la medida del consumo de energía eléctrica de cada usuario.

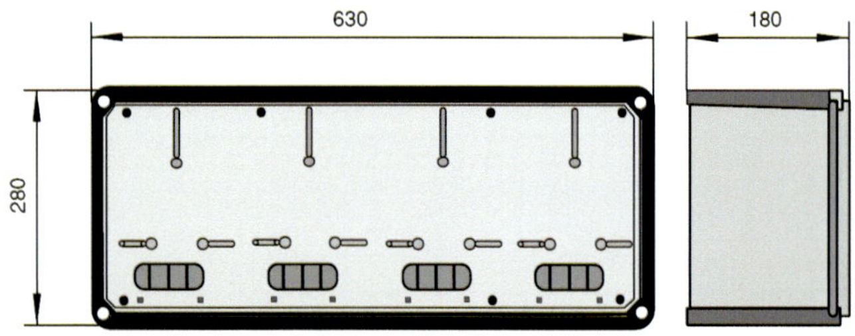

Figura 9.41. Módulo de medida para contadores monofásicos.

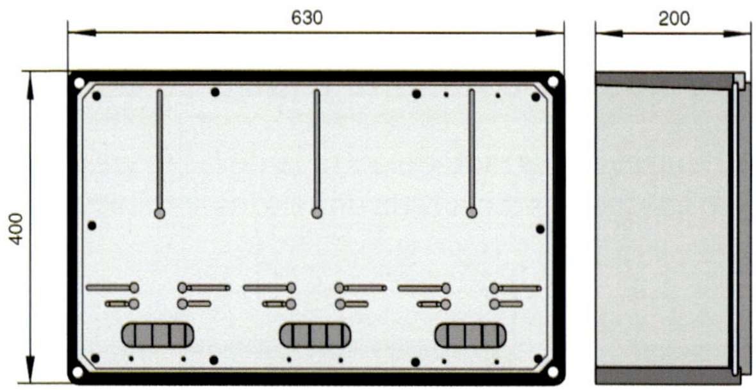

Figura 9.42. Módulo de medida para contadores trifásicos.

Sabías que...

Los contadores tienen un **precinto de seguridad** que solo puede ser manipulado por los operarios de la compañía eléctrica.

Figura 9.43. Precinto de seguridad.

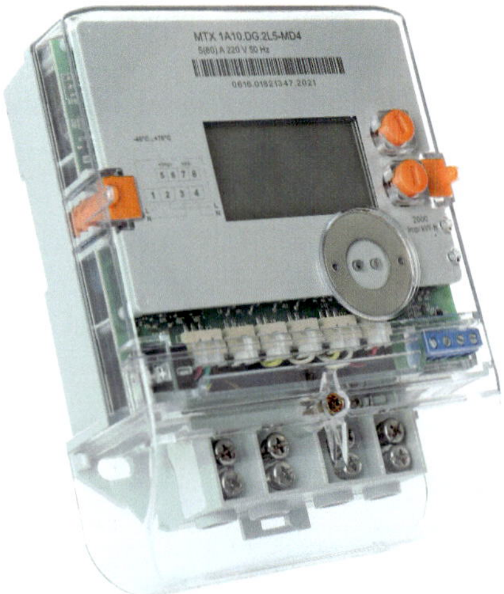

Figura 9.44. Contador de energía de tipo electrónico.

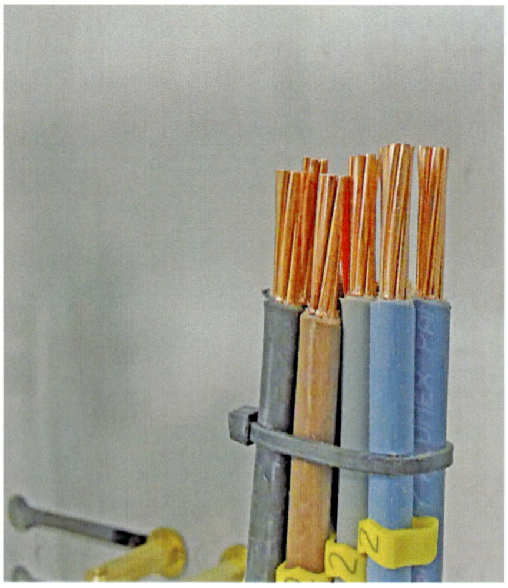

Figura 9.45. Conductores de cobre preparados para ser conectados a un contador de energía.

4 Embarrado de protección y bornes de salida

Contiene el embarrado de protección (donde se conectan todos los conductores de puesta a tierra) y los borneros de salida de las derivaciones individuales correspondientes a cada uno de los suministros del edificio.

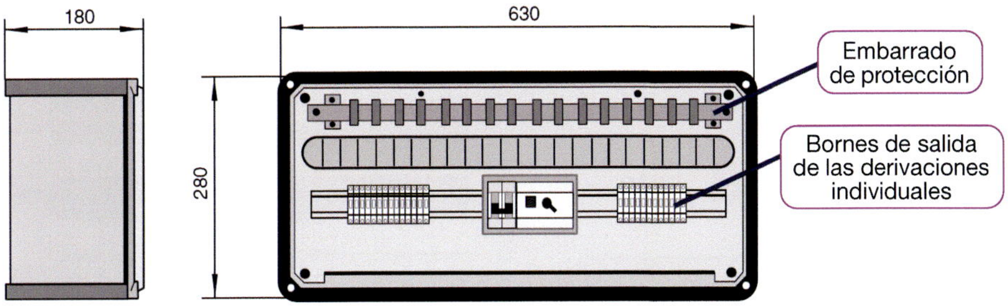

Figura 9.46. Representación del módulo que contiene el embarrado de protección y los bornes de salida.

Sabías que...

El embarrado de protección deberá estar señalizado con el símbolo normalizado de puesta a tierra y conectado a tierra.

Las Figuras 9.47 y 9.48 muestran dos ejemplos de centralizaciones con sus respectivas unidades funcionales.

Figura 9.47. Centralización de contadores monofásica.

Figura 9.48. Centralización de contadores trifásica.

Actividad propuesta 9.4.

Existen otros módulos que pueden formar parte de las centralizaciones de contadores, como la unidad funcional de mando y la unidad funcional de telecomunicaciones.

¿Para qué crees que sirve cada una de estas unidades?

Sabías que...

El Reglamento de Baja Tensión establece que la sección mínima de la derivación individual será de 6 mm², pero la mayoría de las compañías eléctricas distribuidoras establecen una sección mínima de 10 mm².

9.4.5. Derivación individual (DI)

Se denomina derivación individual (DI) al conjunto de conductores que salen desde el fusible de seguridad, pasan por el contador y suministran energía eléctrica a una instalación de usuario.

Para usuarios con suministros trifásicos la derivación individual estará compuesta por **6 conductores.** Para usuarios con suministros monofásicos la derivación individual estará compuesta por **4 conductores.**

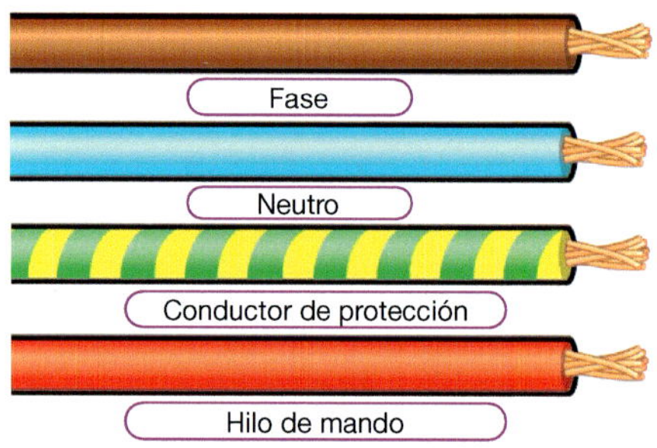

Figura 9.49. Derivación individual para suministros monofásicos.

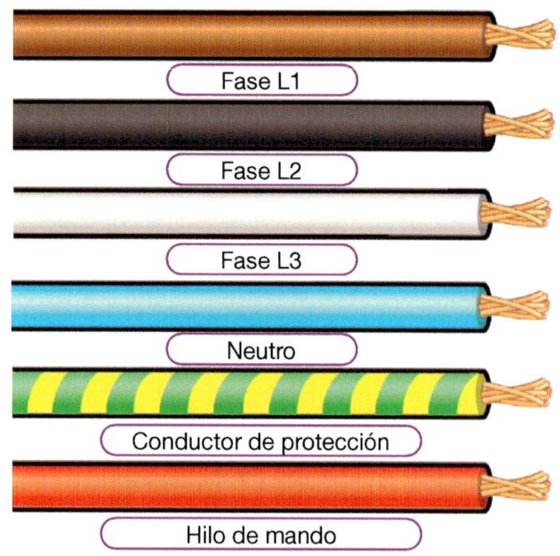

Figura 9.50. Derivación individual para suministros trifásicos.

Figura 9.51. Tubos para albergar derivaciones individuales (32 mm).

Instalación de la DI

El trazado de cada derivación individual se realizará en tubos o canales independientes que deben pasar por las zonas comunes del edificio. Los conductores serán unipolares, de cobre, y con aislamiento libre de halógenos.

- La sección de los conductores dependerá de la potencia prevista (potencia máxima admisible) para el suministro al que alimentan, pero nunca será inferior a 6 mm².
- El diámetro mínimo de los tubos será de 32 mm.

Si las derivaciones individuales discurren verticalmente, se alojarán en el interior de un conducto de dimensiones adecuadas y con paredes resistentes al fuego. Este conducto se denomina comúnmente **patinillo.**

Figura 9.52. Embarrado de salida de una centralización de contadores.

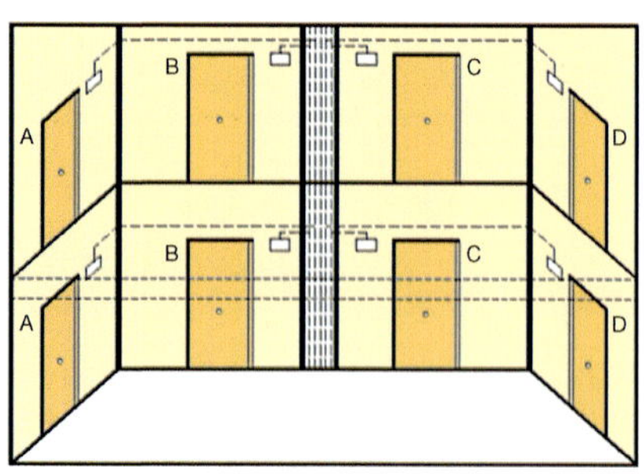

Figura 9.53. Representación del patinillo y trazado de las derivaciones individuales en las zonas comunes de un edificio.

9.4.6. Interruptor de control de potencia (ICP)

El interruptor de control de potencia (ICP) es un interruptor automático que instala la compañía de energía eléctrica para controlar la potencia máxima que puede consumir el usuario de la instalación. Depende, por tanto, de la **potencia máxima contratada.**

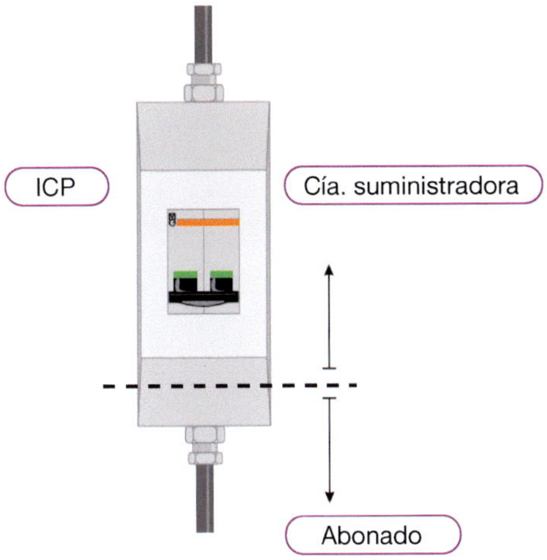

Figura 9.55. Representación de un interruptor de control de potencia.

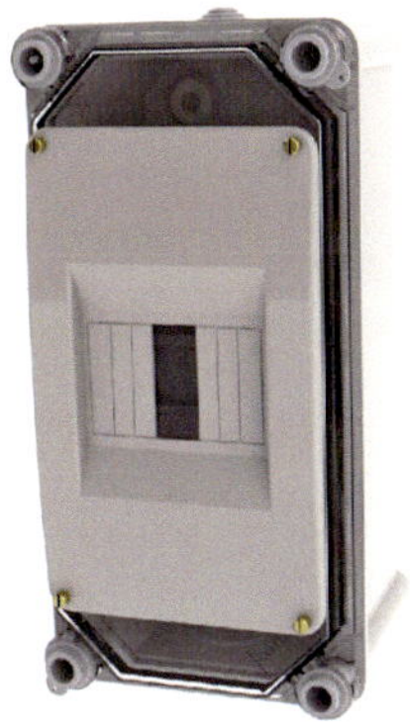

Figura 9.56. Cajas independientes para alojar el interruptor de control de potencia.

Figura 9.54. El ICP también tiene un **precinto de seguridad** para evitar que sea manipulado por personas ajenas a la compañía eléctrica.

Recuerda que...

Cuando en la instalación se supera la potencia máxima que se tiene contratada con la compañía, el ICP o el maxímetro del contador se dispara automáticamente dejando sin tensión a toda la instalación.

Actividad resuelta 9.1.

¿Por qué crees que resulta necesario el uso de un interruptor de control de potencia (ICP) en una instalación eléctrica?

Solución

Las compañías eléctricas tarifican en sus facturas tanto el consumo del cliente (kWh), como la potencia máxima que están obligadas a suministrarle.

El interruptor de control de potencia es un mecanismo de control de la compañía eléctrica que evita que un usuario consuma más potencia de la que tiene contratada, puesto que a mayor potencia contratada, más tendría que pagar el cliente.

Maxímetro

Actualmente, en nuevas instalaciones, el uso por parte de la compañía eléctrica del ICP está en desuso. No obstante, aunque es un dispositivo que en la actualidad ya no se utiliza, es necesario seguir colocando una caja específica para el ICP en instalaciones de nueva construcción.

En la actualidad los contadores electrónicos incorporan en su interior un dispositivo denominado maxímetro, que registra y desconecta el suministro eléctrico en caso de que se supere la potencia que se tiene contratada.

Para rearmar el suministro eléctrico es necesario:

1. Que el usuario desconecte manualmente el interruptor general de la instalación.
2. Que tras unos segundos de espera vuelva a ser reconectado.

9.4.7. Dispositivos generales de mando y protección (DGMP)

Se denominan dispositivos generales de mando y protección (DGMP) al conjunto de componentes que protegen las instalaciones eléctricas interiores. Los DGMP serán como mínimo:

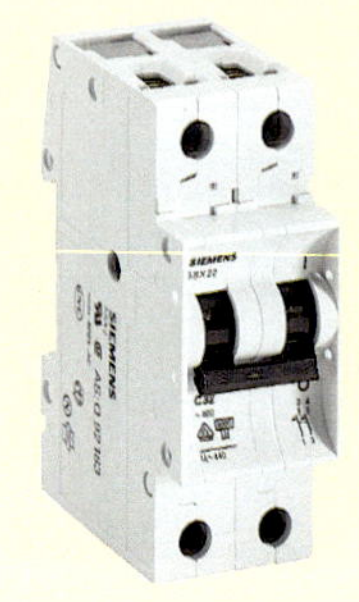	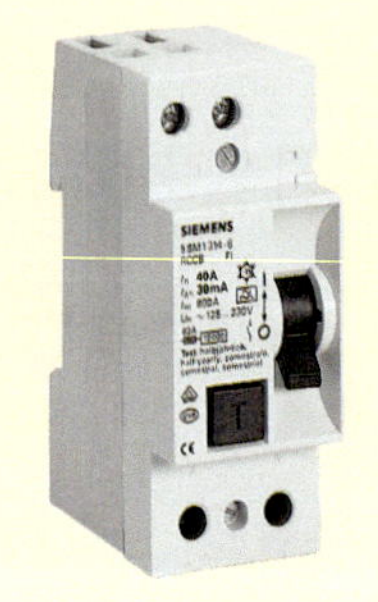	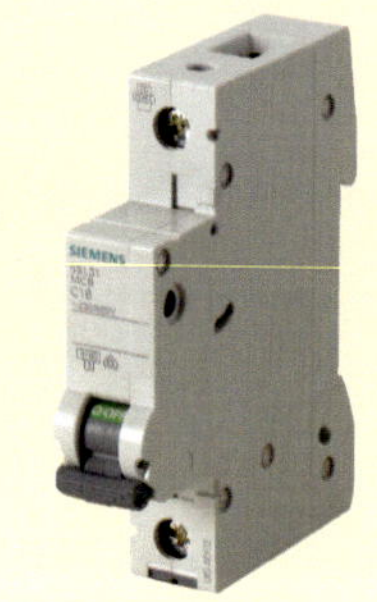	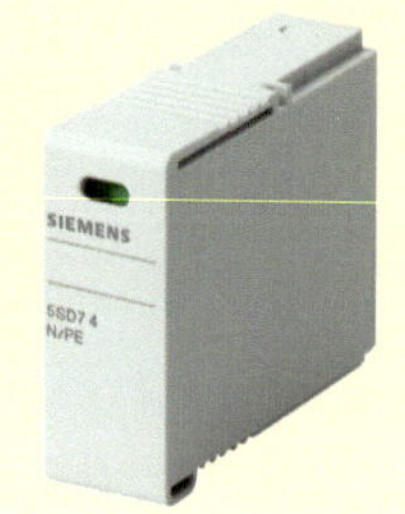
Un interruptor general automático (IGA) magnetotérmico de corte omnipolar.	Un interruptor diferencial (ID) general.	Interruptores automáticos de corte omnipolar para cada uno de los circuitos interiores de salida.	Dispositivo de protección contra sobretensiones, solo si es necesario.

Dependiendo de la intensidad del interruptor general automático se define la **potencia máxima admisible** de la instalación (Tabla 9.2).

Tabla 9.2. Potencia y sección de la derivación individual asociadas a las diferentes intensidades del interruptor general automático

IGA monofásico	Potencia admisible	DI mínima
25 A	5750 W	6 mm²
32 A	7360 W	6 mm² – 10 mm²
40 A	9200 W	10 mm²
50 A	11 500 W	10 mm² – 16 mm²
63 A	14 490 W	16 mm²

El conjunto de los DGMP y el ICP es lo que comúnmente se conoce como **cuadro eléctrico** de una vivienda o local.

Actividad propuesta 9.5.

Observa la Tabla 9.2 y responde a las siguientes preguntas:

a) ¿Es posible utilizar conductores de aluminio de 10 mm² para la derivación individual de un local con una potencia de 7360 W?

b) ¿Pueden utilizarse conductores de cobre de 16 mm² para la derivación individual de una vivienda cuyo IGA es de 25 A?

Recuerda que...

El interruptor automático magnetotérmico protege a las instalaciones frente a sobrecargas y cortocircuitos. El interruptor diferencial protege a personas y animales frente a contactos directos e indirectos.

Sabías que...

Las viviendas deben tener un número concreto de circuitos interiores cuyas características se analizan en la siguiente unidad del libro.

Instalación del cuadro eléctrico de una vivienda o local

El montaje del cuadro eléctrico se realizará lo más cerca posible de la entrada de la derivación individual en el local o vivienda del usuario. El ICP se instalará en un compartimento independiente y precintable justo antes de los DGMP.

En viviendas, el cuadro eléctrico deberá estar situado junto a la puerta de entrada, a una altura comprendida entre 1,4 m y 2 m sobre el nivel del suelo.

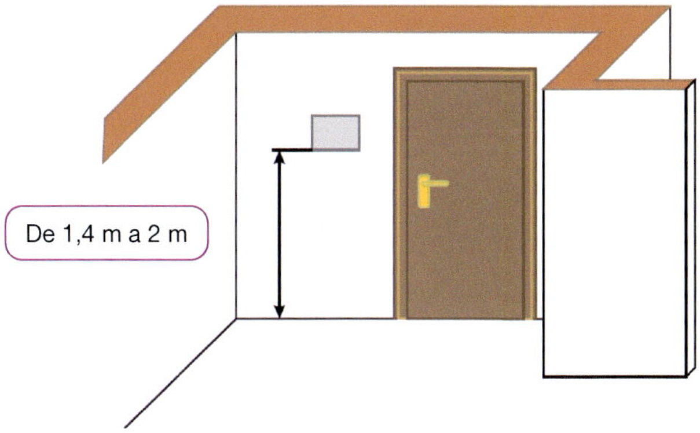

Figura 9.57. Situación del cuadro eléctrico general en una vivienda.

> **Sabías que...**
>
> Es frecuente encontrar sensores de presencia en las zonas comunes de los edificios de viviendas para que las lámparas se enciendan automáticamente. De este modo se aumenta la comodidad y se ahorra energía.

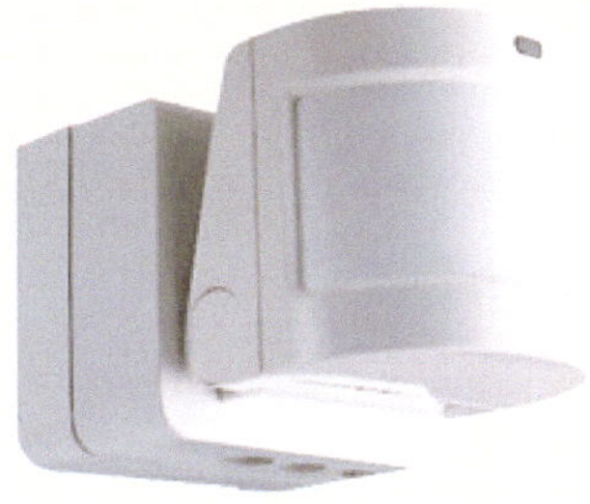

> **Recuerda que...**
>
> El hilo rojo de mando se utiliza para posibilitar la aplicación de diferentes tarifas, como, por ejemplo, la tarifa nocturna. Es de cobre con una sección de 1,5 mm^2.

En locales comerciales y oficinas la altura mínima será de **un metro** sobre el nivel del suelo en un lugar que **no sea accesible para el público** general.

9.5. Cuadro de servicios comunes de un edificio de viviendas

En un edificio de viviendas hay una derivación individual para cada vivienda, para cada local, para el cuadro de servicios comunes del edificio, para el garaje y en algunos casos para los trasteros.

La derivación individual que suministra energía a los servicios comunes de un bloque de viviendas finaliza en uno o varios cuadros eléctricos que contienen los dispositivos de mando y protección de los circuitos interiores del edificio.

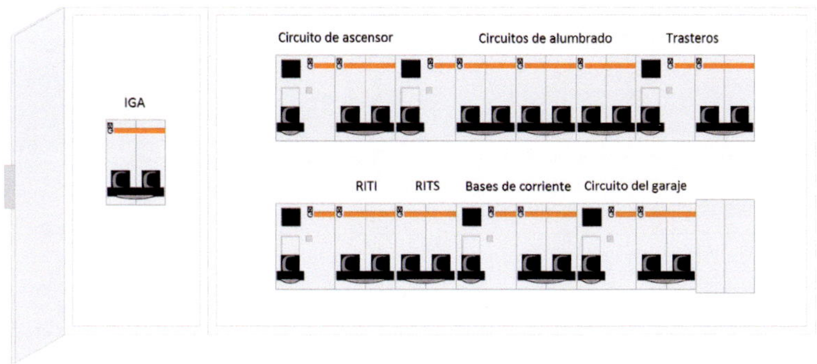

Figura 9.58. Ejemplo de un cuadro de servicios comunes.

Sabías que...

Debe existir un tubo de reserva por cada 10 derivaciones individuales o fracción.

En la Figura 9.59 se muestra un esquema de la instalación eléctrica correspondiente a un edificio de viviendas, en la que se pueden apreciar tanto los circuitos interiores correspondientes, los servicios comunes del edificio, como la instalación de enlace.

Las líneas de color rojo, morado y negro representan la instalación eléctrica del edificio; las líneas verdes la instalación de telecomunicaciones y las líneas de color azul el sistema de portero automático.

1. Antena de TV y SAT
2. ICT: infraestructura común de telecomunicaciones
3. Cuarto de contadores
4. Contadores individuales
5. Cuadro de servicios comunes
6. Derivaciones individuales
7. Línea de servicios comunes
8. Luz de escalera
9. Borne principal de tierra
10. Conductor de tierra
11. Arqueta de registro
12. Electrodo de puesta a tierra
13. Portero automático
14. Línea de porteros automáticos
15. Ascensor

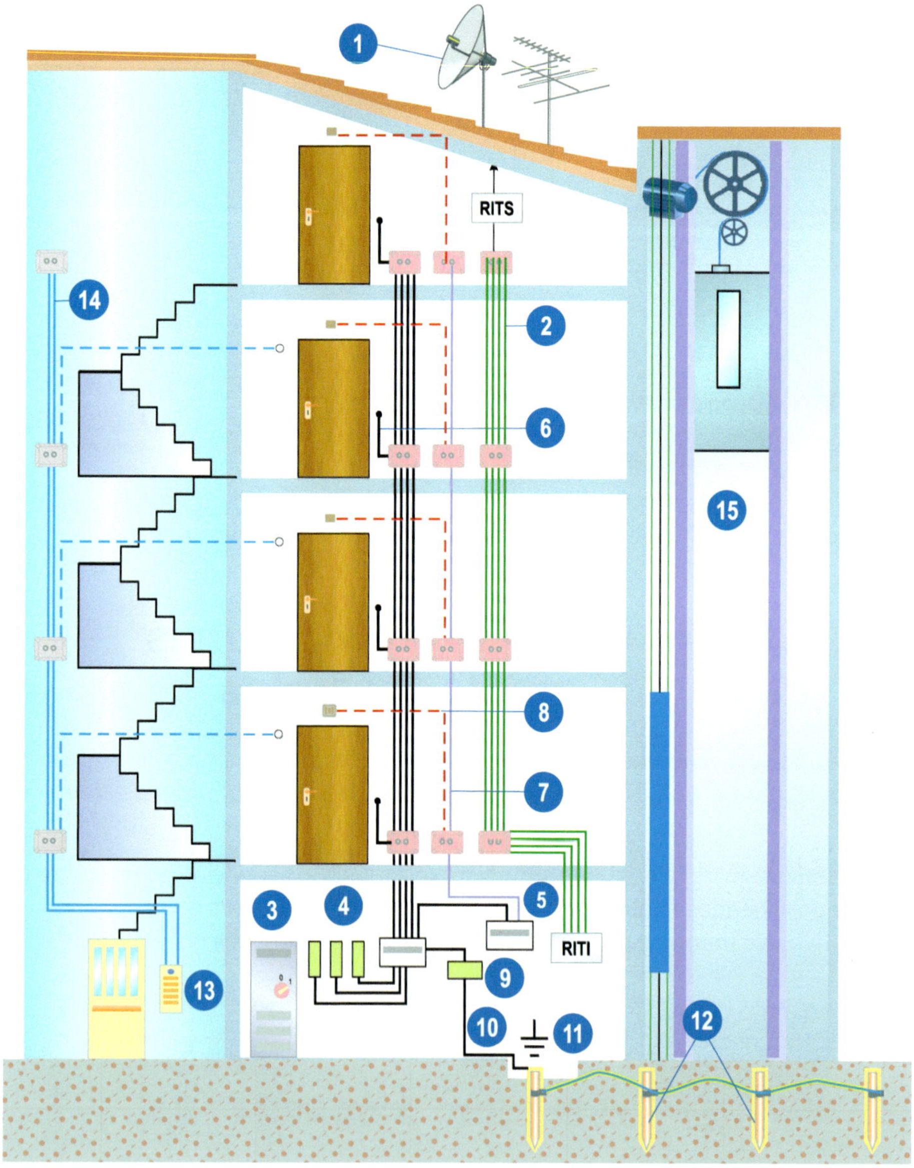

Figura 9.59. Instalación eléctrica en las zonas comunes de un edificio de viviendas.

Además de las instalaciones convencionales, cada vez es más frecuente encontrar edificios de viviendas en cuyos servicios generales se incorporan nuevos sistemas eléctricos, como paneles solares fotovoltaicos o infraestructura para la recarga de vehículos eléctricos.

9.6. Infraestructura para la recarga de vehículos eléctricos (VE)

Tanto en instalaciones interiores de viviendas unifamiliares como en instalaciones de enlace de edificios de viviendas o edificaciones del sector terciario, es posible encontrar instalaciones destinadas a la recarga de vehículos eléctricos.

> **Sabías que...**
>
> Las viviendas y edificios de viviendas de nueva construcción que dispongan de aparcamiento deberán contar de manera obligatoria con, al menos, preinstalación para recarga de vehículos eléctricos.

9.6.1. Modos de carga

Existen cuatro modos de carga de VE que se diferencian en el tipo de conector que se utiliza, el tiempo total de recarga, el nivel de comunicación entre el vehículo eléctrico y la infraestructura de recarga y el nivel de control que se puede tener del proceso (visualización del estado, paro, marcha, programación etc.).

Figura 9.60. Conector *mennekes* (izquierda) para modo de carga 3 (carga semirrápida, entre 3 y 4 horas) y CHAdeMO (derecha) para carga rápida de tipo 4 (30 minutos).

Figura 9.61. Conector *schuko* para modos de carga 1 y 2 (carga lenta, entre 6 y 8 horas).

9.6.2. Esquemas de conexión

El Reglamento Electrotécnico de Baja Tensión establece varios tipos de posibles esquemas de conexión de estas instalaciones. El más utilizado en la actualidad en edificios de viviendas es la instalación individual con un contador principal común para la vivienda y para la estación de recarga.

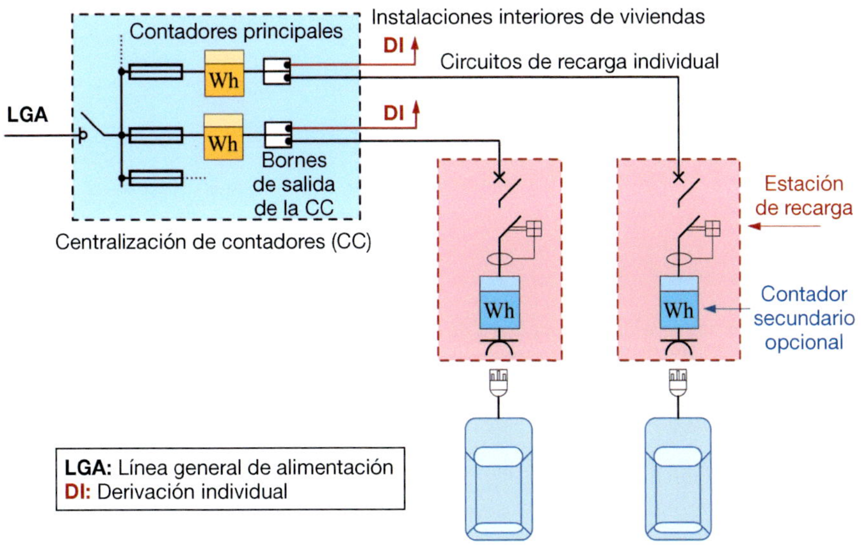

Figura 9.62. Esquema de instalación individual con un contador principal común para la vivienda y para la estación de recarga.

Figura 9.63. Punto de recarga de tipo SAVE (sistema de alimentación específico del vehículo eléctrico).

Mapa conceptual

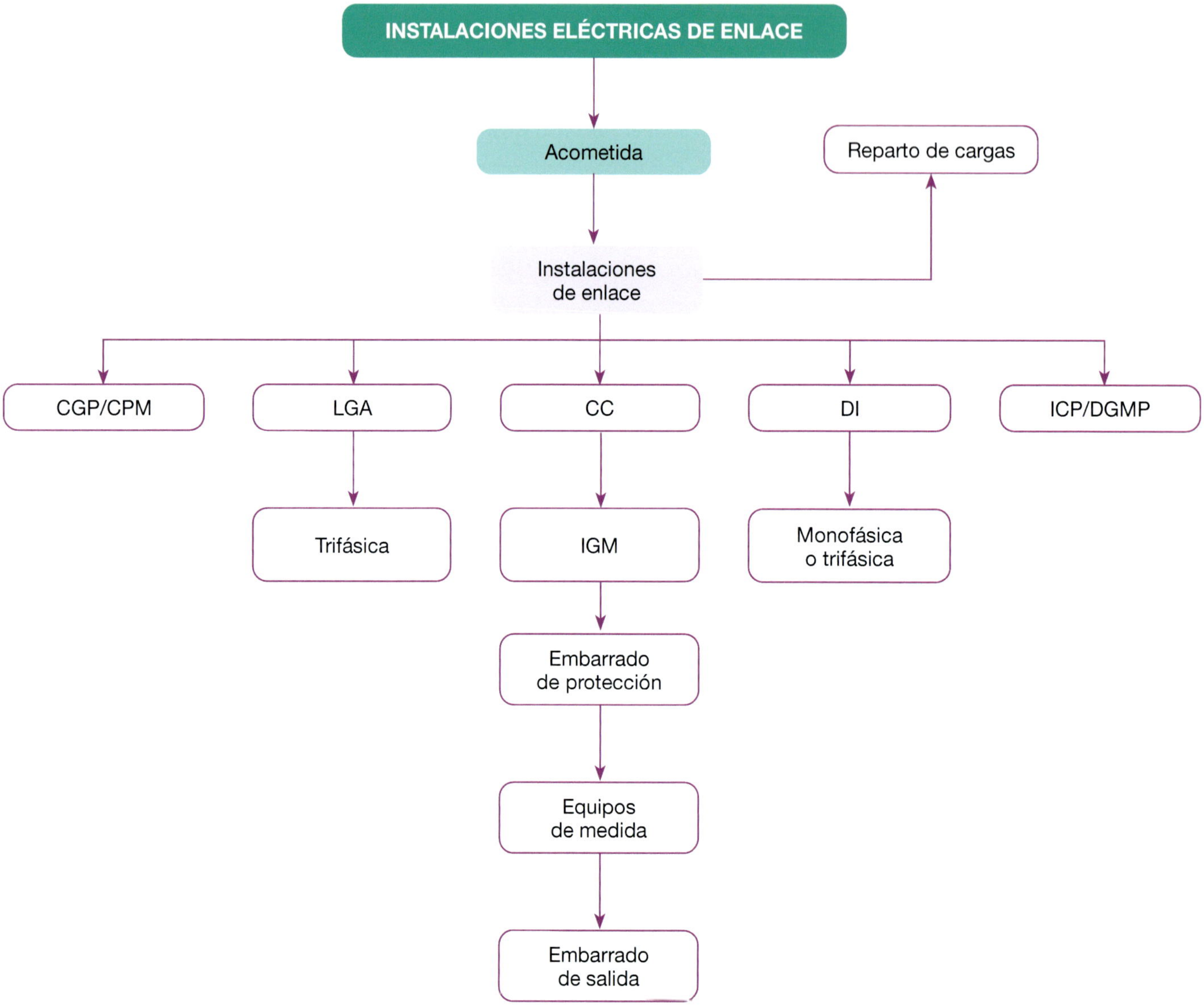

En resumen

- Las redes de distribución de baja tensión son las encargadas de suministrar energía eléctrica a los puntos de consumo.
- El reparto de estos consumos debe ser lo más equilibrado posible.
- Las instalaciones de enlace varían en función del tipo de suministro y del número de usuarios alimentados.
- Los componentes que forman las instalaciones de enlace deben cumplir unos requisitos específicos en lo que se refiere a sus características y métodos de instalación.
- Desde el cuadro de servicios comunes se alimenta y protege la instalación eléctrica de las zonas comunes de un edificio de viviendas.

9.1. Instalación, montaje y conexión de un módulo de medida con el fusible de seguridad asociado

OBJETIVO

- Realizar el montaje y comprobar el funcionamiento de un contador de energía eléctrica perteneciente a una centralización de contadores.

MATERIAL

- Cables flexibles de cobre de 6 mm².
- Contador monofásico de energía.
- Fusible tipo rosca de 63 A.
- Portafusibles tipo rosca.
- Tornillos.

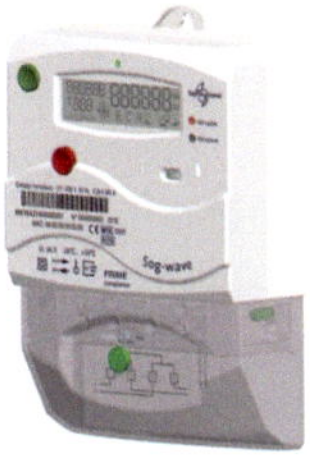

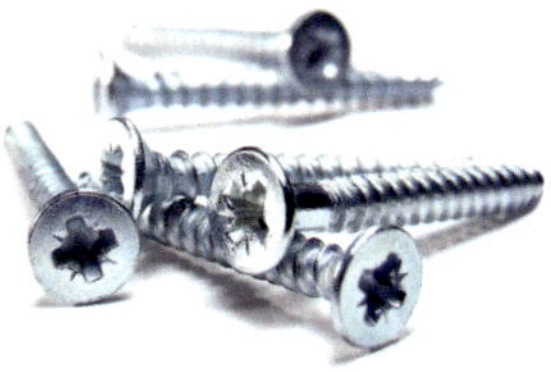

HERRAMIENTAS

- Tijeras de electricista o pelacables.
- Destornillador.
- Taladradora.

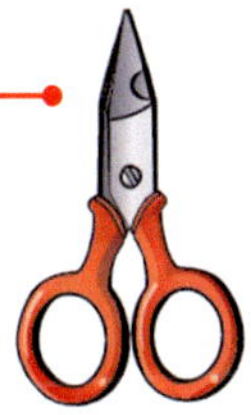

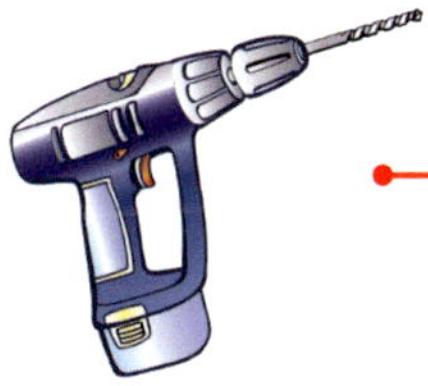

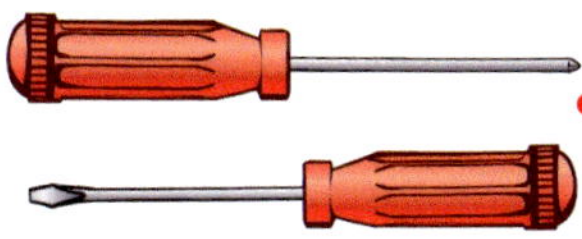

MATERIAL Y HERRAMIENTAS COMPLEMENTARIAS

También te pueden resultar útiles:

- Tacos para asegurar la fijación de los tornillos.
- Receptores eléctricos para comprobar el funcionamiento del contador.

Casos prácticos

Proceso

1. Realiza la preparación previa de los conductores, cortándolos a la medida deseada y pelando sus extremos aproximadamente 1 cm.

2. Instala el contador y el portafusibles en el tablón de las prácticas utilizando los tornillos.

3. Realiza la conexión de los componentes siguiendo el siguiente criterio:

   - El fusible únicamente ha de proteger al conductor de fase. El conductor neutro y el conductor de tierra no deben conectarse a ningún dispositivo de protección.
   - Puedes conectar el conductor neutro a una pletina amovible si lo deseas. El conductor de protección debe conectarse al borne principal de tierra.
   - El esquema de conexionado del contador depende del modelo (electromecánico o electrónico) y del fabricante. Para la realización de la práctica se recomienda utilizar un contador electrónico estándar, cuyo método de conexión se muestra en la figura inferior.

4. Coloca el fusible de tipo rosca en el portafusibles.

5. Para comprobar el funcionamiento del contador, conecta algunas cargas eléctricas a la salida del mismo.

6. Asegúrate de que las cargas instaladas estén protegidas por un interruptor automático y un interruptor diferencial y suministra energía al sistema.

7. Verifica que el contador registra correctamente la energía consumida.

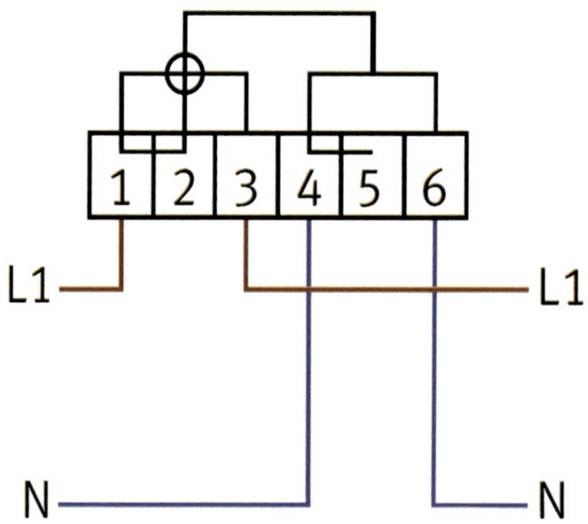

Figura 9.64. Esquema de conexionado de un contador electrónico estándar.

9.2. Identificación de los componentes que forman parte de una instalación de enlace I

OBJETIVO

- Reconocer el tipo de esquema y los componentes básicos que forman parte de una instalación de enlace para 2 usuarios.

MATERIAL

Material de escritura.
Cuaderno de actividades.

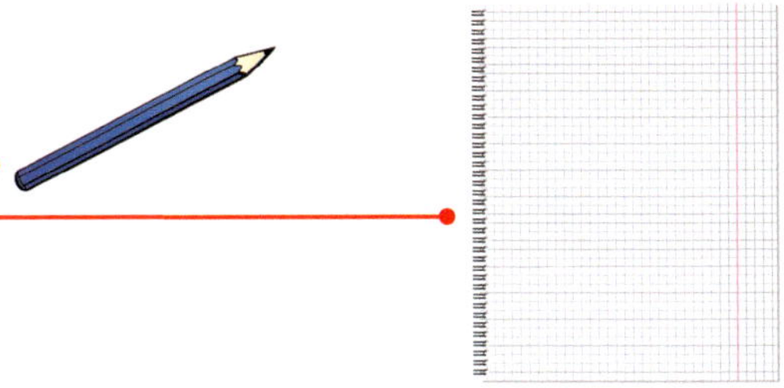

Proceso

1. Identifica en la siguiente figura los elementos numerados del 1 al 6.

2. Explica brevemente para qué sirve cada componente.

3. Responde a las siguientes preguntas:

   - ¿Qué tipo de esquema de enlace es el representado?
   - ¿Qué tipo de vivienda suele utilizar este tipo de esquema?
   - ¿Qué elementos se encuentran alojados dentro de la caja de protección y medida?

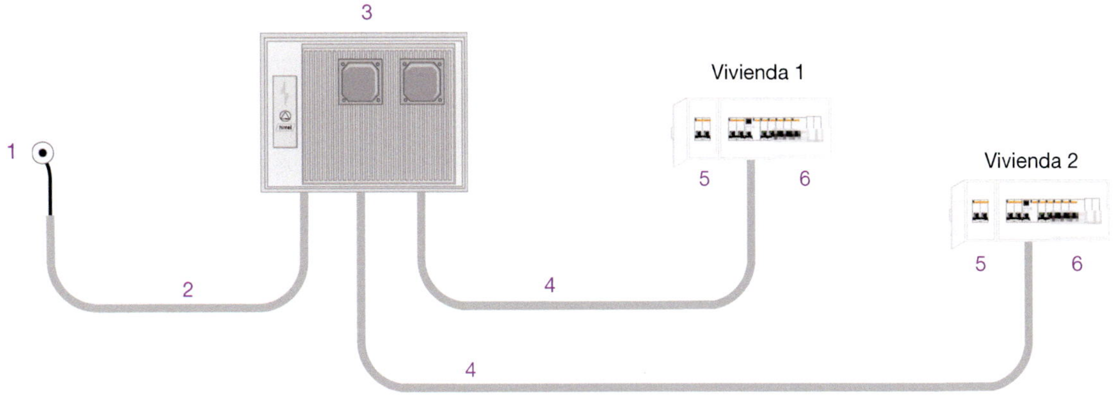

Figura 9.65. Esquema de enlace para dos usuarios.

9.3. Identificación de los componentes que forman parte de una instalación de enlace II

OBJETIVO

- Reconocer el tipo de esquema y los componentes básicos que forman parte de una instalación de enlace para más de 2 usuarios.

MATERIAL

Material de escritura.
Cuaderno de actividades.

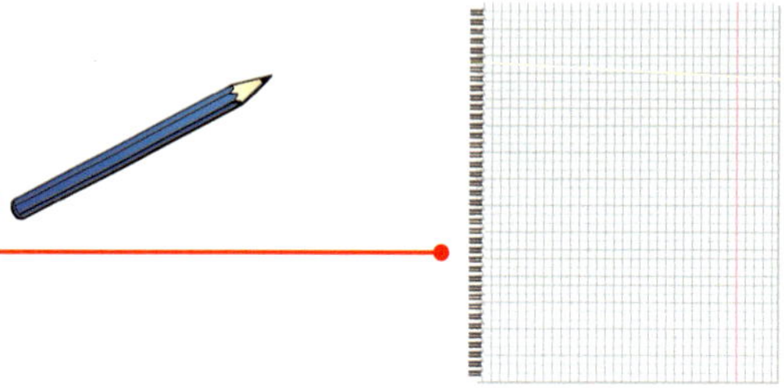

Proceso

1 Identifica en la siguiente figura los elementos numerados del 1 al 9.

2 Explica brevemente para qué sirve cada componente.

3 Responde a las siguientes preguntas:

- ¿Qué tipo de esquema de enlace es el representado?
- ¿En qué tipo de instalaciones se suele utilizar este tipo de esquema?
- ¿Cuántos conductores componen una derivación individual para un suministro monofásico? ¿Y para un suministro trifásico?

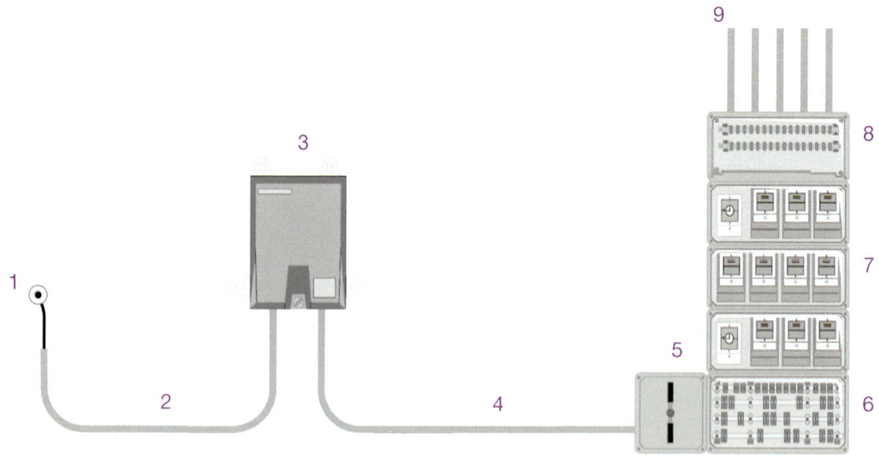

Figura 9.66. Esquema de enlace para más de dos usuarios.

Actividades finales

De comprobación

9.1. **La tensión entre las fases y el neutro en una red de distribución de tres conductores tiene un valor igual a:**

a) 230 voltios.

b) 400 voltios.

c) No hay conductor neutro en una red de distribución de tres conductores.

9.2. **Las redes de distribución eléctrica en baja tensión pueden ser:**

a) Aéreas.

b) Subterráneas.

c) Las dos respuestas anteriores son correctas.

9.3. **¿Cuál de los siguientes elementos no podrás encontrar en una instalación de enlace para un solo usuario?**

a) Contador.

b) ICP.

c) LGA.

9.4. **El componente en el que se encuentran instalados los fusibles de maniobra que protegen a la instalación de enlace de un edifico de viviendas se denomina:**

a) Línea general de alimentación.

b) Caja general de protección.

c) Acometida.

9.5. **Si en una centralización de contadores el número de contadores a instalar es igual a 12, ¿cómo debería realizarse su montaje?**

a) En un local.

b) En un armario.

c) Las dos respuestas anteriores son correctas.

9.6. **¿Cuál es la sección mínima de los conductores de una derivación individual?**

a) 4 mm^2.

b) 6 mm^2.

c) 16 mm^2.

9.7. **¿A qué altura debe estar instalada una caja de protección y medida?**

a) A una altura comprendida entre 3 y 4 m.

b) Por encima de 30 cm sobre el nivel del suelo.

c) A una altura comprendida entre 0,7 y 1,8 m.

9.8. **¿Qué características definen al hilo de mando?**

a) Es rojo con una sección de 2,5 mm^2.

b) Es rojo con una sección de 1,5 mm^2.

c) Es amarillo-verde con una sección mínima de 6 mm^2.

9.9. **¿Cuál es la potencia máxima que puede llegar a un interruptor general de maniobra?**

a) 90 kW.

b) 150 kW.

c) 250 kW.

9.10. **¿De qué material pueden ser los conductores de una derivación individual?**

a) Cobre.

b) Aluminio.

c) Las dos respuestas anteriores son correctas.

9.11. **Un cuadro eléctrico ha sido situado a 1,2 m sobre el nivel del suelo, ¿es correcta su instalación?**

a) No, en ningún caso.

b) Sí, si se trata de una vivienda.

c) Sí, si se trata de un local comercial.

De ampliación

9.12. ¿Cuál es la tensión fase-neutro en una instalación trifásica convencional? ¿Y la tensión entre fases?

9.13. Razona si las siguientes afirmaciones son verdaderas o falsas, justificando la respuesta:

a) El reparto de cargas consiste en repartir los circuitos trifásicos de un modo equilibrado sin utilizar el conductor neutro.

b) El reparto de cargas consiste en repartir los circuitos monofásicos de un modo equilibrado entre las tres fases.

c) El reparto de cargas consiste en repartir los circuitos monofásicos de un modo equilibrado sin utilizar el conductor neutro.

9.14. Si una manguera eléctrica tiene cinco conductores, ¿cuál será la función de cada uno de ellos?

9.15. Explica brevemente en qué consiste el reparto de cargas en una instalación eléctrica. ¿Qué podría ocurrir si dicho reparto no se realiza adecuadamente?

9.16. Indica brevemente las diferencias entre una CGP, una BTV y una CPM.

9.17. ¿Qué requisitos y características básicas debe cumplir una centralización de contadores?

9.18. Enumera los conductores que estarán presentes en una derivación individual que abastece a un suministro trifásico, definiendo brevemente sus características.

9.19. Realiza una clasificación de las acometidas eléctricas en función de su trazado y sistema de instalación.

9.20. Completa la siguiente tabla:

IGA	Potencia máxima admisible	DI mínima
2 × 25		
		10 mm²
	14 490 W	

9.21. Enumera al menos cuatro circuitos eléctricos que puedes encontrar en el cuadro de servicios comunes de un edificio de viviendas.

9.22. Identifica los dispositivos presentes en la imagen inferior, correspondiente a la instalación eléctrica en un cuadro general de baja tensión.

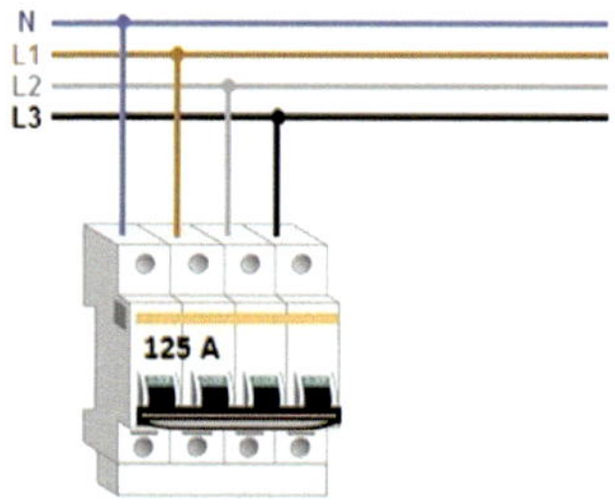

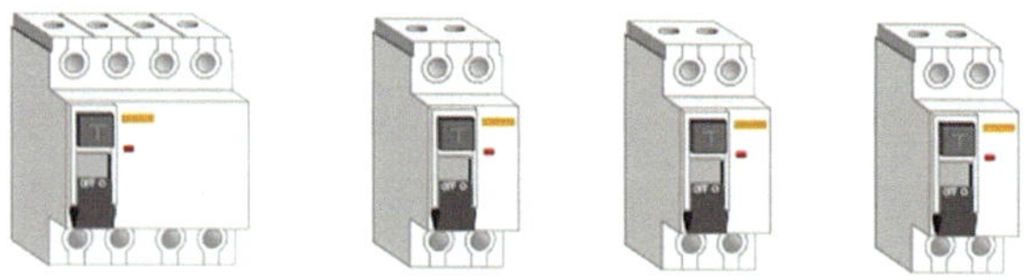

a) Realiza un reparto de cargas lo más equilibrado posible entre las 3 fases del sistema y entre los interruptores diferenciales.

b) Realiza el esquema unifilar de la instalación.

Instalaciones eléctricas en viviendas

Introducción

La instalación eléctrica de la vivienda es una de las más comunes y utilizadas que existen, por lo que se han establecido unos criterios específicos para garantizar la seguridad de las personas que habitan en ellas.

Además, en este tipo de instalaciones se pueden encontrar zonas con un nivel de peligrosidad elevado, como son los aseos y la cocina, al tratarse de estancias húmedas.

A continuación se estudian las características más importantes de los circuitos que componen la instalación interior de una vivienda, desde la iluminación hasta la recarga de vehículos eléctricos, y los métodos de montaje de cada uno de ellos.

Contenidos

Objetivos

- Definir los grados de electrificación que clasifican a las viviendas.
- Identificar los circuitos interiores que constituyen este tipo de instalaciones.
- Aprender los criterios de montaje de componentes en el interior de una vivienda.
- Conocer los requisitos eléctricos en las zonas húmedas de las viviendas.

10.1. Grados de electrificación

Desde el punto de vista eléctrico, el Reglamento Electrotécnico de Baja Tensión (REBT 2002) establece dos tipos de viviendas como se explica a continuación:

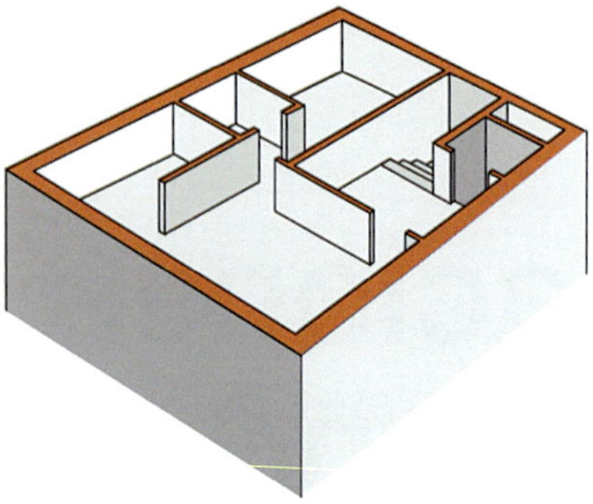

Figura 10.1. Vivienda de electrificación básica.

1 Viviendas con grado de electrificación básico

Es el sistema mínimo de la instalación interior de las viviendas. Permite el uso de los electrodomésticos y aparatos eléctricos más comunes sin necesidad de obras posteriores.

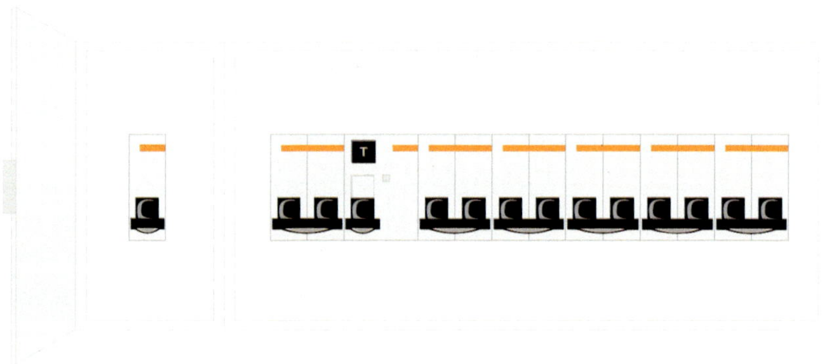

Figura 10.2. Representación de un cuadro eléctrico de una vivienda monofásica con grado de electrificación básico.

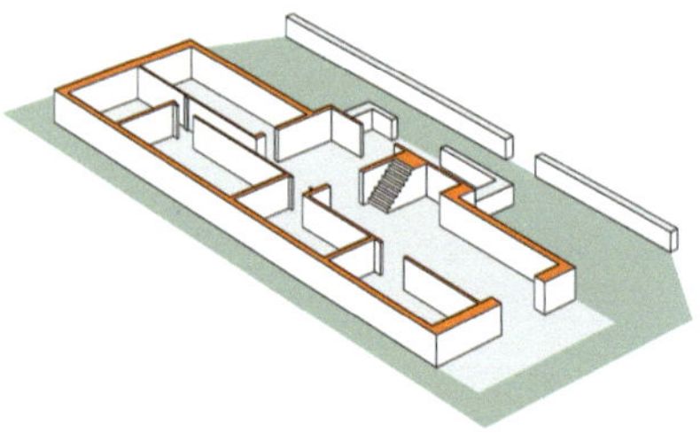

Figura 10.3. Vivienda de electrificación elevada.

2 Viviendas con grado de electrificación elevado

Es el caso de viviendas con una previsión de utilización de electrodomésticos y cargas eléctricas superior a la electrificación básica. Toda vivienda que cuente con calefacción eléctrica o aire acondicionado o sistema domótico o cuya superficie supere los 160 m^2 deberá poseer un grado de electrificación elevado.

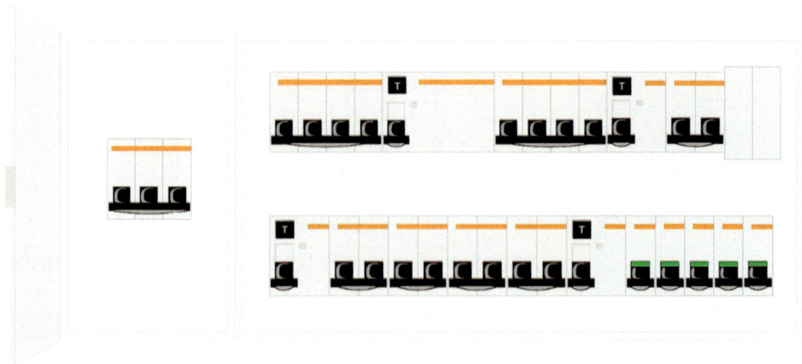

Figura 10.4. Representación de un cuadro eléctrico de una vivienda trifásica con grado de electrificación elevado.

10.1.1. Protecciones en el cuadro general

Los circuitos interiores de las viviendas deben estar protegidos, como mínimo, por los dispositivos que se detallan a continuación:

1 Un interruptor general automático (IGA)

Será de corte omnipolar con accionamiento manual, para la protección general frente a sobrecargas y cortocircuitos.

La intensidad nominal de este interruptor general dependerá del grado de electrificación, tal y como se muestra en la Tabla 10.1.

Tabla 10.1. Grados de electrificación en viviendas correspondientes al calibre y potencia del IGA para **suministros monofásicos**

IGA	Potencia	Grado de electrificación
25 A	5750 W	BÁSICO
32 A	7360 W	
40 A	9200 W	ELEVADO
63 A	14490 W	

2 Uno o varios interruptores diferenciales (ID) de alta sensibilidad (≤ 30 mA)

Deben proteger todos los circuitos interiores. Como máximo pueden estar conectados a un mismo interruptor diferencial **cinco circuitos interiores.**

3 Pequeños interruptores automáticos (PIA)

Para la protección frente a sobrecargas y cortocircuitos de cada uno de los circuitos interiores. Cada circuito interior contará con su propio PIA, cuya intensidad está definida.

4 Dispositivo de protección contra sobretensiones

Solo cuando sea necesario o cuando lo exija la compañía eléctrica distribuidora. Será obligatorio en caso de existir un circuito para la recarga de vehículo eléctrico.

Figura 10.6. Cuadro eléctrico de una vivienda con grado de electrificación básico, con ICP y dispositivos de protección.

Sabías que...

El valor máximo de potencia que las compañías eléctricas están obligadas a dar a suministros monofásicos es de 14490 W.

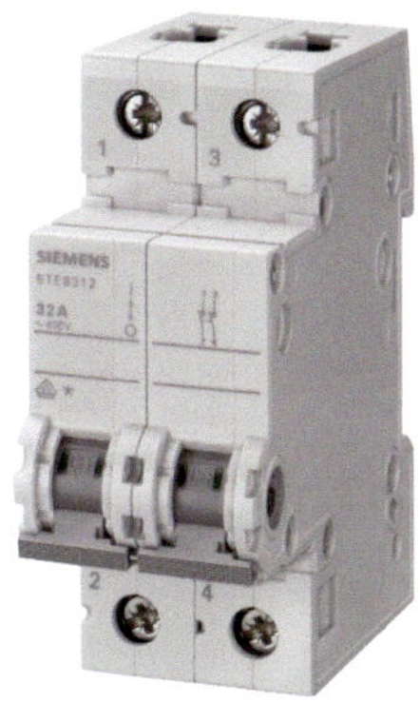

Figura 10.5. IGA monofásico de 2 × 32 A.

Sabías que...

Para los circuitos que alimentan a bañeras de hidromasaje se recomienda utilizar un interruptor diferencial de 10 mA.

10.2. Viviendas con electrificación básica

En viviendas con grado de electrificación básico se deben instalar los circuitos interiores que se detallan en la Tabla 10.2.

Tabla 10.2. Circuitos interiores correspondientes al grado de electrificación básico

C_1	Circuito destinado a la iluminación y al timbre.
C_2	Circuito destinado a las tomas de corriente de uso general, frigorífico y campana extractora.
C_3	Circuito destinado a alimentar la cocina y el horno.
C_4	Circuito destinado a alimentar la lavadora, el lavavajillas y el termo eléctrico.
C_5	Circuito destinado a las tomas de corriente de aseos, baños y cocina.

Figura 10.7. Toma de corriente de 25 A para el circuito C_3, destinado al horno.

Figura 10.8. Los zumbadores y timbres pertenecen al circuito C_1.

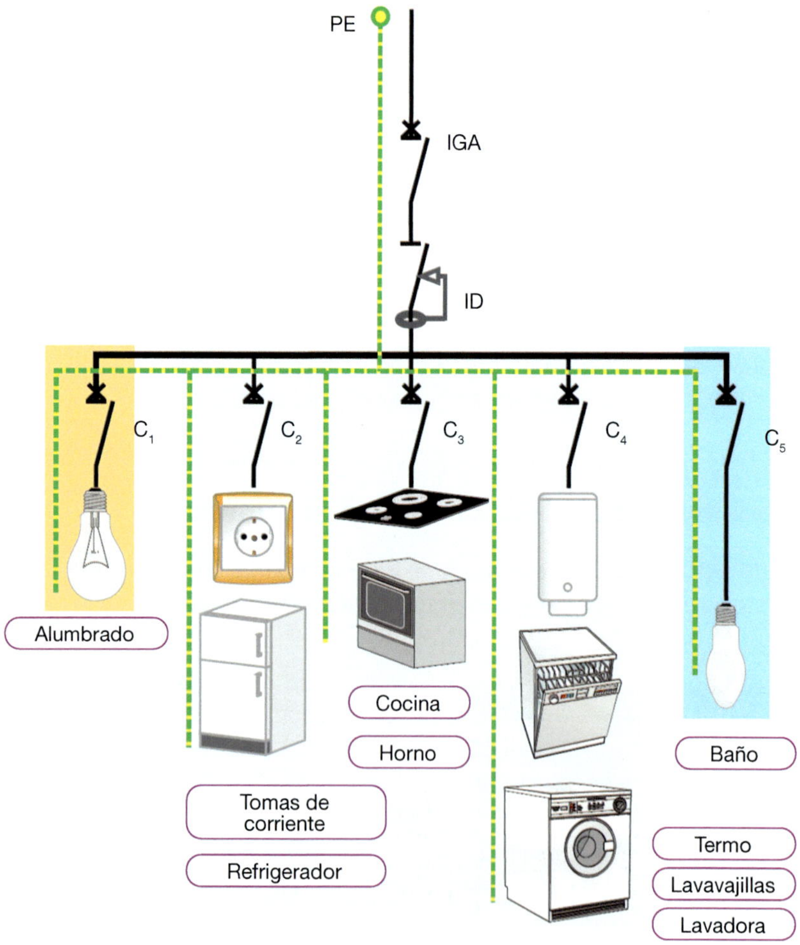

Figura 10.9. Esquema de una vivienda con grado de electrificación básico.

Recuerda que...

Todos los circuitos interiores deben disponer de un conductor de protección.

10.3. Viviendas con electrificación elevada

En viviendas con grado de electrificación elevado se deben instalar, además de los circuitos interiores correspondientes a la electrificación básica, uno o varios de los circuitos indicados en la Tabla 10.3.

Tabla 10.3. Circuitos interiores correspondientes al grado de electrificación elevado

C_6	Circuito adicional del C_1, si existen más de 30 puntos de luz.
C_7	Circuito adicional del C_2, si existen más de 20 tomas de corriente.
C_8	Circuito destinado a la calefacción eléctrica.
C_9	Circuito destinado al aire acondicionado.
C_{10}	Circuito destinado a alimentar la secadora.
C_{11}	Circuito destinado a alimentar el sistema domótico.
C_{12}	Circuitos adicionales del C_3 y C_4. Circuito adicional del C_5, si existen más de 6 tomas de corriente.
C_{13}	Circuito destinado a recarga de vehículo eléctrico.

Si una vivienda posee una superficie de más de 160 m^2 o resulta necesario añadir cualquiera de los circuitos descritos en la Tabla 10.3, pasará automáticamente a ser de «grado de electrificación elevado» y será necesario disponer, como mínimo, de un **interruptor general automático de 2 × 40 A** y de **dos interruptores diferenciales.**

Recuerda que...

Debe instalarse, como mínimo, un interruptor diferencial por cada cinco circuitos interiores.

Figura 10.10. Todas las tomas de corriente deben disponer de toma de tierra.

Figura 10.11. Interruptor perteneciente a los circuitos C_1 y C_6.

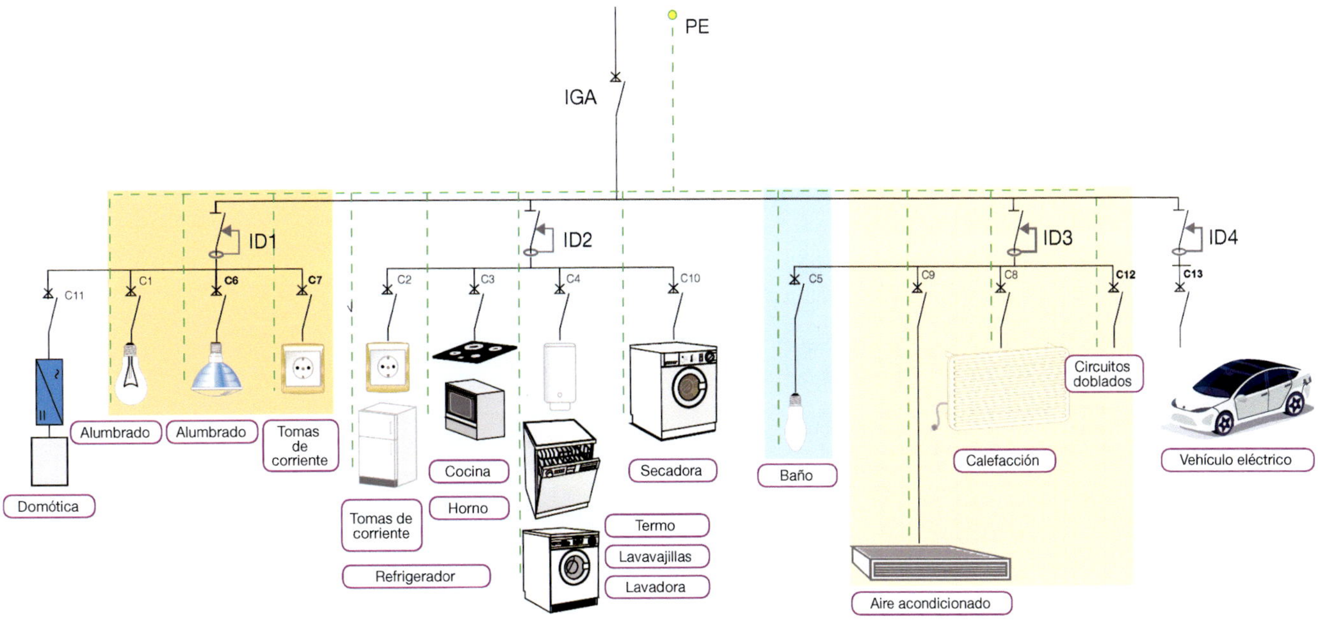

Figura 10.12. Esquema de una vivienda con grado de electrificación elevado.

Actividad propuesta 10.1.

A continuación se muestran varios receptores eléctricos que puedes encontrar en una vivienda. Tu trabajo consiste en identificar el circuito interior al que debería encontrarse conectado cada uno de ellos.

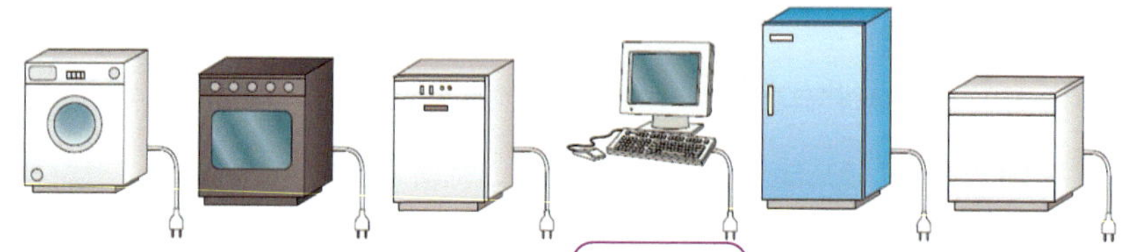

Recuerda que...

Una vivienda de electrificación elevada dispondrá de los circuitos C_1 a C_5 y uno o varios de los circuitos C_6 a C_{13}.

10.4. Características de los circuitos

Las características técnicas de los circuitos interiores en viviendas vienen definidas en el Reglamento Electrotécnico de Baja Tensión y son muy específicas e invariables. A continuación se detallan las principales particularidades de estas instalaciones.

Figura 10.13. Cuadro eléctrico de una vivienda de electrificación elevada con espacio libre en el carril DIN para posibles ampliaciones.

10.4.1. Características eléctricas de los circuitos interiores

Los requisitos eléctricos que deben cumplir los circuitos interiores de las viviendas se resumen en la Tabla 10.4.

Tabla 10.4. Características eléctricas de los circuitos interiores

Circuito	Interruptor automático (PIA)	Sección mínima de los conductores	Diámetro mínimo del tubo
C_1 Iluminación	10 A	1,5 mm²	16 mm
C_2 Tomas generales	16 A	2,5 mm²	20 mm
C_3 Cocina y horno	25 A	6 mm²	25 mm
C_4 Lavadora, lavavajillas y termo	20 A	4 mm²	20 mm
C_5 Baño y cocina	16 A	2,5 mm²	20 mm
C_8 Calefacción	25 A	6 mm²	25 mm
C_9 Aire acondicionado	25 A	6 mm²	25 mm
C_{10} Secadora	16 A	2,5 mm²	20 mm
C_{11} Domótica	10 A	1,5 mm²	16 mm
C_{13} Recarga VE	16 A	2,5 mm²	20 mm

Puesta a tierra de la instalación

Todos los circuitos interiores de las viviendas deben disponer de un conductor de protección (PE) que proporcione una conexión directa con la instalación de puesta a tierra.

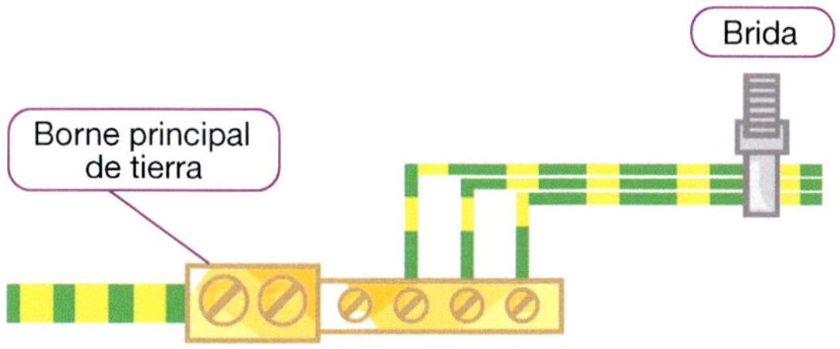

Figura 10.14. Conexión de los conductores de protección de los distintos circuitos interiores en el borne principal de tierra del cuadro eléctrico.

La unión de los distintos conductores de protección se realiza generalmente en el cuadro eléctrico a través de un borne o pletina de puesta a tierra.

Recuerda que...

No está permitido utilizar interruptores diferenciales de 300 mA de sensibilidad en instalaciones eléctricas en viviendas.

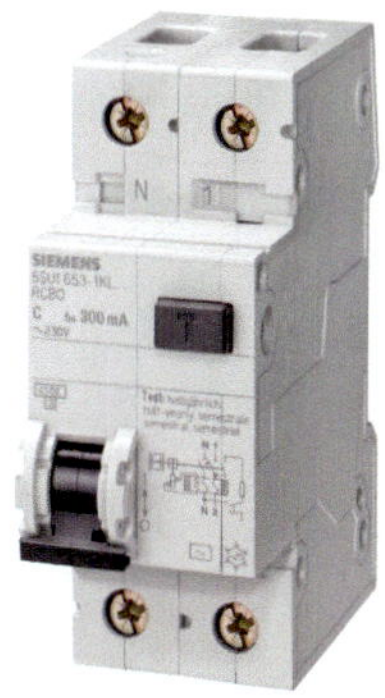

Actividad resuelta 10.1.

En la Tabla 10.4 se describen los requisitos eléctricos que deben cumplir los circuitos interiores de las viviendas con grado de electrificación elevado.

¿Por qué crees que no se indican los requisitos de los circuitos 6, 7 y 12?

Solución

Los circuitos C_6, C_7 y C_{12} son circuitos duplicados, por lo que sus características eléctricas deberán ser iguales que las de los circuitos que duplican.

Por ejemplo, el circuito C_6 debe cumplir los mismos requisitos que el C_1, el circuito C_7 debe cumplir los mismos requisitos que el C_2, etc.

10.4.2. Desdoblamiento del circuito C_4

Existe la posibilidad de desdoblar el circuito C_4 en tres circuitos independientes con las características que se detallan a continuación en la Tabla 10.5.

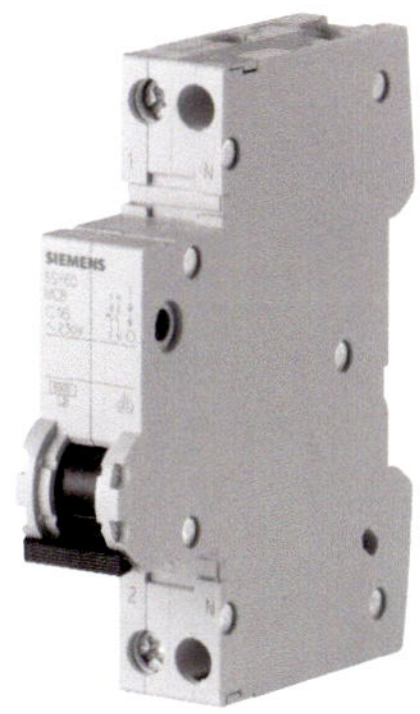

Figura 10.15. Interruptor automático compacto (DPN) de 2 × 16 A.

Tabla 10.5. Características eléctricas del circuito C_4 si se desdobla en tres circuitos independientes

Circuito	Interruptor automático (PIA)	Sección mínima de los conductores	Diámetro mínimo del tubo
$C_{4.1}$ Lavadora	16 A	2,5 mm²	20 mm
$C_{4.2}$ Lavavajillas	16 A	2,5 mm²	20 mm
$C_{4.3}$ Termo	16 A	2,5 mm²	20 mm

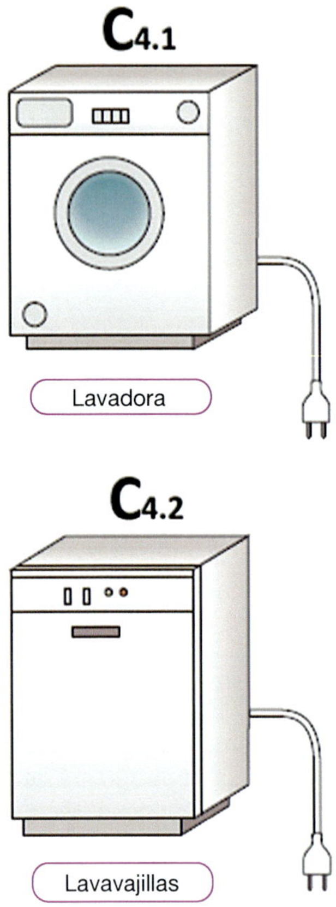

Figura 10.16. Circuitos a los que pertenecen la lavadora y el lavavajillas si se desdobla el C_4.

A pesar de ser tres circuitos diferentes e independientes, a efectos prácticos se consideran como uno solo. Esto implica que excepcionalmente puede utilizarse un único interruptor diferencial para alimentar a siete circuitos interiores, siempre que tres de ellos sean el $C_{4.1}$, $C_{4.2}$ y $C_{4.3}$. Además, el grado de electrificación podrá seguir siendo de tipo básico.

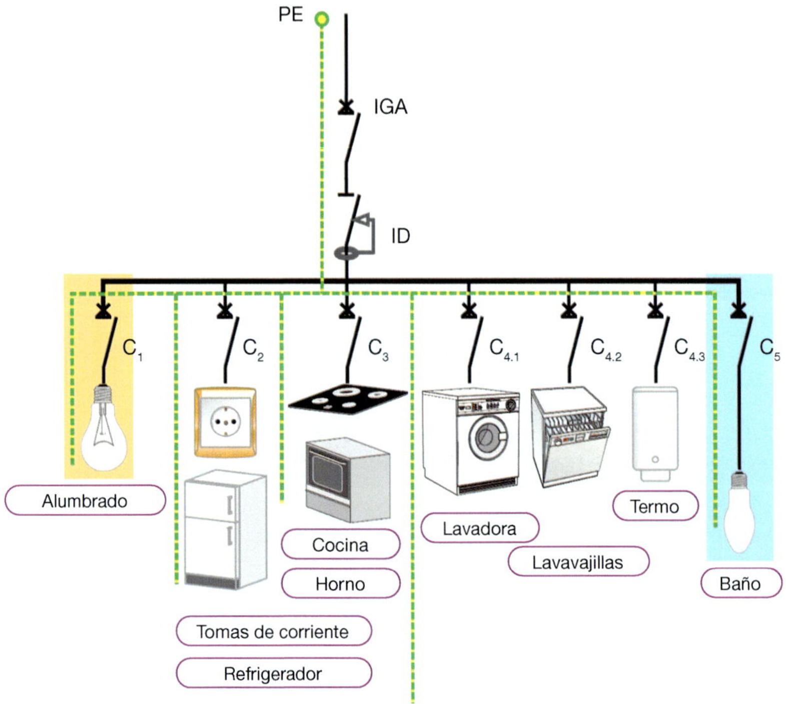

Figura 10.17. Esquema de una vivienda de electrificación básica con el circuito C_4 desdoblado.

10.4.3. Montaje y distribución de los circuitos interiores

A continuación se muestran esquemas orientativos de la preinstalación de cada uno de los circuitos.

1 Circuito de distribución interna C_1

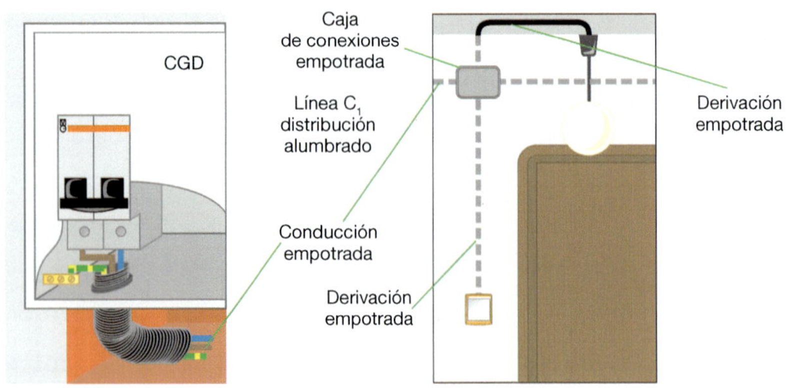

Figura 10.18. Preinstalación del circuito C_1.

2 Circuito de distribución interna C_2

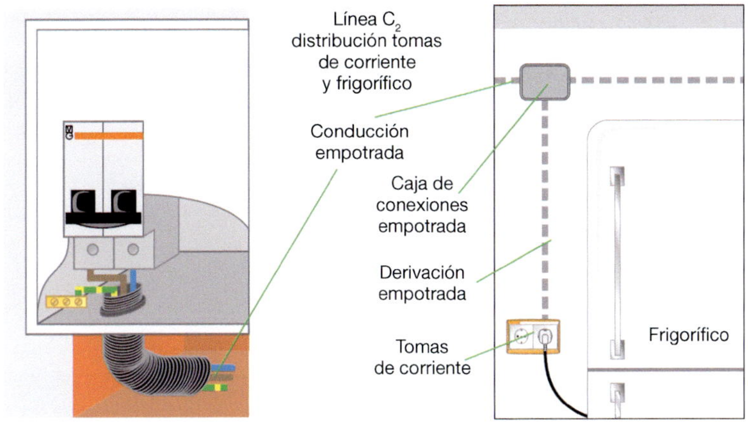

Figura 10.19. Preinstalación del circuito C_2.

3 Circuitos de distribución interna C_3 y C_5

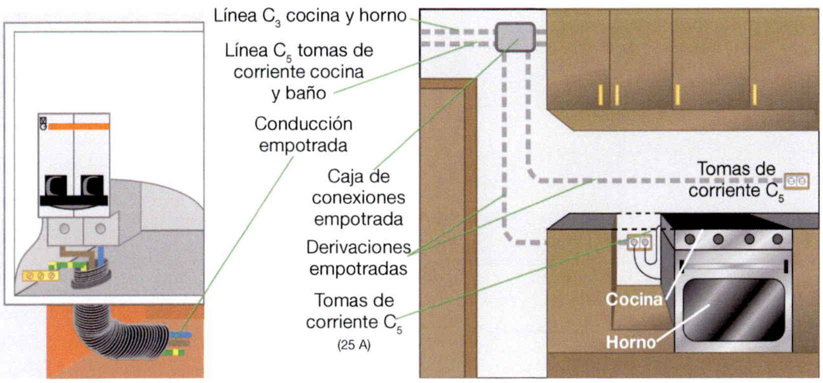

Figura 10.20. Preinstalación de los circuitos C_3 y C_5.

4 Circuitos de distribución interna C_4 y C_5

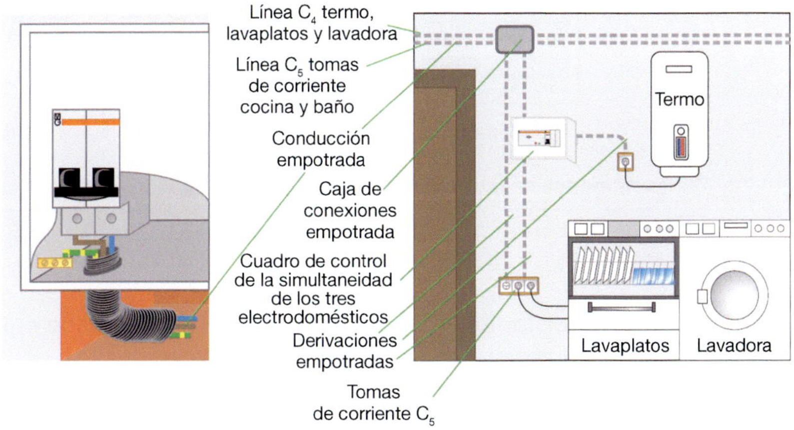

Figura 10.21. Preinstalación de los circuitos C_4 y C_5.

Recuerda que...

La norma básica de instalación de circuitos interiores indica que todos los circuitos deben estar protegidos diferencialmente y contra sobreintensidades. Además deben contar siempre con un conductor de protección conectado a la instalación de puesta a tierra.

Recuerda que...

La base de toma de corriente del circuito C_5 debe ser de 25 A (tipo ESB). El resto de las bases deberán ser de 16 A (tipo C2a).

Actividad propuesta 10.2.

En los recursos digitales del libro, a los que puedes acceder desde la ficha web de la obra, mediante un sencillo registro, en **www.paraninfo.es,** busca un archivo llamado *«Puntos mínimos de utilización en una vivienda»*.

En este documento encontrarás información detallada sobre el tipo y número de mecanismos eléctricos que es necesario instalar en cada estancia de una vivienda, indicando el circuito al que pertenecen.

10.5. Locales con bañera o ducha: volúmenes de prohibición

Tanto en viviendas como en locales comerciales, oficinas o industrias, existen estancias que pueden contener fregaderos, bañeras, duchas o cabinas de hidromasaje.

Estos lugares y estancias se conocen como **zonas húmedas.**

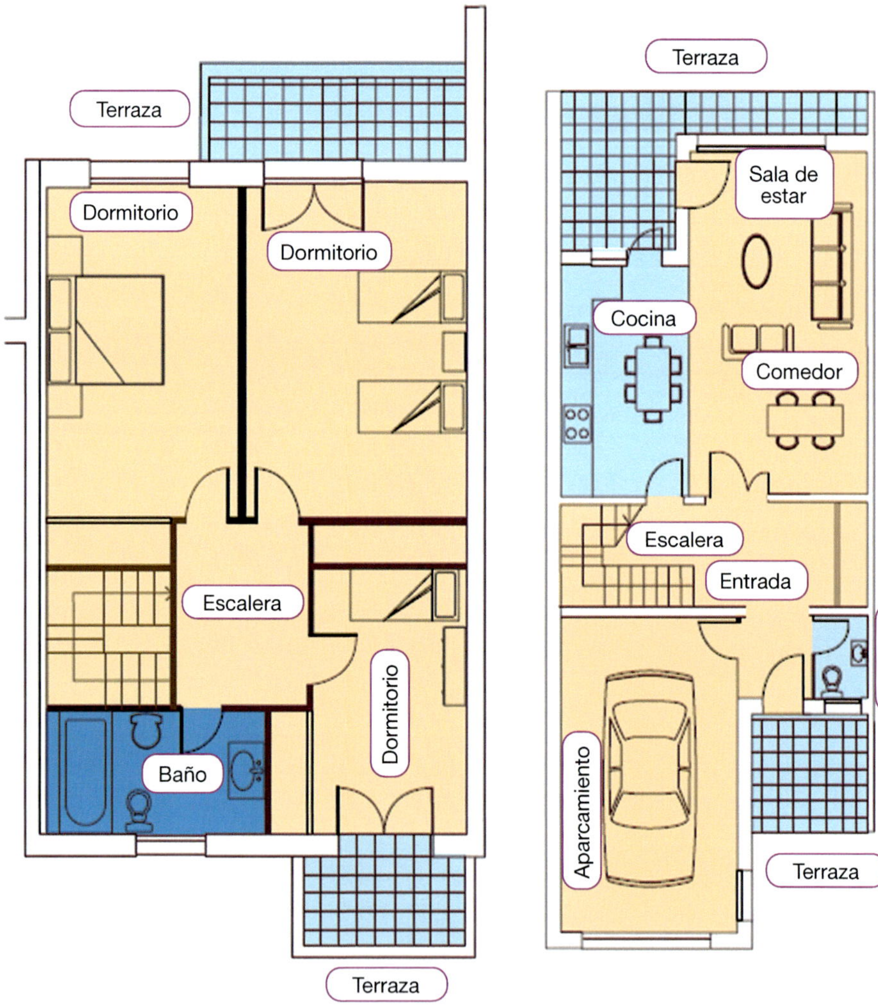

Figura 10.22. Zonas húmedas en una vivienda marcadas en azul.

Estas zonas húmedas son los lugares de la instalación en los que cabe esperar mayor riesgo eléctrico y, por tanto, mayor peligro para las personas.

Es por esto que el Reglamento Electrotécnico de Baja Tensión establece unas condiciones específicas para la instalación de material eléctrico en estas estancias basadas en una serie de **volúmenes,** que se definen a continuación.

10.5.1. Ejecución de las instalaciones en cocinas

Las bases de toma de corriente de la cocina se colocarán fuera de un volumen delimitado por los planos verticales situados a 0,5 m del fregadero y de la encimera de cocción.

Recuerda que...

Las bases de toma de corriente en una cocina pueden pertenecer a los circuitos C_2, C_3, C_4 o C_5.

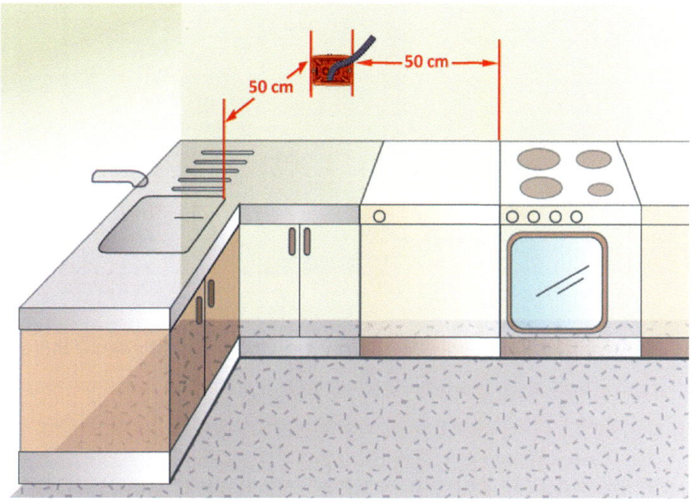

Figura 10.23. Instalación de bases de corriente en cocinas respetando el volumen correspondiente.

10.5.2. Ejecución de las instalaciones en aseos y baños

Para ejecutar las instalaciones eléctricas en estancias que contengan una bañera o ducha se tendrán en cuenta **cuatro volúmenes:** 0, 1, 2 y 3.

Las dimensiones de estos volúmenes se representan a continuación.

1 Volúmenes para bañeras

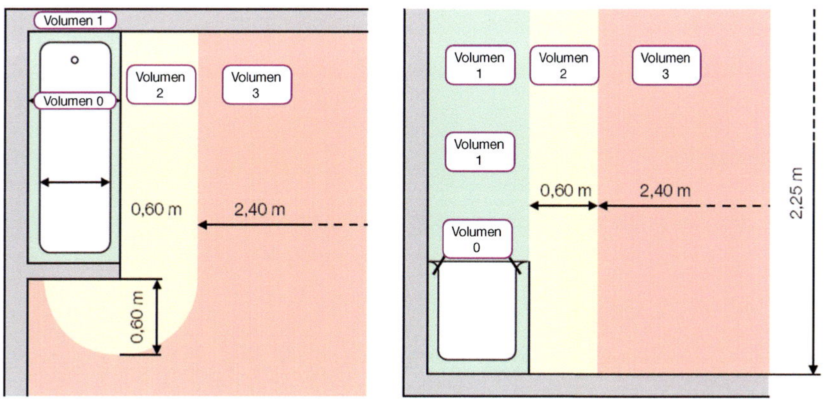

Figura 10.24. Clasificación de los volúmenes para bañeras. El volumen 0 incluye el interior de la bañera.

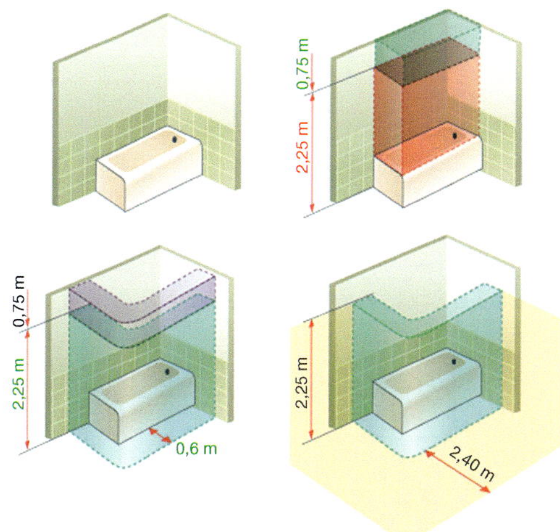

Figura 10.25. Representación tridimensional de volúmenes con bañeras.

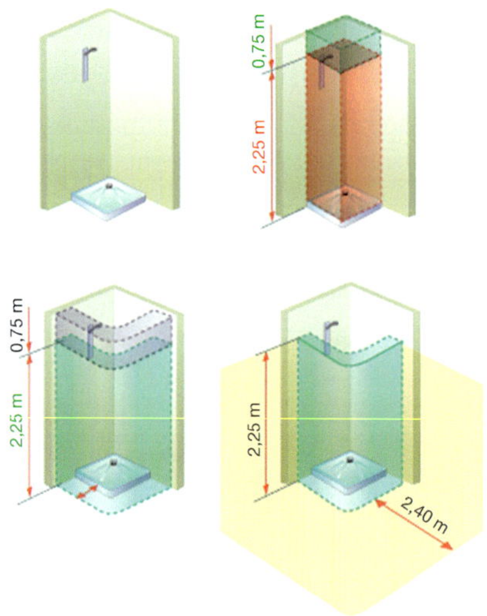

Figura 10.26. Representación tridimensional de volúmenes con duchas.

2 Volúmenes para duchas

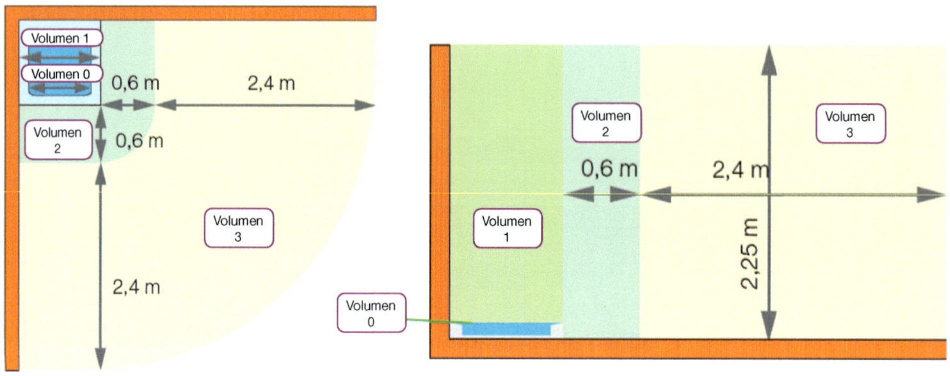

Figura 10.27. Clasificación de los volúmenes para duchas. El volumen 0 incluye el interior de la ducha.

El material eléctrico que se permite instalar en cada uno de los cuatro volúmenes de un baño o aseo se especifica a continuación:

1 Volumen 0

- Cableado para alimentar los equipos eléctricos situados en este volumen.

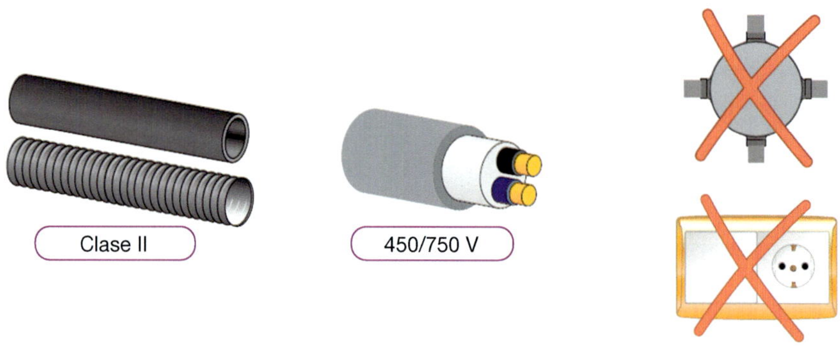

Figura 10.28. Material permitido en el volumen 0.

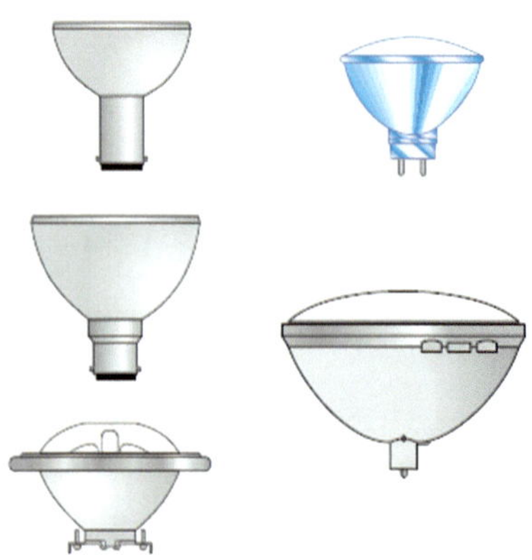

Figura 10.29. Lámparas a MBTS.

2 Volumen 1

- Cableado para alimentar los equipos eléctricos situados en los volúmenes 0 y 1.
- Interruptores y cajas de circuitos a MBTS.
- Cordones aislantes de mecanismos situados fuera del volumen.
- Aparatos eléctricos a MBTS.
- Calentadores de agua y equipos de hidromasaje fijos alimentados a través de un diferencial de alta sensibilidad.

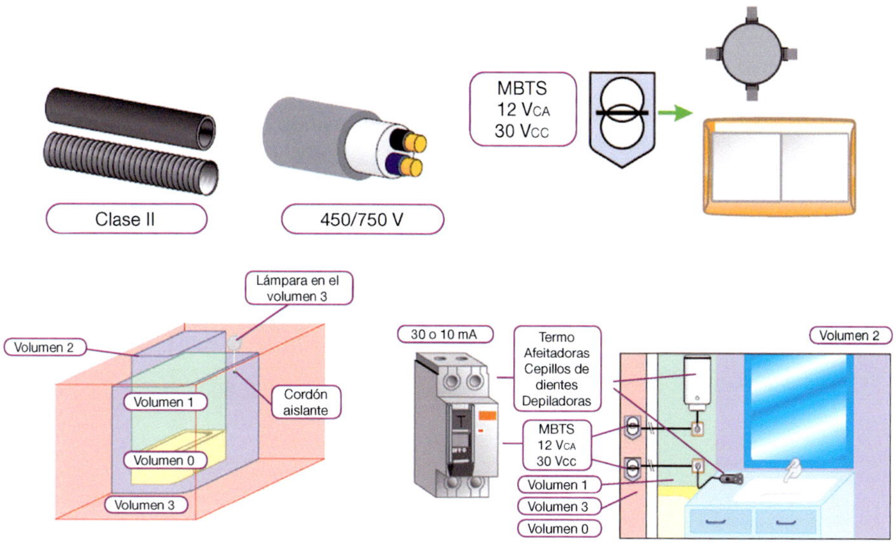

Figura 10.30. Material permitido en volumen 1.

3 Volumen 2

- Cableado para alimentar los equipos eléctricos situados en los volúmenes 0, 1 y 2.
- Interruptores, bases de corriente y cajas de circuitos a MBTS.
- Bloques de alimentación para maquinillas de afeitar, depiladoras, etc.
- Cordones aislantes de mecanismos situados fuera del volumen.
- Aparatos eléctricos a MBTS.
- Calentadores de agua, equipos de hidromasaje fijos y móviles, luminarias, calefactores y otros equipos eléctricos alimentados a través de un diferencial de alta sensibilidad.

Figura 10.31. Bloque de alimentación para afeitadoras diseñado para su instalación en aseos y cuartos de baño.

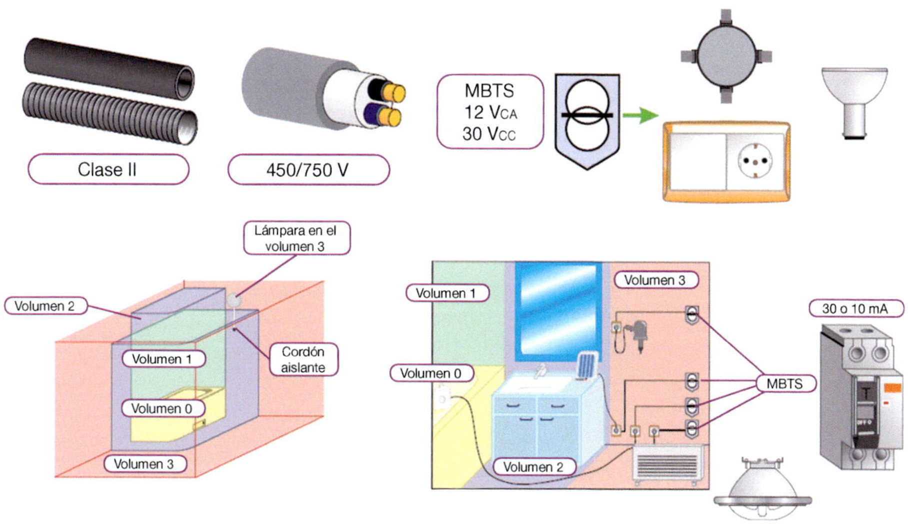

Figura 10.32. Material permitido en el volumen 2.

Recuerda que...

Un diferencial de alta sensibilidad posee una intensidad de disparo igual o menor a 30 mA.

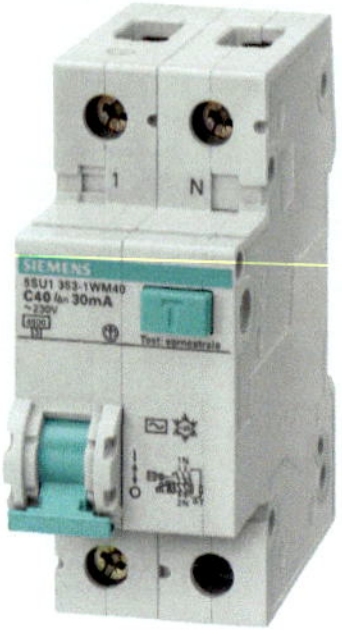

4 Volumen 3

- Todos los materiales descritos en el volumen 2.
- Bases de corriente y equipos eléctricos a 230 V_{CA} alimentados a través de un diferencial de alta sensibilidad o un transformador de aislamiento.

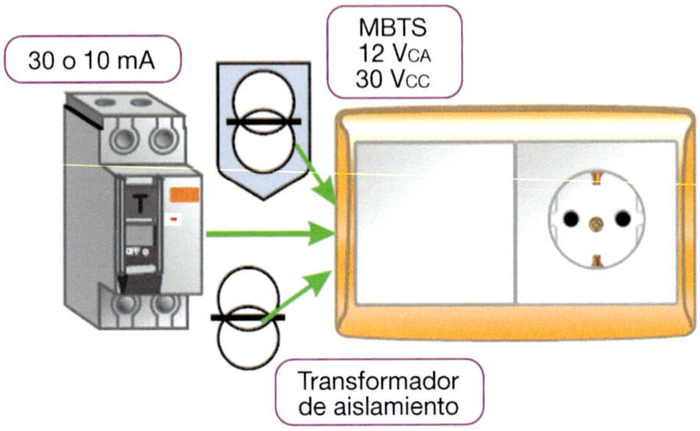

Figura 10.33. Material permitido en el volumen 3.

Actividad propuesta 10.3.

Indica en la siguiente tabla en qué volumen podrían instalarse cada uno de los mecanismos eléctricos indicados.

Mecanismo o aparato	Volumen		
	1	2	3
Interruptores MBTS (12 V_{CA} o 30 V_{CC})			
Bases de corriente 230 V_{CA}			
Aparatos eléctricos 230 V_{CA}			
Bloques de alimentación de afeitadoras			
Luminarias			

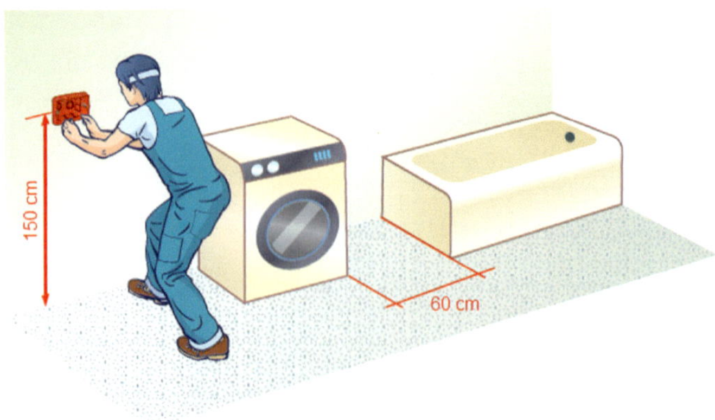

Figura 10.34. Ejemplo de correcta instalación de una lavadora y una base de toma de corriente en un baño.

Instalación de bañeras de hidromasaje y termos eléctricos en zonas húmedas

El montaje de estos receptores eléctricos debe realizarse respetando los volúmenes indicados anteriormente.

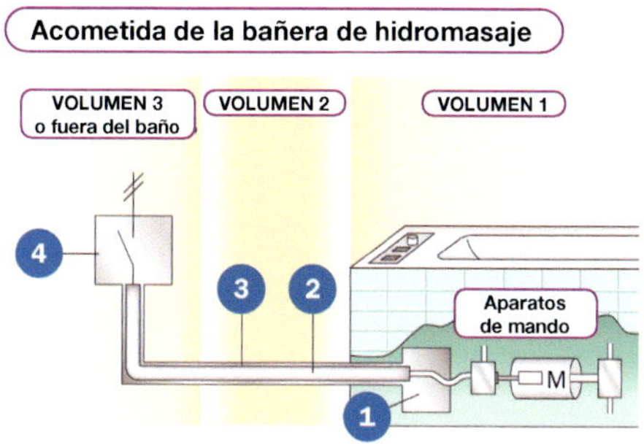

1. Caja empotrada detrás de la bañera.
2. Cable con cubierta.
3. Tubo empotrado.
4. Caja de derivación para conexión a la instalación.

Figura 10.35. Esquema de instalación de una bañera de hidromasaje.

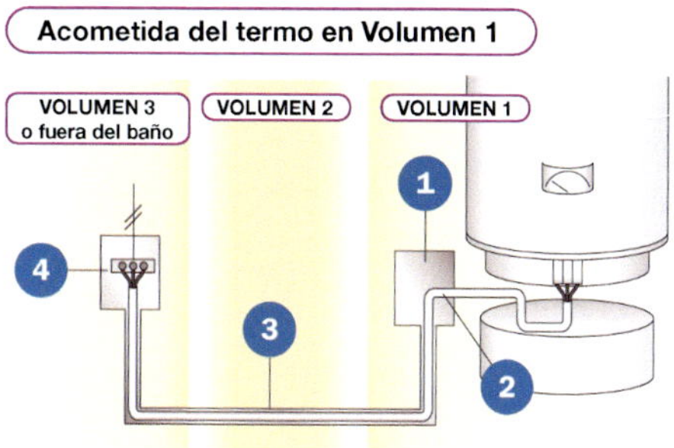

1. Caja empotrada detrás de la bañera.
2. Cable con vaina.
3. Tubo empotrado.
4. Caja de derivación para conexión a la instalación.

Figura 10.36. Esquema de instalación de un termo eléctrico.

Red equipotencial

Todos los componentes metálicos de las bañeras o cabinas de hidromasaje, así como las tuberías metálicas de agua y gas, deben estar conectadas mediante un conductor equipotencial unido a la red de tierra de la vivienda.

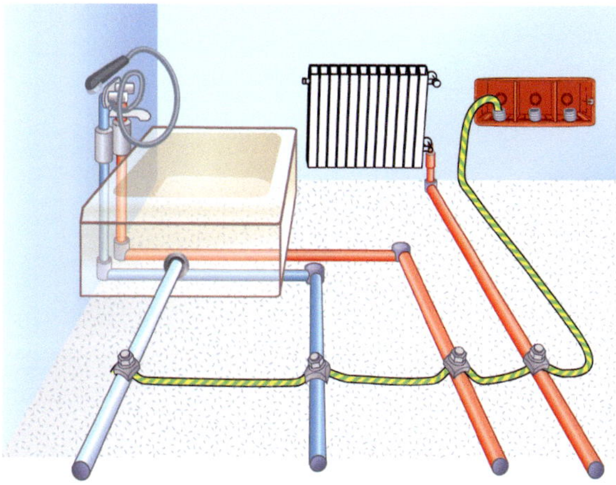

Figura 10.38. Red equipotencial en un cuarto de baño.

Figura 10.37. Latiguillo de puesta a tierra.

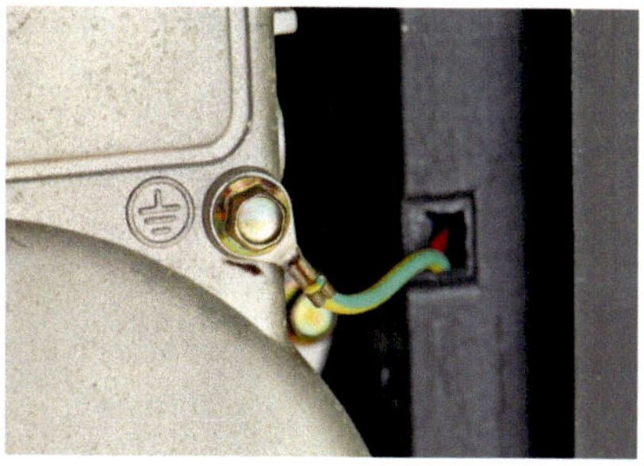

Figura 10.39. Detalle de unión equipotencial a una masa metálica.

Los conductores de unión equipotencial pueden ser de dos tipos:

- Conductor de unión equipotencial principal, para la unión de canalizaciones metálicas con el borne principal de tierra.
- Conductor de equipotencialidad suplementaria para la unión de elementos conductores con masas metálicas.

Mapa conceptual

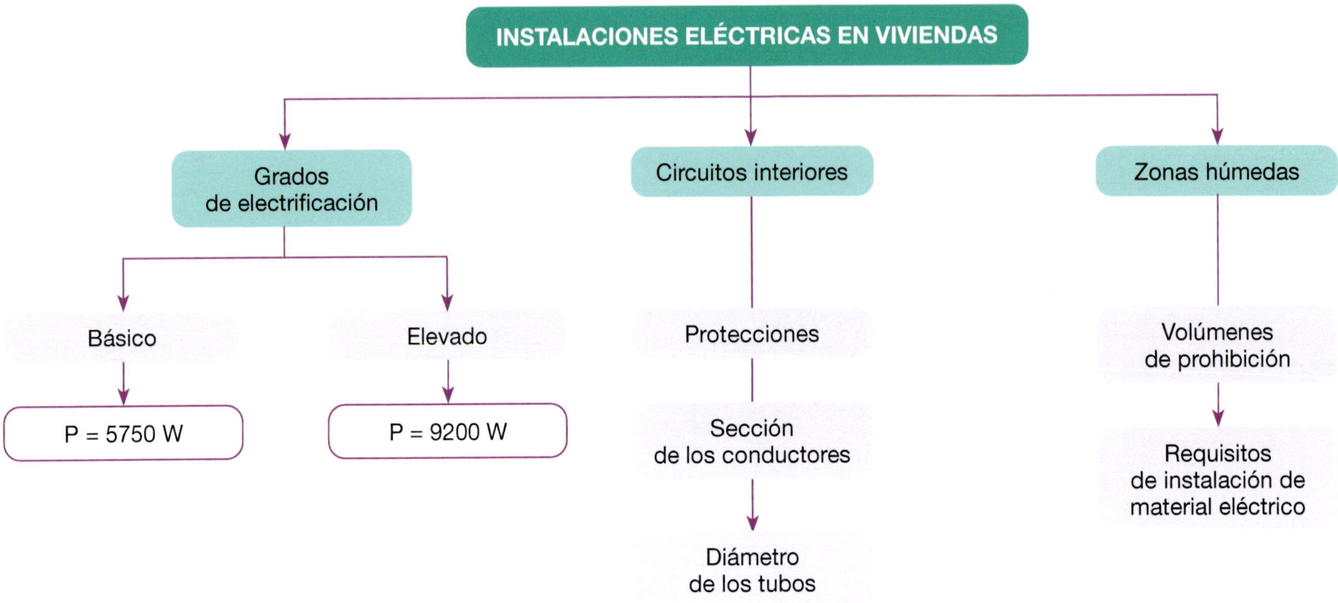

En resumen

- El número y las características de los circuitos interiores de una vivienda dependerán del grado de electrificación de la misma, que puede ser básico o elevado.
- Las viviendas con grado básico dispondrán de 5 circuitos interiores y un interruptor diferencial, excepto si se desdobla el circuito C_4, en cuyo caso sería posible encontrar 7 circuitos interiores.
- Las viviendas con grado elevado dispondrán de los circuitos de una vivienda con grado básico y uno o varios circuitos extra. Dispondrán, como mínimo, de un interruptor diferencial por cada 5 circuitos.
- En las zonas húmedas de la vivienda, al tratarse de los lugares que presentan mayor riesgo eléctrico para las personas, deben respetarse unos criterios de instalación específicos limitados por volúmenes.

10.1. Identificación de las zonas húmedas de una vivienda

OBJETIVO

- Reconocer las zonas húmedas de una vivienda, donde resulta necesario aplicar criterios de clasificación de volúmenes para la instalación de dispositivos eléctricos.

MATERIAL

Material de escritura.
Cuaderno de actividades.

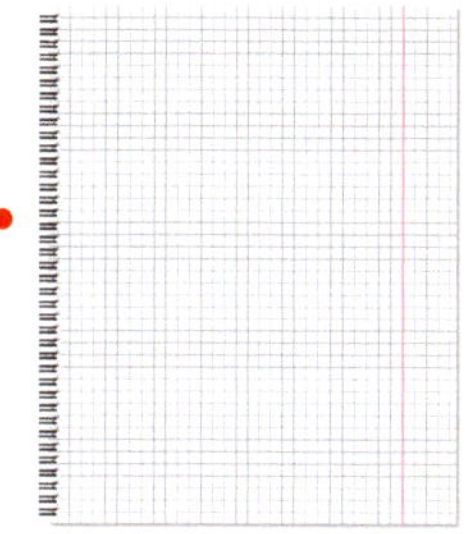

Proceso

Identifica en el siguiente plano en planta de una vivienda las zonas y estancias que considerarías como húmedas, y que deben ser tenidas en cuenta a la hora de realizar la preinstalación de mecanismos eléctricos:

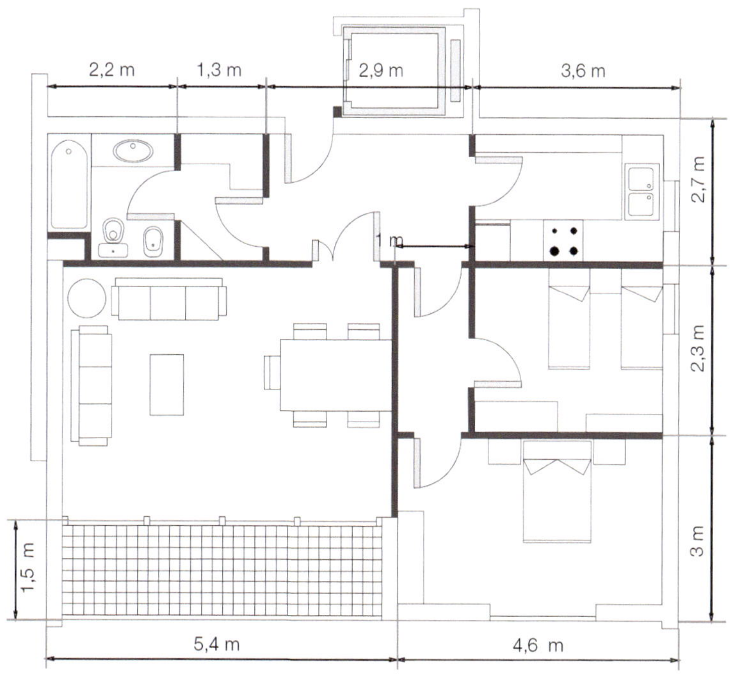

Figura 10.40. Plano en planta de una vivienda.

10.2. Identificación de los elementos que componen la instalación de enlace y puesta a tierra de una vivienda

OBJETIVO

- Reconocer los dispositivos y componentes básicos que forman parte de la instalación de enlace, instalación interior e instalación de puesta a tierra de una vivienda unifamiliar y localizar los posibles fallos cometidos durante el montaje.

MATERIAL

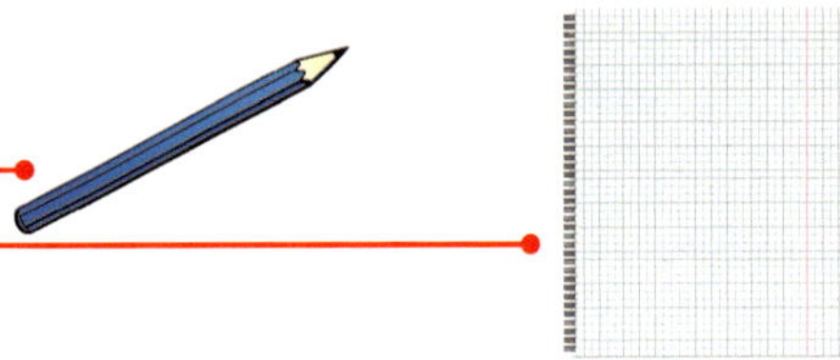
Material de escritura.
Cuaderno de actividades.

Proceso

1. Identifica en la siguiente figura los elementos numerados del 1 al 11.
2. Explica brevemente para qué sirve cada componente.
3. Localiza los defectos presentes en la instalación o los componentes que no cumplen con los requisitos de montaje descritos a lo largo del libro.

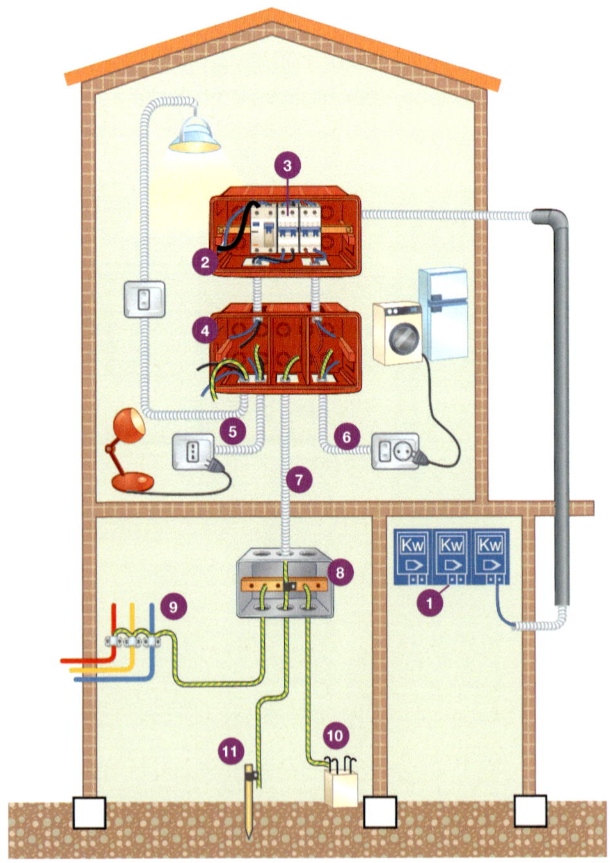

Figura 10.41. Representación simplificada de la instalación interior y de enlace en una vivienda unifamiliar.

Actividades finales

De comprobación

10.1. **¿Cuál será la potencia asignada a una vivienda con un interruptor general automático de 25 A?**

a) 5750 W.

b) 7360 W.

c) 9200 W.

10.2. **En una vivienda con grado de electrificación básico, el circuito destinado a alimentar el sistema domótico es:**

a) El circuito C_7.

b) El circuito C_{10}.

c) El circuito C_{11}.

10.3. **El interruptor automático asociado al circuito C_5 destinado a alimentar las tomas de corriente de aseos, baños y cocina debe tener un calibre de:**

a) 10 A.

b) 16 A.

c) 20 A.

10.4. **¿Qué tipo de electrificación tendrá una vivienda de 110 m^2 con lavadora y lavavajillas?**

a) Básica.

b) Elevada.

c) Media.

10.5. **¿Cuál de las siguientes viviendas debe poseer una electrificación elevada?**

a) Una vivienda de 90 m^2 con 25 puntos de luz.

b) Una vivienda de 160 m^2 con lavadora y termo eléctrico.

c) Una vivienda de 100 m^2 con calefacción eléctrica.

10.6. **¿Cómo se denomina al conjunto de masas metálicas unidas por un conductor a la instalación de puesta a tierra?**

a) Red de masas.

b) Red equipotencial.

c) Red equidistante.

10.7. **La base de toma de corriente de un dormitorio, ¿a qué circuito pertenece?**

a) Al circuito C_1.

b) Al circuito C_2.

c) Al circuito C_4.

10.8. **En un cuarto de baño, ¿cuál es el volumen que se considera dentro de la bañera o ducha?**

a) El volumen 0.

b) El volumen 3.

c) Dentro de la bañera o ducha no existe volumen alguno.

10.9. **En una vivienda con grado de electrificación básico, el timbre debe conectarse en el circuito:**

a) C_1.

b) C_3.

c) C_4.

10.10. **¿Se puede instalar una lámpara incandescente de 230 V_{CA} dentro del volumen de un cuarto de baño?**

a) No, nunca.

b) Sí, siempre.

c) Sí, pero solo si está protegida por un interruptor diferencial de 10 mA.

10.11. **En un local que contiene una bañera, el volumen 2 comprende desde la vertical de la bañera hasta una distancia horizontal de:**

a) 2,40 m.

b) 0,6 m.

c) 0,75 m.

10.12. **Las bases de corriente en una cocina se colocarán fuera de un volumen delimitado por los planos verticales situados a una distancia del fregadero y encimera de cocción correspondiente a:**

a) 0,75 m.

b) 0,6 m.

c) 0,5 m.

De ampliación

10.13. **Indica los posibles grados de electrificación para viviendas en función del calibre del IGA para suministros monofásicos.**

10.14. **¿Qué sensibilidad mínima deben tener los interruptores diferenciales pertenecientes a la instalación eléctrica de una vivienda? ¿Sería aceptable el uso de dispositivos de 10 mA de sensibilidad?**

10.15. **Realiza un listado con los circuitos que pueden aparecer en una vivienda con grado de electrificación básico.**

10.16. **Realiza un listado con los circuitos que pueden aparecer en una vivienda con grado de electrificación elevado.**

10.17. **Explica en qué consiste el desdoblamiento del circuito C_4 de una vivienda.**

10.18. **Identifica las zonas húmedas que pueden formar parte de una vivienda.**

10.19. **Completa la siguiente tabla:**

Circuito	Nombre del circuito	Interruptor automático (PIA)	Sección mínima de los conductores	Diámetro mínimo del tubo
C_1				
C_3				
$C_{4.1}$				
C_5				
C_{11}				

10.20. **¿Qué es un volumen de prohibición? ¿Para qué se utilizan? ¿Cuántos volúmenes conoces?**

10.21. **Indica qué dispositivos eléctricos es posible ubicar en el volumen 0 de un local que contiene una ducha.**

10.22. **Enumera los elementos de una vivienda que deben ser conectados a la red equipotencial de tierras.**

10.23. **Realiza el esquema unifilar de una vivienda de grado de electrificación básico que consta de los siguientes circuitos y elementos:**

- Interruptor de control de potencia.
- Protección magnetotérmica y diferencial general.
- Descargador de sobretensiones.
- Circuitos interiores C_1 a C_5.
- Circuito interior C_4 desdoblado en 3 circuitos.

Debes indicar las características de los dispositivos de mando y protección, así como las secciones de los conductores.

10.24. **Realiza el esquema unifilar de una vivienda de grado de electrificación elevado que consta de los siguientes circuitos y elementos:**

- Interruptor de control de potencia.
- Protección magnetotérmica y diferencial general.
- 3 interruptores diferenciales secundarios.
- Descargador de sobretensiones.
- Circuitos interiores C_1 a C_{11}.
- Circuito interior C_4 desdoblado en 3 circuitos.

Unidad 11

Minutería y automatismos en viviendas y edificios

Introducción

Existen mecanismos diseñados para controlar de manera automática diversos receptores de las instalaciones eléctricas. A través de la minutería, por ejemplo, es posible gestionar el encendido y apagado de cargas eléctricas en horarios y tiempos predeterminados.

En esta unidad se estudian los principales dispositivos que permiten disponer de pequeños circuitos de automatismos en viviendas y edificios.

Contenidos

Objetivos

- Definir el principio de funcionamiento de la minutería.
- Conocer las características de los pequeños dispositivos de automatismos.
- Realizar montajes para el control temporizado de lámparas.

11.1. Interruptor horario

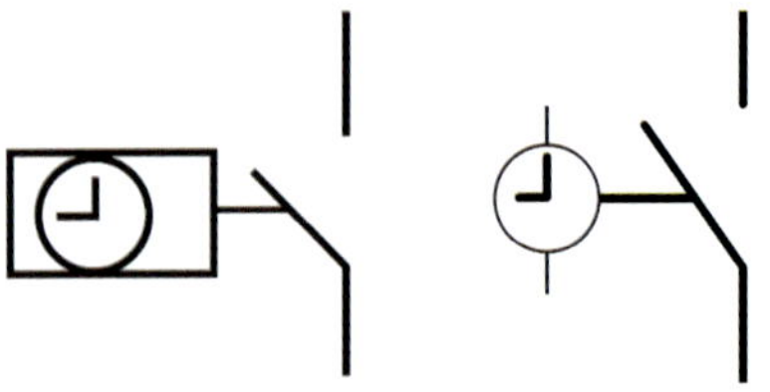

Figura 11.1. Símbolos del interruptor horario.

El interruptor horario es un dispositivo de minutería que permite conectar y desconectar cargas eléctricas en diferentes franjas horarias (programación diaria) o diferentes días (programación semanal). Puede ser de tipo electromecánico o digital.

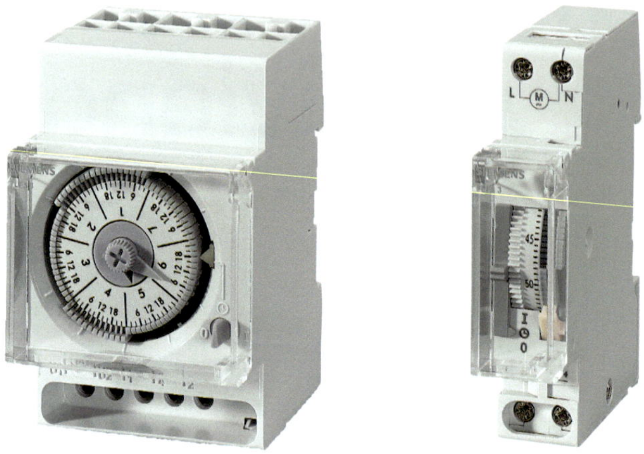

Figura 11.2. Interruptores horarios electromecánicos para carril DIN.

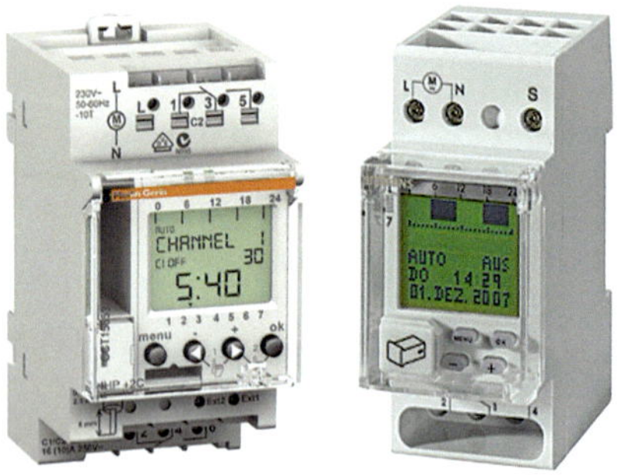

Figura 11.3. Interruptores horarios digitales para carril DIN.

Existen interruptores horarios para carril DIN, de pared y de tipo enchufe. Su programación puede realizarse, dependiendo del modelo, en horas, días, semanas e incluso años.

El modo de selección del programa horario por parte del usuario depende del modelo.

Interruptores horarios digitales

Se programan a través del teclado del dispositivo, siguiendo las instrucciones del fabricante.

Figura 11.4. Interruptores horarios electromecánicos de enchufe.

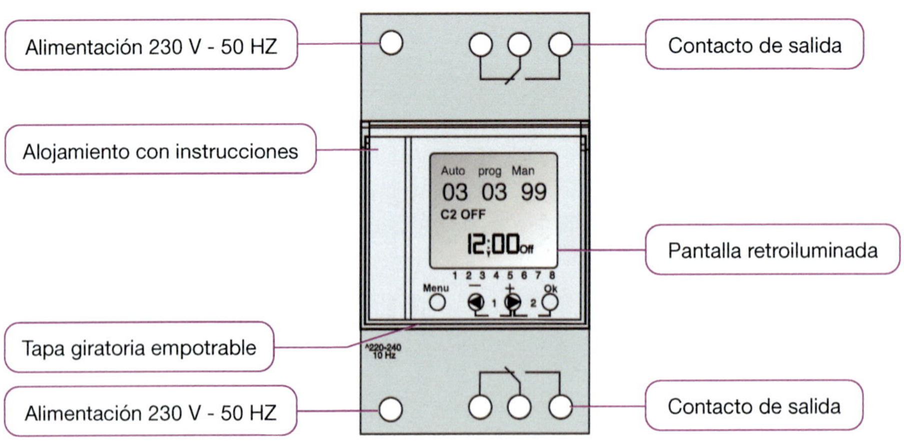

Figura 11.5. Representación de un interruptor horario digital.

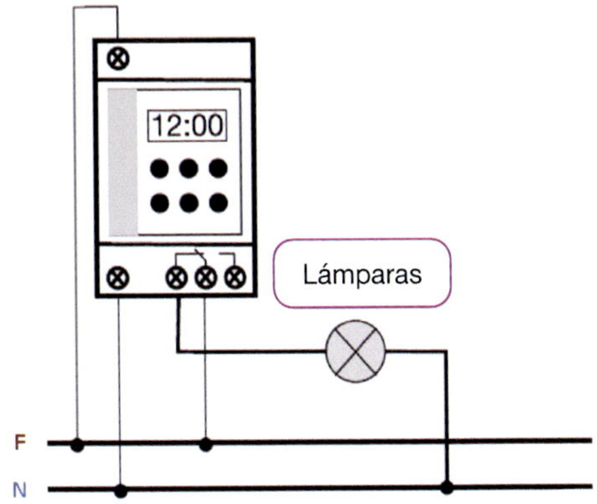

Figura 11.6. Esquema de conexión de un interruptor horario digital.

Interruptores horarios electromecánicos

También llamados analógicos se programan presionando o moviendo manualmente una serie de pequeñas pestañas denominadas levas.

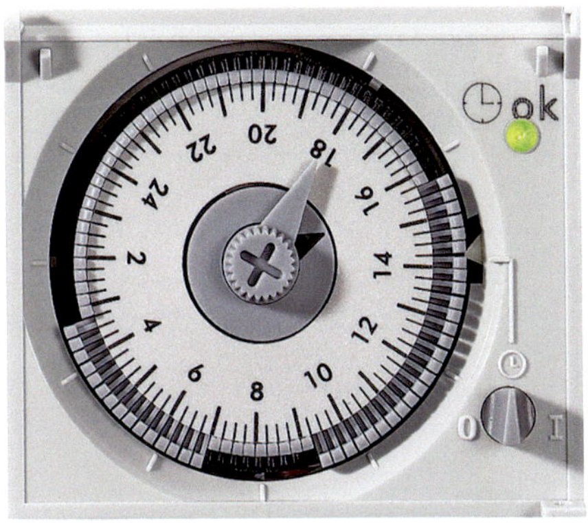

Figura 11.7. Detalle de programación de un interruptor horario electromecánico de 07:00 a 09:00 y de 16:00 a 03:00.

La precisión de los interruptores horarios varía en función del fabricante y el modelo, pero generalmente los digitales pueden programarse en segundos y los electromecánicos en espacios de tiempo de 15 o 30 minutos.

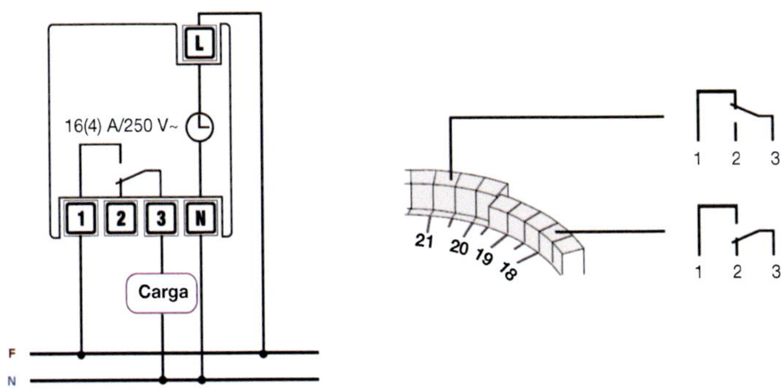

Figura 11.9. Esquema de conexión de un interruptor horario analógico.

Sabías que...

El interruptor horario también es conocido como **reloj eléctrico.** Es muy útil, por ejemplo, para conectar cargas en horarios de tarifa reducida.

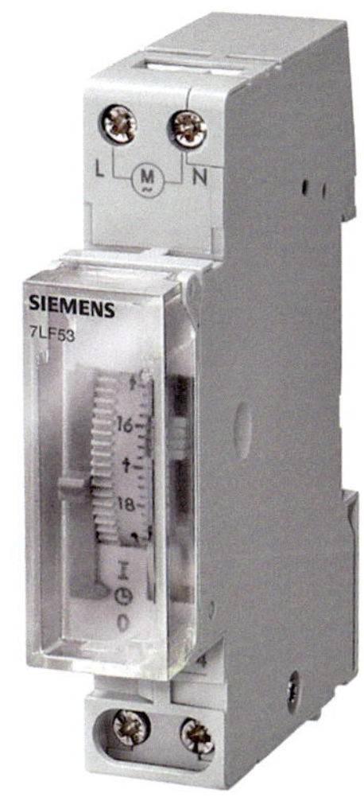

Figura 11.8. Interruptor horario compacto para carril DIN.

Actividad propuesta 11.1.

Observa la siguiente figura e indica el horario para el que ha sido programado el funcionamiento del dispositivo.

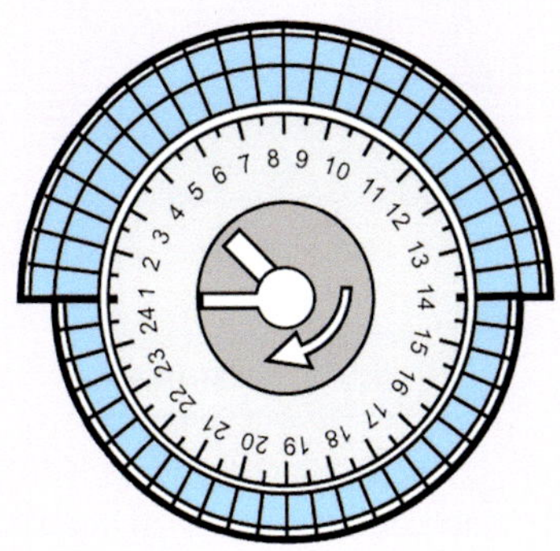

11.2. Automático de escalera

El automático de escalera es un mecanismo eléctrico que se utiliza para controlar de manera temporizada el alumbrado de las **zonas comunes de un edificio.**

Se conecta a uno o varios pulsadores por cada planta del edificio, que al ser presionados envían una señal a la bobina interna del dispositivo y enciende las lámparas. Pasado un tiempo predefinido por el usuario la iluminación se desconecta de manera automática.

Sabías que...

El automático de escalera también es conocido como **minutero de escalera** o **relé de escalera.** Existen modelos de tipo térmico, electrónico, neumático y de mecanismo de relojería.

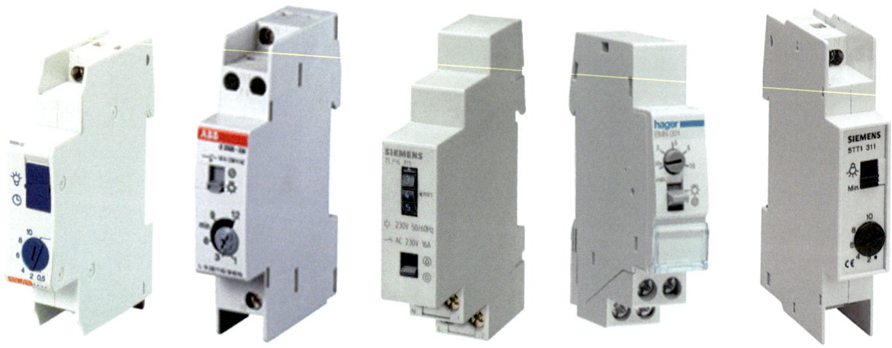

Figura 11.10. Automáticos de escalera. El **tiempo de desconexión se selecciona sobre la ruleta** selectora del propio dispositivo y varía según el fabricante, pero suele oscilar entre 0,5 segundos y 15 minutos.

El automático de escalera se utiliza desde hace muchos años para **economizar la energía** en los edificios de viviendas, ya que al tratarse de un mecanismo de temporización evita que las lámparas se queden conectadas más tiempo del necesario.

A continuación se muestra el montaje y conexión de un automático de escalera en un edificio de cuatro plantas.

Sabías que...

La conexión del automático de escalera puede realizarse **a tres o cuatro hilos.**

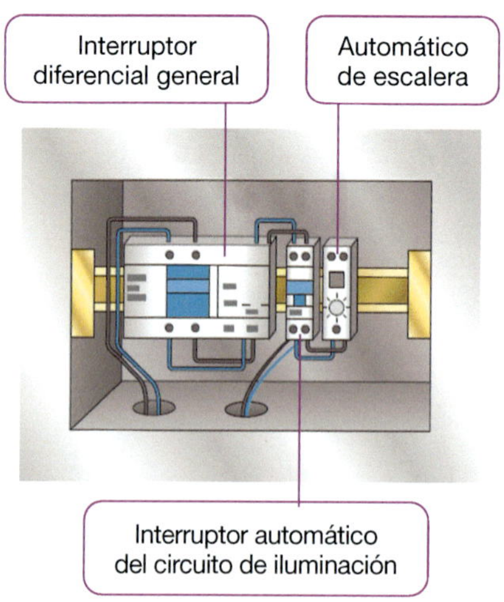

Figura 11.11. Conexión de un automático de escalera en el cuadro eléctrico.

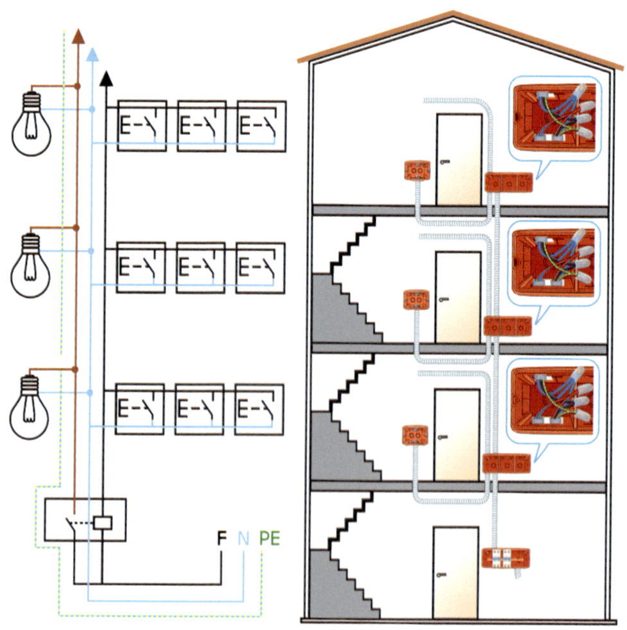

Figura 11.12. Ejemplo de instalación de un automático de escalera en un edificio.

Actividad resuelta 11.1.

Los primeros automáticos de escalera conectaban la iluminación de todas las plantas del edificio al ser activados, pero poco a poco se ha ido modificando esa configuración para pasar a un control de las lámparas por plantas.

Responde a las siguientes preguntas:

a) ¿Por qué crees que se ha modificado esa configuración?

b) ¿Conoces algún otro sistema complementario al automático de escalera que no utilice pulsadores?

Solución

a) La configuración se ha modificado para ahorrar energía, conectando únicamente las lámparas necesarias y no las de todo el edificio.

b) Es frecuente utilizar sensores de presencia para que las lámparas se enciendan automáticamente por plantas.

Recuerda que...

Es muy importante que tanto la tensión como la intensidad del dispositivo de control se ajusten a las del circuito donde va a ser instalado.

11.2.1. Modos de funcionamiento

Tanto el automático de escalera como el interruptor horario descrito en el apartado anterior disponen de tres modos de funcionamiento:

1 Conexión automática

Las cargas permanecen encendidas de manera temporizada.

2 Conexión permanente

Las cargas permanecen encendidas indefinidamente.

3 Desconexión permanente

Las cargas permanecen apagadas indefinidamente.

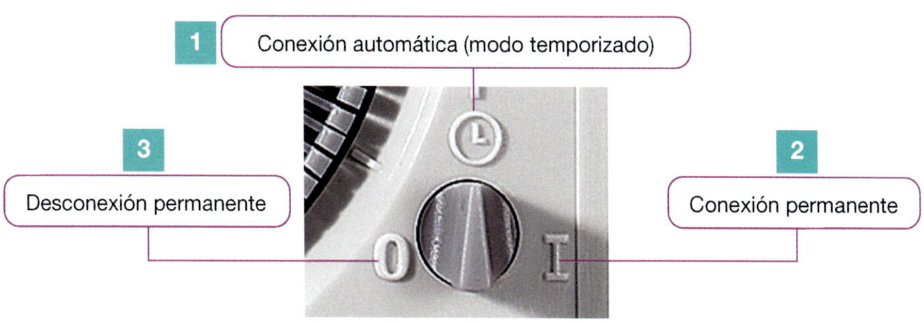

Figura 11.13. Ruleta selectora del modo de funcionamiento. El automático de escalera suele estar posicionado en conexión automática, con una temporización de 1 o 2 minutos.

Eficiencia energética

Además de cumplir otras funciones, el uso de la minutería y los pequeños automatismos permiten un ahorro considerable de energía y optimizan la eficiencia energética de las instalaciones eléctricas, permitiendo la conexión y desconexión de cargas en función de las necesidades de los usuarios.

11.3. Contactor, relé y telerruptor

Los contactores, relés y telerruptores son mecanismos eléctricos que basan su funcionamiento en una bobina interna **(electroimán)** que es controlada a distancia a través de un impulso eléctrico.

Este electroimán actúa sobre un contacto que abrirá o cerrará el circuito eléctrico al que esté conectado.

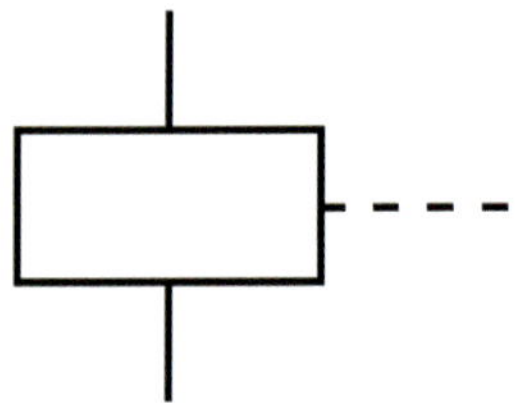

Figura 11.14. Símbolo genérico del electroimán.

11.3.1. Contactores y relés

Estos dispositivos están diseñados para el control de circuitos eléctricos diversos, como la calefacción, el aire acondicionado, la iluminación, etc.

Su uso está muy extendido en entornos industriales, donde se controlan todos los procesos a través de este tipo de automatismos.

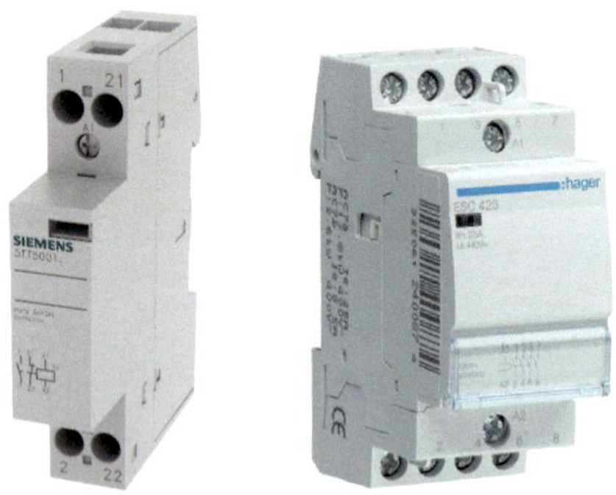

Figura 11.15. Contactor monofásico (izquierda) y trifásico (derecha).

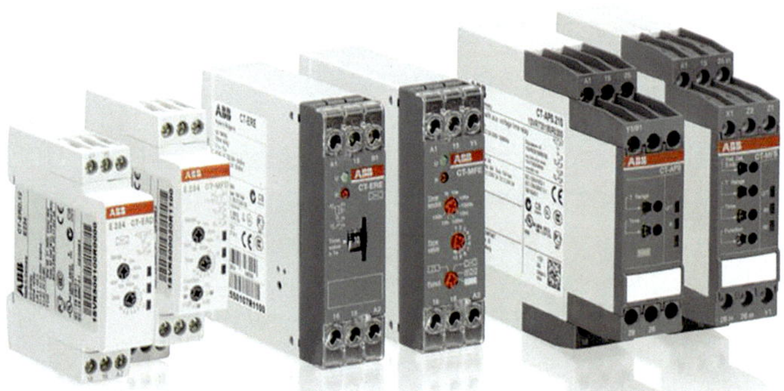

Figura 11.16. Relés temporizados, de funcionamiento similar al automático de escalera pero orientados a controlar otro tipo de cargas eléctricas.

Actualmente se fabrican múltiples tipos de relés con diferentes funciones, como relés temporizados, relés de control, relés interfase, etc.

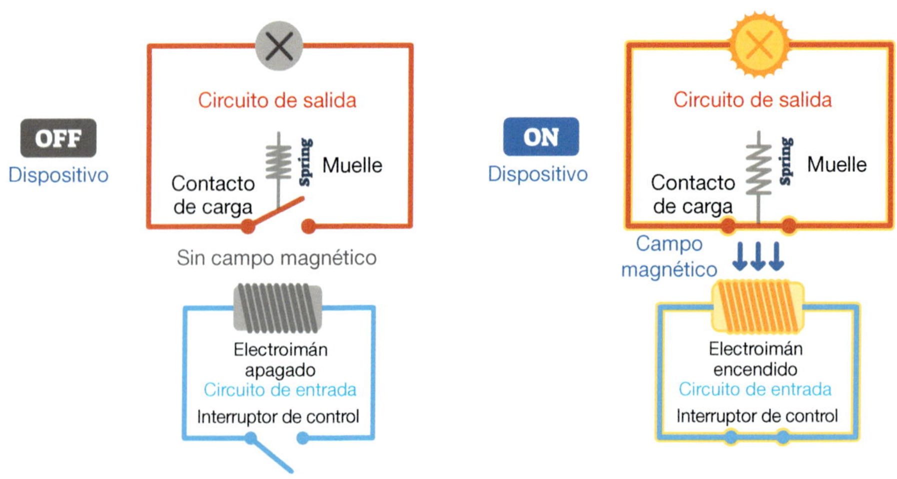

Figura 11.17. Diagrama simplificado del funcionamiento de relés y contactores.

Sabías que...

Los contactos auxiliares de los dispositivos automáticos pueden ser **NA / NO** (normalmente abierto) o **NC** (normalmente cerrado).

11.3.2. Telerruptor

El telerruptor es un mecanismo eléctrico, similar a un relé, pero utilizado generalmente para controlar puntos de luz.

Se emplea para realizar conmutaciones en circuitos de iluminación desde varios lugares a través de **pulsadores** que envían impulsos de tensión a la bobina del telerruptor al ser accionados.

Sabías que...

Es común utilizar telerruptores para el control de lámparas de descarga, puesto que resisten mejor los picos de corriente en el arranque que un interruptor convencional.

Figura 11.18. Telerruptores diseñados para utilizar en circuitos de hasta 16 A.

Figura 11.19. Pulsador.

Modo de funcionamiento

En un circuito de iluminación controlado por telerruptor las lámparas se encienden al accionar cualquiera de los pulsadores. Para desconectar los puntos de luz tan solo es necesario volver a accionar cualquiera de los pulsadores asociados al telerruptor.

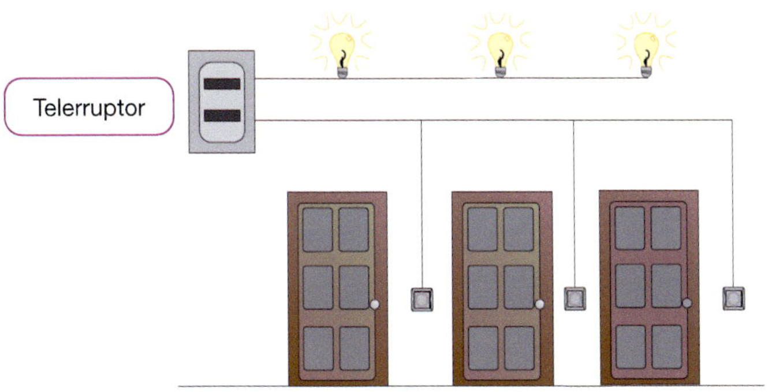

Figura 11.20. Principio de funcionamiento de un telerruptor.

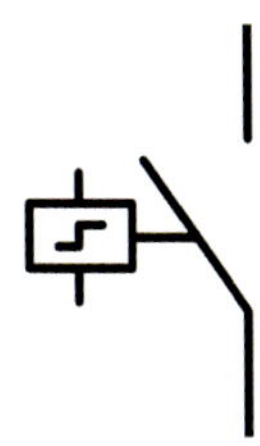

Figura 11.21. Símbolo del telerruptor.

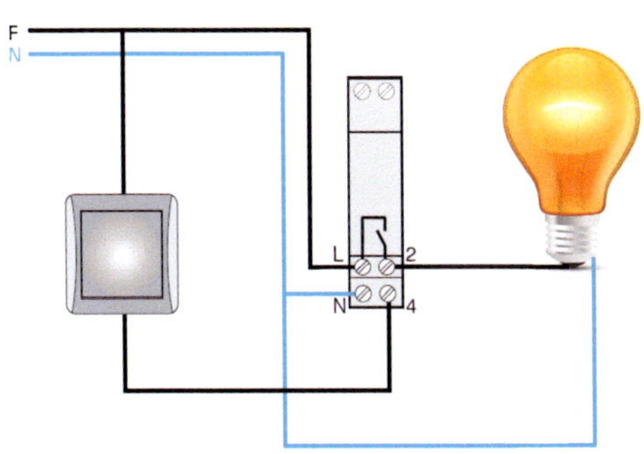

Figura 11.22. Esquema de conexión de un telerruptor.

Actividad propuesta 11.2.

¿Qué ventaja crees que puede aportar el uso de un telerruptor para controlar circuitos de iluminación en lugar de conmutadores?

11.4. Alumbrado de emergencia

El alumbrado de emergencia es un sistema de iluminación diseñado para entrar en funcionamiento automáticamente cuando falla el alumbrado normal o la instalación entera se queda sin tensión.

Es obligatorio utilizar este tipo de alumbrado como medida de seguridad en las zonas comunes de los edificios de viviendas, garajes, industrias, locales de pública concurrencia como bares, bibliotecas, hoteles, etc.

> **Sabías que...**
>
> Para hacer referencia al alumbrado de emergencia también puede utilizarse la expresión **luminarias autónomas.**

Figura 11.23. Diferentes modelos de luminarias para alumbrado de emergencia.

Modo de funcionamiento

La luminaria del alumbrado de emergencia tiene en su interior una batería que se carga mientras recibe tensión. En el momento que deja de llegarle corriente como consecuencia de un fallo en el suministro se activa automáticamente la lámpara, que es capaz de iluminar durante un tiempo hasta que la batería vuelve a descargarse.

Figura 11.24. Existen también lámparas de emergencia autónomas para carril DIN.

Figura 11.25. Símbolo de un punto de alumbrado de emergencia.

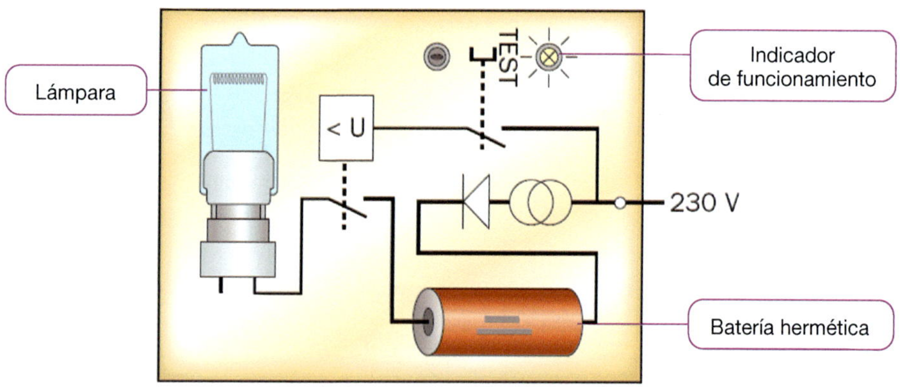

Figura 11.26. Esquema interno de un equipo de alumbrado de emergencia.

> **Sabías que...**
>
> El alumbrado de emergencia puede ser de evacuación, antipánico, de zonas de alto riesgo o de reemplazamiento.

Actividad propuesta 11.3.

En los recursos digitales del libro, a los que puedes acceder desde la ficha web de la obra, mediante un sencillo registro, en **www.paraninfo.es**, busca un archivo llamado «*Tipos de alumbrado de emergencia*». En este documento encontrarás información más detallada sobre los posibles modos de funcionamiento de estas luminarias autónomas.

Mapa conceptual

En resumen

- Los pequeños automatismos ofrecen múltiples posibilidades de gestión de las cargas eléctricas, pudiendo controlar su conexión y desconexión de manera remota, programada y temporizada.
- Esto dota a las instalaciones eléctricas de gran autonomía y versatilidad, aumentando la calidad de vida de sus usuarios y mejorando en muchos casos la eficiencia energética.
- El alumbrado de emergencia es un tipo de automatismo que aumenta la seguridad de las instalaciones.

11.1. Selección de automatismos domésticos

OBJETIVO

- Reconocer y seleccionar el dispositivo de minutería o automatismo doméstico que más se ajuste a las necesidades de la instalación.

MATERIAL

Material de escritura.

Cuaderno de actividades.

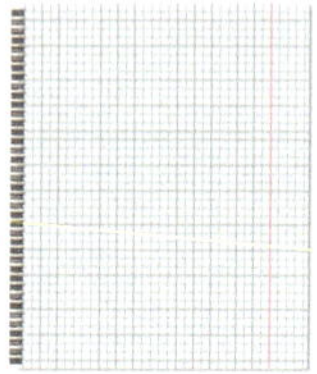

Proceso

En la siguiente tabla se muestran varias situaciones en las que resulta necesario utilizar algún componente eléctrico de los estudiados a lo largo de la unidad. Cópiala y marca con una cruz el dispositivo que crees que más se ajusta a las necesidades del usuario en cada caso.

Situación o necesidad real	Interruptor horario	Automático de escalera	Telerruptor	Contactor/relé	Alumbrado de emergencia
Encendido y apagado instantáneo de una lámpara a través de un pulsador.					
Programar el riego automático del patio para que se active automáticamente dos días a la semana.					
Encendido instantáneo y apagado temporizado de una lámpara a través de un pulsador.					
Control de lámparas de descarga para minimizar los efectos de la corriente en el arranque.					
Encender y apagar un circuito de calefacción eléctrica.					
Iluminar una sala cuando se interrumpe accidentalmente el suministro eléctrico.					
Control de la iluminación de las zonas comunes de un edificio de viviendas.					
Encendido programado de un electrodoméstico en tarifa reducida.					

11.2. Montaje y conexión de un automático de escalera para el control temporizado de lámparas

OBJETIVO

- Realizar el montaje, conexionado y verificación del funcionamiento de varios puntos de luz controlados por pulsadores asociados a un automático de escalera.

MATERIAL

Automático de escalera.

Varios pulsadores.

Varias lámparas incandescentes.

Portalámparas para el montaje de las lámparas incandescentes.

Cables flexibles de cobre de 1 × 1,5 mm^2.

Interruptor automático de 2 × 10 A.

Interruptor diferencial de 2 × 25 A con 30 mA de sensibilidad.

Carril DIN.

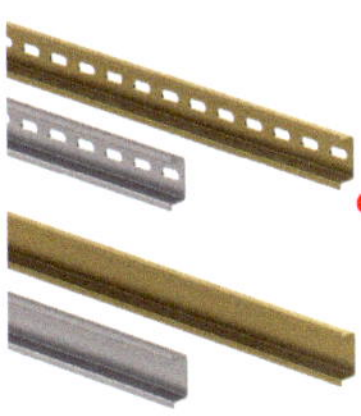

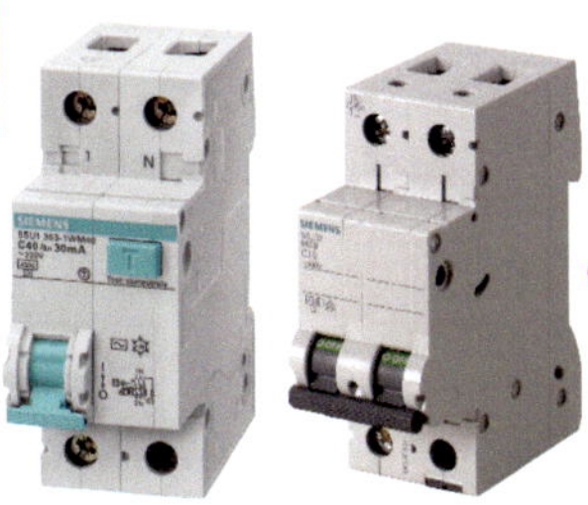

HERRAMIENTAS

Tijeras de electricista o pelacables.

Destornillador.

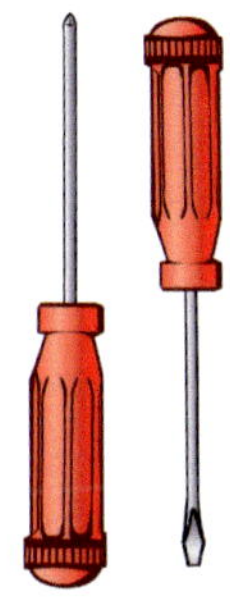

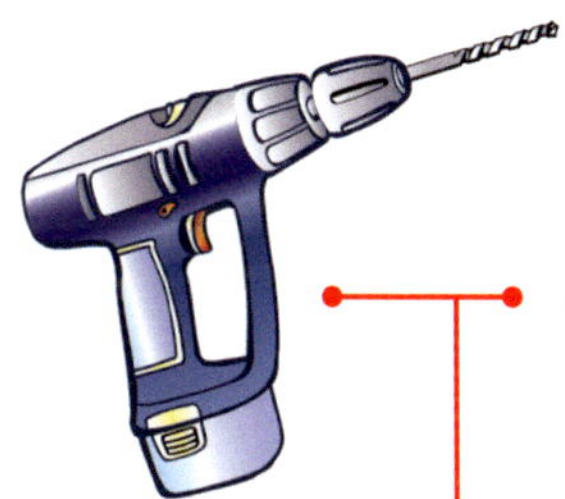

MATERIAL Y HERRAMIENTAS COMPLEMENTARIAS

También te pueden resultar útiles:

- Una taladradora y tornillos para fijar los componentes al tablón de las prácticas.
- Tubo rígido, abrazaderas para el tubo y guía pasacables si se desea realizar un montaje superficial bajo tubo.

Proceso

1. Prepara el cableado cortándolo a la medida adecuada y pelando sus extremos aproximadamente 1 cm.

2. Instala en el tablón de las prácticas el carril DIN, los portalámparas y los pulsadores.

3. Coloca el automático de escalera sobre el carril DIN y realiza las conexiones entre todos los componentes siguiendo el esquema mostrado en la parte inferior.

4. Programa el automático de escalera, colocándolo en la posición correspondiente a modo automático y regulando el tiempo de encendido a 2 minutos.

5. Instala las lámparas sobre los portalámparas.

6. Instala el interruptor automático y el interruptor diferencial en el carril DIN y conéctalos aguas arriba del automático de escalera, protegiendo el circuito.

7. Verifica que todas las conexiones han sido realizadas correctamente y suministran energía al circuito.

8. Comprueba que el circuito funciona correctamente. Las lámparas deben encenderse al accionar cualquiera de los pulsadores y permanecerán encendidas durante 2 minutos, apagándose automáticamente.

9. Puedes también comprobar el funcionamiento del sistema colocando la posición del automático de escalera en modo manual y en apagado permanente.

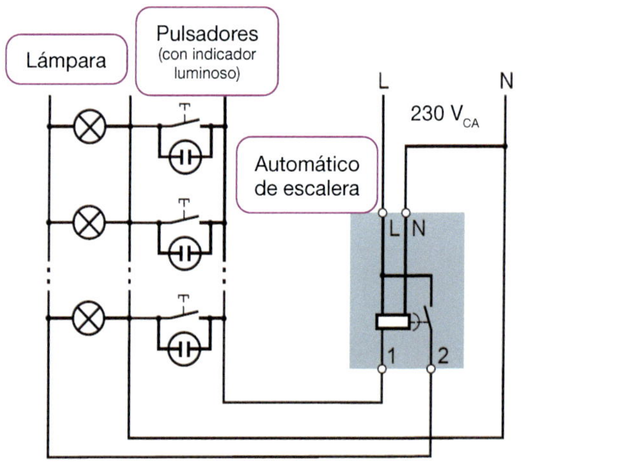

Figura 11.27. Esquema de conexión del automático de escalera.

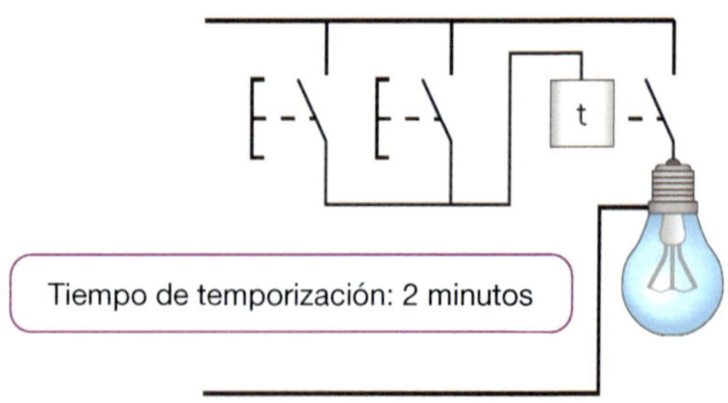

Figura 11.28. Principio de funcionamiento.

11.3. Montaje y conexión de un interruptor horario para el control temporizado de cargas eléctricas

OBJETIVO

- Realizar el montaje, conexionado y verificación del funcionamiento de varios puntos de luz y otros receptores eléctricos controlados a través de un interruptor horario.

MATERIAL

- Interruptor horario.
- Varias lámparas incandescentes.
- Portalámparas para el montaje de las lámparas incandescentes.
- Cables flexibles de cobre de varias secciones.
- Carril DIN.

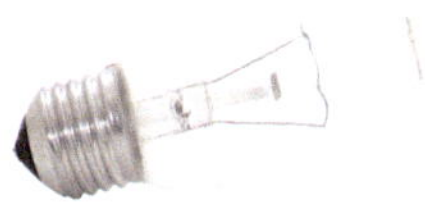
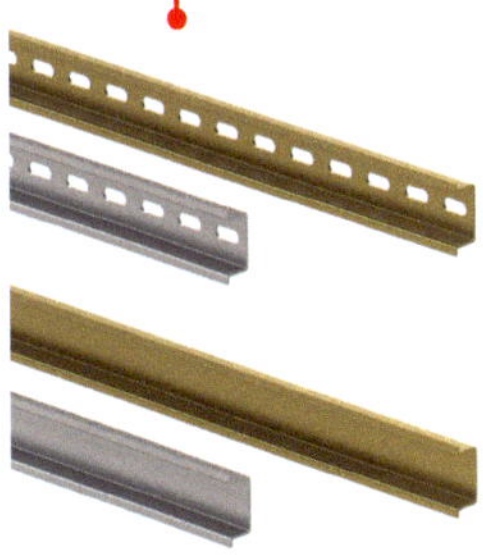

HERRAMIENTAS

- Tijeras de electricista o pelacables.
- Destornillador.

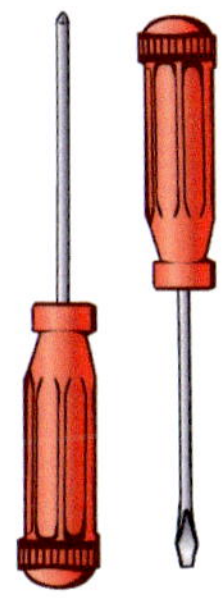
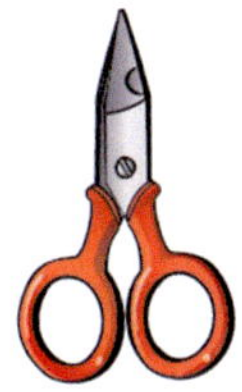
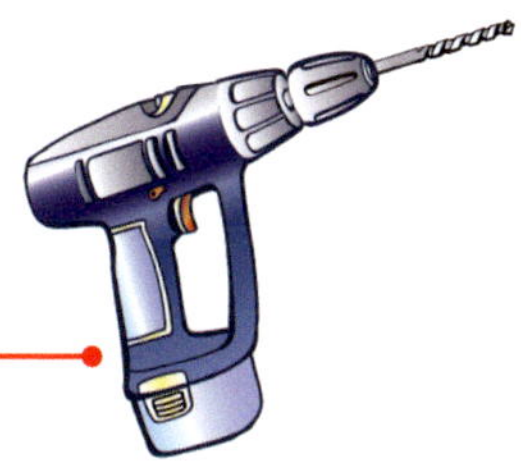

MATERIAL Y HERRAMIENTAS COMPLEMENTARIAS

También te pueden resultar útiles:

- Una taladradora y tornillos para fijar los componentes al tablón de las prácticas.
- Otros receptores eléctricos para comprobar su funcionamiento temporizado.

Proceso

1 Realiza la preparación previa de los conductores, cortándolos a la medida deseada y pelando sus extremos.

2 Instala en el tablón de las prácticas el carril DIN y los portalámparas.

3 Coloca el interruptor horario sobre el carril DIN y realiza las conexiones entre todos los componentes. El cableado del interruptor horario depende del modelo (digital o electromecánico) y del fabricante.

4 Programa el interruptor horario:

- Si se trata de un interruptor digital debes consultar las instrucciones.
- Si se trata de un interruptor electromecánico debes presionar las levas que se correspondan con el horario de programación deseado.

5 Instala las lámparas sobre los portalámparas y verifica que todas las conexiones han sido realizadas correctamente.

6 Asegúrate de que las cargas instaladas están protegidas por un interruptor automático y un interruptor diferencial y suministra energía al sistema.

7 Comprueba que el circuito funciona correctamente. Las lámparas deben encenderse cuando se alcanza la hora programada en el dispositivo.

8 Puedes también comprobar el funcionamiento del sistema añadiendo otro tipo de receptores a la salida del interruptor horario, o conectándolo en algún circuito del cuadro general.

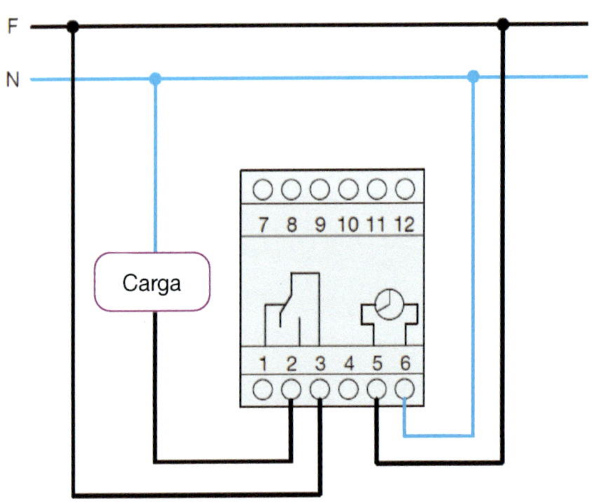

Figura 11.29. Esquema de conexión de un interruptor horario electromecánico.

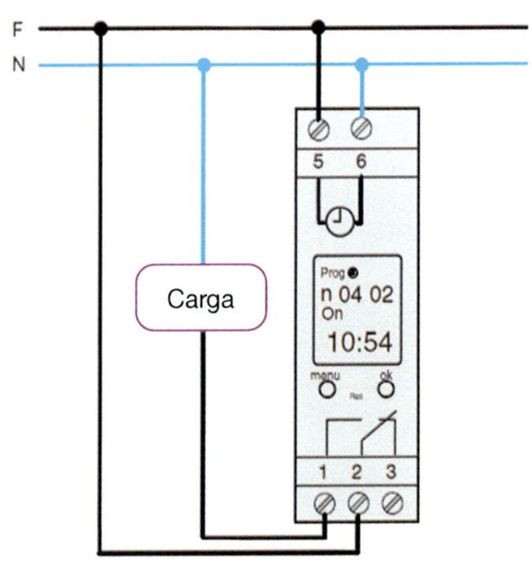

Figura 11.30. Esquema de conexión de un interruptor horario digital.

De comprobación

11.1. ¿Qué mecanismo de maniobra es necesario en un circuito de iluminación controlado por un telerruptor?

a) Un interruptor convencional.

b) Un conmutador de cruce.

c) Un pulsador.

11.2. Deseas realizar el control de varias lámparas de 80 W a través de un automático de escalera diseñado para gestionar circuitos de 3680 W de potencia máxima. ¿Cuántas lámparas podrías conectar a este dispositivo sin correr el riesgo de dañarlo?

a) 80 lámparas.

b) 64 lámparas.

c) 46 lámparas.

11.3. Si deseas que en un edificio de viviendas la iluminación permanezca conectada de manera indefinida, ¿en qué modo de funcionamiento debes colocar el automático de escalera?

a) Conexión automática.

b) Conexión permanente.

c) Desconexión permanente.

11.4. Un contacto auxiliar que presenta las siglas NO:

a) Es un contacto normalmente cerrado.

b) Es un contacto normalmente abierto.

c) Ninguna de las respuestas anteriores es correcta.

11.5. Los interruptores horarios pueden ser:

a) Digitales.

b) Electromecánicos.

c) Las dos respuestas anteriores son correctas.

11.6. El símbolo representado corresponde a:

a) Un telerruptor.

b) Un automático de escalera.

c) Un interruptor horario.

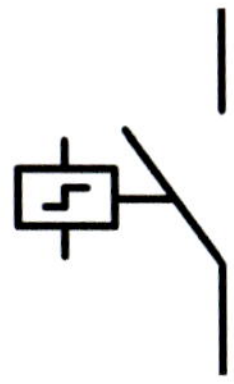

11.7. De los siguientes lugares expuestos, ¿en cuál no es obligatorio utilizar alumbrado de emergencia?

a) Bares.

b) Viviendas.

c) Teatros.

11.8. Las conexiones de un automático de escalera pueden ser, dependiendo del modelo y de las necesidades de los usuarios:

a) De uno o dos hilos.

b) De dos o tres hilos.

c) De tres o cuatro hilos.

11.9. Si deseas conectar la calefacción eléctrica de una vivienda todos los días de la semana de 07:00 a 18:00 horas, ¿qué dispositivo eléctrico debes utilizar?

a) Un telerruptor.

b) Un automático de escalera.

c) Un interruptor horario.

11.10. ¿Cuál de los siguientes dispositivos está diseñado para el encendido y apagado de la iluminación de manera instantánea?

a) El telerruptor.

b) El automático de escalera.

c) El interruptor horario.

Actividades finales

De ampliación

11.11. **De los siguientes dispositivos, indica cuáles basan su funcionamiento en un electroimán y explica brevemente su funcionamiento.**

a) Pulsador.

b) Contactor.

c) Relé.

d) Conmutador.

11.12. **Explica brevemente el funcionamiento y las características de un interruptor horario digital y de un interruptor horario electromecánico.**

11.13. **¿Qué es un automático de escalera? ¿En qué instalaciones o edificaciones es más frecuente su uso?**

11.14. **Describe los posibles modos de funcionamiento de un automático de escalera.**

11.15. **¿Cuáles son las similitudes entre los contactores y los relés?**

11.16. **¿Cuáles son las similitudes entre un contactor y un telerruptor? ¿En qué se diferencian?**

11.17. **Explica el principio de funcionamiento de un telerruptor, ayudándote de un esquema de conexión del dispositivo a una lámpara y un pulsador.**

11.18. **¿En qué tipo de instalaciones es obligatorio disponer de alumbrado de emergencia? Cita al menos tres ejemplos.**

11.19. **Explica brevemente el modo de funcionamiento de un equipo autónomo de alumbrado de emergencia.**

11.20. **Observa la siguiente figura e indica el horario para el que ha sido programado el funcionamiento de cada uno de los dispositivos.**

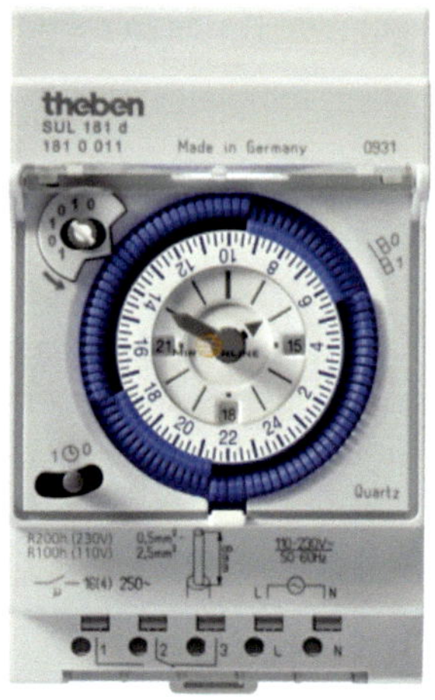

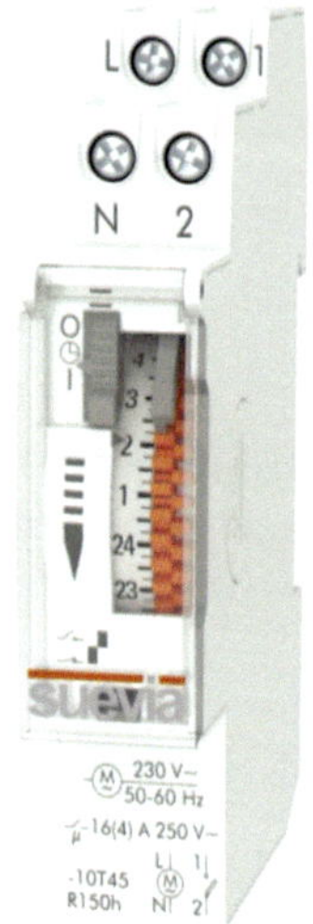

Instalaciones domóticas. Configuración, preinstalación y montaje

Introducción

Tanto en las viviendas como en los edificios actuales se pueden encontrar distintas tecnologías y aplicaciones pertenecientes a los campos de la electricidad, la electrónica, la informática y las telecomunicaciones.

Los sistemas domóticos combinan, entrelazan y vinculan estas tecnologías, que hasta hace unos años eran totalmente independientes, dando lugar a lo que se conoce como «viviendas y edificios inteligentes».

En esta unidad se estudian las funciones más importantes que pueden ofrecer los sistemas domóticos, así como sus métodos de montaje e instalación y cómo su integración con el resto de las tecnologías domésticas hace posible que las **viviendas inteligentes** sean hoy en día una realidad.

Contenidos

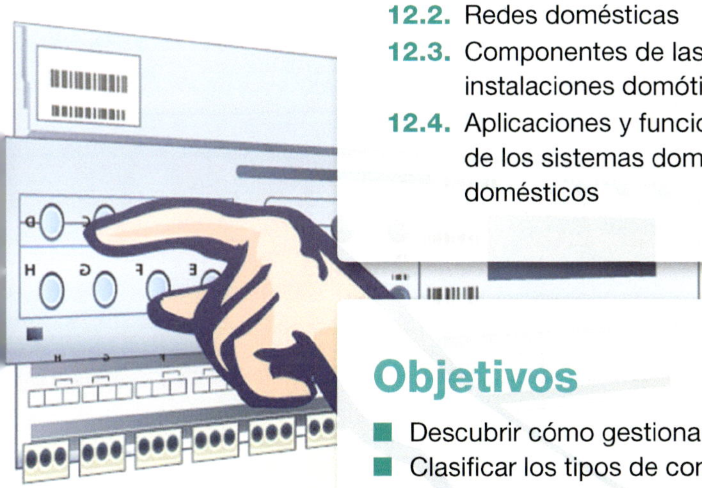

Objetivos

- Descubrir cómo gestionar la información en un sistema domótico.
- Clasificar los tipos de conexiones posibles entre dispositivos.
- Estudiar las aplicaciones y funciones de los sistemas domóticos.
- Conocer los medios de comunicación entre dispositivos domóticos.
- Aprender a instalar las canalizaciones para ejecutar el tendido del cableado.
- Realizar el diseño, trazado y montaje de una instalación domótica.

12.1. Instalación domótica y automatización

Figura 12.1. La automatización de edificios se denomina inmótica.

La automatización de una vivienda o edificio consiste en controlar cualquier dispositivo eléctrico de manera automática, permitiendo realizar acciones como por ejemplo: subir y bajar, encender y apagar, abrir y cerrar, regular, monitorizar, programar, etc.

El término **domótica** surge de la unión de otras dos palabras: ***domus*** (que en latín significa «casa») e **informática.** La domótica es, por tanto, una tecnología que combina la electrónica y la informática con el objetivo de **automatizar una vivienda.** Es lo que comúnmente se conoce como **vivienda inteligente.**

Del mismo modo, si se pretende **automatizar un edificio** (bloques de oficinas, universidades, residencias, hoteles, etc.) debe utilizarse el término **inmótica,** que hace referencia a los edificios inteligentes.

En este libro se utiliza la palabra «domótica» para referirse a ambos conceptos, ya que es el término más conocido.

Figura 12.2. En una instalación domótica se puede automatizar la iluminación, las persianas, los electrodomésticos, las puertas, los toldos, la calefacción, el aire acondicionado y cualquier otro dispositivo eléctrico.

En definitiva, el objetivo de un sistema domótico es asegurar un aumento de la calidad de vida de sus usuarios, mejorando el confort, la seguridad, las comunicaciones y el ahorro energético de la instalación.

Sabías que...

El primer antecedente de la domótica se produjo en 1875.

Fue con la máquina de vapor de Watt, en la que un dispositivo controlaba la velocidad del sistema actuando sobre una válvula de vapor. ¡Se acababa de inventar la regulación automática!

12.2. Redes domésticas

Una instalación domótica y una instalación tradicional se diferencian en la posibilidad de control, a través de la automatización, de las diferentes tecnologías que las forman.

Todas estas tecnologías pueden agruparse en función de sus características. Estos conjuntos de aplicaciones y sus posibles conexiones se conocen con el nombre de **redes.**

Las principales redes que pueden encontrarse en la instalación de una vivienda se denominan **redes domésticas.**

A continuación se muestra un esquema donde pueden apreciarse los principales componentes que forman parte de cada una de estas redes, donde cada color representa una diferente.

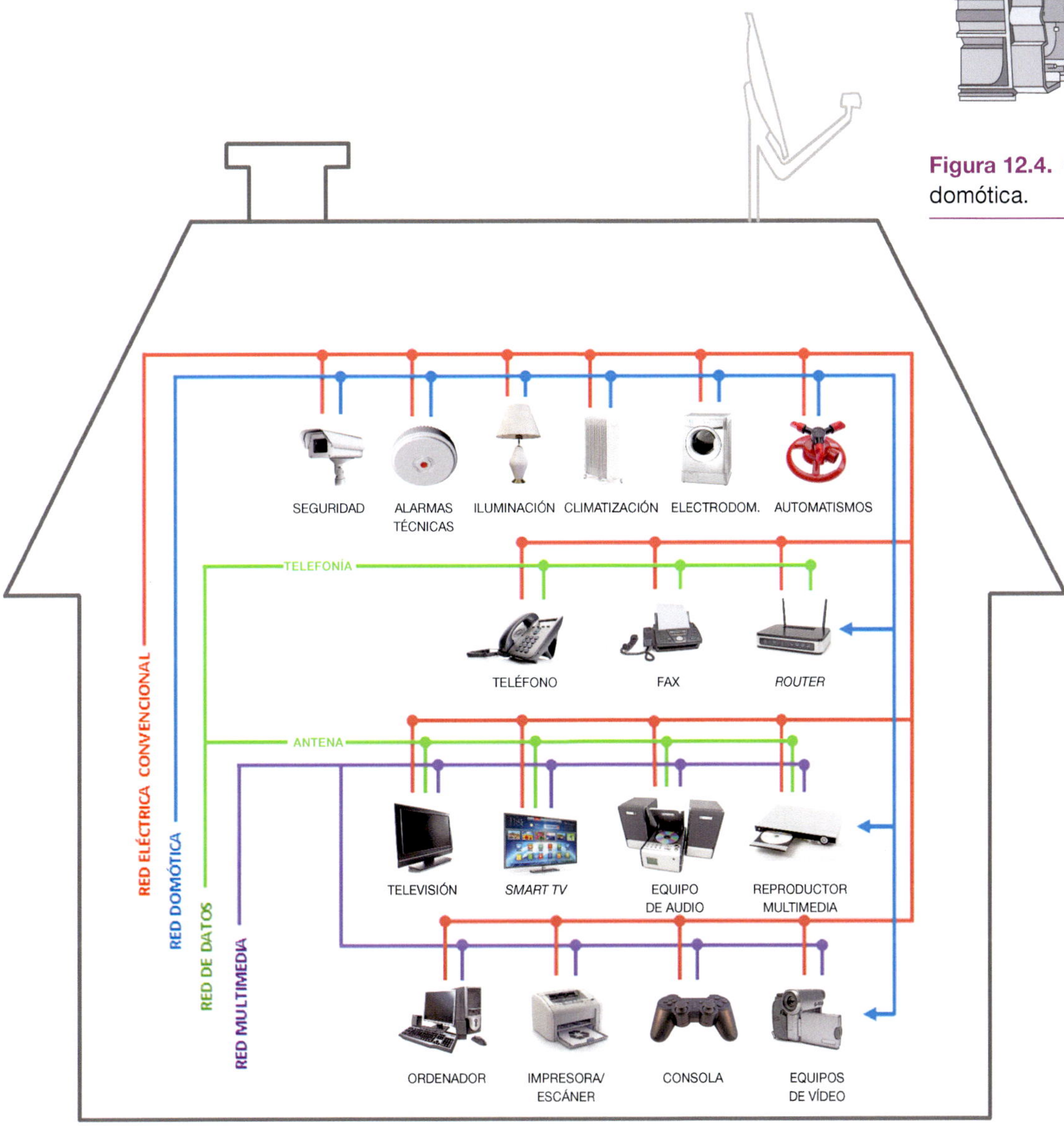

Figura 12.3. Componente de la red eléctrica convencional.

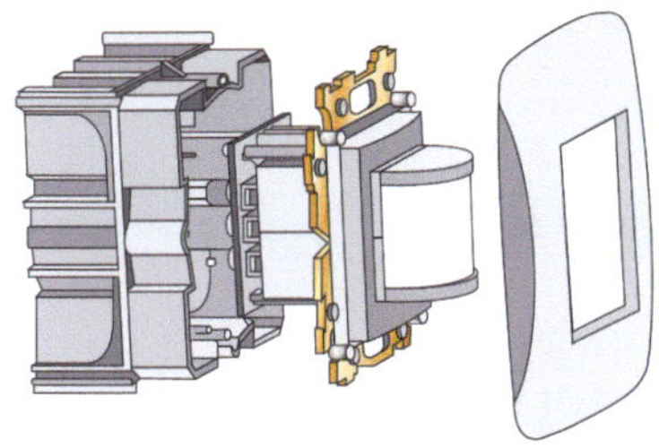

Figura 12.4. Componente de la red domótica.

Figura 12.5. Componente de la red multimedia.

A continuación se estudiarán las redes domésticas más comunes.

1 Red eléctrica convencional

La red eléctrica convencional, o red de potencia, es la que suministra la energía eléctrica a los diversos receptores de la instalación para que puedan funcionar.

2 Red de datos

La red de datos está compuesta por dos subredes:

- **Red de datos de antenas:** se encarga de distribuir las señales externas de televisión digital terrestre (TDT), televisión por satélite y radio.
- **Red de datos de telefonía:** permite la comunicación telefónica y la transferencia de archivos a través de internet.

3 Red multimedia

La red multimedia distribuye información digital, ya sea texto, imágenes, vídeo o animación, a través de ordenadores, teléfonos móviles, *tablets, e-books,* videoconsolas, etc.

4 Red domótica

La red domótica está compuesta por todos los equipos, dispositivos y elementos necesarios para la automatización de la vivienda.

Esta automatización pretende integrar las distintas redes y equipos de la vivienda mediante el control y gestión de la electricidad, la electrónica, la informática y las comunicaciones.

NORMATIVA

GUÍA TÉCNICA DE APLICACIÓN DEL REBT GUÍA-BT-51

Instalaciones de sistemas de automatización, gestión técnica de la energía y seguridad para viviendas y edificios.

«La red de control del sistema domótico deberá integrarse con la red de energía eléctrica y coordinarse con el resto de redes con las que tenga relación, como por ejemplo de telefonía, televisión y tecnologías de la información, cumpliendo con las reglas de instalación aplicables a cada una de ellas.»

Actividad propuesta 12.1.

Enumera dos componentes que pueden formar parte de cada una de las redes domésticas estudiadas.

Ejemplo. Red domótica: sensor de fuga de agua y motor de persianas.

Red eléctrica convencional		
Red de datos		
Red multimedia		
Red domótica		

Figura 12.6. Componente de la red de datos.

12.3. Componentes de las instalaciones domóticas

Para llevar a cabo la automatización de una vivienda o edificio es necesario utilizar ciertos componentes, que compartirán información en forma de señales eléctricas. Los componentes que pueden formar parte de las instalaciones domóticas se estudian en los siguientes apartados.

Sensores

Los sensores son dispositivos que se encargan de medir **variables externas** y enviar información en forma de señales al resto del sistema domótico. Existen numerosos tipos de sensores, dependiendo del tipo de variable que son capaces de medir. Algunos ejemplos de sensores se muestran en la Figura 12.7.

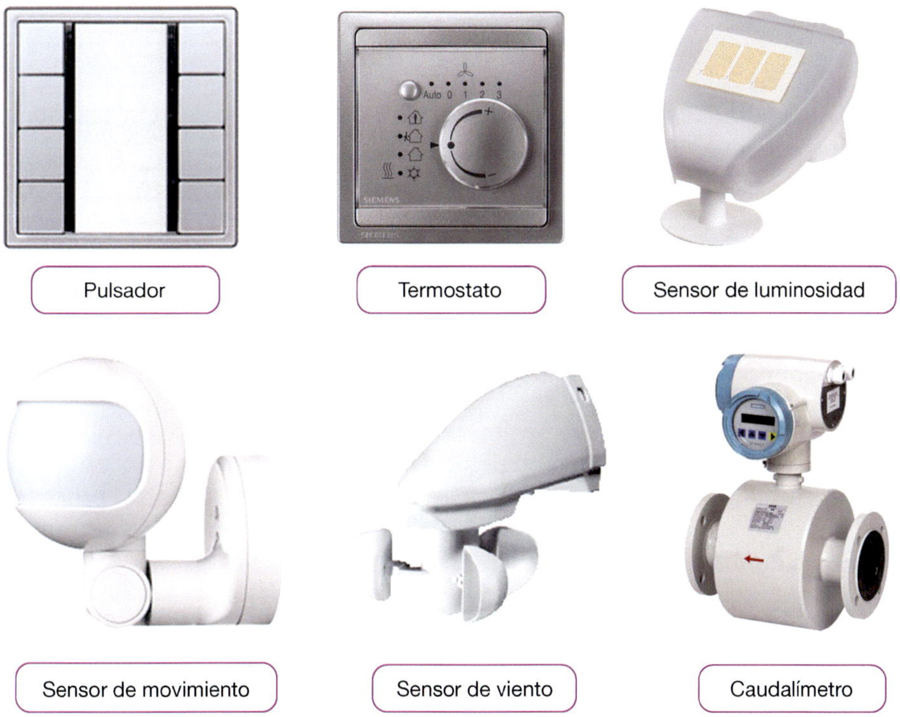

Figura 12.7. Diferentes tipos y modelos de sensores.

Figura 12.8. Ejemplos de variables externas.

Actividad propuesta 12.2.

Observa las diferentes variables externas que se muestran en la Figura 12.8. ¿Se te ocurren otras variables que puedan medir los sensores de un sistema domótico?

Los sensores son las **entradas del sistema,** y dependiendo del tipo de sistema domótico pueden tener inteligencia propia o no.

Sabías que...

Los *smartphones* y las *tablets* han ampliado las posibilidades de gestión de las instalaciones domóticas.

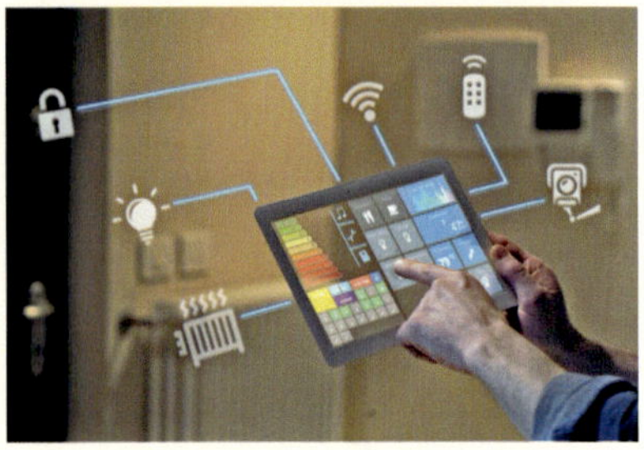

Actuadores

Los actuadores son dispositivos que se encargan de recibir la información procedente del sistema domótico y ejecutar las acciones para las que han sido diseñados. Algunos ejemplos de actuadores se muestran en la Figura 12.9.

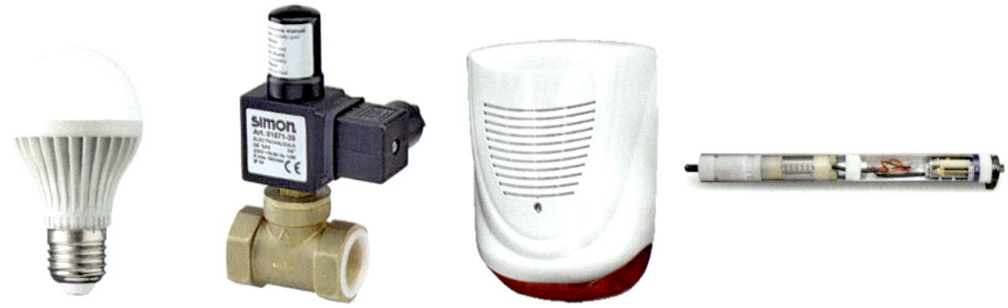

Figura 12.9. Ejemplos de actuadores.

Los actuadores son las **salidas del sistema,** y dependiendo del tipo de sistema domótico pueden tener inteligencia propia o no.

Equipos de control

En determinados sistemas domóticos, los sensores y los actuadores tienen **inteligencia,** y a través de sus propios microprocesadores pueden enviarse señales y compartir información entre ellos mismos.

Sin embargo, si los sensores y los actuadores no poseen un microprocesador propio, es decir, no tienen inteligencia, el sistema domótico necesita otro componente que se encargue de recibir las señales de los sensores, procesarlas y enviarlas hacia los actuadores. Este componente es un **equipo de control o controlador.**

Los equipos de control son **el cerebro** en determinados sistemas domóticos.

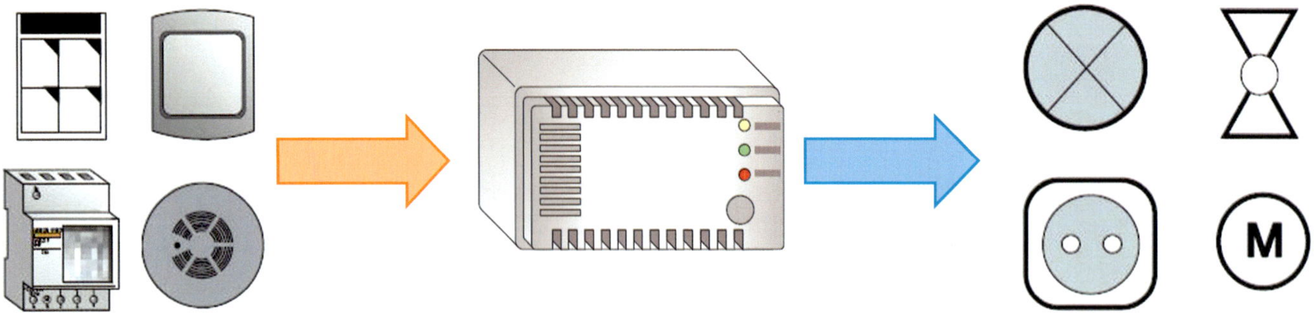

Figura 12.10. Los equipos de control se encargan de procesar la información y supervisar el sistema domótico.

Componentes complementarios

Los componentes complementarios no son necesarios para el correcto funcionamiento de los sistemas domóticos, pero se pueden utilizar para mejorar las prestaciones de la instalación. En la Figura 12.11 se muestran algunos ejemplos.

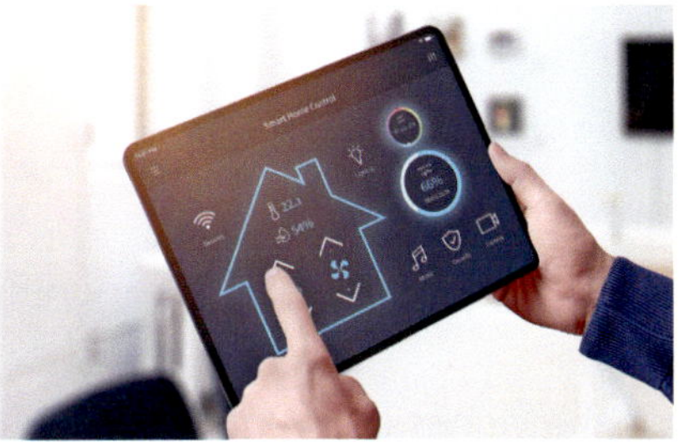

Pantalla y control de visualización

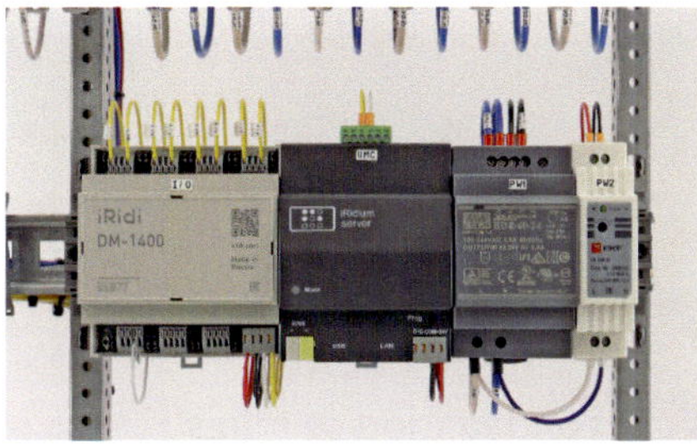

Pasarela y servidor para teléfono móvil

Figura 12.11. Ejemplos de componentes complementarios.

Recuerda que...

Los equipos de control y los componentes complementarios no son necesarios en todas las instalaciones domóticas.

Actividad resuelta 12.1.

En la siguiente figura, identifica los componentes domóticos que aparecen numerados y la función que cumple cada uno de ellos.

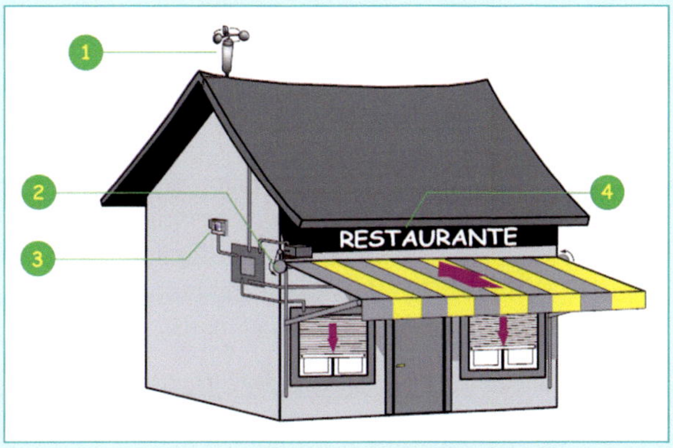

Figura 12.12. Restaurante domotizado.

Solución

1. Sensor de viento. Es un sensor que se encarga de medir la velocidad del viento. Cuando es muy elevada, envía una señal al sistema para que se recoja el toldo.
2. Motor del toldo. Es un actuador. Cuando recibe la información del sistema se recoge automáticamente.
3. Sensor de luminosidad. Es un sensor que se encarga de medir la luminosidad exterior. Cuando se hace de noche, envía una señal al sistema para que se encienda el cartel luminoso.
4. Cartel luminoso. Es un actuador. Cuando recibe la información del sistema se enciende o se apaga automáticamente.

Vocabulario

Hogar inteligente = *Smart home*

Domótica = *Home automation*

Sabías que...

Una de las principales ventajas de los sistemas domóticos es la posibilidad de programación de sus componentes en días y horas determinados.

Sabías que...

Los electrodomésticos «inteligentes» pueden conseguirse mediante componentes domóticos externos conectados a electrodomésticos tradicionales o utilizando electrodomésticos domóticos. En la imagen se muestra un programador domótico utilizado para el control de electrodomésticos y otros dispositivos eléctricos.

12.4. Aplicaciones y funciones de los sistemas domóticos domésticos

Las diferentes funciones y aplicaciones que puede realizar un sistema domótico pueden clasificarse dentro de cuatro categorías, llamadas **áreas de gestión** (Tabla 12.1).

Tabla 12.1. Áreas de gestión de la domótica

Aumento del confort	Gestión de la energía	Sistemas de seguridad	Control de las comunicaciones

A continuación se muestran las principales funciones dentro de cada una de las áreas de gestión que pueden aportar los sistemas domóticos a los entornos domésticos en la actualidad.

12.4.1. Aumento del confort

Incluye funciones relacionadas con la mejora de la calidad de vida de los usuarios de la instalación domótica.

1. **Iluminación automática por presencia**
Encender y apagar automáticamente la iluminación al detectar movimiento o la presencia de personas.

2. **Iluminación automática por estancias**
Encender y apagar automáticamente la iluminación al abrir o cerrar una puerta.

3. **Regulación de la intensidad luminosa**
Variar y regular la cantidad de luz que emite una lámpara mediante un pulsador o *dimmer*.

4. **Control remoto**
Gestionar y controlar diferentes equipos eléctricos a distancia a través de dispositivos inalámbricos.

5. **Escenarios**
Memorizar diferentes configuraciones de la iluminación y la climatización para volver a usarlas posteriormente.

6. **Programación de la climatización**
Activar automáticamente la climatización tras programar la temperatura para una hora determinada.

7. **Automatización de persianas y toldos**
Controlar el movimiento de las persianas y los toldos a través de motores activados por mandos o pulsadores.

8. **Control temporizado**
Activar cualquier equipo eléctrico automáticamente a partir de una hora programada y durante un tiempo determinado.

9. **Automatización de los electrodomésticos**
Controlar el funcionamiento de los electrodomésticos a través del sistema domótico, tanto desde el interior como desde el exterior de la vivienda.

Sabías que...

Los sistemas domóticos permiten el encendido de la calefacción con tan solo enviar un mensaje de texto (SMS) o con aplicaciones móviles. Esto resulta muy útil para climatizar la vivienda unas horas antes de llegar.

12.4.2. Gestión de la energía y eficiencia energética

Incluye funciones relacionadas con el control y gestión del consumo de las cargas eléctricas de la instalación domótica.

	**1. Iluminación automática por luminosidad ambiental** Encender, apagar y regular automáticamente la iluminación en función de la luminosidad exterior.
	**2. Control de potencia** Desconectar las cargas eléctricas no prioritarias antes de llegar al consumo máximo, evitando así que se desconecte toda la instalación.
	**3. Climatización por zonas** Definir las temperaturas de la calefacción o del aire acondicionado en distintas zonas de la vivienda de forma independiente.
	**4. Programación del riego automático** Activar automáticamente el riego exterior tras programarlo para una hora determinada. Si se detecta lluvia, se cancela su funcionamiento.
	**5. Temporización de dispositivos** Encender y apagar automáticamente un equipo eléctrico durante un tiempo determinado.
	**6. Gestión de tarifas** Conectar los electrodomésticos, por ejemplo la lavadora o el lavavajillas, en horarios de tarifa reducida (tarifa nocturna).
	**7. Apagado centralizado** Desconectar la iluminación de toda la vivienda mediante un pulsador situado junto a la puerta de entrada, para evitar dejar alguna luz encendida al salir.

Figura 12.13. Los electrodomésticos domóticos pueden ser controlados programados desde una *tablet* o un *smartphone.*

Eficiencia energética

La domótica permite ahorrar energía y transformar una vivienda o local en una instalación inteligente mucho más eficiente y sostenible.

Recuerda que...

Existen mecanismos que son pequeños automatismos, como los estudiados en la Unidad 11, pero que no tienen por qué formar parte de un sistema domótico.

Sabías que...

El monóxido de carbono (CO) es un gas tóxico que se produce por una mala combustión (coches en garajes, carbón en estufas...). Es prácticamente indetectable por el ser humano, ya que no tiene olor, de forma que si un sensor no lo descubre a tiempo puede producir la muerte por asfixia.

Actividad resuelta 12.2.

¿Has observado que una misma función domótica puede clasificarse en varias áreas de gestión? Busca algunos ejemplos en los que suceda esto.

Solución

Ejemplo 1. La programación del riego automático ahorra agua (gestión de la energía) y aumenta el confort.

Ejemplo 2. La iluminación automática aumenta el confort y mantiene apagadas las cargas cuando no son necesarias (gestión de la energía).

Ejemplo 3. El control remoto aumenta el confort y mejora las comunicaciones.

12.4.3. Sistemas de seguridad

Incluye funciones relacionadas con la protección de los usuarios y la fiabilidad de la propia instalación.

1. **Sensores de incendio**
Detectar el origen de un incendio, cortando los suministros de gas y electricidad y enviando un aviso a los servicios de emergencia.

2. **Sensores de fuga de agua**
Detectar una fuga de agua, cortando el suministro de agua.

3. **Sensores de fuga de gas**
Detectar una fuga de gas natural o butano, cortando el suministro de gas y activando los sistemas de ventilación.
Detectar una concentración excesiva de gases tóxicos, como CO_2 y CO, conectando los sistemas de ventilación.

4. **Sensores de viento**
Medir la velocidad del viento. Si es demasiado elevada se recogen los toldos y bajan las persianas.

5. **Sensores de intrusión**
Detectar el acceso por puertas o ventanas de intrusos, activando la alarma y enviando un aviso a los servicios de seguridad.

6. **Simulación de presencia**
Simular la presencia de personas en la vivienda para evitar robos cuando se encuentra desocupada. Esto se consigue programando la subida y bajada de las persianas, el encendido y apagado de la iluminación, etc.

7. **Alarmas sonoras y visuales**
Enviar avisos sonoros y visuales a los propietarios cuando se activa alguno de los sistemas de seguridad.

8. **Control de accesos**
Gestionar el acceso a la vivienda a través de dispositivos electrónicos.

9. **Seguridad infantil**
Desconectar las tomas de corriente y otros mecanismos eléctricos al alcance de menores mediante un pulsador.

Figura 12.14. El conjunto de sistemas de seguridad que protegen los edificios y detectan averías se denomina **alarmas técnicas.** Las alarmas técnicas más comunes son las basadas en sensores de incendio, de fuga de agua y de gas.

Figura 12.15. Dispositivo para el control de acceso a una vivienda.

12.4.4. Control de las comunicaciones

Incluye funciones relacionadas con la gestión de las transmisiones y comunicaciones en el interior y exterior de la instalación domótica.

Recuerda que...

Las alarmas técnicas más comunes son de incendio, gas y agua.

1. **Monitorización de la instalación**
Mostrar los consumos (electricidad, agua y gas) en un panel situado en el interior de la vivienda.

2. **Gestión remota de la vivienda**
Supervisar y controlar toda la instalación desde el exterior a través del teléfono (llamada o SMS), internet, etc.

3. **Sistemas multimedia**
Incluye el control domótico de la televisión, radio, hilo musical ambiental, portero automático, etc.

4. **Telemedicina**
Generar llamadas de alertas médicas en caso de accidente o enfermedad, videocomunicación con el médico de cabecera, etc.

Actividad resuelta 12.3.

¿Qué otros servicios de comunicación se te ocurren?

Solución

- Control del portero automático a través del teléfono.
- Control del videoportero a través del televisor.
- Videoconferencias.
- Supervisión de cámaras de seguridad a través de internet.

Figura 12.16. Contador electrónico de energía que puede ser integrado en un sistema domótico.

12.5. Tipos de sistemas domóticos

Figura 12.17. Ejemplo de un panel de control para la gestión de un sistema domótico.

Las tecnologías domóticas empezaron a desarrollarse hace algunos años, y en la actualidad existe una gran variedad de sistemas domóticos destinados a la automatización de viviendas y edificios.

Tabla 12.2. Clasificación de los sistemas domóticos

Su propiedad	Sistemas propietarios
	Sistemas no propietarios
El método de conexión	Sistemas mediante corrientes portadoras
	Sistemas en estrella
	Sistemas por bus de datos

12.5.1. Sistemas domóticos en función de su propiedad

Recuerda que...

Una instalación domótica se caracteriza porque sus componentes comparten información en forma de señales.

Las empresas del ámbito de la electricidad que se dedican a fabricar y comercializar componentes domóticos pueden elegir si sus productos serán compatibles con los productos fabricados por otras empresas, o si únicamente podrán interactuar entre componentes del mismo fabricante.

Es por esto que los sistemas domóticos pueden clasificarse en función de su propiedad entre **sistemas propietarios (cerrados)** y **sistemas no propietarios (abiertos).**

Figura 12.18. Ejemplo de sistema domótico propietario: CRESTRON.

Sistemas propietarios

Son propiedad de la empresa que los ha creado, por lo que solo pueden ser fabricados y comercializados exclusivamente por esta.

Este tipo de sistemas tiene la desventaja de que los componentes solo pueden ser reemplazados por otros del mismo fabricante. En la actualidad existen numerosas empresas que comercializan sistemas propietarios, algunos de ellos en forma de kit para pequeñas instalaciones. Algunos ejemplos:

- Comelit.
- Domotify.
- Logitech.

Los sistemas propietarios también se denominan **sistemas cerrados.**

Recuerda que...

Los sistemas domóticos propietarios son cerrados.

Los sistemas domóticos no propietarios son abiertos.

Sistemas no propietarios

Pueden ser fabricados y comercializados por cualquier empresa que cumpla con los requisitos adecuados. Todos los dispositivos son compatibles entre sí, independientemente de quien los fabrique.

Tabla 12.3. Ejemplos de sistemas domóticos no propietarios

Principales sistemas domóticos no propietarios		
KNX	X-10	LONWorks
HBS	BACnet	CEBus

Los sistemas no propietarios también se denominan **sistemas abiertos.**

Sabías que...

Los sistemas domóticos no propietarios son conocidos como **sistemas estándares.**

Actividad propuesta 12.3.

Explora en los recursos digitales del libro, a los que puedes acceder desde la ficha web de la obra, mediante un sencillo registro, en www.paraninfo.es; localiza y descarga un archivo llamado *«Distribución mundial de los sistemas domóticos en la actualidad»* y responde a las siguientes preguntas.

- ¿Qué sistema domótico es el más utilizado en la actualidad?
- ¿Cuál es el porcentaje de utilización de los sistemas propietarios?
- ¿Cuál es el porcentaje de utilización del sistema KNX?

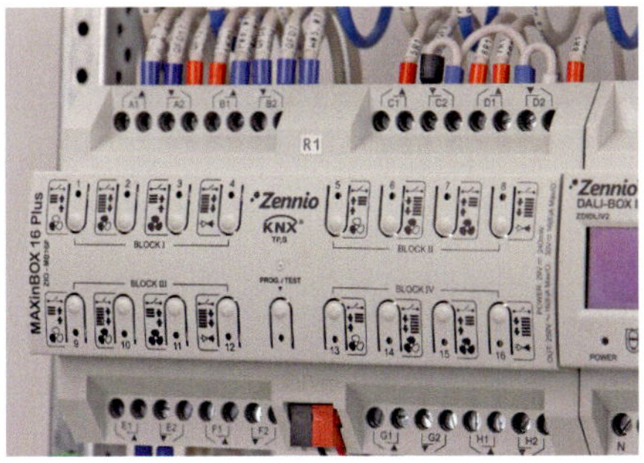

Figura 12.19. El sistema domótico estándar de Europa es el KNX.

12.5.2. Sistemas domóticos en función del método de conexión

Las posibilidades de conexión de los diferentes dispositivos domóticos pueden clasificarse en tres grupos: corrientes portadoras, estrella y bus de datos.

Sistemas mediante corrientes portadoras

Los dispositivos se conectan a la **red eléctrica convencional** y se envían las señales a través de esta. Cada elemento es capaz de emitir, procesar y recibir la información por sí mismo, por lo que no es necesario utilizar equipos de control.

Ejemplo: sistema X-10.

Figura 12.20. Ejemplo de termostato domótico para el control de la temperatura del agua y de la calefacción en una vivienda o edificio.

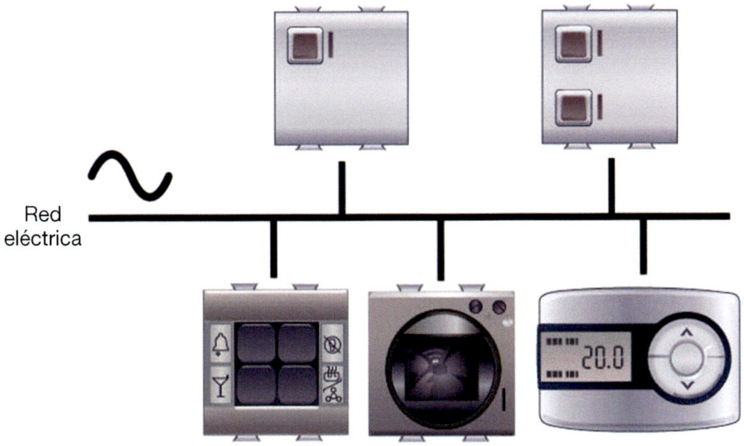

Figura 12.21. Esquema de un sistema por corrientes portadoras.

Vocabulario

Corrientes portadoras = *Power Line Carrier*

Sistemas en estrella

Los dispositivos se conectan a un equipo de control central, que se encarga de gestionar y supervisar todo el sistema.

Ejemplo: sistemas controlados por autómatas programables.

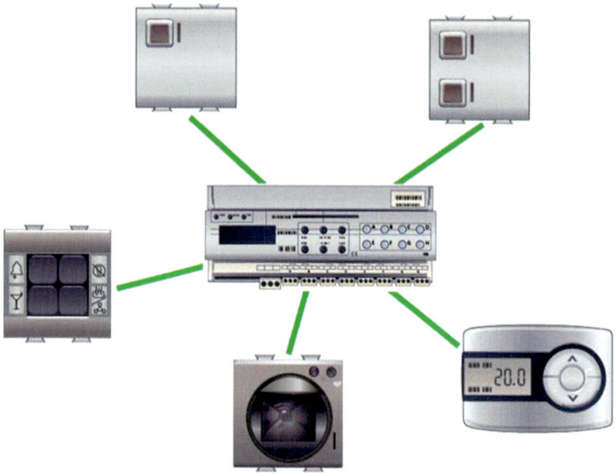

Figura 12.22. Esquema de un sistema en estrella.

Sistemas por bus de datos

Los dispositivos se conectan a un tipo de conductor específico llamado **bus de datos** o **cable bus,** a través del cual se envían las señales. Cada elemento es capaz de emitir, procesar y recibir la información por sí mismo, por lo que no es necesario utilizar equipos de control.

Ejemplo: sistemas KNX y LONWorks.

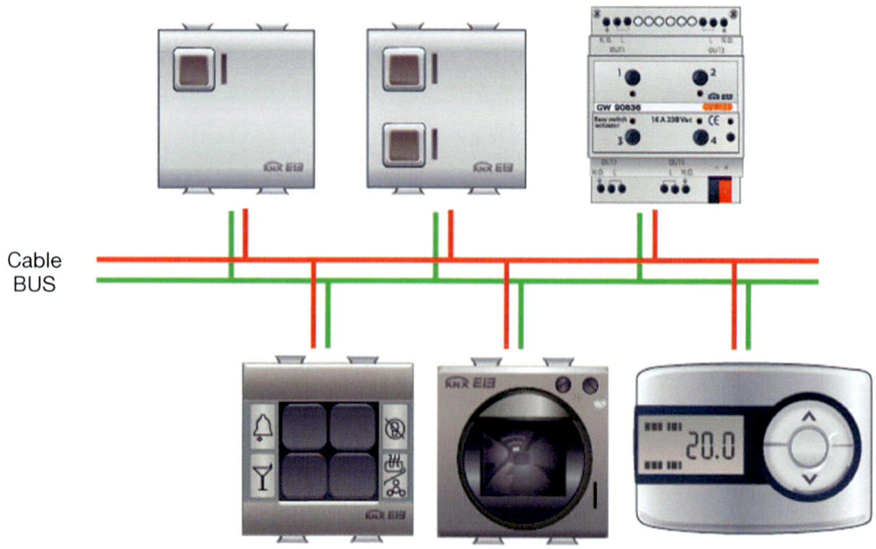

Figura 12.23. Esquema de un sistema por bus de datos.

NORMATIVA

GUÍA TÉCNICA DE APLICACIÓN DEL REBT GUÍA-BT-51

Instalaciones de sistemas de automatización, gestión técnica de la energía y seguridad para viviendas y edificios

Apartado 2: Terminología

«Un sistema que controla la climatización, la apertura de persianas, la iluminación del local y el riego del jardín... se considera un sistema domótico, ya que recibe información de diferentes entradas, la procesa y decide el tipo de actuación sobre cada elemento controlado.

Un reloj-programador simple *de* encendido/apagado **o similar no se considera un sistema domótico** *en* sí mismo ya que, aunque emita una orden de encendido/apagado, no recibe información externa ni procesa ninguna información...»

Recuerda que...

La domótica permite el control del entorno doméstico, a través, por ejemplo, del televisor.

12.6. Configuración de las conexiones entre los componentes domóticos

En una red domótica, los sensores y los actuadores pueden conectarse unos a otros de diferentes formas. La configuración de las conexiones entre estos dispositivos es conocida como **tipología o arquitectura de la red.**

Actividad propuesta 12.4.

De entre las diferentes arquitecturas de red mostradas en la Figura 12.24, las más utilizadas en sistemas domóticos son las denominadas: arquitectura en estrella, arquitectura en anillo y arquitectura en bus.

Piensa en una posible ventaja y un posible inconveniente de cada una de ellas.

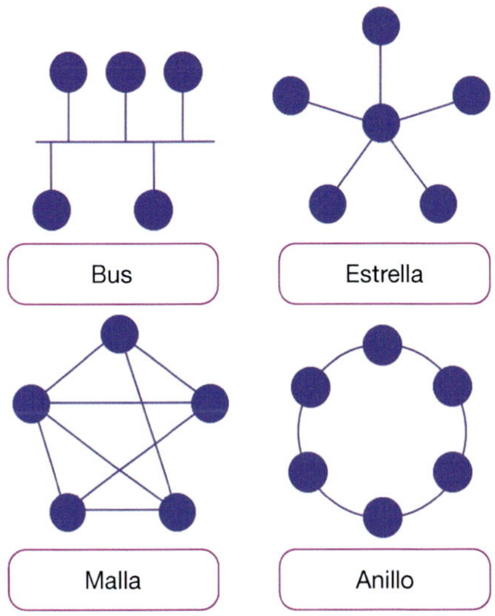

Figura 12.24. Principales tipos de arquitecturas de red.

En función del tipo de arquitectura y de cómo la información es tratada por cada uno de los sensores, equipos de control y actuadores de la instalación, existen tres tipos de redes domóticas:

- Red domótica descentralizada.
- Red domótica centralizada.
- Red domótica distribuida.

12.6.1. Red domótica descentralizada

En las redes domóticas descentralizadas cada uno de los sensores y actuadores de la instalación tiene su propio microprocesador, por lo que son capaces de comunicarse entre ellos y gestionar la información por sí mismos.

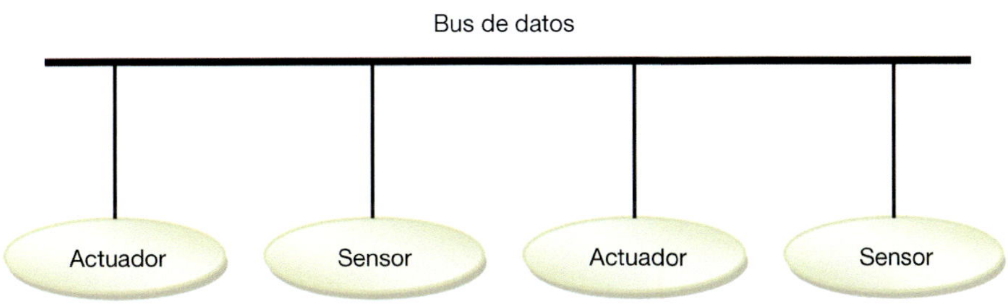

Figura 12.25. Esquema de un sistema descentralizado.

Figura 12.26. Microprocesador.

En este tipo de redes no hay un equipo central de control, por lo que debe programarse la configuración de cada sensor y cada actuador previamente. Se dice entonces que los sensores y los actuadores tienen inteligencia propia.

Recuerda que...

En las redes centralizadas y distribuidas el equipo de control se encarga de gestionar el sistema: es el **cerebro.**

En las redes descentralizadas los componentes tienen **inteligencia propia.**

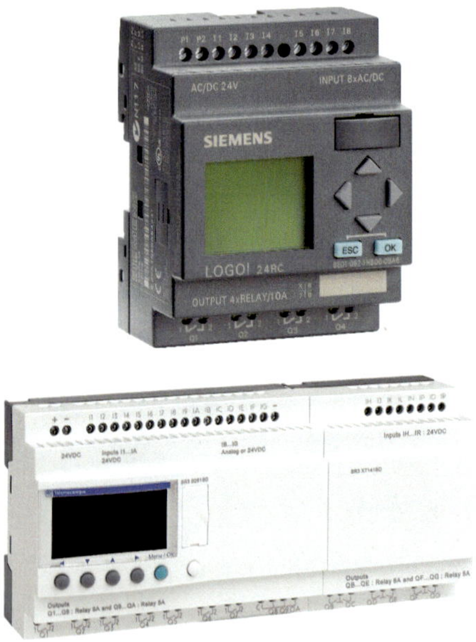

Figura 12.28. Un ejemplo real de equipos de control: los autómatas o relés programables.

Recuerda que...

Si alguno de los equipos de control deja de funcionar, dejarán de funcionar también todos los sensores y actuadores que tenga asociados.

Recuerda que...

El inconveniente de los sistemas centralizados es que si el equipo central de control tiene una avería, todo el sistema deja de funcionar.

12.6.2. Red domótica centralizada

Las redes domóticas centralizadas poseen equipo de control (o controlador), al que se conectan todos los sensores y actuadores del sistema.

Esta unidad central se encarga de gestionar, procesar y supervisar las comunicaciones y funciones de todo el sistema.

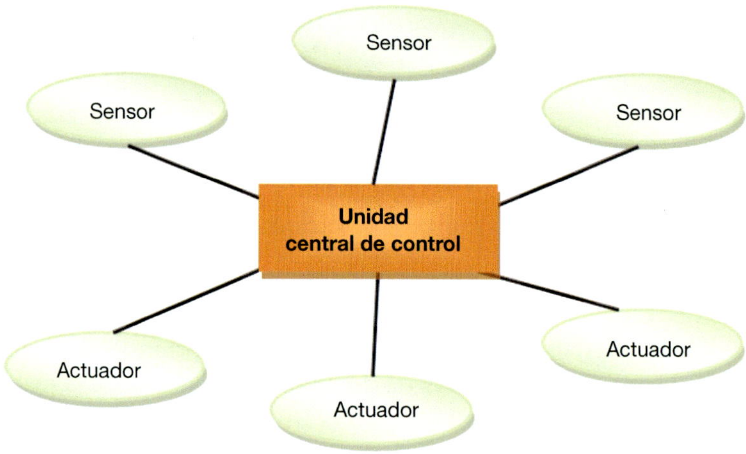

Figura 12.27. Esquema de un sistema centralizado.

En este tipo de redes es necesario programar el equipo de control, configurándolo para que interprete correctamente la información procedente de los sensores y transmita las órdenes adecuadas hacia los actuadores.

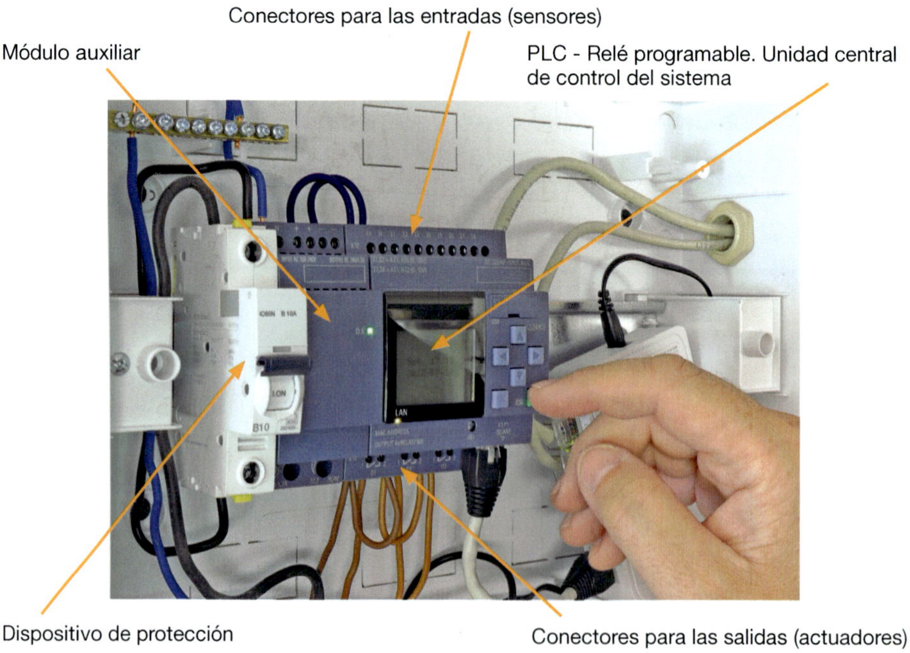

Figura 12.29. Ejemplo de instalación domótica centralizada (relé programable Logo!).

12.6.3. Red domótica distribuida

En las redes domóticas distribuidas dos o más equipos de control unidos entre sí gobiernan todo el sistema. Cada unidad intercambia información con los sensores y actuadores que tenga asociados y con el resto de los equipos de control del sistema.

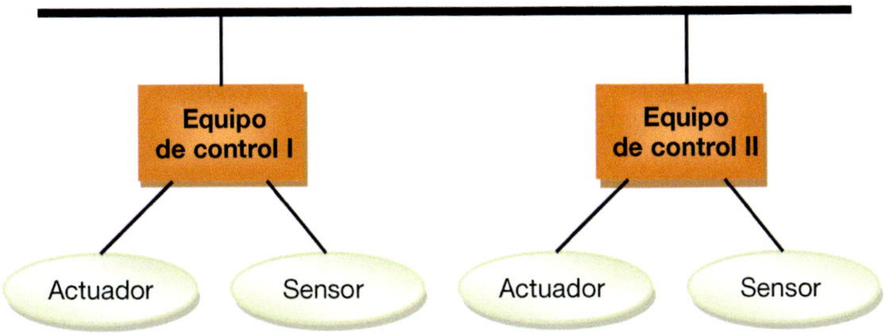

Figura 12.30. Esquema de un sistema distribuido.

En este tipo de redes es necesario programar cada una de las unidades de control de forma independiente.

Cada uno de los equipos de control se puede programar desde un PC, un panel táctil o una consola de programación. Una vez configurada la instalación el usuario puede variar los parámetros que desee sin dificultad.

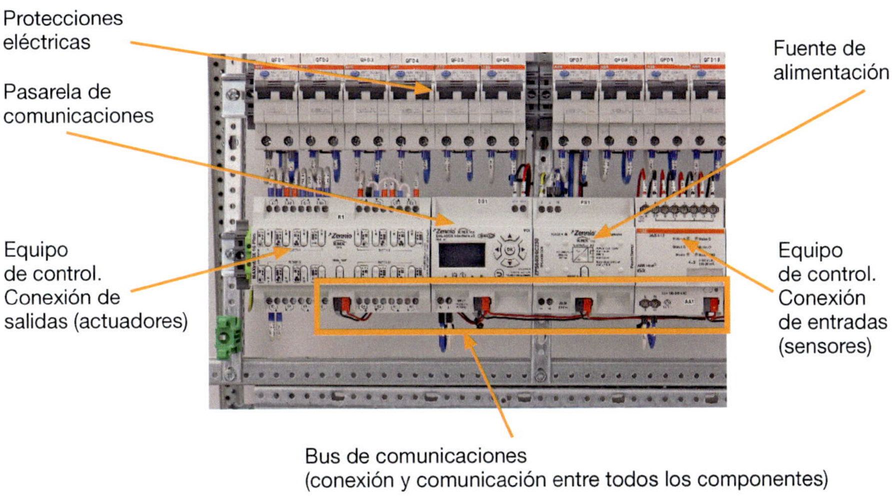

Figura 12.32. Ejemplo de instalación domótica descentralizada real (sistema KNX).

Actividad propuesta 12.5.

Razona si los siguientes enunciados son verdaderos o falsos.

a) En un sistema domótico descentralizado cada uno de los componentes tiene inteligencia propia.

b) En un sistema domótico centralizado debe programarse cada sensor y actuador de forma independiente.

c) Un sistema domótico distribuido se caracteriza porque solo posee una unidad central de control.

Sabías que...

La programación de los equipos de control puede resultar muy complicada y en ocasiones solo pueden realizarla personas con la formación adecuada.

En la actualidad se están diseñando equipos cada vez más sencillos, que pueden ser programados por cualquier usuario.

Figura 12.31. Usuario programando un equipo de control.

NORMATIVA

GUÍA TÉCNICA DE APLICACIÓN DEL REBT GUÍA-BT-51

Clasifica las instalaciones domóticas en dos categorías (grado de automatización básico y grado de automatización normal), dependiendo de la cantidad de sensores y actuadores y de las funciones que pueden realizar.

Recuerda que...

Una de las principales ventajas de los sistemas domóticos es la posibilidad que ofrecen de establecer comunicaciones inalámbricas. Esto permite, por ejemplo, controlar la instalación desde cualquier parte del mundo a través del teléfono móvil o un ordenador con conexión a internet.

12.7. Cableado y otros medios de comunicación

Los dispositivos que componen un sistema domótico intercambian continuamente información. Esta información debe viajar a través de un soporte físico, denominado **medio de transmisión** o **medio de comunicación.**

Los medios de comunicación más utilizados en los sistemas domóticos convencionales pueden ser cableados o inalámbricos.

Actividad propuesta 12.6.

Antes de empezar a estudiar en profundidad los anteriores medios de comunicación, responde a la siguiente pregunta:

¿Qué ventajas e inconvenientes crees que pueden tener los medios cableados frente a los medios inalámbricos?

Figura 12.33. Cables convencionales.

12.7.1. Medios de comunicación cableados

Son los que se basan en algún tipo de cable o conductor para la conexión de los dispositivos.

Cable convencional

Este medio de comunicación establece el envío y recepción de la información del sistema domótico a través de la red eléctrica.

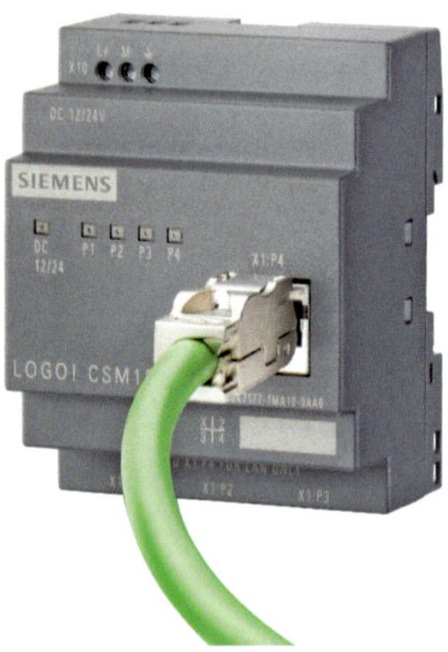

Figura 12.34. Componente domótico utilizando cableado dedicado.

1 Descripción

- La conexión y la comunicación entre los componentes se realiza a través de la red eléctrica ya existente en la instalación (230 V_{CA} a 50 Hz), siempre que exista un conductor neutro.
- La información entre los componentes se envía y se recibe en forma de **señales de alta frecuencia.**

2 Ventajas

- Los sistemas domóticos que utilizan cable convencional son muy fáciles de implantar, ya que no necesitan preinstalación.

3 Inconvenientes

- Pueden aparecer interferencias.
- Es necesario utilizar **filtros** que no permitan la salida de la información al exterior.

Recuerda que...

Al cable convencional también se le llama **cable de fuerza.**

4 ¿Dónde se utiliza?

- En viviendas y edificios donde ya exista una instalación eléctrica monofásica y el sistema domótico no necesite utilizar un cable de control adicional.

Cables de pares

Este medio de comunicación establece el envío y recepción de la información del sistema domótico a través de cableado dedicado.

1 Descripción

- Los cables de pares están formados por varias parejas de conductores, normalmente trenzados. Cada pareja se encarga de una o varias funciones como transportar la información, alimentar a los componentes o realizar funciones auxiliares.
- Se utilizan generalmente en sistemas domóticos que funcionan a bajas tensiones en corriente continua (12, 24 o 48 V_{cc}).

2 Ventajas

- Las interferencias son mínimas.
- La instalación resulta sencilla.
- El coste no es demasiado elevado.

Figura 12.35. Cable bus (cable de pares) utilizado en el sistema domótico KNX.

3 Inconvenientes

- Es necesario utilizar **fuentes de alimentación** para conseguir la tensión continua que utilizan los componentes.
- La distancia de separación entre dispositivos es limitada.

4 ¿Dónde se utiliza?

- En nuevas instalaciones o reformas, ya que se necesita un nuevo trazado para la instalación del cableado.

Figura 12.36. Cables de pares trenzados con y sin apantallamiento.

Actividad propuesta 12.7.

Existen cables de pares simples, cables de pares trenzados y cables de pares trenzados y apantallados, como los representados en la Figura 12.36.

¿Por qué crees que se fabrican los cables trenzados? ¿Y los apantallados?

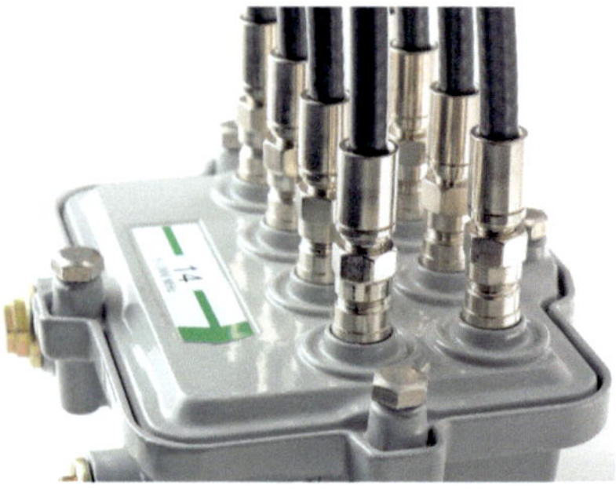

Figura 12.37. Detalle de conexión de cables coaxiales.

Cable coaxial

Este medio de comunicación establece el envío y recepción de la información del sistema domótico a través de cableado dedicado.

1 Descripción

- El cable coaxial está compuesto por un conductor central y una malla metálica, separados por un material aislante.
- Se utiliza para el transporte de grandes cantidades de información, como por ejemplo señales de vídeo y audio.

2 Ventajas

- Muy resistente frente a las interferencias.
- Puede transmitir grandes tasas de datos.

3 Inconvenientes

- Es más caro que otros medios cableados.
- El gran diámetro del cable coaxial hace que su instalación sea más complicada.
- La distancia de separación entre dispositivos es muy limitada.

4 ¿Dónde se utiliza?

- No se suele utilizar en instalaciones domóticas, ya que la cantidad de información que se transporta no es muy elevada.

Vocabulario

Cable de par trenzado = *Twisted pair*

Figura 12.38. Ejemplo de cable coaxial.

Sabías que...

Cuando un sistema domótico se instala con un medio de comunicación cableado distinto al cable convencional de la red eléctrica se dice que utiliza **cableado dedicado.**

Fibra óptica

Este medio de comunicación establece el envío y recepción de la información del sistema domótico a través de cableado dedicado.

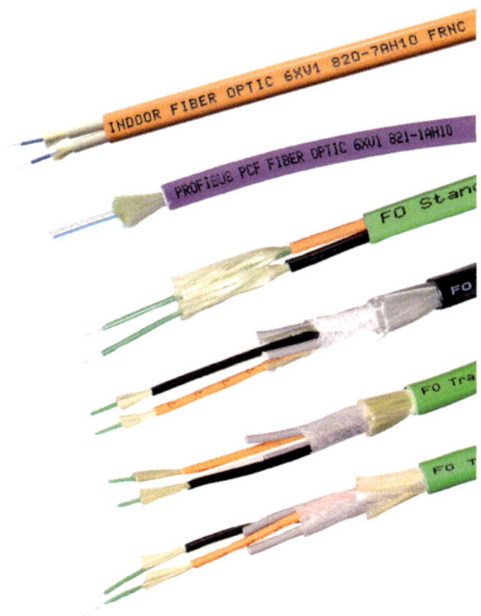

Figura 12.39. Cables de fibra óptica.

1 Descripción

- La fibra óptica se compone de hilos muy finos de material transparente (plástico o vidrio) por los que se envían pulsos de luz que contienen la información.
- Se utiliza para el envío de grandes cantidades de información a grandes distancias.

2 Ventajas

- Es inmune a las interferencias.
- Velocidad de transmisión muy elevada.

3 Inconvenientes

- Muy caro y sofisticado.
- Difícil mantenimiento.

4 ¿Dónde se utiliza?

- No es un medio de comunicación propio de las instalaciones domóticas, ya que la cantidad de información que se transporta no es muy elevada.

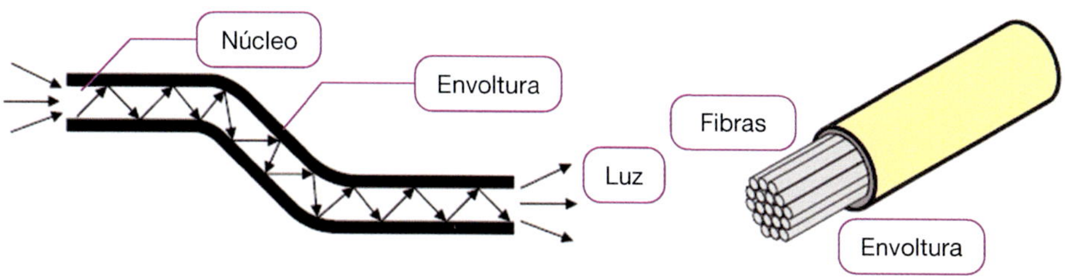

Figura 12.40. Esquema de un cable de fibra óptica.

Vocabulario

Fibra óptica = *Optical fiber / Fiber optic*

Inalámbrico = *Wireless*

Actividad propuesta 12.8.

Una instalación domótica puede ser evaluada con una puntuación que depende del número de dispositivos instalados y del número de funciones que sea capaz de realizar. Cuanto mayor sea esta puntuación, mejor será la instalación domótica.

La Asociación Española de Domótica (CEDOM), basándose en la especificación de AENOR EA0026 «Instalaciones de sistemas domóticos en viviendas. Prescripciones generales de instalación y evaluación» ha creado una tabla de clasificación a través de la cual cualquier persona puede conocer la puntuación de una instalación domótica concreta.

En los recursos digitales del libro, a los que puedes acceder desde la ficha web de la obra, mediante un sencillo registro, en www.paraninfo.es, localiza y abre el archivo «*tabla de niveles domóticos.pdf*» en el que se incluye la tabla de niveles domóticos.

12.7.2. Medios de comunicación inalámbricos

Estos medios de comunicación utilizan señales invisibles de alta frecuencia que viajan por el aire para transportar la información que comparten los dispositivos del sistema domótico.

Los dispositivos inalámbricos no necesitan ningún tipo de cable para comunicarse con el resto del sistema, por lo que suelen utilizarse en viviendas y edificios en los que no se puede o no se desea instalar cableado adicional.

En los siguientes apartados se detallan los medios de comunicación inalámbricos más comunes.

Figura 12.41. La comunicación inalámbrica permite el control y gestión del sistema mediante dispositivos portátiles.

Señales infrarrojas

Este medio de comunicación establece el envío y recepción de la información del sistema domótico a través de radiaciones electromagnéticas de alta frecuencia.

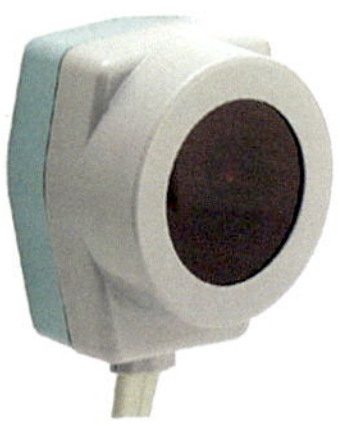

Figura 12.42. Receptor IR.

1 Descripción

- La comunicación se realiza mediante ondas infrarrojas, también llamadas IR.

2 Ventajas

- Las interferencias son mínimas.

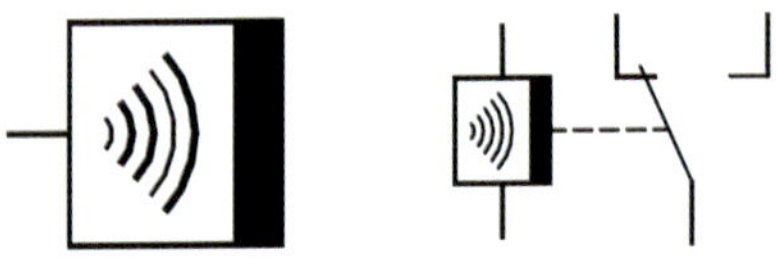

Figura 12.43. Símbolo de un emisor-receptor IR.

3 Inconvenientes

- Los dispositivos tienen que estar muy próximos entre sí, por lo que no es frecuente utilizarlos en sistemas domóticos.

4 ¿Dónde se utiliza?

- Entre componentes que se encuentran en la misma estancia, generalmente a través de mandos a distancia.

Señales de radiofrecuencia

Este medio de comunicación establece el envío y recepción de la información del sistema domótico a través de ondas electromagnéticas de alta frecuencia.

Figura 12.44. Receptor RF.

1 Descripción

- La comunicación se realiza mediante ondas de radiofrecuencia, también llamadas **RF.**

2 Ventajas

- Los dispositivos se pueden encontrar alejados a grandes distancias o encontrarse ocultos en falsos techos, cajas de derivación o cajas de mecanismo.

3 Inconvenientes

- Pueden aparecer interferencias.

4 ¿Dónde se utiliza?

- En viviendas y edificios donde los dispositivos se encuentran en distintas estancias, o repartidos por toda la instalación.

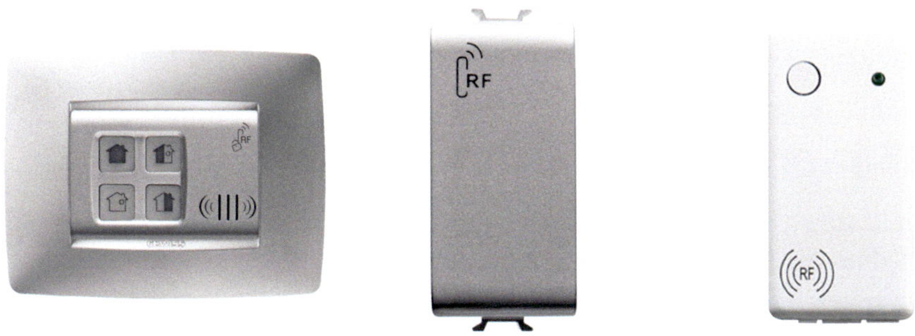

Figura 12.45. Componentes que utilizan señales de radiofrecuencia.

Figura 12.46. Componente con tecnología inalámbrica wifi.

Actividad resuelta 12.4.

¿Conoces algún tipo de tecnología que utilice señales inalámbricas?

Solución

Las más usuales, y que seguro que conoces, son las tecnologías wifi y *bluetooth*. Además, existen otras tecnologías inalámbricas muy utilizadas en sistemas domóticos, como por ejemplo: IrDA, HomeRF, ZigBee, etc.

Bluetooth® WiFi™ ZigBee® Infrared Data Association℠ HomeRF

Recuerda que...

Los dispositivos inalámbricos necesitan ir provistos de una pila o batería para alimentarse.

Telefonía móvil

Una de las principales ventajas de los medios de comunicación inalámbricos es poder enviar y recibir información desde el exterior de la vivienda o edificio.

A través de mensajes de texto (SMS), aplicaciones móviles (APP), llamadas o videollamadas realizadas desde un teléfono móvil, o remotamente a través de internet, es posible comunicarse con el sistema domótico, recibiendo información de los sensores o enviando órdenes a los actuadores.

Actividad propuesta 12.9.

Imagina algunas funciones en las que puede resultar muy ventajoso utilizar el teléfono móvil para comunicarse con el sistema domótico.

Ejemplo. Enviar un SMS para subir o bajar las persianas de la vivienda. De este modo se simula la presencia de personas cuando los usuarios se encuentran fuera de la vivienda, por ejemplo de vacaciones, aumentando la seguridad.

NORMATIVA

GUÍA TÉCNICA DE APLICACIÓN DEL REBT GUÍA-BT-51

Instalaciones de sistemas de automatización, gestión técnica de la energía y seguridad para viviendas y edificios.

Apartado 1

«La red de control del sistema domótico puede realizarse mediante un cableado específico, por ondas portadoras acopladas a la red eléctrica de baja tensión o por señales radiadas.»

12.8. Armarios, cuadros y cajas de registro

Además de los componentes del sistema domótico y sus medios de comunicación, otros elementos que forman parte de estas instalaciones son los armarios y cuadros eléctricos, las cajas de registro y las canalizaciones para el cableado.

12.8.1. Armarios y cuadros eléctricos

Se utilizará un cuadro eléctrico para agrupar a determinados dispositivos del sistema domótico, o un armario cuando el número de dispositivos sea muy elevado.

Este cuadro o armario podrá ser utilizado exclusivamente para componentes del sistema domótico o bien para compartir espacio con la aparamenta eléctrica. Su colocación será lo más próxima posible a la puerta principal, junto al cuadro o armario destinado al resto de la instalación eléctrica.

12.8.2. Cajas de registro o derivación

La distribución del cableado y sus conexiones se realizará dentro de cajas de registro, que en algunos casos también pueden utilizarse para la instalación de ciertos componentes del sistema (generalmente actuadores).

Las cajas de registro más utilizadas en instalaciones domóticas son:

- Caja de registro redonda de 80 mm o 100 mm de diámetro.
- Caja de registro rectangular de dimensiones 100 × 160 mm.
- Caja de registro cuadrada de 200 × 200 mm.

Si al realizar la preinstalación hay que combinar los cables del sistema domótico con los cables de la red eléctrica, existen dos opciones:

- Utilizar cajas de registro independientes para cada circuito.
- Utilizar la misma caja de registro dividida en dos partes.

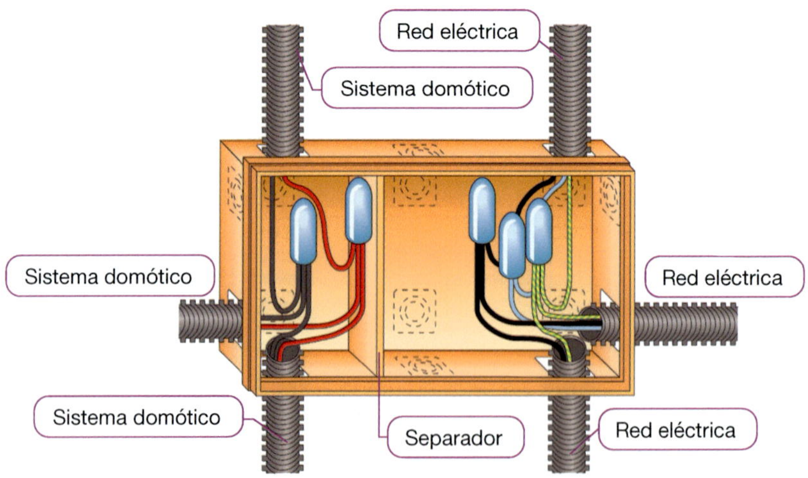

Figura 12.50. Instalación de cableado domótico y de baja tensión en una misma caja de registro.

Recuerda que...

Es conveniente dejar espacio libre en el cuadro o armario eléctrico para futuras ampliaciones de la instalación. (Se recomienda un 25 % como mínimo).

Figura 12.47. Armario eléctrico.

Actividad propuesta 12.10.

Piensa qué componentes de una instalación domótica de los mencionados en esta unidad deberían instalarse en el interior del cuadro o armario eléctrico.

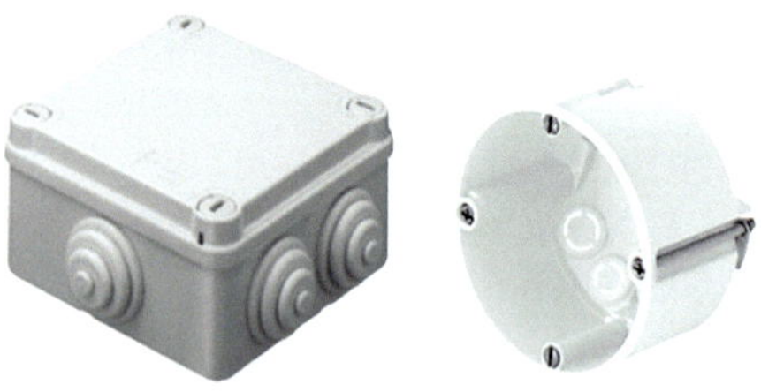

Figura 12.48. Cajas de registro.

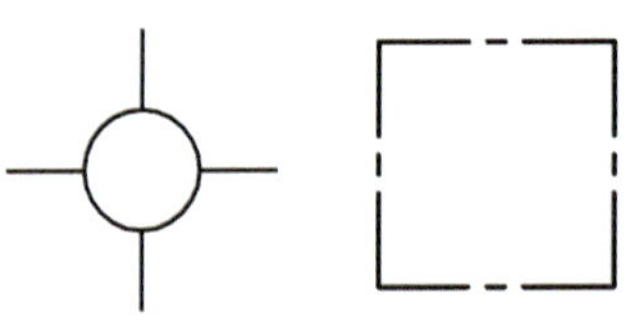

Figura 12.49. Símbolo de una caja de derivación o registro.

12.9. Canalizaciones

Para realizar el tendido del cableado domótico a través de las paredes de la vivienda o edificio pueden utilizarse dos tipos de canalizaciones:

- **Canalización empotrada:** recomendada en nuevas construcciones o reformas.
- **Canalización superficial:** recomendada en instalaciones donde no se desea realizar obra.

Sea cual sea el tipo de canalización escogida, debe cumplir el requisito de que **su diámetro sea mayor o igual a 16 mm,** tal y como exige el Reglamento Electrotécnico de Baja Tensión.

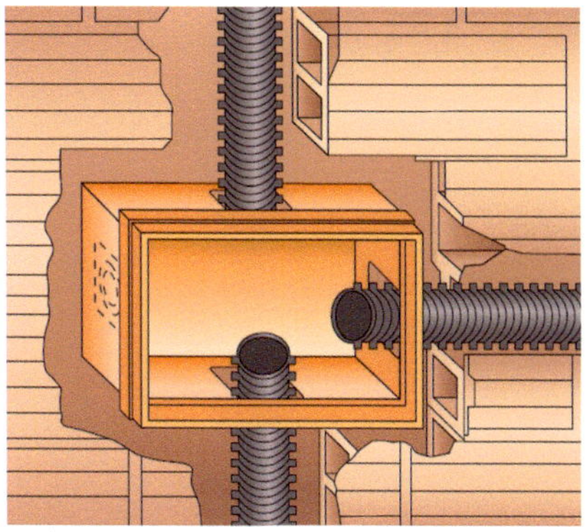

Figura 12.51. Canalizaciones y caja de registro empotradas en la pared.

Figura 12.52. El diámetro mínimo permitido para las canalizaciones domóticas es de 16 mm, aunque se recomienda utilizar tubos de 20 mm.

Actividad resuelta 12.5.

¿Recuerdas algún método de montaje del cableado eléctrico en el que no sea necesario el uso de canalizaciones?

Solución

Otra opción de montaje del cableado eléctrico consiste en tender los conductores directamente sobre las paredes mediante bridas, abrazaderas o collares, de manera que no se dañen sus cubiertas.

Esta opción no es muy recomendable en instalaciones domóticas, puesto que la sección de los conductores no es lo suficientemente grande y es posible que aparezcan interferencias.

Figura 12.53. Tubo corrugado para instalación empotrada.

12.9.1. Instalación de las canalizaciones empotradas

Si el tendido del cableado domótico se realiza mediante canalizaciones empotradas, existen dos posibilidades de instalación: utilizando el propio tubo de la instalación eléctrica convencional o instalando otro tubo para alojar al cableado de la instalación domótica.

Tendido utilizando el tubo de la instalación eléctrica

No es muy recomendable, pero presenta la ventaja de no tener que realizar ninguna obra adicional, al aprovechar el trazado de la instalación eléctrica.

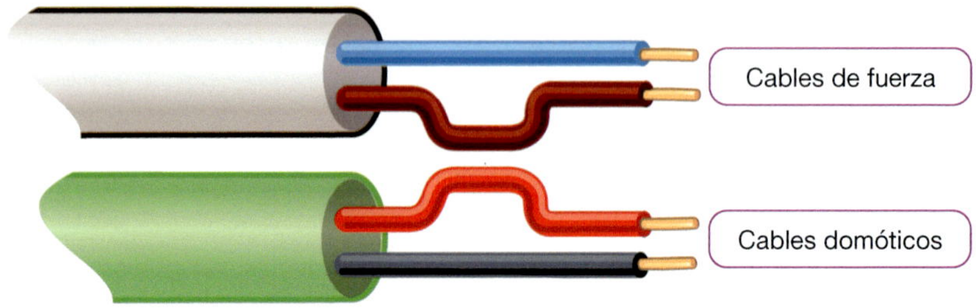

Figura 12.54. Cables de la red eléctrica y del sistema domótico compartiendo canalización.

NORMATIVA

REGLAMENTO ELECTROTÉCNICO DE BAJA TENSIÓN ITC-BT-51

Instalaciones de sistemas de automatización, gestión técnica de la energía y seguridad para viviendas y edificios.

Apartado 16.2.

«... cuando el circuito que transmite la señal transcurra por la misma canalización que otro de baja tensión, el nivel de aislamiento de los cables del circuito de señal será equivalente a la de los cables del circuito de baja tensión adyacente, bien en un único o en varios aislamientos.»

Tendido instalando un tubo específico para el sistema domótico

Es la opción más recomendable, puesto que así la instalación es más fiable y resulta sencillo realizar el registro y la solución de posibles averías. Tiene el inconveniente de que hay que realizar un trazado nuevo para el montaje de los tubos y las cajas de registro necesarias.

Generalmente, el tubo destinado al cableado del sistema domótico se instalará en paralelo con el tubo de la instalación eléctrica convencional.

Figura 12.55. Canalizaciones independientes.

Recuerda que...

Para realizar el tendido del cableado por las canalizaciones es recomendable utilizar una guía pasacables.

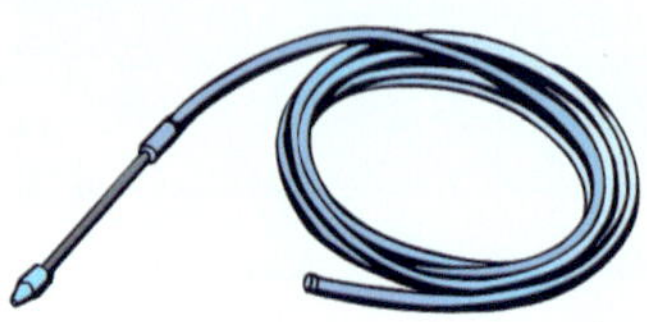

12.10. Métodos de montaje de los componentes

Existen cinco posibilidades para realizar el montaje de los componentes que forman parte de una instalación domótica:

- Sin instalación.
- Montaje sobre carril DIN.
- Montaje empotrado.
- Montaje superficial.
- Montaje en falso techo.

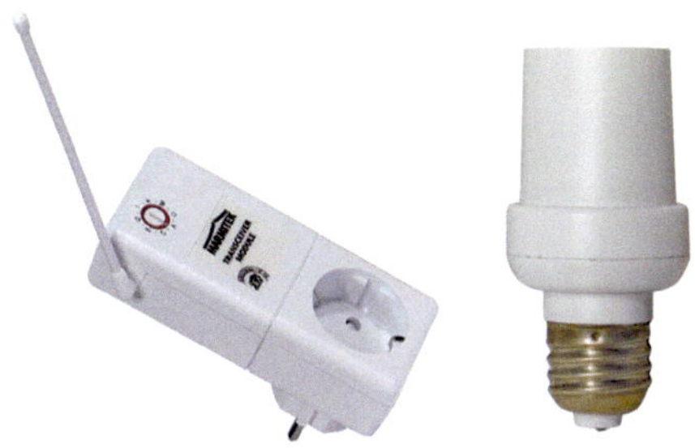

Figura 12.56. Ejemplo de componentes que no requieren instalación.

12.10.1. Sin instalación

Los componentes inalámbricos (RF, IR) y que sean portátiles, como por ejemplo los mandos a distancia, no necesitan ningún tipo de montaje.

Los componentes que se conectan directamente a la instalación eléctrica (como, por ejemplo, módulos de enchufe) tampoco necesitan montaje.

Figura 12.57. Componentes montados sobre carril DIN dentro de una caja de registro.

12.10.2. Montaje sobre carril DIN

Este tipo de montaje consiste en instalar los dispositivos directamente sobre un carril DIN. En las viviendas o edificios automatizados estos carriles DIN pueden colocarse:

- En el cuadro o armario de control destinado al sistema domótico.
- Dentro de las cajas de registro.

Figura 12.58. Método de montaje de los componentes sobre el carril DIN.

12.10.3. Montaje empotrado

Los dispositivos se instalan a través de tornillos o garras (de metal o plástico) a sus soportes, empotrados en las paredes o en los techos de la instalación.

Lo más común es usar este tipo de montaje para dispositivos que se instalan en el interior.

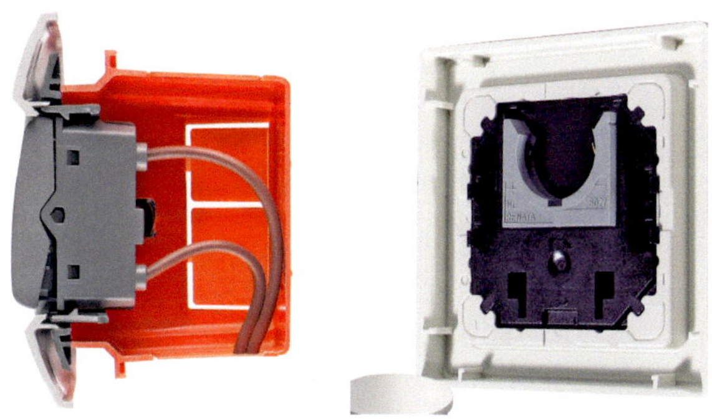

Figura 12.59. Componentes en montaje empotrado.

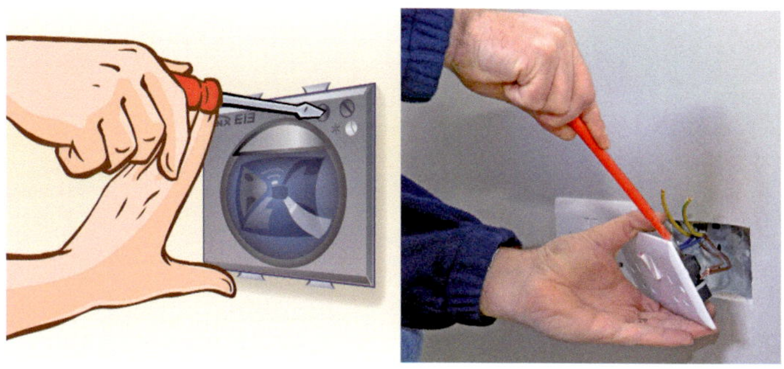

Figura 12.60. El montaje empotrado es uno de los más utilizados en las instalaciones eléctricas y domóticas.

12.10.4. Montaje superficial

Los dispositivos se instalan directamente sobre las paredes o techos mediante tornillos, clavos o materiales adhesivos.

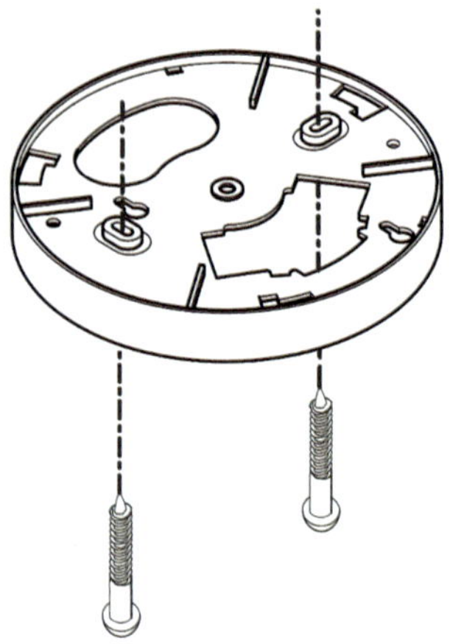

Figura 12.61. Detalle de instalación en montaje superficial mediante tornillos.

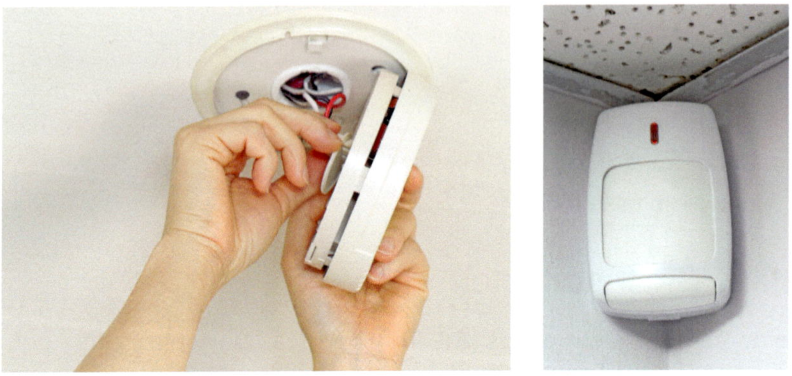

Figura 12.62. Componentes en montaje superficial.

Este montaje se utiliza generalmente en la instalación de dispositivos exteriores, inalámbricos, o en zonas donde no se desea hacer obra.

12.10.5. Montaje en falso techo

En edificios que dispongan de falso techo pueden instalarse determinados sensores y actuadores en su superficie u ocultos tras este.

Es importante que los componentes no sean muy pesados, porque el falso techo podría hundirse o romperse.

Sabías que...

El montaje sobre falso techo también se utiliza para ocultar los actuadores de la iluminación, ya que es un sistema de instalación muy estético y se consigue que estén próximos al punto de luz que se quiere controlar.

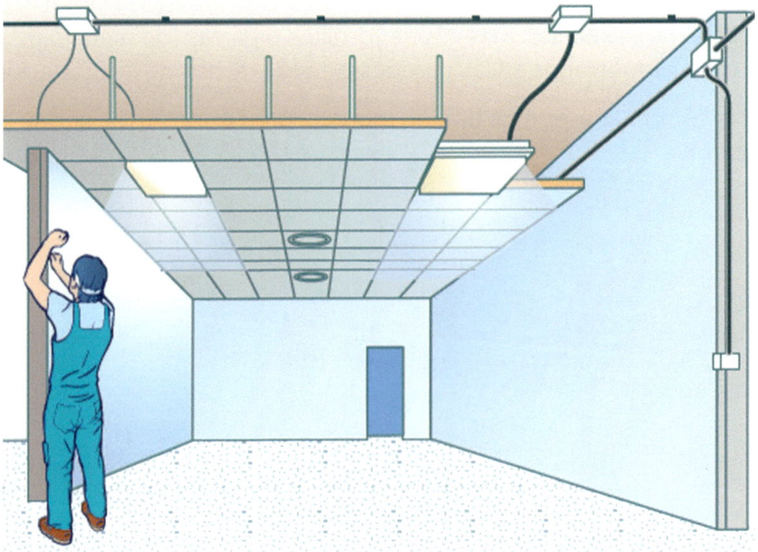

Figura 12.63. Ejemplo de instalación en falso techo.

12.11. Preinstalación domótica

Una vez escogidos todos los componentes y funciones que formarán parte del sistema domótico, debe realizarse la preinstalación del sistema.

12.11.1. Características eléctricas del circuito domótico

Las especificaciones eléctricas que debe cumplir la instalación destinada al circuito domótico son las que se especifican en la Tabla 12.4.

Tabla 12.4. Características de los circuitos domóticos en viviendas (según REBT, ITC-BT-25)

Número de circuito	C_{11}
Potencia máxima del circuito	**2300 W**
Interruptor automático	**10 A**
Sección mínima de los conductores (de fuerza)	**1,5 mm²**
Diámetro del tubo o conducto	**16 mm**
Grado de electrificación de la vivienda automatizada: ❑ BÁSICA ☑ ELEVADA	

Recuerda que...

El diámetro mínimo del tubo destinado al tendido de los cables de una instalación domótica es de 16 mm, aunque se recomienda utilizar tubo de 20 mm.

En sistemas que utilicen el cable convencional de la red eléctrica como medio de transmisión (sistema por corrientes portadoras) no se aplican las especificaciones anteriores.

12.11.2. Ejecución de una instalación domótica

Los pasos que se deben seguir para realizar la correcta preinstalación y posterior instalación del sistema domótico en una vivienda o edificio son los que se indican en la Figura 12.64 y en el cuadro de la página siguiente.

Figura 12.64. Ejecución de la instalación domótica.

Actividad propuesta 12.11.

Analiza la siguiente frase y razona si es verdadera o falsa:

«Los sistemas domóticos que utilicen medios de transmisión inalámbricos o el propio cableado de la red eléctrica convencional para comunicarse no necesitan que se realice un trazado de la instalación nuevo.»

Sabías que...

No existe normativa específica sobre la instalación de cajas de registro en instalaciones domóticas. En instalaciones eléctricas convencionales es obligatorio, como mínimo, colocar una caja de registro cada 15 m o tres curvaturas de tubo.

1. Diseño y listado de funciones

Seleccionar el tipo de sistema domótico. Escoger los componentes necesarios para realizar las funciones deseadas.

2. Preinstalación

Realizar el trazado de las canalizaciones sobre un plano y ejecutarlo en las superficies de la vivienda o edificio. Montar los elementos de la preinstalación y tender el cableado.

3. Instalación

Realizar el montaje de los componentes y su conexionado.

4. Preinstalación de futuras ampliaciones

Tender las canalizaciones y el cableado para futuras ampliaciones del sistema que puedan preveerse.

5. Puesta en marcha del sistema

Para finalizar la ejecución será necesario poner en marcha el sistema domótico y verificar su funcionamiento.

A continuación se muestra un esquema simplificado de la preinstalación de un sistema domótico en una vivienda, en el que se indica de manera aproximada la ubicación de las cajas de conexiones, detectores, pulsadores y otros componentes.

Un esquema de este tipo forma parte de la etapa de diseño del sistema automatizado.

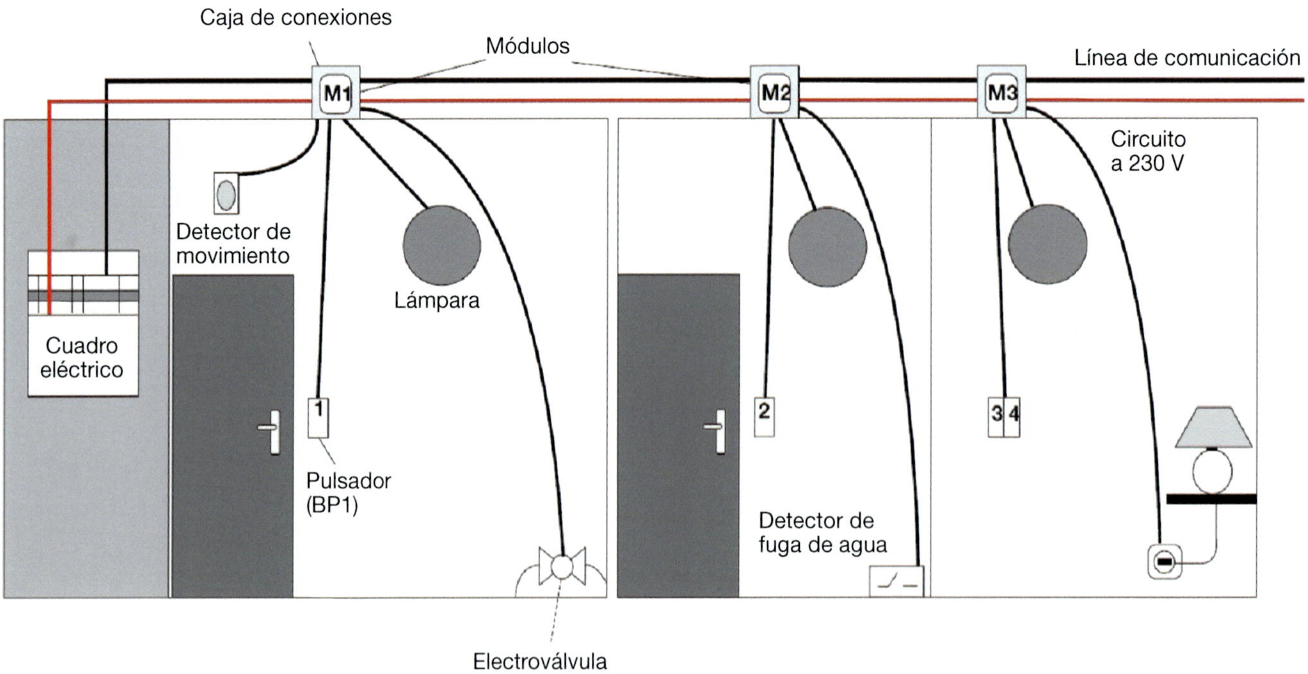

Figura 12.65. Ejemplo de preinstalación de un sistema domótico en una vivienda.

A continuación se muestra la representación de la preinstalación de un sistema domótico centralizado en una vivienda, donde se han separado las canalizaciones pertenecientes al sistema de control y al suministro eléctrico ordinario.

La unidad central se encuentra ubicada junto a la puerta principal de acceso. El principal inconveniente de los sistemas centralizados es que, si dicho equipo central de control tuviera una avería, todo el sistema dejaría de funcionar.

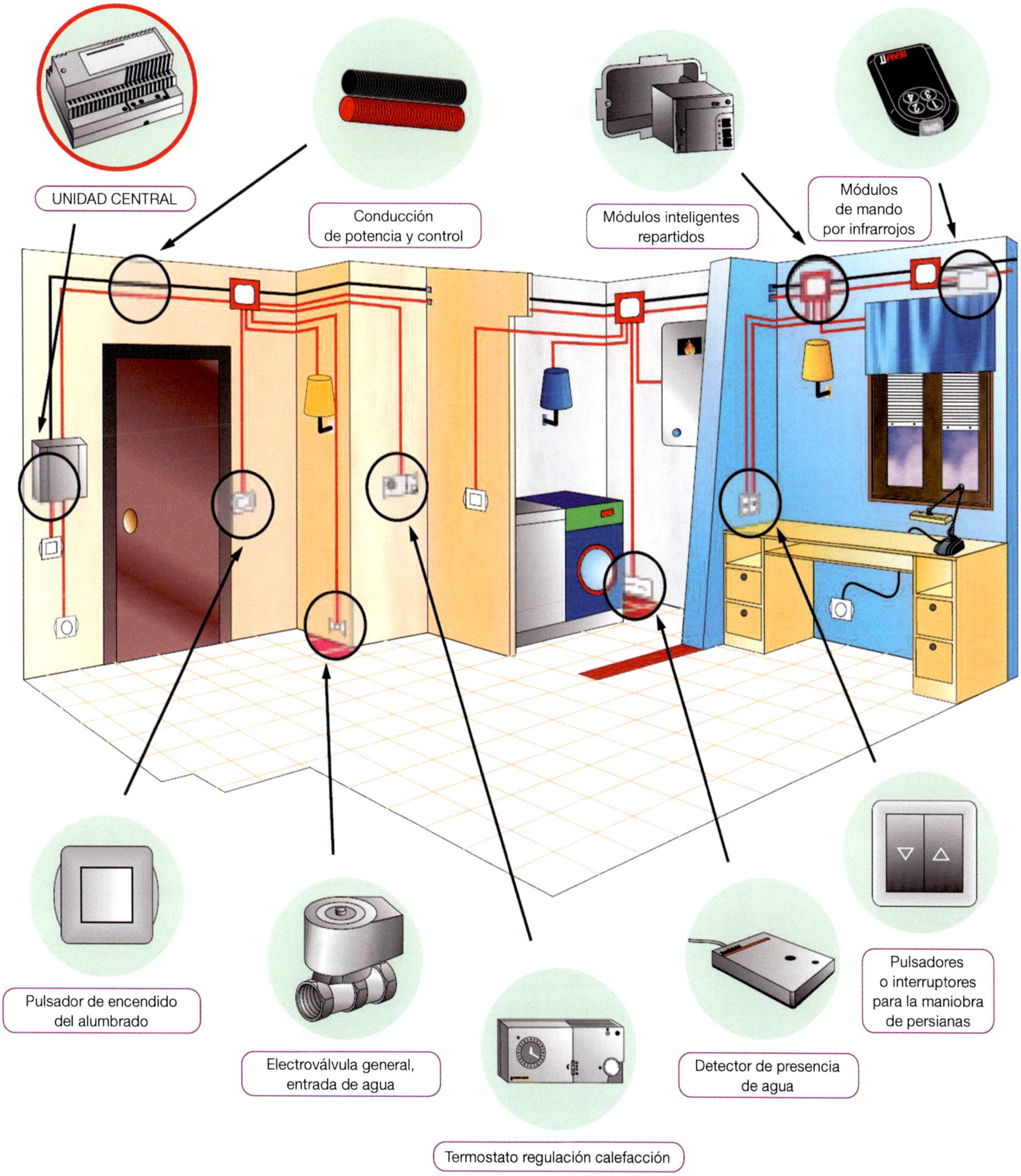

Figura 12.66. Esquema de un sistema centralizado.

Mapa conceptual

INSTALACIONES DOMÓTICAS. CONFIGURACIÓN, PREINSTALACIÓN Y MONTAJE

- **Áreas de gestión**
  - Confort
  - Energía
  - Seguridad
  - Comunicaciones
- **Componentes de las instalaciones**
  - Sensores
  - Actuadores
  - Equipos de control
  - Equipos complementarios
- **Medios de comunicación y transmisión**
  - Cableados
  - Inalámbricos
- **Métodos de montaje de los componentes**
  - Cajas, cuadros, canalizaciones, etc.
  - Carril DIN, empotrado, superficial, falso techo, etc.

En resumen

- Todos los componentes de una instalación domótica tienen como principal objetivo cubrir las demandas y necesidades de sus usuarios.
- Mediante la domótica y la inmótica es posible automatizar y controlar de manera remota o programada los equipos y sistemas eléctricos de las viviendas y edificios.
- Los sistemas domóticos permiten y facilitan la gestión del confort, las comunicaciones, la seguridad y el consumo de la energía en una instalación.
- La integración de las redes domésticas como parte del proceso de automatización de una vivienda permite disponer del mayor número posible de funciones domóticas.
- Todos los sistemas domóticos se pueden clasificar según su propiedad y según su conexionado.
- Es importante realizar una buena preinstalación del sistema domótico teniendo en cuenta las posibles ampliaciones que podrán realizarse en el futuro. De este modo se evita la realización de obras y reformas posteriores.
- Por ejemplo, aunque inicialmente no se deseen controlar los toldos, conviene preinstalar las canalizaciones y cajas de registro necesarias para poder automatizarlos más adelante.

12.1. Identificar la ubicación de los componentes domóticos básicos

OBJETIVO

- Reconocer el lugar donde deberían instalarse los diversos dispositivos utilizados para automatizar diversas estancias de una vivienda.

MATERIAL

Material de escritura.
Cuaderno de actividades.

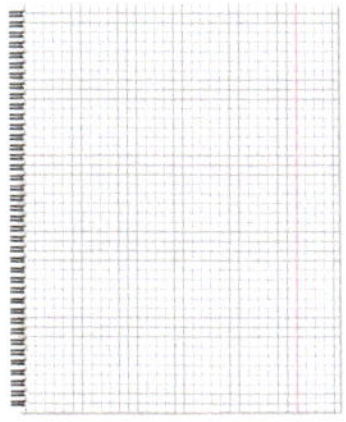

Proceso

1 Dado el siguiente plano en 3D que representa el aseo de una vivienda, identifica la ubicación en la que deberían instalarse los dispositivos domóticos representados.

2 Define la función que cumple cada uno de los componentes y en qué área de gestión podrían incluirse.

a) Automatización de un aseo:

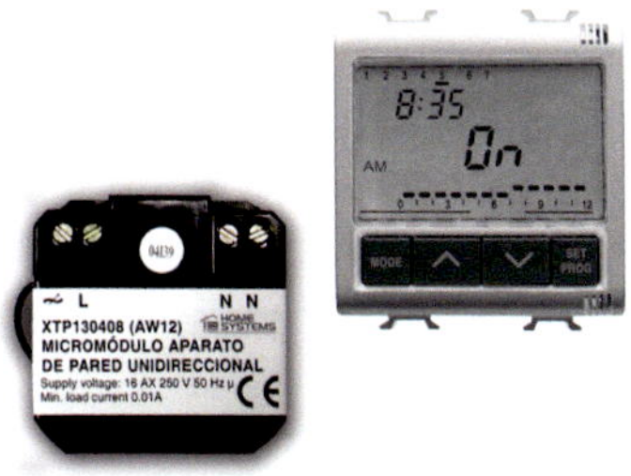

Control domótico de electrodomésticos

Sonda de inundación

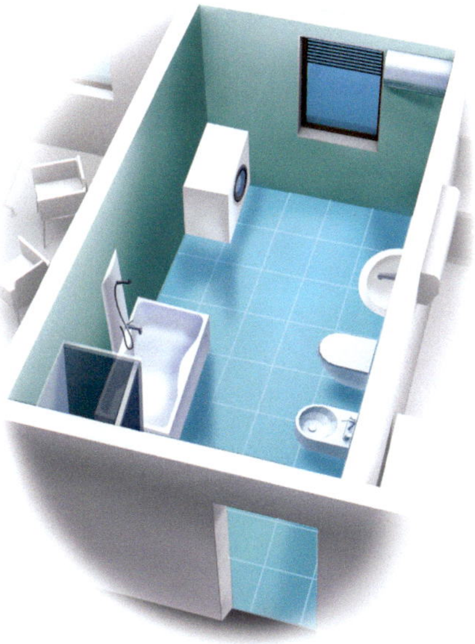

Sensor de apertura de ventanas

Pulsador de persianas

Termostato

b) Automatización de un salón-comedor:

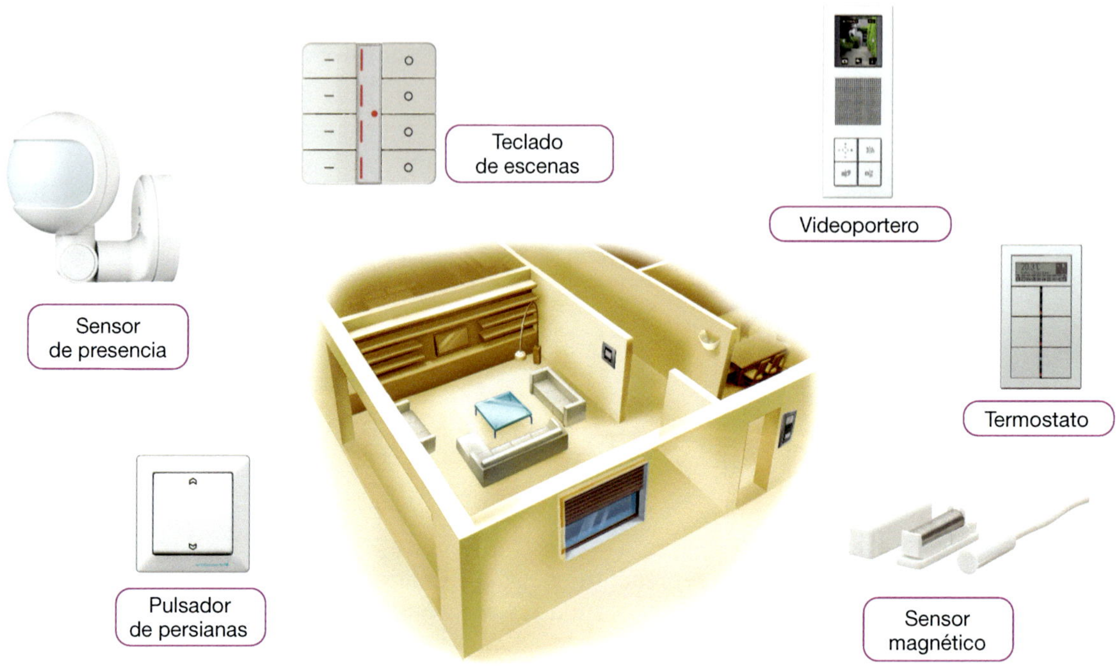

c) Automatización de una cocina:

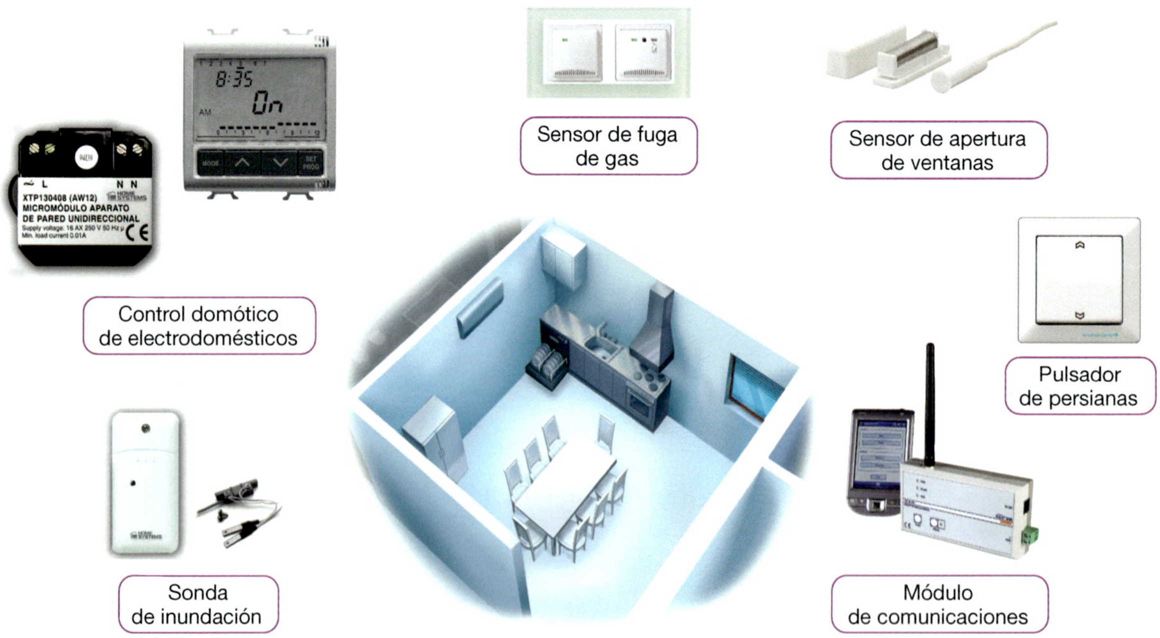

d) Automatización de un dormitorio:

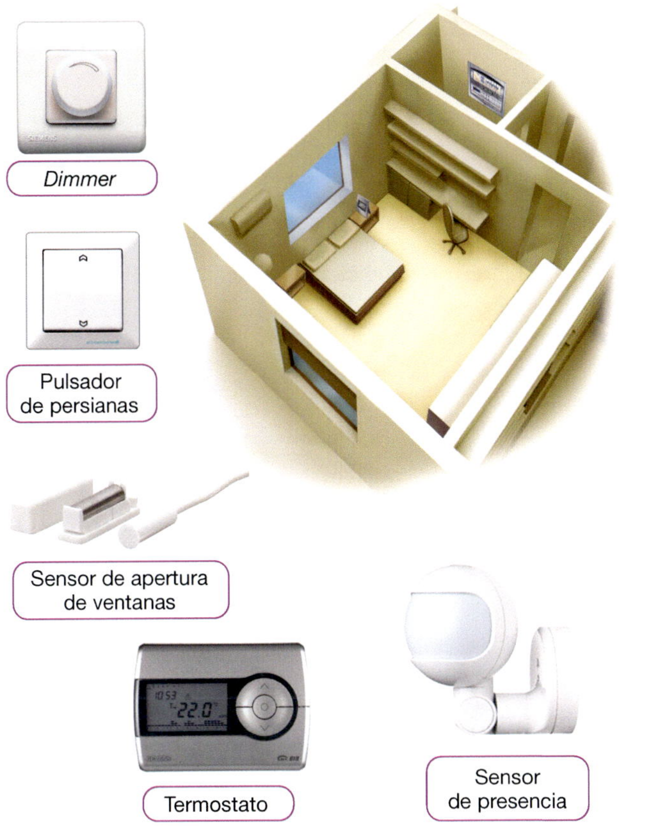

e) Automatización de una terraza:

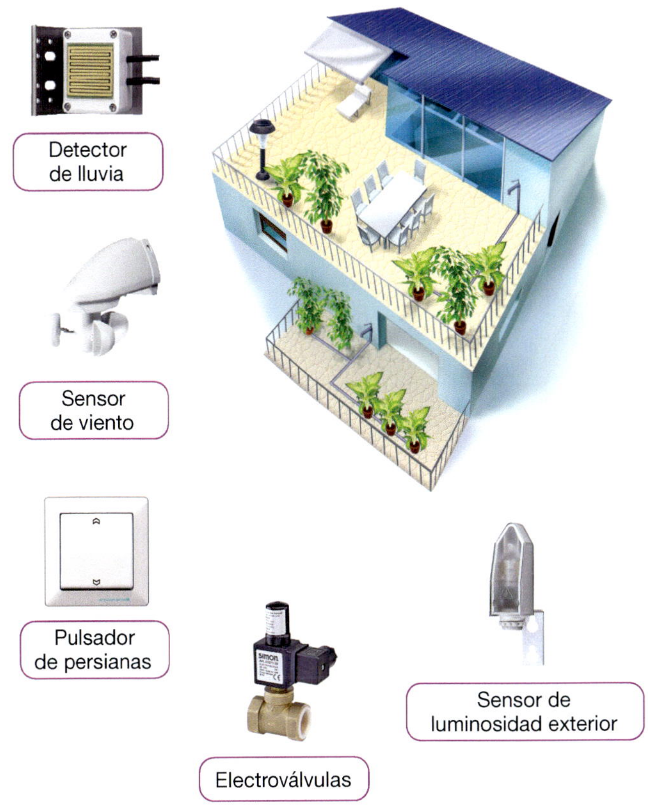

f) Automatización de un pasillo:

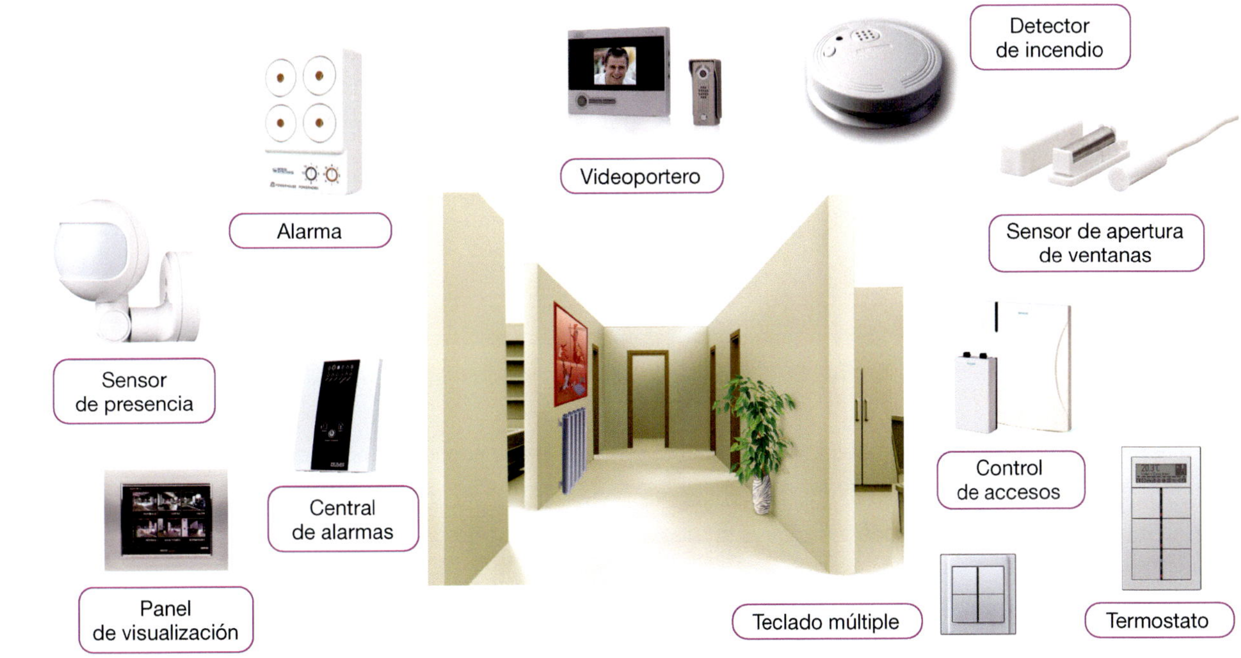

12.2. Preinstalación en un cuadro eléctrico del circuito correspondiente a un sistema domótico

OBJETIVO

- Realizar el montaje y verificar el funcionamiento del circuito correspondiente a un sistema domótico dentro de un cuadro eléctrico.

MATERIAL

Cables flexibles de cobre de varias secciones.
Interruptor automático de 2 × 10 A.
Interruptor diferencial de 2 × 25 o 2 × 40 A con alta sensibilidad (30 mA).
Fuente de alimentación.

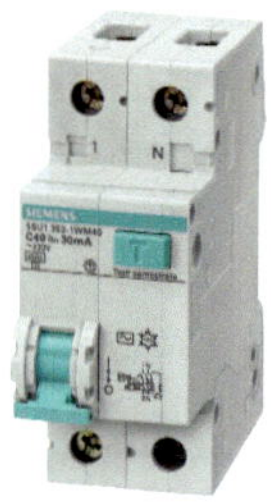

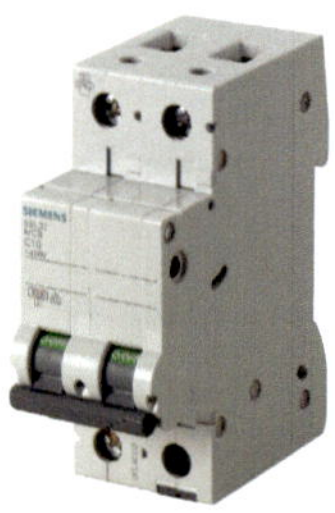

HERRAMIENTAS

Tijeras de electricista o pelacables.
Destornillador.

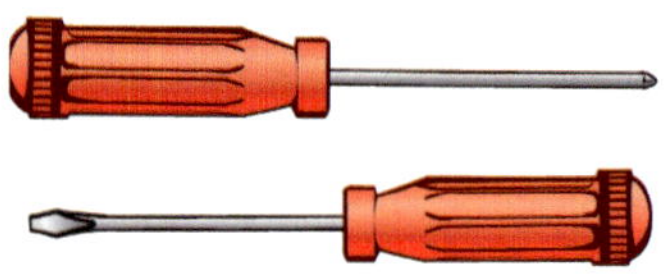

MATERIAL Y HERRAMIENTAS COMPLEMENTARIAS

También te pueden resultar útiles, en caso de que el cuadro eléctrico no se encuentre montado previamente:

- Interruptores automáticos, interruptores diferenciales y carril DIN para el resto de los circuitos.
- Una taladradora, tornillos y tacos para fijar el cuadro al tablón o a la pared.

Proceso

1. Verifica que hay espacio suficiente en el carril DIN para la instalación de los componentes.
2. Desconecta la alimentación, bajando el interruptor general automático.
3. Instala el interruptor diferencial, el interruptor automático y la fuente de alimentación en el carril DIN.
4. Conecta el interruptor diferencial al interruptor general automático del cuadro mediante un cable de 2,5 mm^2.
5. Conecta, en serie con el interruptor diferencial, el interruptor automático correspondiente al sistema domótico y la fuente de alimentación con cable de 1,5 mm^2.
6. Rotula los circuitos tal y como se muestra en la imagen inferior.
7. Conecta de nuevo la alimentación del cuadro y verifica que hay tensión a la entrada y a la salida de la fuente de alimentación.
8. Prueba el funcionamiento del interruptor diferencial manualmente mediante el pulsador de test.

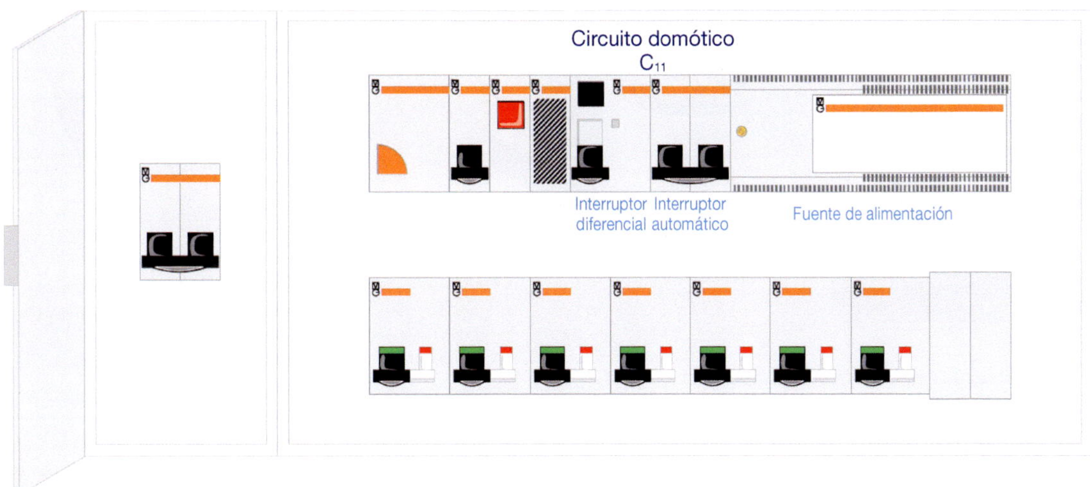

Figura 12.67. Representación de un cuadro eléctrico con el circuito de salida para el sistema domótico preinstalado.

12.3. Preinstalación de cajas, canalizaciones y conductores de un sistema domótico en montaje empotrado

OBJETIVO

- Realizar la preinstalación y montaje empotrado de cajas de registro, canalizaciones y conductores para la posterior puesta en marcha de un sistema domótico.

MATERIAL

- Cajas de registro y mecanismo.
- Tubo corrugado.
- Cables flexibles de cobre de varias secciones.
- Cable dedicado propio del sistema domótico que se va a instalar.
- Guía pasacables.

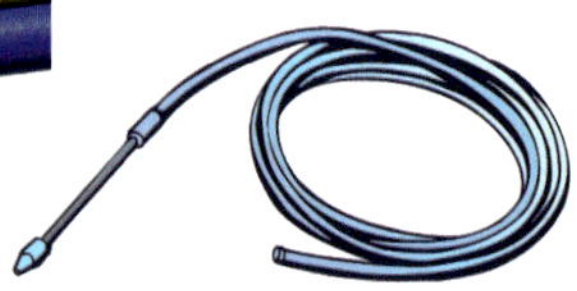

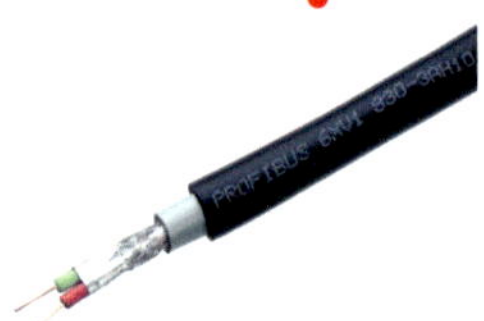

HERRAMIENTAS

- Herramientas de escritura.
- Herramientas de obra.
- Tijeras de electricista.

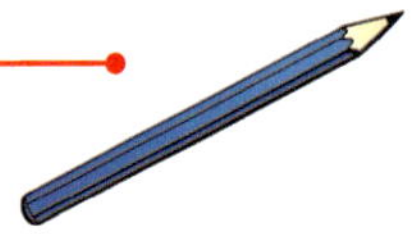

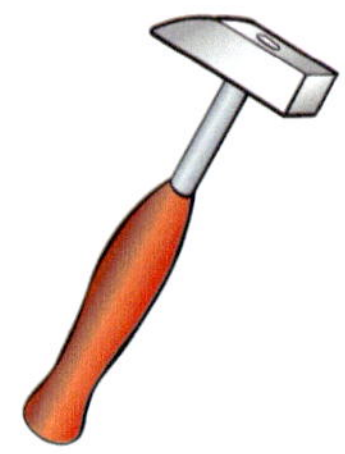

MATERIAL Y HERRAMIENTAS COMPLEMENTARIAS

También te pueden resultar útiles:

- Pintura o espray para marcar el trazado de las canalizaciones.
- Cemento o yeso para tapar los huecos y cajeados sobre las paredes.

Proceso

1. Realiza el trazado de la preinstalación sobre un plano.
2. Marca el trazado de las canalizaciones y la ubicación de las cajas de registro sobre la pared.
3. Ejecuta el trazado.
4. Instala las cajas y canalizaciones en los huecos.
5. Tapa con yeso o cemento la obra realizada sobre la pared.
6. Corta el tubo corrugado a su paso por las cajas de registro y mecanismo.
7. Introduce, con ayuda de la guía pasacables, los conductores de fuerza y el cable dedicado por las canalizaciones a través de las cajas de registro.

De comprobación

12.1. **Los dispositivos que captan información externa para enviarla al sistema domótico son:**

a) Sensores.

b) Actuadores.

c) Equipos de control.

12.2. **Si en un sistema domótico no se necesita equipo de control, se dice que el sistema es:**

a) Descentralizado.

b) Centralizado.

c) En un sistema domótico siempre se necesita unidad de control.

12.3. **Los actuadores son:**

a) Las entradas del sistema domótico.

b) Las salidas del sistema domótico.

c) Parte de los componentes auxiliares.

12.4. **En una vivienda, el teléfono pertenece a:**

a) La red eléctrica convencional.

b) La red de datos.

c) La red domótica.

12.5. **La red domótica en la que varios equipos de control gestionan todo el sistema se denomina:**

a) Descentralizada.

b) Centralizada.

c) Distribuida.

12.6. **¿Se puede utilizar una misma canalización para albergar el cableado del sistema domótico y los conductores de la red eléctrica convencional?**

a) No, nunca.

b) Sí, siempre.

c) Sí, asegurándose de que el aislamiento de los cables es el adecuado.

12.7. **Un detector de luminosidad (o sensor crepuscular) se clasifica en el área de gestión de:**

a) Confort.

b) Energía.

c) Seguridad.

12.8. **Un sensor de rotura de cristales pertenece al área de gestión de:**

a) Confort.

b) Energía.

c) Seguridad.

12.9. **¿Dónde debe colocarse el cuadro o armario perteneciente a la instalación domótica?**

a) Cerca de los sensores y los actuadores.

b) En el exterior del edificio, para evitar interferencias.

c) Cerca de la entrada principal, junto al cuadro de la instalación eléctrica.

12.10. **El tipo de canalización recomendada en instalaciones donde no se desea realizar grandes obras es:**

a) La canalización empotrada.

b) La canalización superficial.

c) Es indiferente.

12.11. **El calibre del interruptor automático que protege a un circuito domótico debe ser de:**

a) 10 A.

b) 16 A.

c) 25 A.

12.12. **¿Cómo se denomina el circuito eléctrico que alimenta a un sistema domótico?**

a) C_8.

b) C_{10}.

c) C_{11}.

De ampliación

12.13. **Indica el orden de los pasos que debes seguir para la ejecución de una instalación domótica y describe brevemente cada uno de ellos.**

12.14. **El diámetro de las canalizaciones de una instalación domótica debe tener unas dimensiones mínimas de 16 mm, pero ¿cuál es el diámetro recomendado?**

12.15. **La red que suministra la energía en una instalación se denomina red eléctrica convencional. ¿Qué otro nombre tiene?**

12.16. **¿Cuáles son las áreas de gestión de la domótica? Enumera tres aplicaciones dentro de cada una de ellas.**

12.17. **Cita al menos tres posibles variables externas que puedan ser medidas por un sistema domótico.**

12.18. **La domótica puede definirse como «la automatización de viviendas». ¿Cómo se denomina a la automatización de edificios?**

12.19. **Razona si las siguientes afirmaciones son ciertas: si en la cocina de una vivienda automatizada se detecta una fuga de gas, ¿cómo debe actuar el sistema domótico?**

a) Debe cerrar la electroválvula de gas, cortando el suministro.

b) Debe conectar los sistemas de ventilación.

12.20. **Un anemómetro es un componente utilizado para medir la velocidad del viento. Si forma parte de un sistema domótico, ¿qué tipo de componente crees que sería? ¿Dentro de qué área de gestión podría ser considerado?**

12.21. **¿Cómo se denomina el método de conexión de los componentes en un sistema controlado por autómatas programables?**

12.22. **Cita los tipos de sistemas domóticos en función del método de conexión de sus componentes, indicando un ejemplo de sistema comercial existente para cada uno de ellos.**

12.23. **Describe brevemente los tres posibles tipos de redes domóticas que pueden darse en función de su arquitectura y de cómo la información es tratada por cada uno de los sensores, equipos de control y actuadores de la instalación. Realiza un esquema gráfico representativo para cada tipo de red.**

12.24. **¿Cómo se envía y recibe la información entre los componentes del sistema domótico cuando se utiliza un medio de comunicación mediante cable convencional?**

12.25. **Enumera las ventajas y desventajas asociadas a los cables de pares, para su uso en instalaciones domóticas.**

12.26. **Enumera las ventajas y desventajas asociadas al cable coaxial para su uso en instalaciones domóticas.**

12.27. **¿En qué tipo de instalaciones se utiliza la fibra óptica? ¿Suele estar asociada a instalaciones domóticas? ¿Por qué?**

12.28. **¿Qué diferencia fundamental existe entre las señales infrarrojas y las señales de radiofrecuencia?**

12.29. **¿Cuáles son las cajas de registro más utilizadas para las instalaciones domóticas?**

12.30. **Define los posibles tipos de canalizaciones asociadas a los sistemas domóticos en relación con el tendido del cableado.**

12.31. **Realiza un listado de los posibles métodos de montaje de los componentes domóticos, poniendo al menos dos ejemplos en cada caso de componentes reales estudiados en unidades anteriores.**

12.32. **Especifica las características técnicas eléctricas fundamentales de un circuito domótico para una vivienda.**

12.33. **Describe brevemente el proceso de ejecución de una instalación domótica.**

Actividades finales

12.34. **A continuación se muestran cuatro pantallas diferentes de un dispositivo móvil desde el que se controla una instalación domótica. Analízalos, indica qué es lo que se permite gestionar en cada caso e indica a qué áreas de gestión de la domótica pertenecen.**

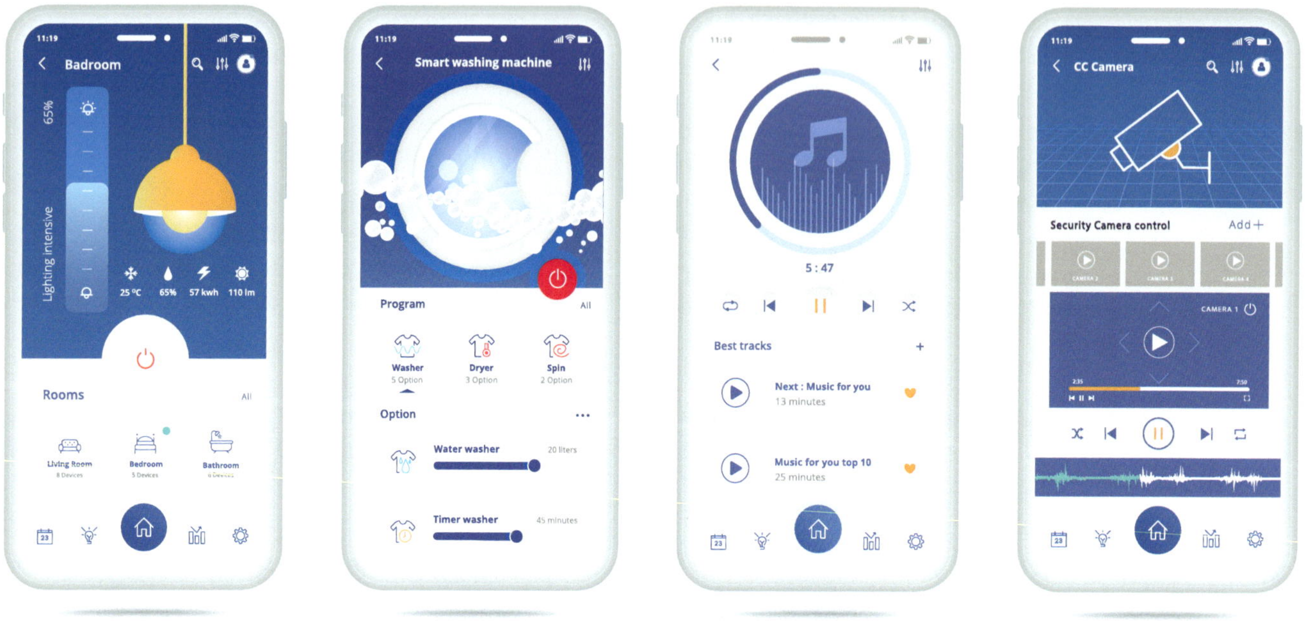

Unidad 13

Sensores, detectores y equipos de control domótico

Introducción

Todos los sistemas domóticos, independientemente de sus características, tienen algo en común: captan información del exterior, la procesan y actúan en función de cómo hayan sido configurados.

Los sensores son los encargados de captar esta información y en algunos sistemas son ellos mismos los que la procesan. Sin embargo, en otros sistemas es necesario un equipo de control que reciba las señales de los sensores y gestione toda la instalación.

A continuación se estudian los sensores y equipos de control más importantes y más utilizados en la actualidad, sus características y las técnicas de montaje en viviendas de todos ellos.

Contenidos

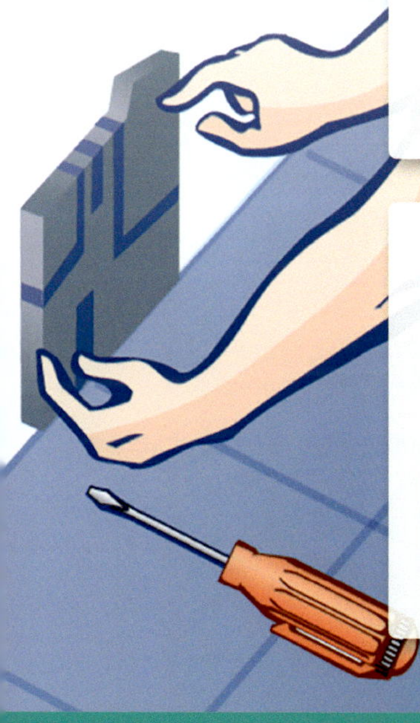

Objetivos

- Conocer los diferentes elementos que forman parte de las instalaciones domóticas.
- Identificar los sensores más utilizados y sus principales características.
- Diferenciar qué es un equipo de control y un nodo.
- Familiarizarse con la simbología de los componentes estudiados.
- Adquirir conocimientos para realizar una correcta instalación de estos dispositivos.

13.1. Concepto de analógico y digital

La información que los sensores envían al resto de la instalación domótica es, en realidad, un conjunto de señales eléctricas que pueden ser de dos tipos: analógica o digital.

Recuerda que...

Los sensores captan la información del exterior y la envían al sistema domótico.

1 Analógica

La señal puede adquirir cualquier valor dentro de un rango determinado, como por ejemplo valores de temperatura, velocidad del viento, luminosidad, etc.

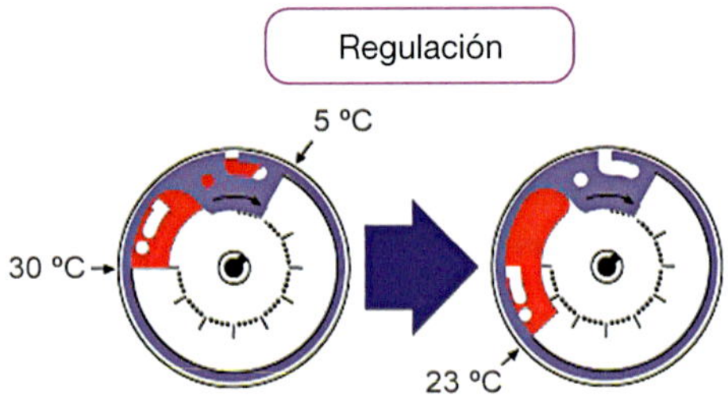

Figura 13.1. Ejemplo de componente analógico.

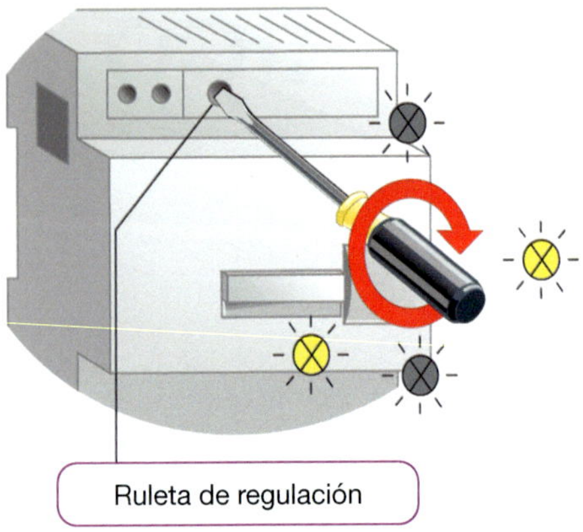

Figura 13.2. La regulación de los componentes analógicos puede realizarse de manera manual o utilizando una herramienta específica.

2 Digital

La señal solo puede adquirir **dos valores:**

- «0» = abierto.
- «1» = cerrado.

Este tipo de señales también son conocidas como **señales binarias** o **señales todo o nada.**

Figura 13.3. Ejemplo de componente digital.

Recuerda que...

Los componentes fundamentales de un sistema domótico son los sensores y los actuadores.

Actividad propuesta 13.1.

Tras haber introducido brevemente las instalaciones domóticas en la unidad anterior, indica:

a) Dos componentes domóticos de tipo analógico.

b) Dos componentes domóticos con funcionamiento digital.

13.2. Fuentes de alimentación

La mayoría de los sistemas domóticos actuales (excepto los basados en corrientes portadoras) necesitan una fuente de alimentación propia que suministre la tensión e intensidad de alimentación a los componentes de la instalación.

La alimentación de los equipos puede realizarse mediante el propio cable de comunicaciones o con un cableado dedicado (excepto si se trata de equipos inalámbricos que funcionan mediante pilas o baterías).

El tipo de alimentación influye en el número y tipo de conexiones de los equipos.

La fuente de alimentación podrá estar integrada dentro de algún componente (por ejemplo el controlador en algunos sistemas centralizados) o tratarse de un equipo domótico externo.

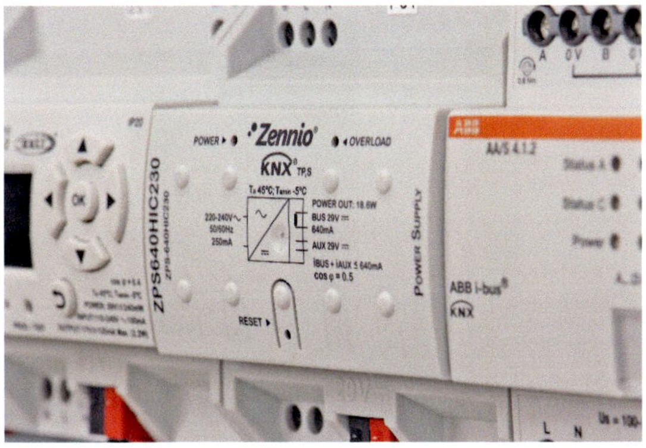

Figura 13.4. Fuente de alimentación del sistema domótico KNX.

13.3. Dispositivos de entrada: sensores

Los sensores más utilizados en los sistemas domóticos, dependiendo de la magnitud externa que son capaces de medir o interpretar, son los indicados en la Tabla 13.1.

Tabla 13.1. Principales tipos de sensores

Interruptor, pulsador y teclado de escenas	Sensor de temperatura	Sensor de presencia
Sensor de luminosidad	Sensor de viento	Detector de gas
Detector de incendio	Detector de agua	Sensor magnético
Sensor de rotura de cristales	Caudalímetro	Control de accesos

13.3.1. Interruptores, pulsadores y teclados de escenas

Se utilizan para el control y la regulación de las cargas eléctricas conectadas al sistema domótico.

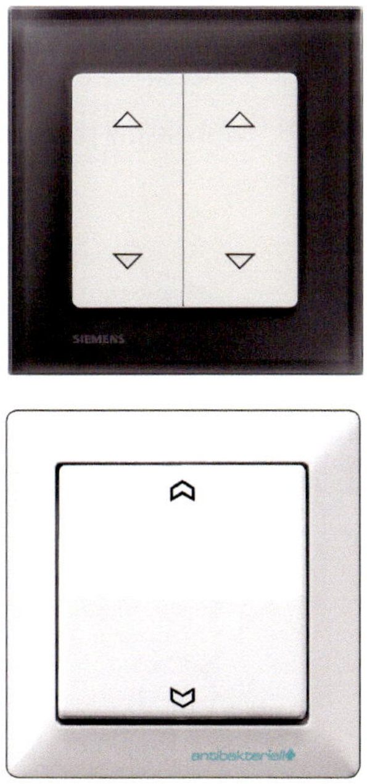

Figura 13.5. Pulsadores.

Descripción y funcionamiento

Los interruptores y pulsadores permiten conectar y desconectar cargas eléctricas, regular la iluminación, subir y bajar persianas, etc.

Un teclado de escenas es un pulsador con varias teclas (normalmente 4, 6 u 8) capaz de memorizar distintos ambientes luminosos y niveles de temperatura.

Montaje e instalación

Los pulsadores deben instalarse en cada zona de la vivienda en la que se desea controlar una o varias cargas eléctricas.

Los teclados de escenas suelen instalarse en el salón y, en ocasiones, en las habitaciones.

Figura 13.6. Interruptores.

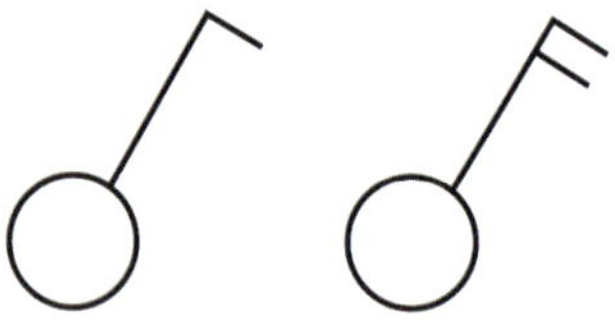

Figura 13.7. Símbolo del interruptor.

La regulación de la iluminación en un sistema domótico puede realizarse a través de las teclas de un teclado de escenas o mediante un regulador específico, tipo *dimmer.*

Figura 13.8. Símbolo del pulsador.

Figura 13.9. Teclados de escenas.

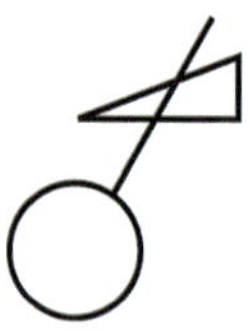

Figura 13.10. Símbolo del *dimmer.*

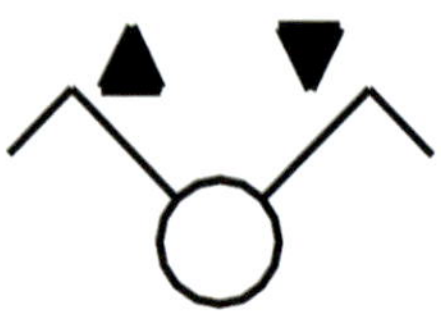

Figura 13.11. Símbolo del interruptor de persianas.

Actividad propuesta 13.2.

Indica si los siguientes tipos de sensores son analógicos o digitales:

	Analógico	Digital
Interruptor		
Pulsador		
Dimmer		

13.3.2. Sensores de temperatura

Se utilizan para el control y la regulación de la temperatura en las distintas estancias de las viviendas y edificios.

Descripción y funcionamiento

Los sensores de temperatura suelen formar parte de un dispositivo llamado **termostato,** que se encarga de medir, mostrar y controlar la temperatura de una zona de la vivienda.

Gracias al termostato se puede regular la climatización de la vivienda, tanto la calefacción como el aire acondicionado.

Montaje e instalación

Si se desea una **climatización centralizada** para controlar la temperatura de la vivienda desde un único lugar, el termostato se instalará en el salón.

Si se desea una **climatización por zonas** para controlar la temperatura de cada parte de la vivienda de forma independiente se instalarán termostatos en el salón, en la cocina, en los pasillos, en los aseos y en cada una de las habitaciones.

Figura 13.12. Diferentes tipos de termostatos.

Al instalar los termostatos es importante que no se encuentren cerca de fuentes de calor ni reciban aporte solar directo.

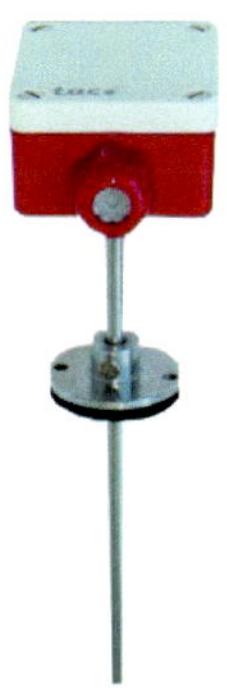

Figura 13.14. Sonda de temperatura.

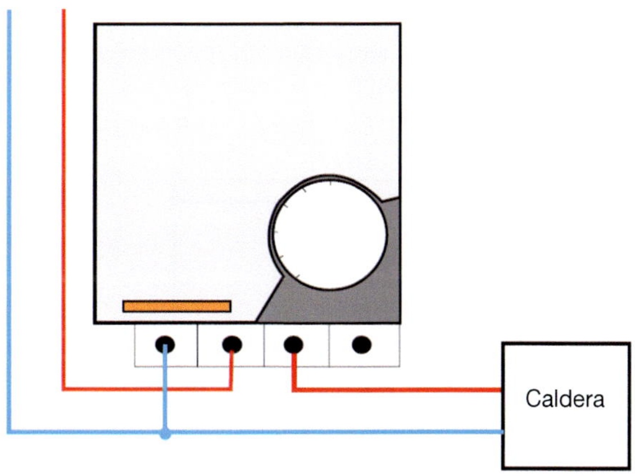

Figura 13.15. Conexión de un termostato para el control de una caldera.

Sabías que...

También pueden instalarse sensores de temperatura en el exterior de la vivienda para que el usuario conozca el clima.

Estos sensores suelen estar asociados a estaciones meteorológicas.

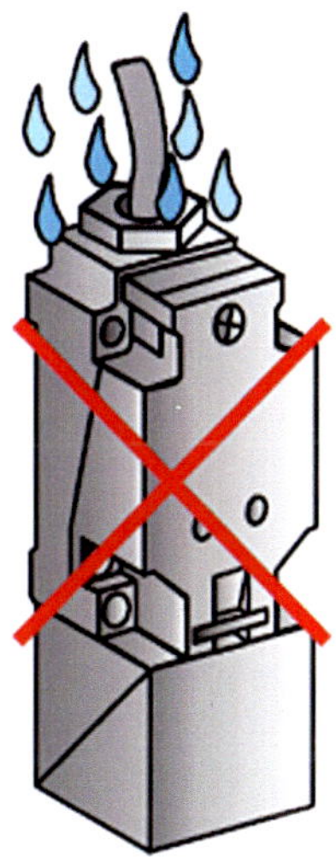

Figura 13.13. Los sensores exteriores deben estar protegidos contra la lluvia.

Figura 13.16. Símbolo del termostato.

Figura 13.17. Diferentes modelos de sensores de presencia.

13.3.3. Sensores de presencia

Se utilizan para el control automático de la iluminación y los sistemas de seguridad asociados a la instalación domótica.

Descripción y funcionamiento

Los sensores de presencia detectan la presencia o el movimiento que se produce en un lugar determinado.

Se utilizan para el control de aplicaciones como la iluminación, la climatización o como parte del sistema de seguridad de la vivienda.

Montaje e instalación

La instalación de los sensores de presencia suele realizarse en posiciones elevadas (generalmente en el techo o parte superior de la pared) orientándolos hacia la zona que se desea controlar y teniendo en cuenta su ángulo de detección, para lograr así la mayor cobertura posible.

Existen sensores de presencia de interior y de exterior.

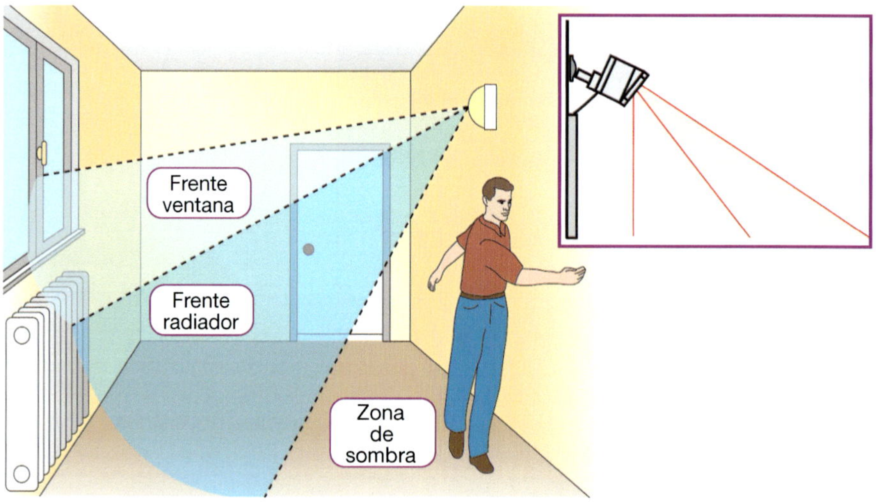

Figura 13.18. Al instalar un sensor de presencia hay que tener en cuenta su posición y su ángulo de detección.

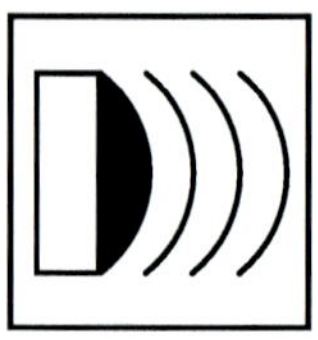

Figura 13.19. Símbolo del sensor de presencia.

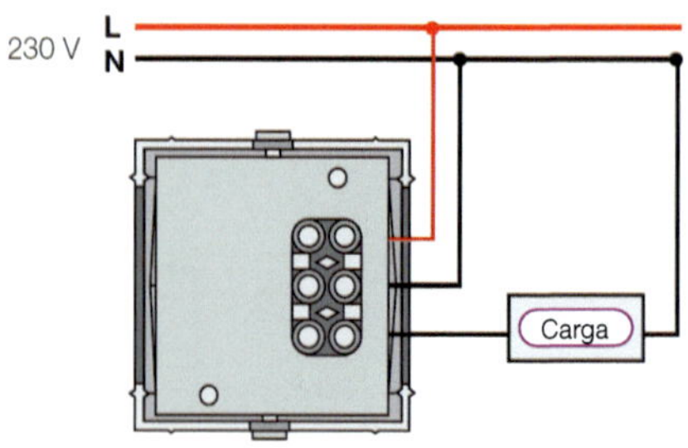

Figura 13.20. Esquema de conexión de un sensor de presencia.

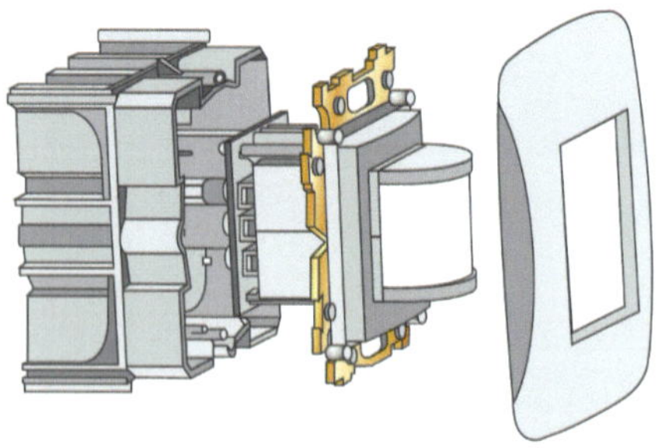

Figura 13.21. Diagrama de instalación de un sensor de presencia.

Actividad resuelta 13.1.

Las últimas versiones de los sensores de presencia cuentan con sistemas antisabotaje y sistemas antimascotas. ¿Para qué crees que sirven estas funciones?

Solución

Los sistemas antisabotaje activan una alarma cuando el sensor intenta ser manipulado, aumentando así la seguridad del sistema.

Los sistemas antimascotas hacen que el sensor entre en funcionamiento únicamente ante la presencia de personas, evitando que se encienda la iluminación al pasar un animal.

Sabías que...

Los nuevos sensores de presencia para el control de la iluminación llevan incorporado un sensor de luminosidad. Con este sistema se mejora la eficiencia energética de las instalaciones.

13.3.4. Sensores de luminosidad

Se utilizan para recibir información en tiempo real sobre el nivel de iluminación exterior.

Este tipo de sensores juegan un papel fundamental en el ahorro energético, al adaptar la iluminación del sistema a la luz solar.

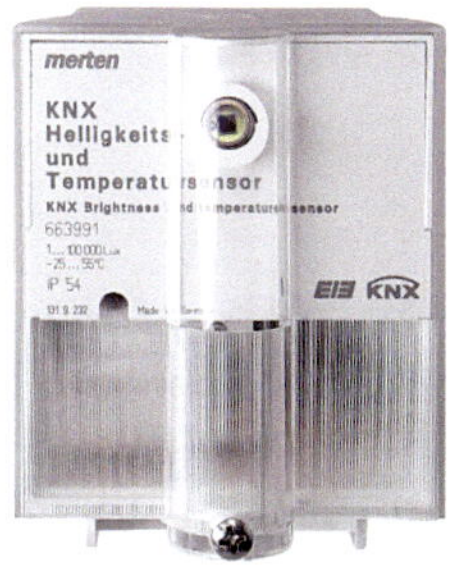

Figura 13.22. Sensor de temperatura y luminosidad 2 en 1.

Descripción y funcionamiento

Los sensores de luminosidad miden la intensidad de la luz ambiental y envían una señal cuando sobrepasa o desciende de un valor determinado.

Se utilizan para diferentes funciones, como desconectar la iluminación cuando hay suficiente luz exterior y para conectarla en caso contrario, subir y bajar las persianas automáticamente, etc.

Figura 13.23. Símbolo del sensor de luminosidad. También se le conoce como **sensor crepuscular.**

Montaje e instalación

La instalación de los sensores de luminosidad se realiza junto a las ventanas o en el exterior de la vivienda, pero siempre de forma que puedan captar la luz solar.

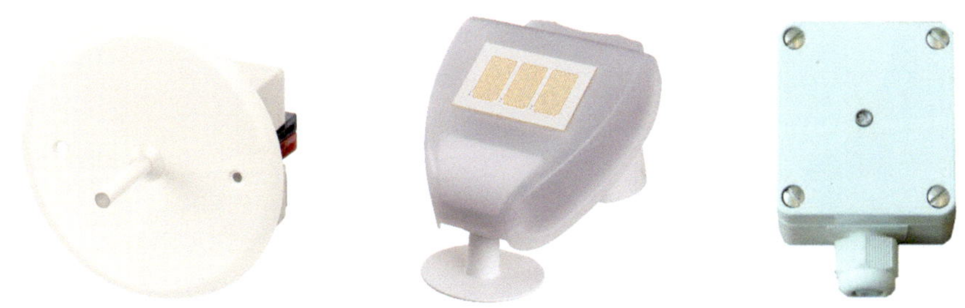

Figura 13.24. Sensores de luminosidad.

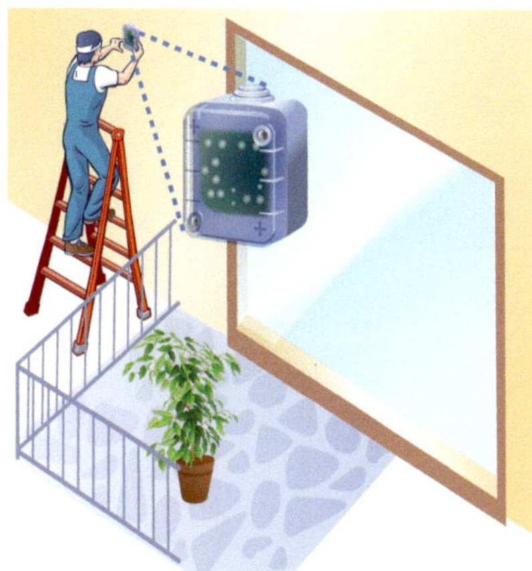

Figura 13.25. Instalación de un sensor de luminosidad exterior.

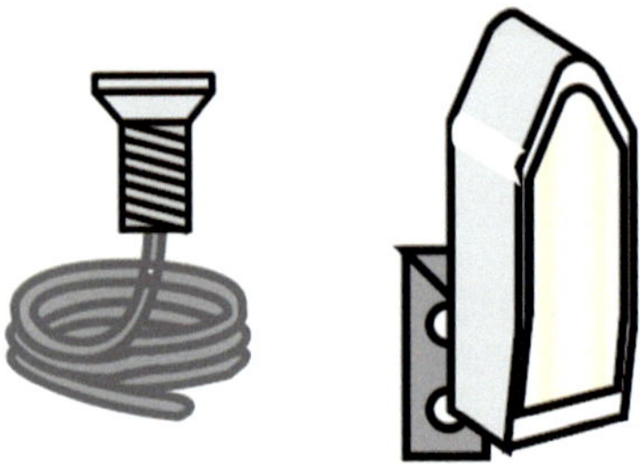

Figura 13.26. Diferentes sondas de los sensores de luminosidad.

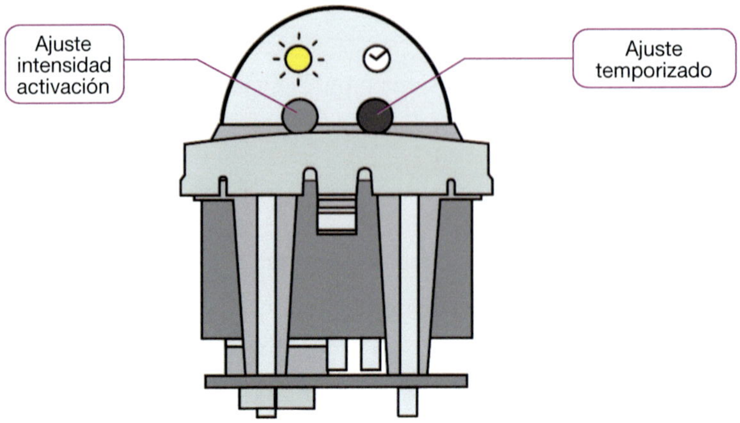

Figura 13.27. Los sensores de presencia permiten ajustar dos parámetros: luminosidad a la que se activan y tiempo de encendido.

Sabías que...

Los nuevos sensores de presencia para el control de la iluminación llevan incorporado un sensor de luminosidad.

13.3.5. Sensores de viento

Se utilizan para recibir información en tiempo real sobre la velocidad y dirección del viento.

Descripción y funcionamiento

Los sensores de viento miden la velocidad del viento y envían una señal al sistema cuando supera o desciende de un valor determinado.

Se utilizan como medida de seguridad para la recogida de los toldos y persianas o para informar al usuario del clima exterior a través de una estación meteorológica.

Figura 13.28. Símbolo del sensor de viento.

Montaje e instalación

La instalación de los sensores de viento se realiza en el exterior de la vivienda, en una zona elevada y al descubierto (generalmente en la terraza o en el tejado).

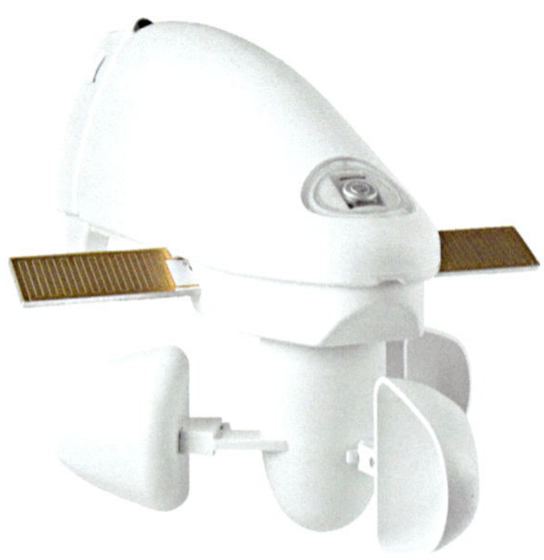

Figura 13.29. Estación meteorológica para la medida de la velocidad del viento, temperatura y luminosidad exterior.

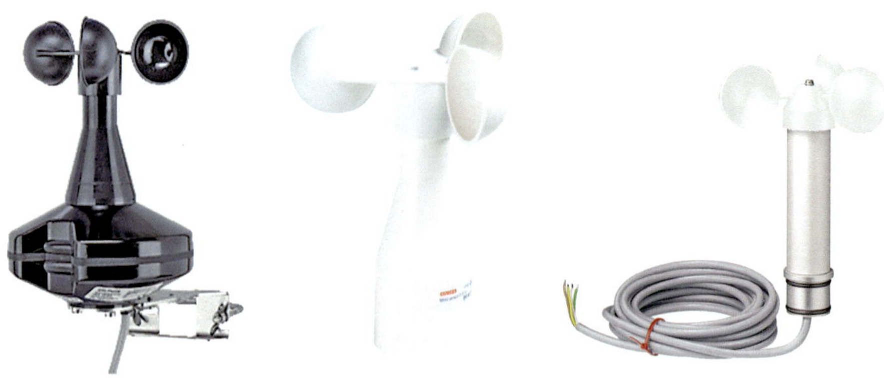

Figura 13.30. Sensores de viento.

13.3.6. Detectores de gas

Se utilizan como parte del sistema de seguridad para informar de la presencia de gases nocivos en el ambiente.

Descripción y funcionamiento

Los sensores de gas detectan concentraciones peligrosas de ciertos gases en el aire, enviando señales al sistema para que ventile la zona y corte el suministro.

Los más comunes son el detector de monóxido de carbono, el detector de gas natural o butano y el detector de metano.

Montaje e instalación

La instalación de los detectores de gas se realiza dependiendo del tipo de gas que se pretende detectar.

Si se utilizan detectores de monóxido de carbono, deberán colocarse en el garaje. Si se utilizan detectores de gas natural o gas butano deberán colocarse en la cocina y en el cuarto de la caldera.

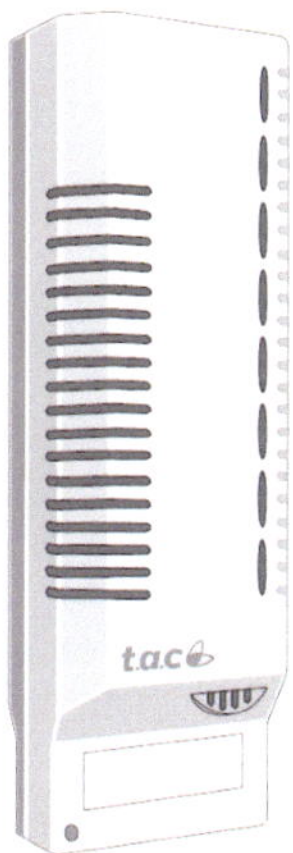

Figura 13.31. Detector de monóxido de carbono.

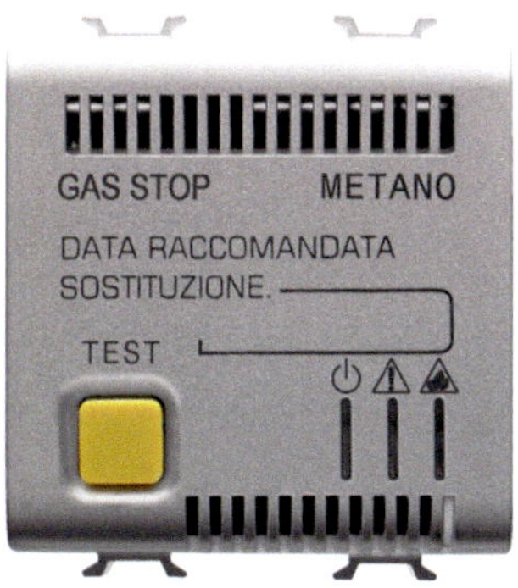

Figura 13.32. Detector de metano.

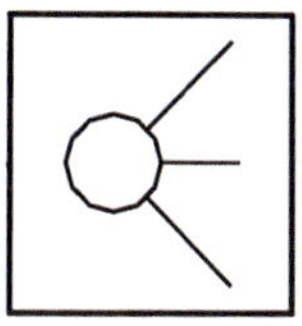

Figura 13.33. Símbolo genérico del sensor de gas.

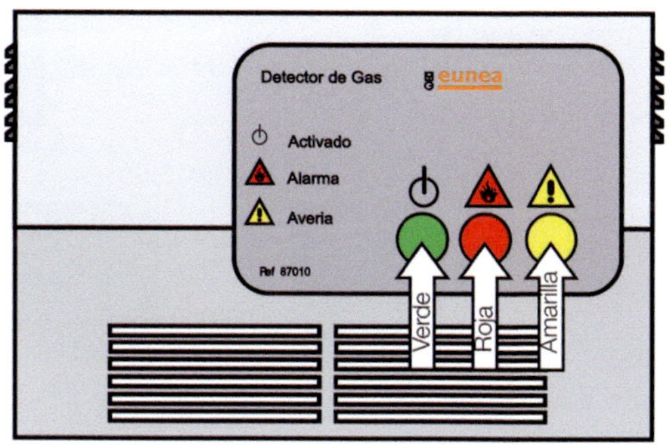

Figura 13.34. Detector de gas natural.

Figura 13.35. Símbolo del detector de gas butano.

Sabías que...

Es recomendable provocar periódicamente una alarma de gas para comprobar el funcionamiento de estos sensores.

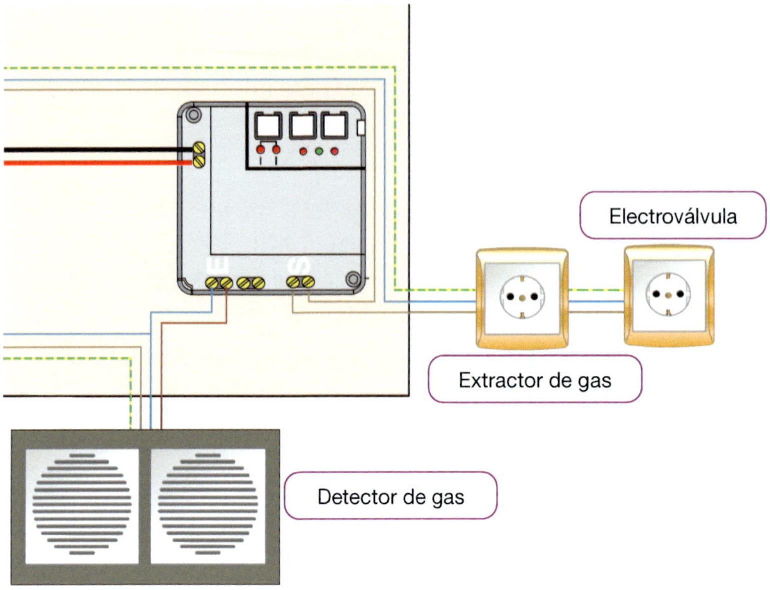

Figura 13.36. Esquema de conexión del detector de gas.

Figura 13.37. Instalación de los detectores de gas.

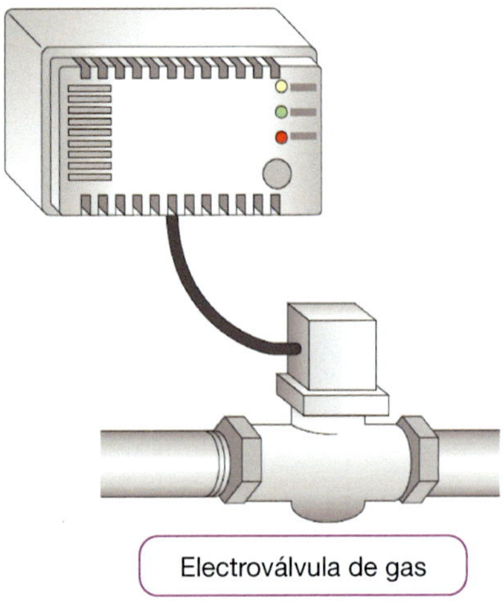

Figura 13.38. Los detectores de gas suelen estar asociados a mecanismos de corte del suministro.

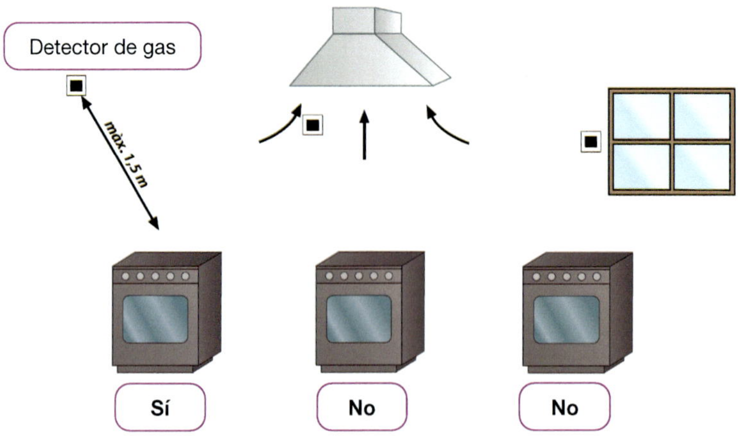

Figura 13.39. Ubicación de los detectores de gas natural.

13.3.7. Detectores de incendios

Se utilizan como parte del sistema de seguridad para informar de una situación potencialmente peligrosa como consecuencia de un incendio.

Figura 13.40. Instalación de un detector de incendios. La duración estimada de este tipo de sensores es de 4 años. Pasado este tiempo, deben ser sustituidos.

Descripción y funcionamiento

Los detectores de incendio detectan la presencia de humo en el aire, advirtiendo de que se ha iniciado un fuego incontrolado en algún lugar de la vivienda. También son conocidos como **sensores de humo.**

Montaje e instalación

La instalación de estos detectores debe realizarse siempre en el techo. La ubicación puede variar, aunque suelen colocarse en los pasillos, cerca de las habitaciones.

Es importante no instalar detectores de incendio en la cocina ni en el garaje, porque estos lugares pueden producir **falsas alarmas.**

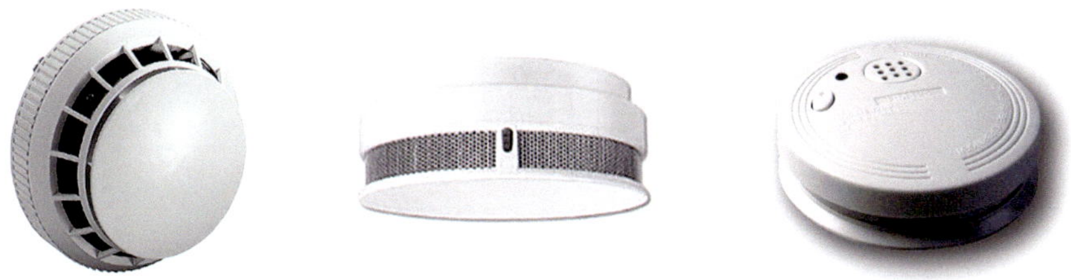

Figura 13.41. Detectores de incendios. Es recomendable limpiar este tipo de sensores con frecuencia.

Figura 13.42. Símbolo del detector de incendio.

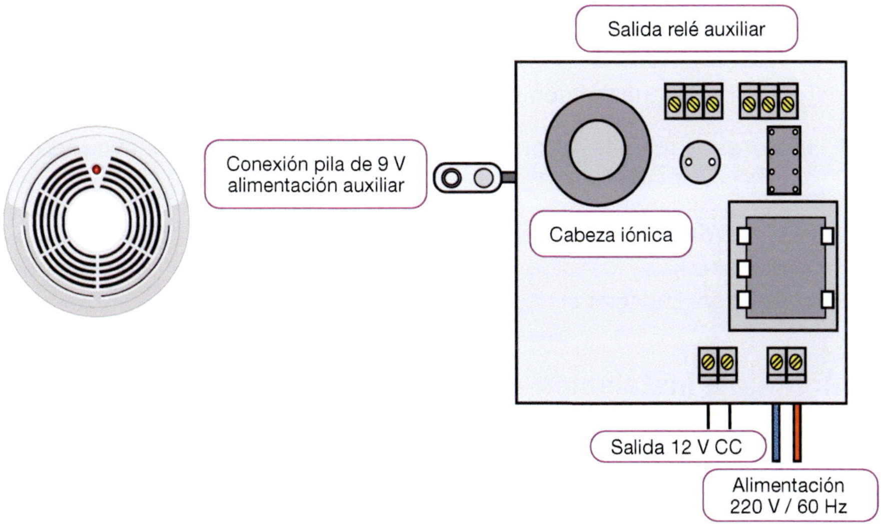

Figura 13.43. Conexionado de un sensor de incendio.

Figura 13.44. Los detectores de incendio se pueden activar por la presencia de humo o por el incremento de calor.

Sabías que...

La duración estimada de un sensor de incendio es de **4 años.** Pasado este tiempo deben ser sustituidos para garantizar la seguridad.

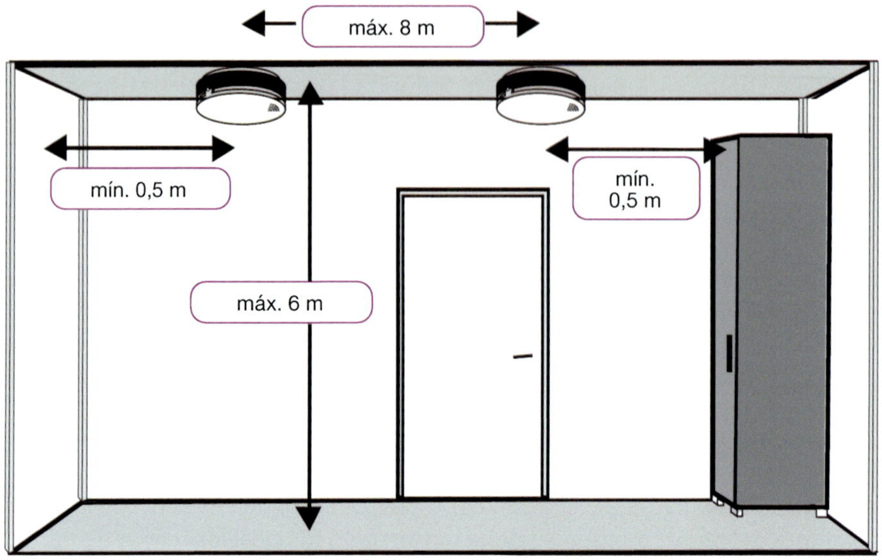

Figura 13.45. Correcta ubicación de los detectores de incendio.

Actividad propuesta 13.3.

¿Por qué crees que los detectores de incendio se instalan siempre en el techo? ¿Qué relación puede tener con la recomendación de «tirarse al suelo y caminar agachado» cuando se produce un incendio?

13.3.8. Detectores de agua

Se utilizan para enviar información al sistema ante la presencia de agua procedente de la lluvia o de una fuga en la instalación.

Descripción y funcionamiento

Los detectores de agua pueden ser de dos tipos:

- Sensores de fuga de agua, que detectan la inundación de alguna zona interior de la vivienda.
- Sensores de lluvia, que se activan cuando empieza a llover. De este modo las persianas bajan y los toldos se recogen automáticamente. También pueden usarse para cancelar el riego automático.

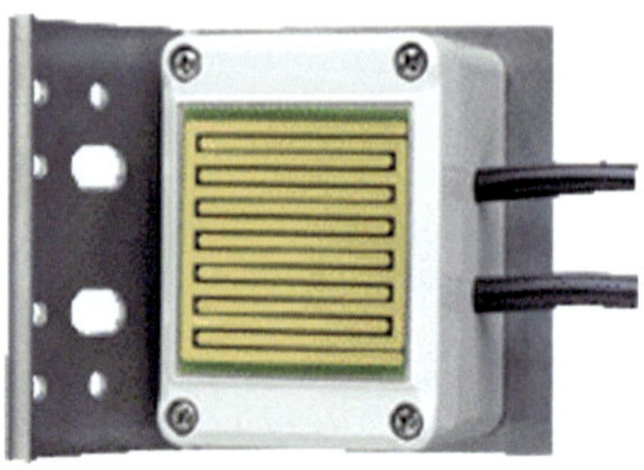

Figura 13.46. Sensor de lluvia.

Montaje e instalación

Los sensores de fuga de agua deben instalarse al nivel del suelo en los aseos y en la cocina.

Los sensores de lluvia deben instalarse en el exterior de la vivienda, en una zona elevada y al descubierto (generalmente en la terraza o en el tejado).

En cualquier instalación en la que se utilicen sensores de fuga de agua es recomendable provocar periódicamente una falsa alarma para comprobar su funcionamiento.

La sonda de inundación debe instalarse de manera que quede en contacto directo con el suelo, evitando zonas donde puedan producirse **falsas alarmas.**

Figura 13.47. Símbolo del sensor de agua.

Figura 13.48. Sensores de fuga de agua.

Figura 13.49. Detalle de conexión de una sonda de inundación.

Figura 13.50. Instalación de un sensor de fuga de agua junto a la lavadora. A estos sensores también se les conoce como **sensores de inundación.**

13.3.9. Sensores magnéticos

Se utilizan como parte del sistema de seguridad para detectar intrusiones a través de una puerta o ventana.

Descripción y funcionamiento

Los sensores magnéticos están formados por dos contactos magnéticos que envían una señal de alarma al ser separados.

Se utilizan para advertir cuándo se produce la apertura indeseada de la puerta o ventana sobre la que han sido instalados.

Montaje e instalación

Es recomendable instalar este tipo de sensores en todas las ventanas y puertas de acceso a la vivienda. La parte móvil se colocará en la propia puerta o ventana y la parte cableada en el marco.

Para abaratar la instalación pueden instalarse únicamente en los lugares más accesibles, como la planta baja y la terraza.

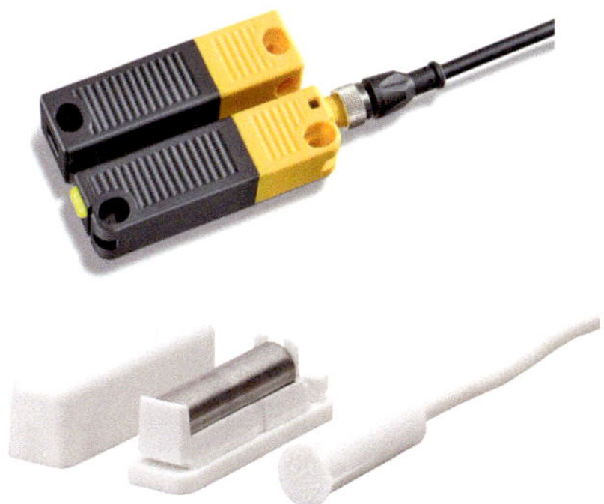

Figura 13.51. Sensores magnéticos específicos para el control de apertura de ventanas.

Figura 13.53. Instalación de un sensor magnético en una ventana.

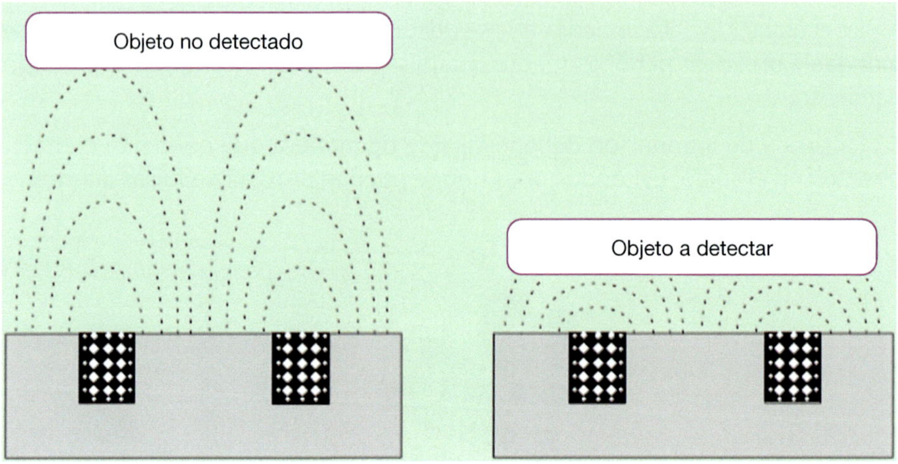

Figura 13.52. Principio de funcionamiento de la detección magnética. Los detectores magnéticos también son llamados **detectores perimetrales.**

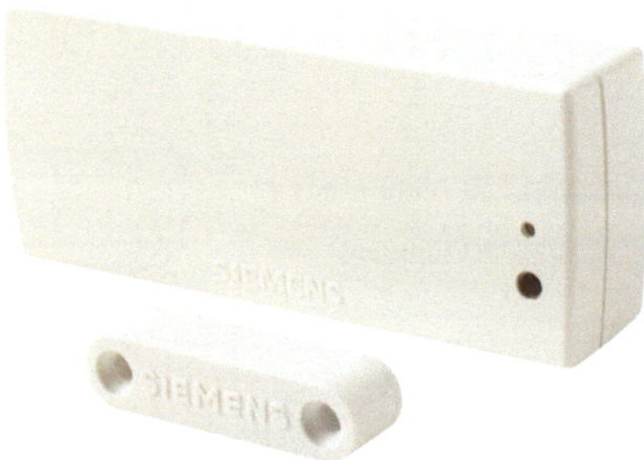

Figura 13.54. Sensor magnético específico para el control de apertura de puertas.

13.3.10. Sensor de rotura de cristales

Se utilizan como parte del sistema de seguridad para detectar intrusiones tras la rotura de un cristal.

Figura 13.55. Sensor de rotura de cristales.

Descripción y funcionamiento

Los sensores de rotura de cristales forman parte del sistema de seguridad de la vivienda.

Envían una señal de alarma en caso de que un intruso intente acceder al interior a través de alguna ventana, tras romper el cristal.

Montaje e instalación

Es recomendable instalar sensores de rotura de cristales en todas las ventanas de la vivienda y en las puertas acristaladas.

Para abaratar la instalación pueden ubicarse únicamente en los lugares más accesibles, como la planta baja y la terraza.

13.3.11. Caudalímetros

Se utilizan para enviar información al sistema domótico sobre los consumos de agua y gas de la instalación.

Descripción y funcionamiento

Los caudalímetros se usan para medir el caudal de un fluido que pasa por una tubería.

Conectados a un sistema domótico, pueden transmitir información sobre la cantidad de agua o gas que se consume en la instalación para poder controlar el consumo.

Montaje e instalación

La instalación de los caudalímetros debe realizarse en las tuberías de entrada de agua o gas de la vivienda.

Dependiendo del modelo, el montaje se realizará en línea con la propia tubería o en su superficie.

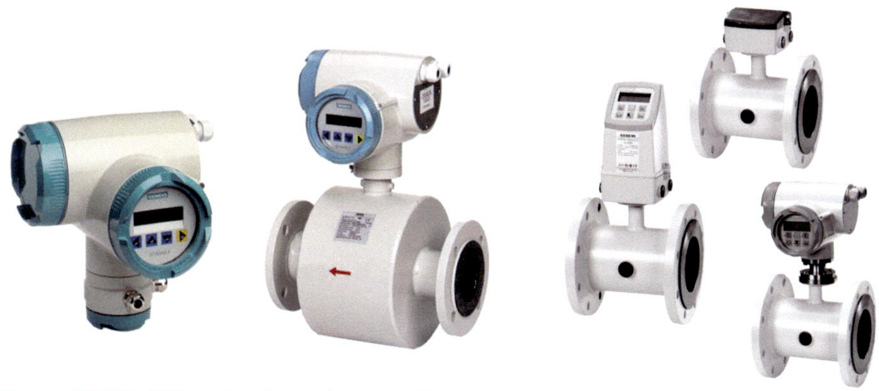

Figura 13.56. Diferentes tipos de caudalímetros.

Recuerda que...

Pueden utilizarse sensores de presencia para detectar la intrusión en una vivienda o edificio. Si se combinan con sensores magnéticos se incrementa el nivel de seguridad.

Recuerda que...

Ciertos componentes, incluidos los nuevos contadores electrónicos, permiten transmitir información sobre los consumos directamente al sistema domótico.

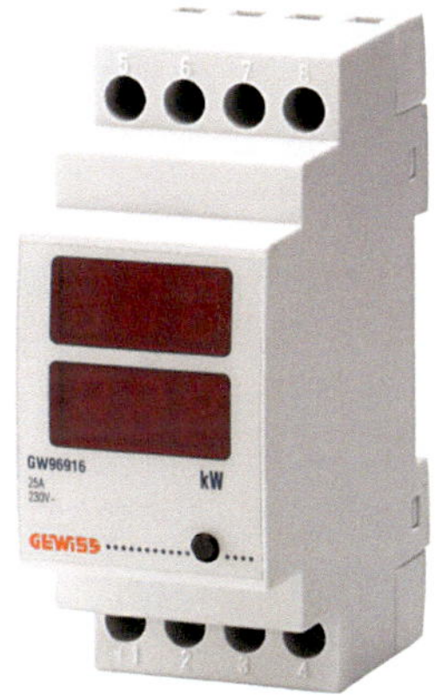

13.3.12. Control de accesos

Se utilizan para gestionar a través del sistema domótico las entradas y salidas de los usuarios de la vivienda o edificio.

Descripción y funcionamiento

Existen elementos que permiten controlar el acceso a la vivienda de modo electrónico. Los más habituales son el lector de tarjetas magnéticas, el teclado, el mando IR y la llave electrónica.

Montaje e instalación

La instalación de este tipo de componentes se realizará junto a las puertas de acceso de la vivienda y junto a la puerta del garaje.

Figura 13.57. Teclado numérico.

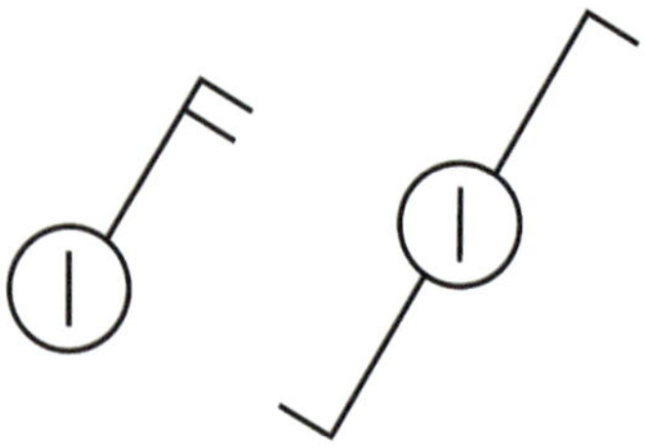

Figura 13.58. Símbolo de la llave electrónica.

Figura 13.59. Lectores de tarjetas.

Figura 13.60. Llave electrónica.

Figura 13.61. Símbolo del lector de tarjetas.

Las llaves electrónicas a simple vista no se diferencian de una llave convencional; sin embargo, permiten gestionar el control de accesos a través del sistema domótico.

Actividad propuesta 13.4.

El usuario de una vivienda domótica puede crear distintos ambientes en su sala de estar, combinando la iluminación, la temperatura e incluso las persianas, grabándolos en un teclado de escenas para después volver a reproducirlos automáticamente en otro momento con tan solo pulsar una tecla. Las escenas o ambientes más comunes son los siguientes:

- Modo noche.
- Modo mañana.
- Modo cena.
- Modo fuera de casa.
- Modo multimedia.

Explica brevemente en qué crees que consiste cada uno de estos ambientes y las funciones que podrían realizar al ser seleccionados.

Sabías que...

Si el videoportero se encuentra integrado dentro del sistema domótico puede considerarse que forma parte del control de accesos automatizado.

13.4. Pasarelas de comunicación

En las instalaciones domóticas pueden también existir componentes que permiten las comunicaciones entre diferentes tecnologías o sistemas, permitiendo a sus componentes el envío de comunicación entre sí.

Estos componentes se denominan pasarelas de comunicación.

Vocabulario

Pasarelas de comunicación = *Gateway / Bridge*

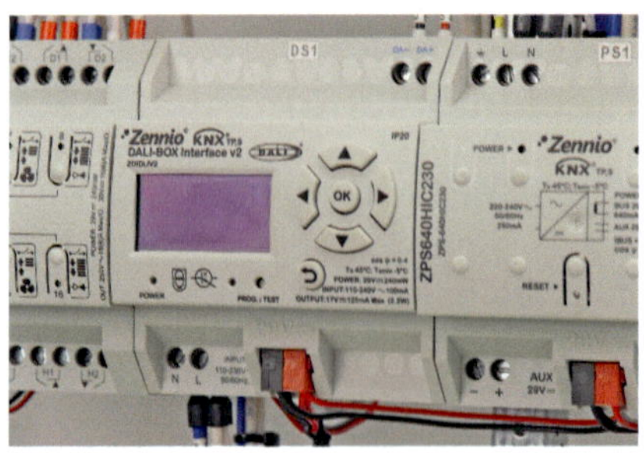

Figura 13.62. Pasarela de comunicación entre el sistema domótico KNX y el sistema de gestión de iluminación DALI.

13.5. Nodos y equipos de control

Dentro de una instalación domótica los nodos son los elementos capaces de procesar y gestionar la información procedente del exterior, para enviar las órdenes adecuadas hacia otros nodos o hacia los actuadores.

Dependiendo del tipo de sistema domótico, los nodos de la instalación pueden ser:

- **Un dispositivo específico:** que gestiona, supervisa y controla todo el sistema. A este elemento se le denomina **equipo de control** o **controlador.**

  En este caso los sensores y los actuadores actúan únicamente como entradas y salidas y se denominan **periféricos.**

  El equipo de control debe tener un microprocesador integrado.

- **Los propios sensores y actuadores:** que actuarán como entradas y salidas del sistema y como nodos.

  En este caso cada sensor y cada actuador tiene su propio microprocesador para poder gestionar la información.

  Al no existir equipo de control se dice que los sensores y los actuadores tienen «inteligencia propia».

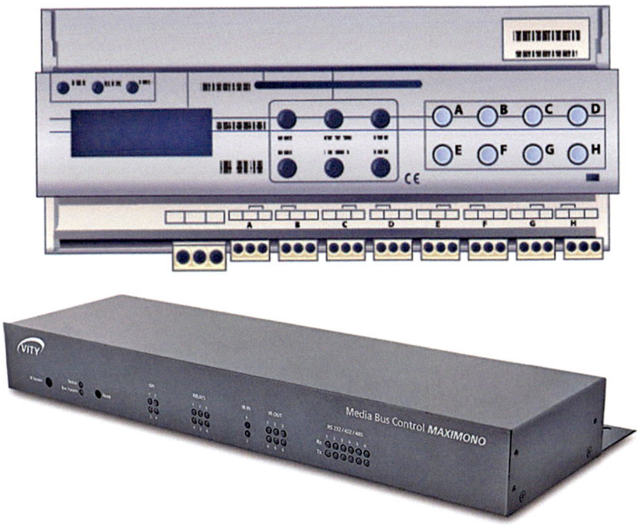

Figura 13.64. Diferentes tipos de equipos de control y controladores.

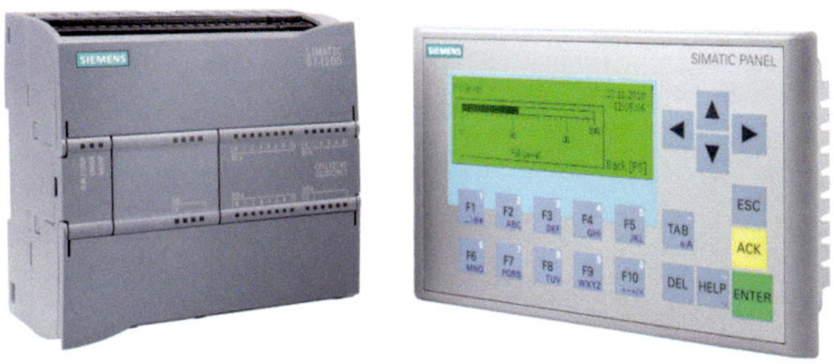

Figura 13.65. Los autómatas programables son un ejemplo de equipo de control.

Sabías que...

Existen equipos denominados minicontroladores que se encargan de gestionar solo una parte del sistema domótico.

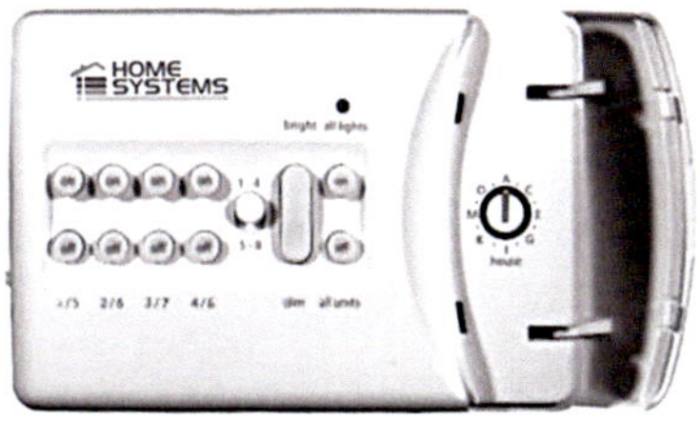

Figura 13.63. Minicontrolador para la gestión de hasta 8 periféricos.

Recuerda que...

No siempre es necesario que exista un equipo de control en el sistema domótico.

Actividad propuesta 13.5.

Razona por qué suele decirse que el equipo de control es el «cerebro» del sistema domótico.

Mapa conceptual

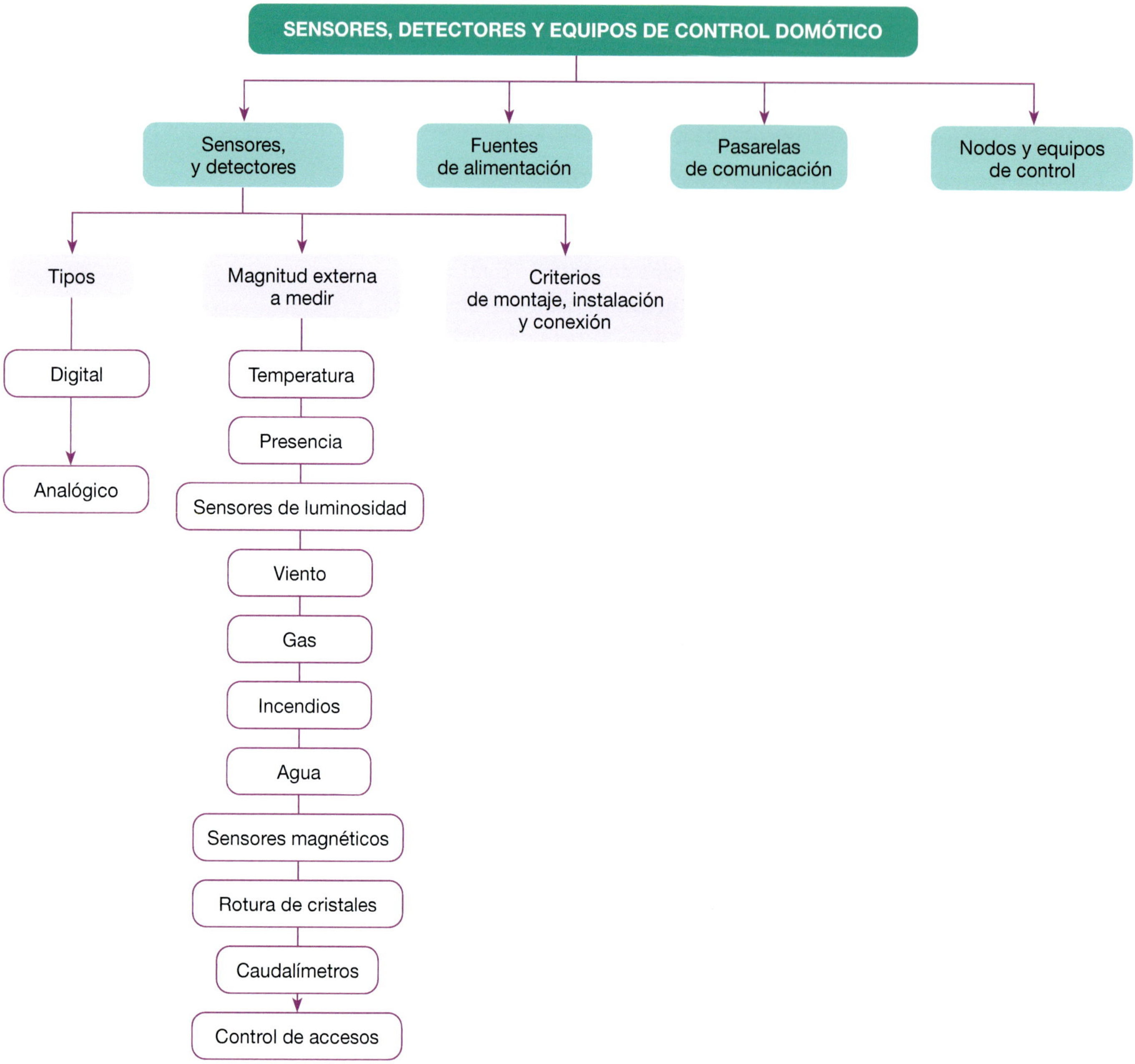

En resumen

- En la actualidad existen sensores para medir y recoger información de prácticamente todas las variables externas que pueden influir en un sistema domótico.
- Es muy importante seleccionar el tipo de detector adecuado a las necesidades de cada usuario, dependiendo de las funciones y aplicaciones que desee tener disponibles en su sistema domótico. Además hay que tener en cuenta que en determinados sistemas domóticos se hace necesario el uso de equipos de control para gestionar la información.
- La instalación de cada sensor debe realizarse respetando sus características y teniendo en cuenta el tipo de magnitud que va a detectar, ya que una instalación incorrecta puede hacer que el sistema no funcione adecuadamente.

13.1. Regulación de un punto de luz a través de un *dimmer* y un interruptor

OBJETIVO

- Realizar el montaje y verificar el funcionamiento de un punto de luz controlado a través de un regulador de intensidad, o *dimmer.*

MATERIAL

- *Dimmer.*
- Interruptor.
- Lámpara incandescente de $230\ V_{CA}$ y portalámparas.
- Cables flexibles de cobre de 1 × 1,5 mm^2.
- Interruptor automático de 10 A.

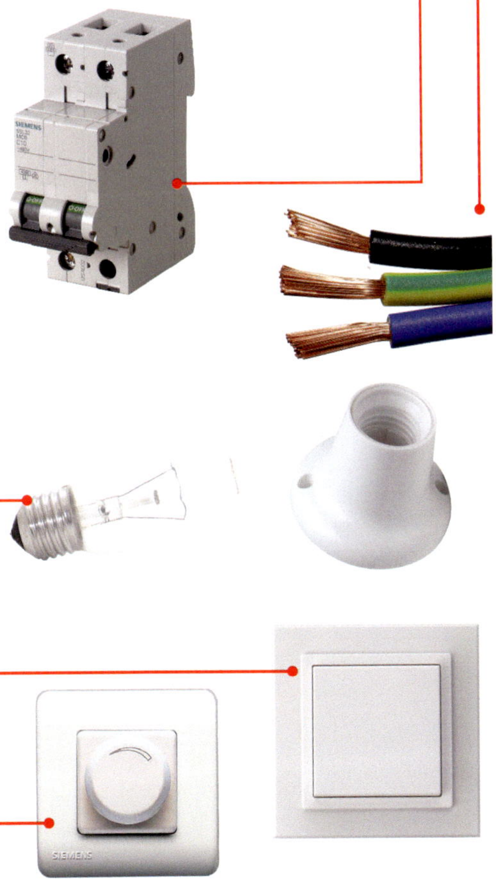

HERRAMIENTAS

- Tijeras de electricista o pelacables.
- Destornillador.

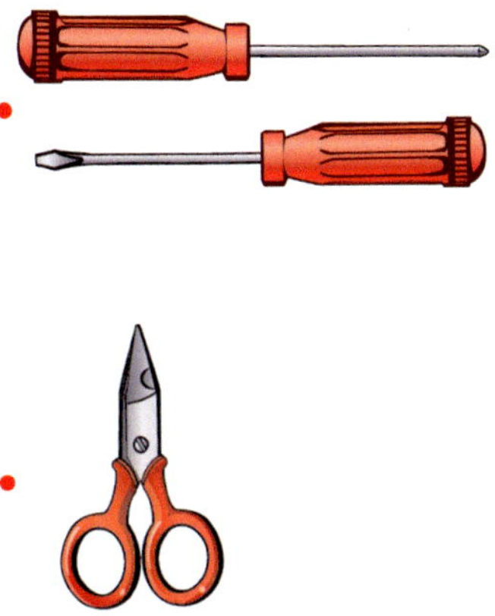

MATERIAL Y HERRAMIENTAS COMPLEMENTARIAS

También te pueden resultar útiles:

- Una taladradora y tornillos para fijar los componentes al tablón de las prácticas.
- Tubo corrugado, abrazaderas para el tubo y guía pasacables si se desea realizar un montaje bajo tubo.

Proceso

1. Corta y pela el cable flexible de cobre. Es necesario un cable para la fase, otro para el neutro y otro para el conductor de protección.
2. Instala los componentes de la práctica en el tablón.
3. Realiza las conexiones que se muestran en el esquema de la figura.
4. Conecta el interruptor automático al principio del circuito.
5. Prueba el circuito. Verifica que el *dimmer* regula la intensidad luminosa y que el interruptor enciende y apaga el circuito.

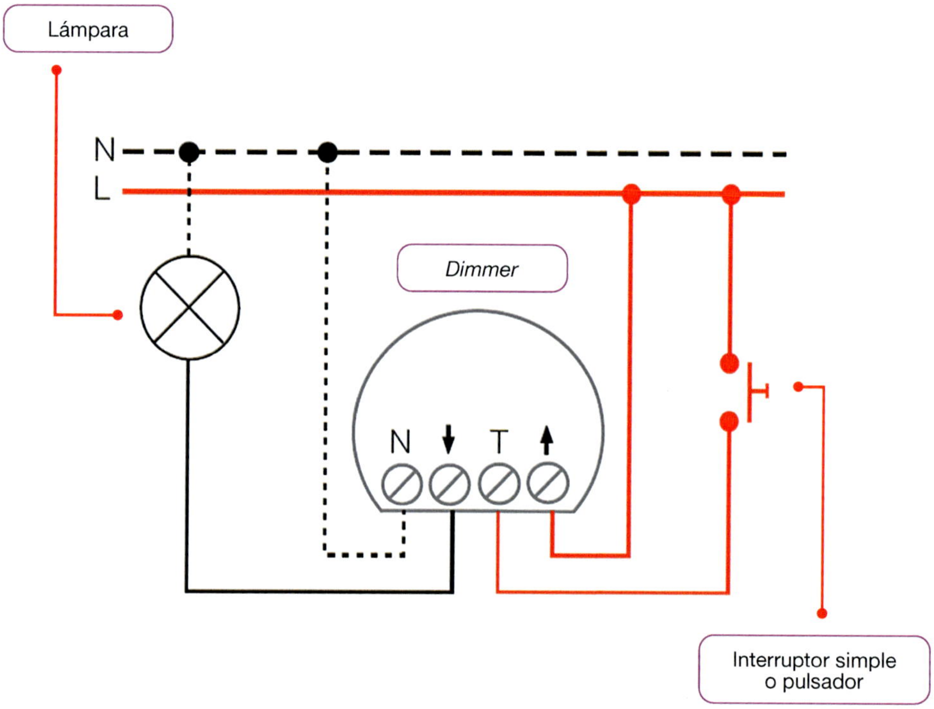

Figura 13.66. Esquema de conexión de los componentes.

13.2. Instalación de un sensor de viento

OBJETIVO

- Realizar la preinstalación de un sensor de viento para posteriormente poder integrarlo en un sistema domótico.

MATERIAL

- Sensor de viento.
- Tornillos.
- Cableado específico para el sensor de viento (consultar al fabricante).

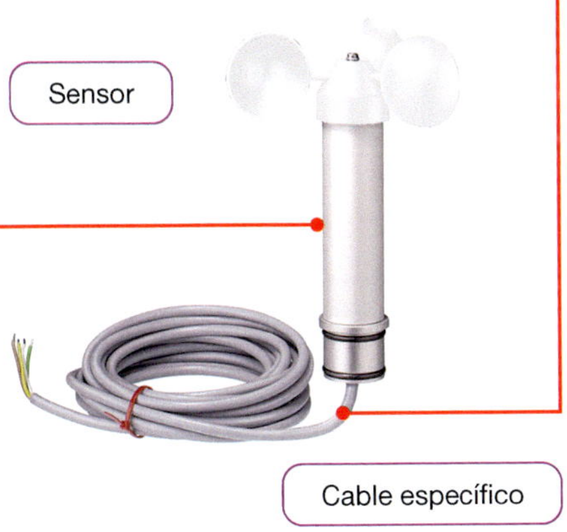

HERRAMIENTAS

- Tijeras de electricista o pelacables.
- Destornillador.
- Taladradora.
- Escalera de mano.

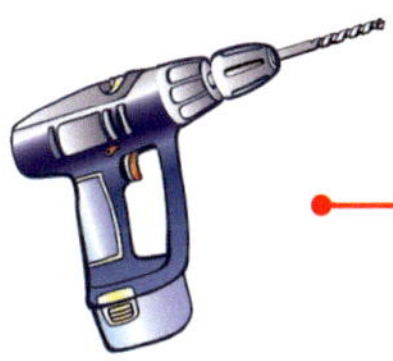

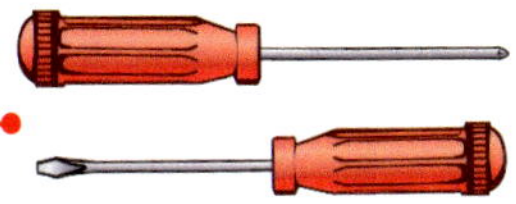

MATERIAL Y HERRAMIENTAS COMPLEMENTARIAS

También te pueden resultar útiles:

- Varios tacos para asegurar la fijación de los tornillos a las paredes.
- Tubo rígido, abrazaderas para el tubo y guía pasacables si se desea realizar un montaje bajo tubo.

Proceso

1. Localiza un lugar elevado en el que poder instalar el sensor.
2. Accede a la posición deseada y verifica que el viento mueve adecuadamente el sensor, tal y como se muestra en las imágenes.
3. Una vez escogido el lugar de la instalación, realiza el montaje del sensor de viento siempre con sus aspas en posición horizontal. *Recuerda que debes utilizar la taladradora con precaución.*
4. Realiza el trazado del cable hasta el interior del edificio escogiendo el trazado más corto, tal y como se muestra en las imágenes.
5. Pela los extremos del cable, dejándolo preparado para la posterior integración en el sistema domótico.

Figura 13.67. Instalación de un sensor de viento.

Actividades finales

De comprobación

13.1. Un sensor que solo puede enviar señales binarias, es decir, un 0 o un 1 indicando, por ejemplo, que algo está abierto o cerrado, es de tipo:

a) Analógico.
b) Digital.
c) Electrónico.

13.2. El termostato es:

a) Un tipo de teclado de escenas.
b) Un sensor de temperatura.
c) Un sensor de luminosidad.

13.3. El símbolo indicado representa:

a) Un pulsador.
b) Un *dimmer.*
c) Un interruptor de persianas.

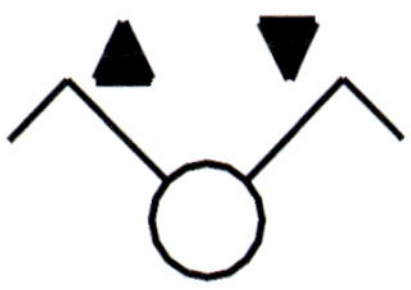

13.4. El dispositivo capaz de regular la intensidad se denomina:

a) Interruptor.
b) Pulsador.
c) *Dimmer.*

13.5. Para detectar agua en una instalación domótica puedes utilizar:

a) Un sensor de fuga de agua.
b) Un detector de lluvia.
c) Las dos respuestas anteriores son correctas.

13.6. El símbolo indicado representa:

a) Un detector de incendios.
b) Un sensor crepuscular.
c) Un detector de inundación.

13.7. Un sensor de gas debe instalarse:

a) A la altura del suelo.
b) A la altura del techo.
c) Depende del tipo de gas a detectar.

13.8. Si deseas automatizar la iluminación, de manera que las luces se enciendan automáticamente cuando se hace de noche, debes utilizar:

a) Un sensor crepuscular.
b) Un sensor de presencia.
c) Un *dimmer.*

13.9. El sensor que es capaz de medir la cantidad de agua o gas consumida en una vivienda es:

a) El detector de agua.
b) El caudalímetro.
c) El sensor magnético.

13.10. Cuando en una instalación domótica el nodo es un dispositivo específico, este se denomina:

a) Equipo de control.
b) Periférico.
c) Actuador.

13.11. El montaje de los caudalímetros debe realizarse siempre:

a) En línea con la tubería de entrada a la instalación.
b) En la superficie de la tubería de entrada a la instalación.
c) Depende del modelo.

13.12. Un sensor de humos debe instalarse:

a) A la altura del suelo.
b) A la altura del techo.
c) Depende del fabricante del sensor.

De ampliación

13.13. **Define brevemente las principales diferencias entre los sensores domóticos analógicos y digitales.**

13.14. **¿En qué consiste un teclado de escenas? ¿Qué funciones ofrece? ¿En qué áreas de gestión de la domótica puede estar incluido?**

13.15. **Explica el funcionamiento de los siguientes componentes:**

a) Sensor de temperatura.

b) Sensor de presión.

c) Detector de incendio.

13.16. **¿Cuáles son los criterios fundamentales de instalación y montaje de un sensor de presencia?**

13.17. **Explica el funcionamiento y las características de un caudalímetro.**

13.18. **¿En qué consisten los sistemas de control de accesos? ¿Qué funciones ofrecen? ¿En qué áreas de gestión de la domótica pueden estar incluidos? Cita tres ejemplos de mecanismos para el control de accesos en una instalación domótica.**

13.19. **¿Cuáles son los criterios fundamentales de instalación y montaje de un sensor de gas?**

13.20. **¿En qué zonas de una vivienda instalarías un detector de agua? ¿Para qué se utiliza la denominada sonda de inundación?**

13.21. **Razona el principio de funcionamiento de los detectores magnéticos.**

13.22. **¿Qué es un nodo dentro de un sistema domótico? ¿Qué dispositivos pueden cumplir la función de nodo?**

Actuadores domóticos y componentes auxiliares

Introducción

El objetivo final de las señales que viajan por un sistema domótico es llegar a ciertos componentes que realizarán las acciones para las que han sido diseñados y configurados: los actuadores.

Los actuadores son, por tanto, los componentes capaces de producir cambios en el estado de una instalación (encender algo que estaba apagado, cerrar algo que estaba abierto, etc.). Además, existen otros elementos que pueden añadir más prestaciones a un sistema domótico, conocidos como equipos auxiliares.

A continuación se estudian los actuadores y equipos auxiliares más importantes y más utilizados en la actualidad, sus características y las técnicas de montaje en viviendas.

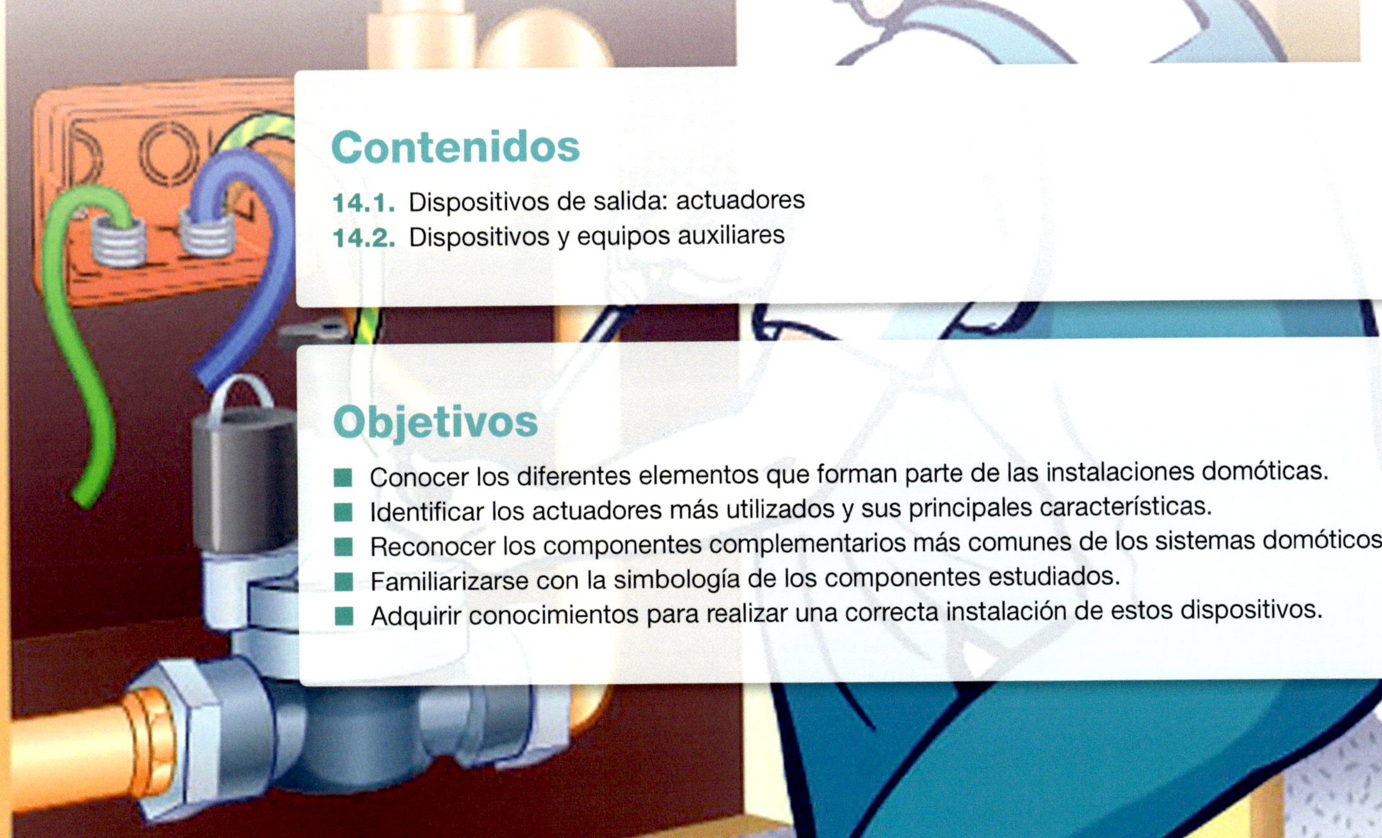

Contenidos

Objetivos

- Conocer los diferentes elementos que forman parte de las instalaciones domóticas.
- Identificar los actuadores más utilizados y sus principales características.
- Reconocer los componentes complementarios más comunes de los sistemas domóticos.
- Familiarizarse con la simbología de los componentes estudiados.
- Adquirir conocimientos para realizar una correcta instalación de estos dispositivos.

14.1. Dispositivos de salida: actuadores

Los actuadores son los componentes de la instalación domótica que, tras recibir la información procedente del sistema, realizan acciones determinadas sobre ciertos equipos e instalaciones externas, modificando su estado.

Los actuadores más utilizados en los sistemas domóticos convencionales, en función de las órdenes que ejecutan, son los que se muestran en la Tabla 14.1.

Tabla 14.1. Actuadores más utilizados en los sistemas domóticos convencionales

Lámparas	Motores	Electroválvulas
Sirenas y avisadores interiores	Control de climatización	Contactores y relés

14.1.1. Lámparas

Las lámparas son las encargadas de convertir la energía eléctrica que reciben en energía luminosa útil para los usuarios.

Descripción y funcionamiento

Las lámparas son los actuadores más comunes de las instalaciones eléctricas y domóticas. Se encargan de la iluminación de las estancias, que podrá ser:

En función del control de las lámparas:

- Simple: las lámparas se controlan desde un único lugar.
- Conmutada: las lámparas se controlan desde dos o más lugares.

En función de la intensidad luminosa:

- Fija: las lámparas siempre emiten la misma intensidad luminosa.
- Regulada o variable: se puede variar la intensidad de la luz de las lámparas.

Montaje e instalación

Todas las estancias deben contar con puntos de luz controlados desde una o varias posiciones y a través del sistema domótico.

Además, en las zonas de descanso (salón y habitaciones) las lámparas contarán con un dispositivo que permita regular la intensidad de la luz.

Es conveniente instalar un pulsador centralizado cerca de la puerta de acceso principal desde el que se puedan apagar todas las luces de la vivienda o edificio simultáneamente.

La regulación de la intensidad luminosa de forma manual y automática es una de las funciones más utilizadas en los sistemas domóticos.

Recuerda que...

El dispositivo capaz de regular la intensidad luminosa de una lámpara se llama **regulador** o ***dimmer.***

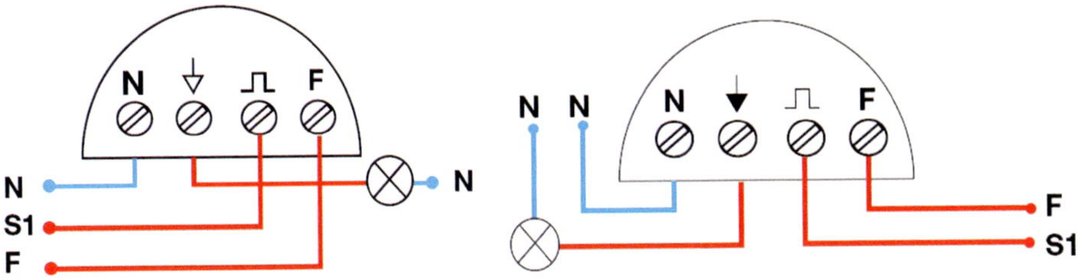

Figura 14.1. Posibles conexiones de un *dimmer* y un punto de luz.

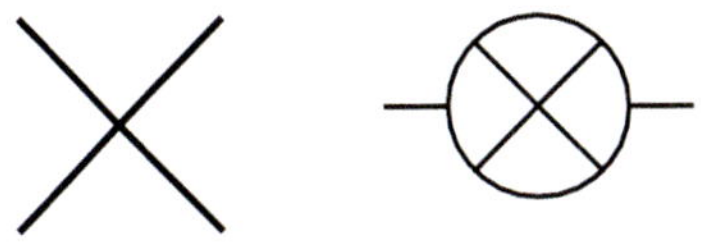

Figura 14.2. Símbolo de una lámpara incandescente.

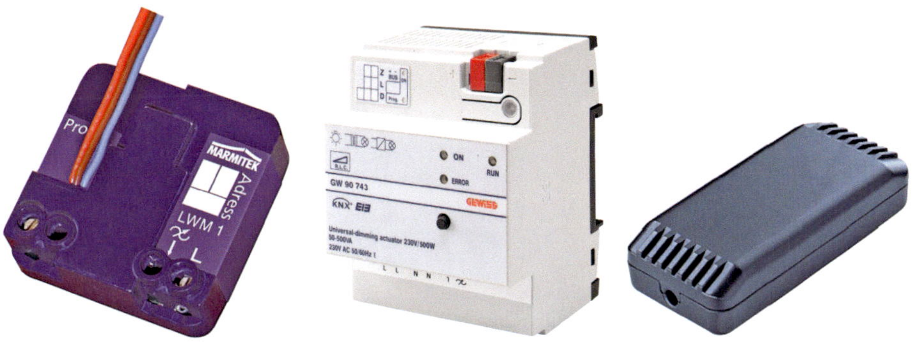

Figura 14.3. Actuadores tipo *dimmer*.

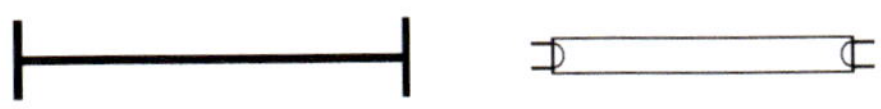

Figura 14.4. Símbolo de una lámpara fluorescente.

14.1.2. Motores

Convierten la energía eléctrica que reciben en movimiento giratorio útil para mover o desplazar objetos.

Vocabulario

Motor = *Motor / Engine*

Descripción y funcionamiento

Los motores son un tipo de actuador que produce un movimiento giratorio al ser activado.

Este movimiento puede utilizarse para mover o desplazar objetos, como por ejemplo subir y bajar una persiana, abrir o cerrar una puerta, realizar una extracción de aire a través de la campana extractora, etc.

Montaje e instalación

El montaje de los motores se realizará en todos los dispositivos de la vivienda que deban moverse automáticamente, y su colocación exacta variará en cada caso. Los ejemplos más comunes son los siguientes:

- **Puertas interiores:** se instalarán en la parte superior, en el lado de las bisagras.
- **Puerta del garaje:** se instalará en la parte superior o inferior, dependiendo de si la puerta es abatible vertical, horizontal o corredera.
- **Persianas:** se instalarán en la parte superior junto a la caja de la persiana, en el lado del pulsador.

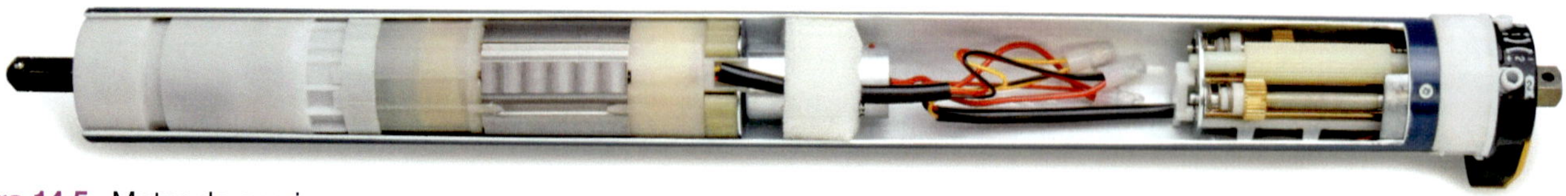

Figura 14.5. Motor de persianas.

Figura 14.6. Preinstalación de un motor para persianas.

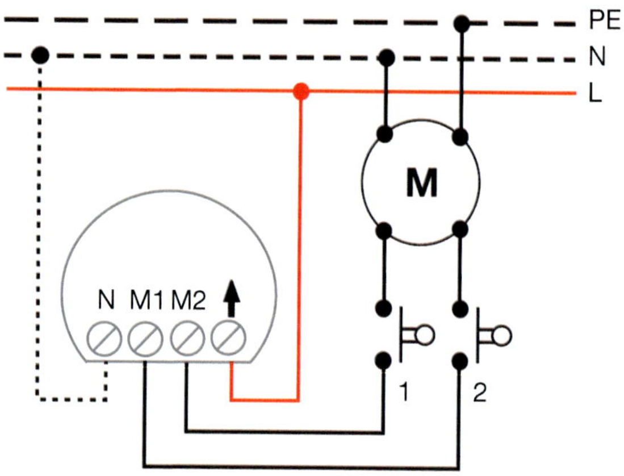

Figura 14.7. Conexionado de un motor controlado a través de un pulsador.

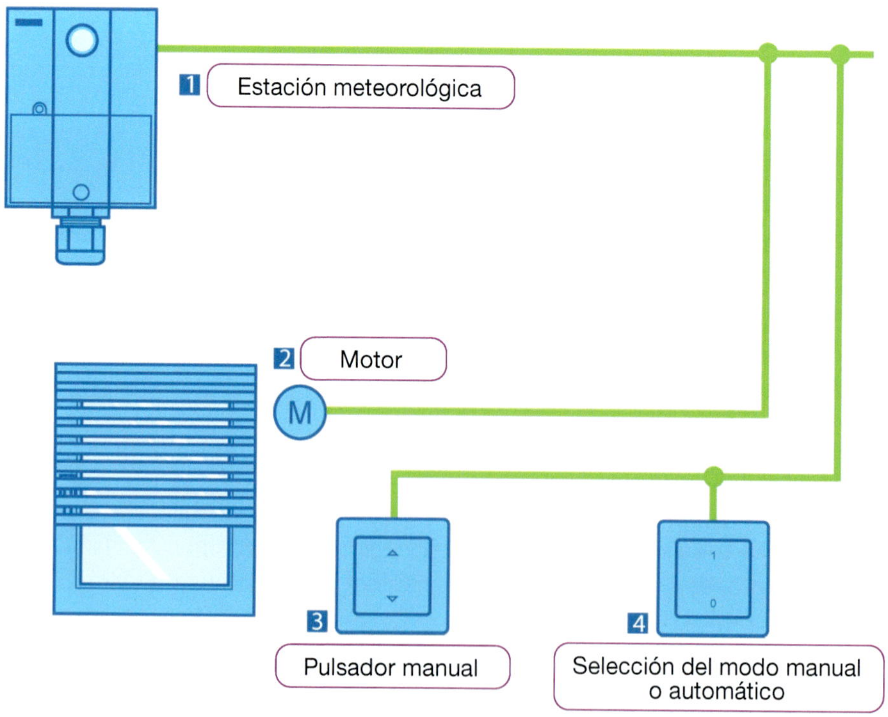

Figura 14.8. Esquema de conexión de un motor para el control de una persiana de forma manual (a través de pulsador) y automática (estación meteorológica, que activa el motor dependiendo de la luminosidad exterior o la lluvia).

Actividad propuesta 14.1.

Piensa en otros ejemplos de aplicaciones domóticas en las que sea necesario el uso de un motor.

14.1.3. Electroválvulas

Convierten la energía eléctrica que reciben en movimiento giratorio para el bloqueo o apertura de conductos

Descripción y funcionamiento

La función de las electroválvulas consiste en abrir y cerrar las tuberías donde han sido instaladas, permitiendo el establecimiento y el corte de los fluidos asociados a la vivienda o edificio (agua y gas).

Montaje e instalación

La instalación de las electroválvulas debe realizarse en las tuberías de entrada de agua o gas de la vivienda.

El montaje puede realizarse sustituyendo la válvula manual de estos conductos por la electroválvula, o bien disponiendo de ambas, para poder interrumpir el suministro de modo automático o manual.

Es común que los sensores de fuga de gas tengan asociados electroválvulas y extractores, para minimizar el riesgo de explosión en caso de escape.

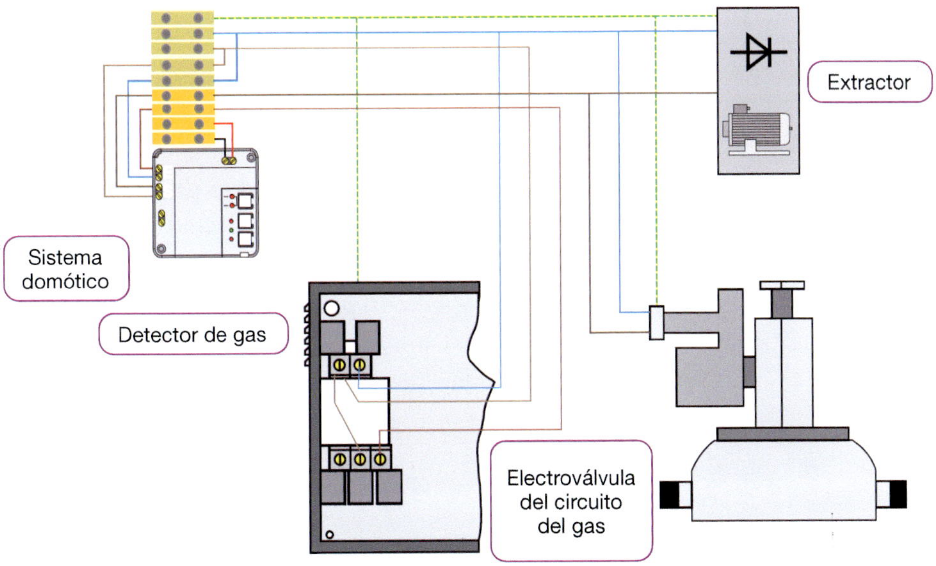

Figura 14.12. Ejemplo de conexión de una electroválvula de gas.

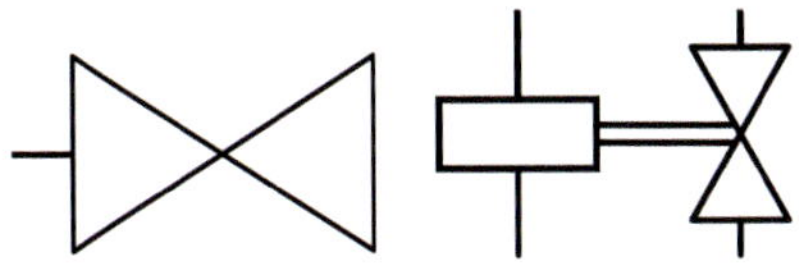

Figura 14.9. Símbolo de una electroválvula usada para el control del suministro de agua o gas.

Figura 14.10. Llave de paso manual.

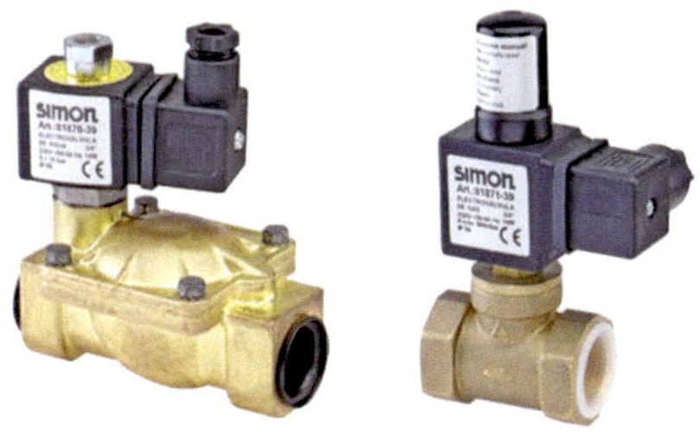

Figura 14.11. Diferentes tipos de electroválvulas.

Figura 14.13. Instalación de una electroválvula de agua.

Actividad propuesta 14.2.

Las electroválvulas de agua y gas en un sistema domótico están siempre asociadas a los sensores de fuga de agua y fuga de gas respectivamente. ¿Cuál crees que puede ser el objetivo de este tipo de configuración?

14.1.4. Sirenas y avisadores interiores

Convierten la energía eléctrica que reciben en energía acústica o luminosa respectivamente.

Descripción y funcionamiento

Las sirenas son actuadores que tienen la finalidad de avisar acústicamente (emitiendo un sonido muy fuerte) cuando se ha producido alguna situación de peligro.

Los avisadores son sirenas que además emiten una señal visual.

Montaje e instalación

Sabías que...

Es conveniente instalar un filtro antes de la electroválvula para evitar que se obstruya.

El montaje de las sirenas interiores debe realizarse en un lugar que asegure que su sonido pueda oírse desde cualquier zona de la vivienda o edificio.

Generalmente suelen instalarse junto a la puerta de entrada o en alguno de los pasillos principales.

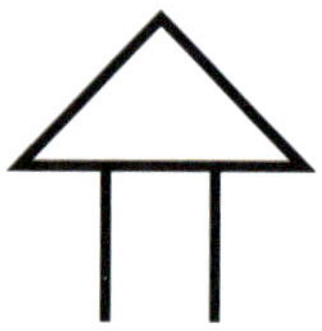

Figura 14.14. Símbolo de una sirena.

Figura 14.15. Símbolo de un zumbador.

Algunos sensores llevan incorporado su propio avisador o sirena, que indica mediante un led de color verde el buen estado de la instalación y mediante la alarma sonora y un led rojo la detección de una anomalía.

En otros casos la sirena o avisador es común para todos los sensores del sistema domótico.

Figura 14.16. Diferentes tipos de sirenas y avisadores interiores.

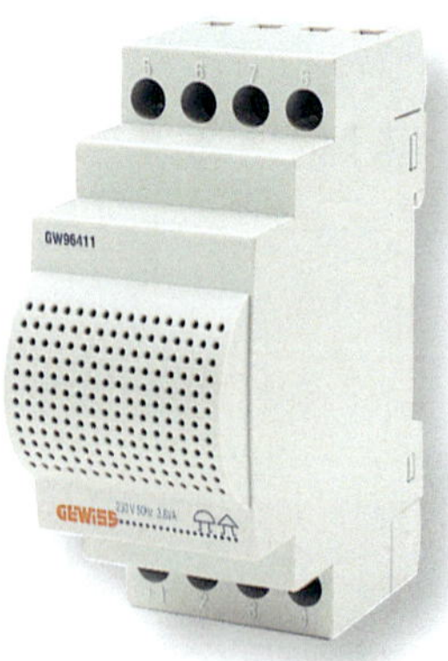

Figura 14.17. Avisador interior tipo zumbador.

Figura 14.18. Detector de incendio y avisador acústico asociado.

14.1.5. Control de la climatización

Conjunto de dispositivos que permiten gestionar a distancia los parámetros característicos de los sistemas de climatización.

Descripción y funcionamiento

Existen actuadores especialmente diseñados para el control de la calefacción y el aire acondicionado de las viviendas o edificios.

Las funciones más comunes que permiten controlar son:

- Encendido y apagado automático.
- Temperatura.
- Velocidad y dirección de la ventilación.
- Escenas de clima.
- Conexión con sensor de presencia.
- Desconexión con sensor de ventana abierta.

Montaje e instalación

Aunque existen dispositivos para el control de la climatización de un modo centralizado, lo más conveniente es utilizar dispositivos para un control individual.

El montaje de estos actuadores individuales debe realizarse en cada uno de los radiadores o aparatos de aire acondicionado de la instalación.

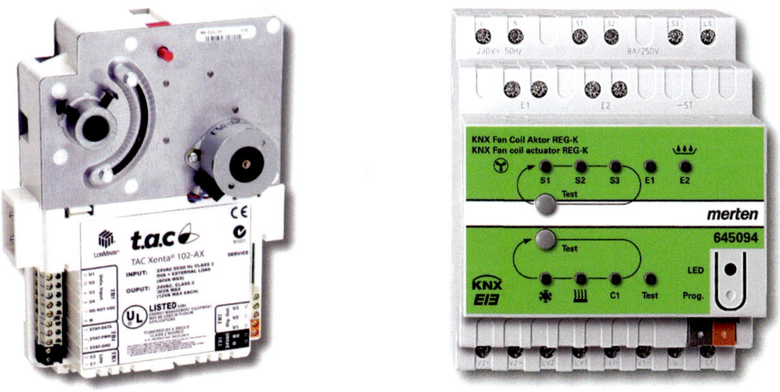

Figura 14.19. Diferentes tipos de actuadores para el control de la climatización.

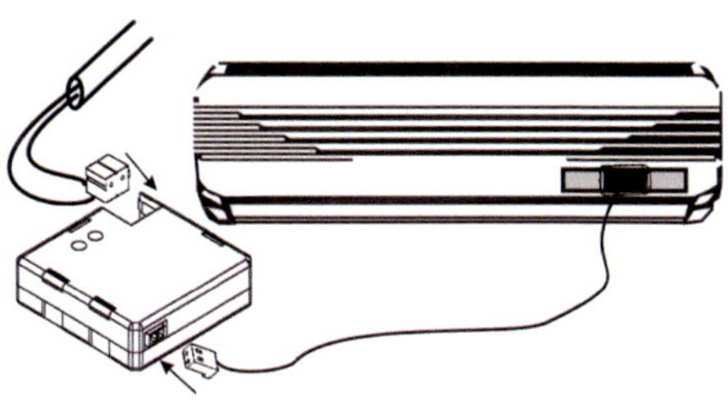

Figura 14.20. Croquis de conexión de un dispositivo para el control de la climatización.

Eficiencia energética

El control de la climatización permite desconectar automáticamente la calefacción al detectar una ventana abierta.

Recuerda que...

El control de la climatización se incluye dentro del área de gestión del confort y de la gestión de energía.

Figura 14.21. Símbolo del contactor.

Figura 14.22. El mecanismo interno de un contactor o relé se basa en un electroimán, formado por un arrollamiento de hilos de cobre muy finos.

14.1.6. Contactores y relés

Convierten la energía eléctrica que reciben en movimiento de apertura o cierre de sus contactos internos.

Descripción y funcionamiento

Los contactores y los relés son elementos compuestos por un electroimán que es activado mediante control remoto. Este electroimán actúa sobre un contacto que abrirá o cerrará el circuito eléctrico al que esté conectado.

En ciertos sistemas domóticos estos actuadores se denominan **electroimanes** o **actuadores binarios.**

Montaje e instalación

La instalación de los contactores y los relés se realizará en serie con cualquier dispositivo eléctrico convencional que se desee conectar o desconectar utilizando el sistema domótico.

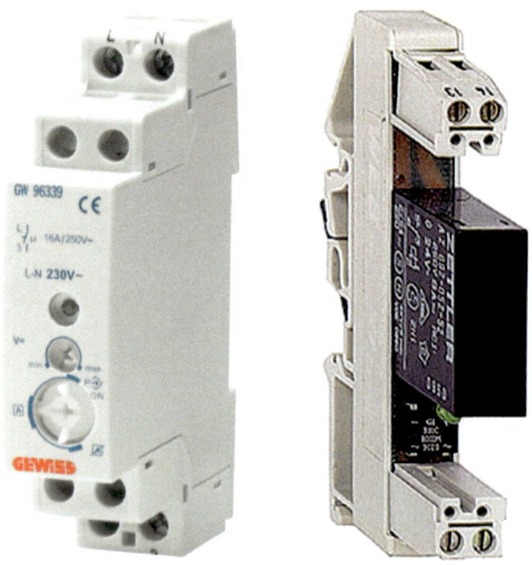

Figura 14.23. Relés.

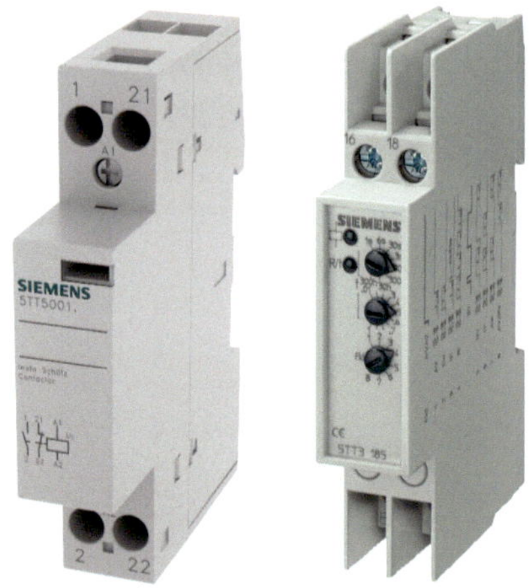

Figura 14.24. Contactor monofásico.

Los contactores y los relés, especialmente los trifásicos, son mecanismos eléctricos que desde hace muchos años se han estado utilizando para la automatización de procesos industriales.

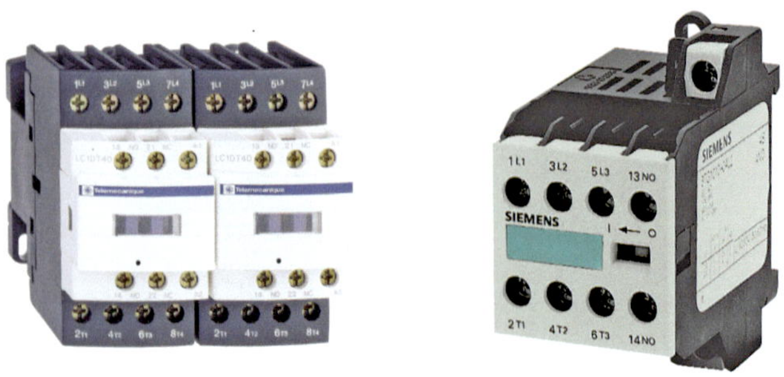

Figura 14.25. Contactores trifásicos industriales.

Gracias a las tecnologías domóticas, en la actualidad es posible controlar y automatizar casi cualquier receptor eléctrico de la vivienda.

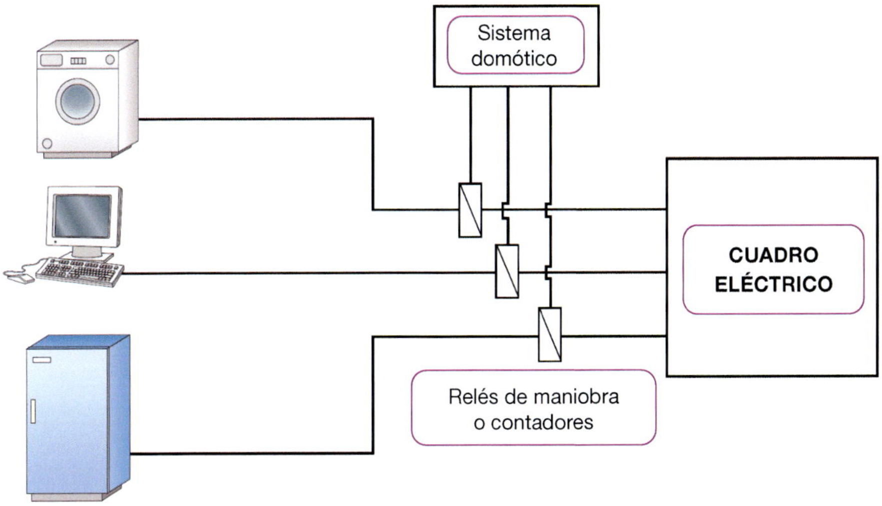

Figura 14.26. Ejemplo de conexión de relés para el control de diversas cargas eléctricas.

Figura 14.27. Actuadores para el control y programación de electrodomésticos y otras cargas eléctricas.

Existen también dispositivos domóticos que basan su funcionamiento en un relé o contactor, pero además tienen la capacidad de admitir una programación o temporización interna.

Este tipo de dispositivos se pueden utilizar, por ejemplo, para el control de electrodomésticos, programando su encendido y tiempo de funcionamiento.

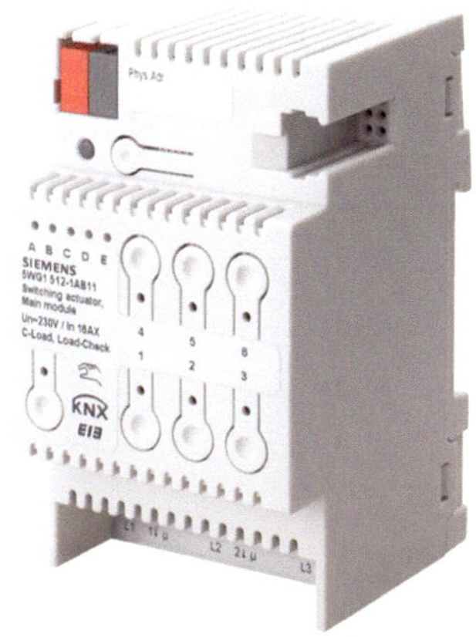

Figura 14.28. Actuador binario. Consiste en un bloque de varios relés para el control del encendido y apagado de varias cargas simultáneamente.

Actividad propuesta 14.3.

Observa lo que ocurre en la siguiente secuencia de imágenes y explica qué crees que sucede y cómo actúa el sistema domótico en cada caso.

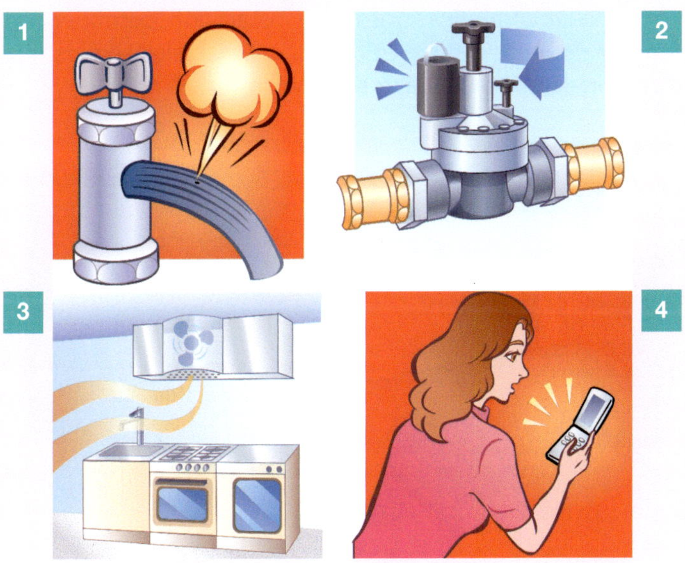

Recuerda que...

Los sensores son los **dispositivos de entrada** del sistema.

Los actuadores son los **dispositivos de salida** del sistema.

14.2. Dispositivos y equipos auxiliares

Los dispositivos y equipos auxiliares no siempre son necesarios para el correcto funcionamiento de los sistemas domóticos, pero suelen añadirse a las instalaciones para conseguir mejorar las prestaciones, servicios o funciones.

En los siguientes apartados se estudian los más utilizados en la actualidad.

14.2.1. Componentes de visualización y monitorización

Su función es la de monitorizar el sistema, que además puede gestionarse desde la propia pantalla. Pueden ser fijos o móviles, a través de aplicaciones en *smartphones* o *tablets*.

Sabías que...

El módulo GSM permite el envío de mensajes al sistema domótico desde el teléfono móvil.

El módulo wifi permite la conexión del sistema a internet sin necesidad de cables.

Los módulos RS 232 y USB permiten la comunicación entre el ordenador y la instalación domótica.

Figura 14.29. Pantallas y monitores de visualización.

14.2.2. Componentes de comunicaciones

Mejoran o amplían las comunicaciones de la instalación, permitiendo su interconexión con otros sistemas o protocolos. Los más usuales son los que permiten comunicaciones inalámbricas (wifi) o Ethernet.

Figura 14.30. Módulo IP (Ethernet).

Figura 14.31. Módulos wifi.

14.2.3. Centrales de alarmas

Supervisan, gestionan y controlan toda la información procedente de los sistemas de seguridad de la instalación domótica (sensores de fuga de agua, fuga de gas, incendio, intrusión y rotura de cristales, entre otros).

Cuando uno de estos sensores se activa, la central de alarmas puede enviar un aviso al propietario de la instalación, a los servicios de emergencia locales (policía, bomberos), etc.

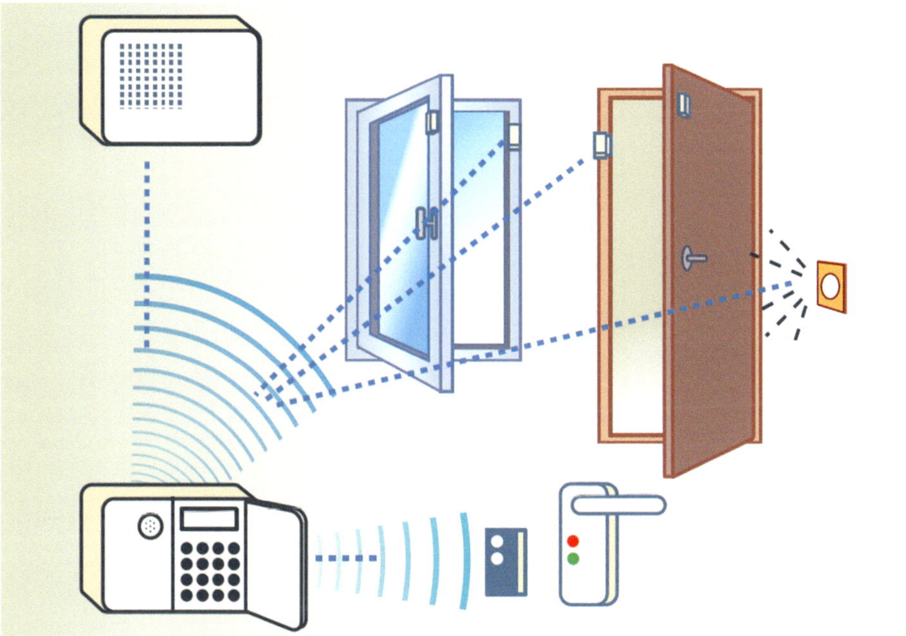

Figura 14.32. Una central de alarmas gestiona todos los dispositivos de seguridad de la vivienda: contactos magnéticos, detectores de presencia e intrusión, control de accesos, sirenas y avisadores interiores, etc.

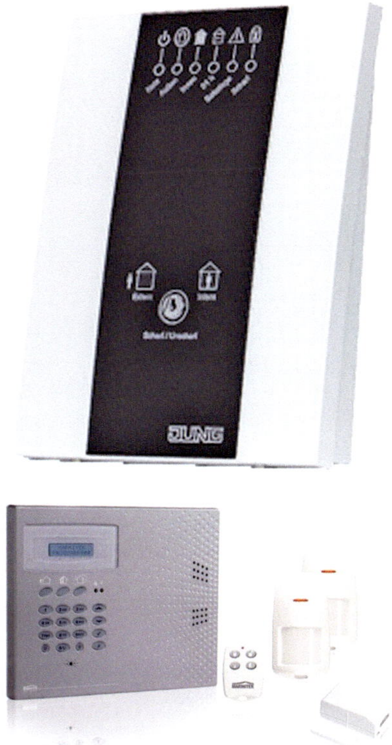

Figura 14.33. Diferentes modelos de centrales de alarmas.

Actividad resuelta 14.1.

Enumera las situaciones de peligro más comunes que crees que pueden producirse en una vivienda en las que deberían actuar las sirenas interiores.

Solución

Las situaciones de peligro más comunes en las que deberían actuar las sirenas interiores son las siguientes:

- Cuando entra un extraño en la vivienda (intrusión).
  Se activarían los sensores de presencia o rotura de cristales.
- Cuando hay un incendio.
  Se activaría el detector de incendios.
- Cuando hay una fuga de gas.
  Se activaría el detector de gas.

Recuerda que...

Los avisadores acústicos y luminosos se incluyen dentro del área de gestión de la seguridad.

Mapa conceptual

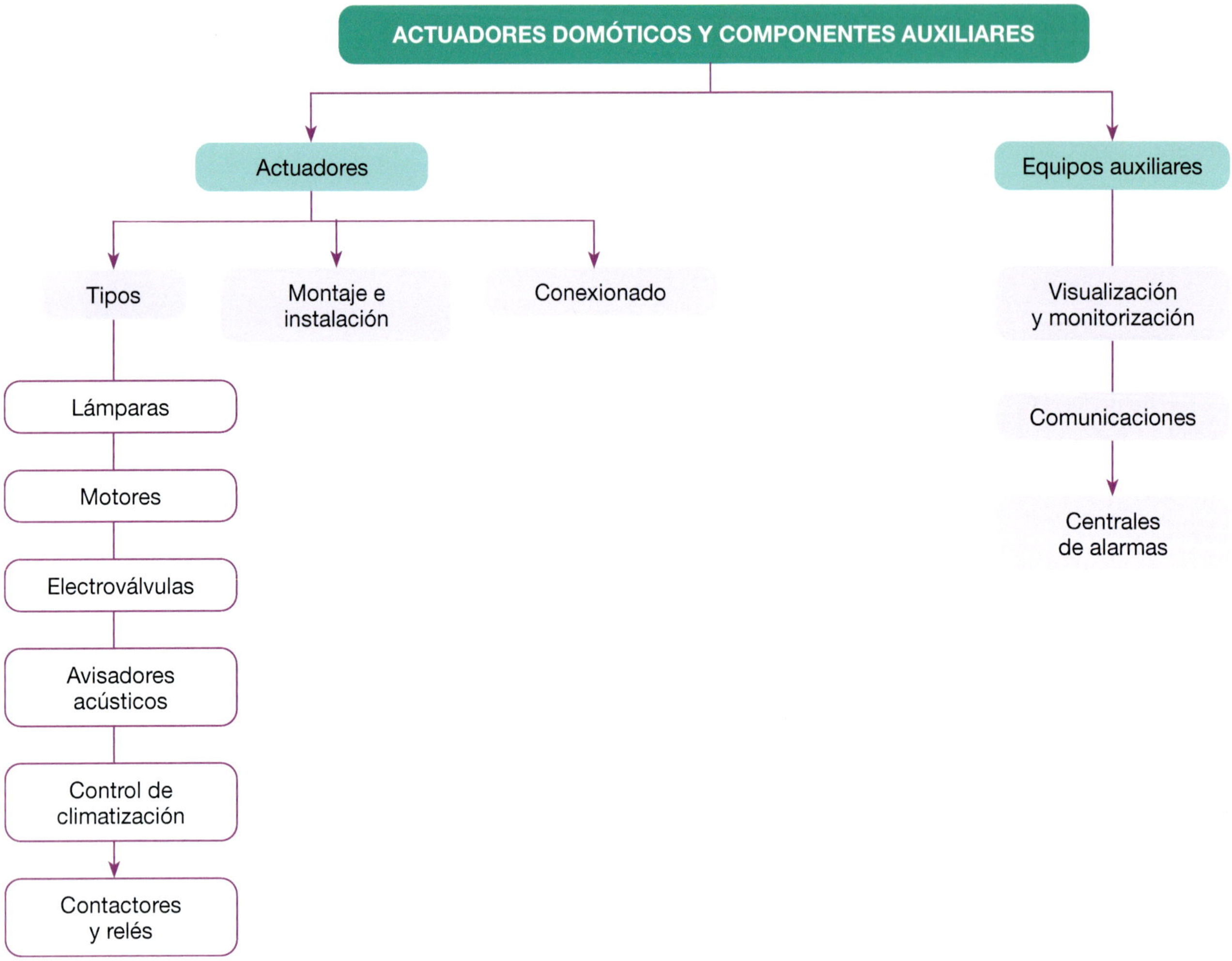

En resumen

- En la actualidad existen actuadores para controlar casi cualquier parte de la instalación de una vivienda o edificio.
- Es muy importante seleccionar el tipo de actuador adecuado a las necesidades de cada usuario, teniendo en cuenta el elemento que se desea automatizar y contando con las posibles funciones extra que pueden facilitar los dispositivos y equipos auxiliares.
- La instalación de cada actuador y dispositivo auxiliar debe realizarse respetando sus características, ya que una instalación incorrecta puede hacer que el sistema domótico no funcione adecuadamente.

14.1. Control de lámparas a través de interruptor y sensor crepuscular

OBJETIVO

- Realizar el montaje y verificar el funcionamiento de una lámpara incandescente controlada a través de un interruptor manual y un sensor de luminosidad.

MATERIAL

- Sensor crepuscular.
- Interruptor.
- Lámpara incandescente de 230 V_{CA} y portalámparas.
- Cables flexibles de cobre de 1 × 1,5 mm^2.
- Interruptor automático de 10 A.
- Tornillos.

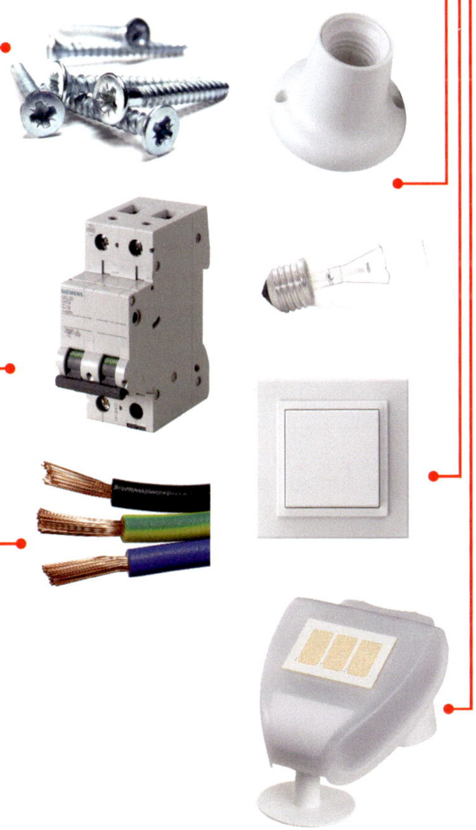

HERRAMIENTAS

- Tijeras de electricista o pelacables.
- Destornillador.
- Taladradora.

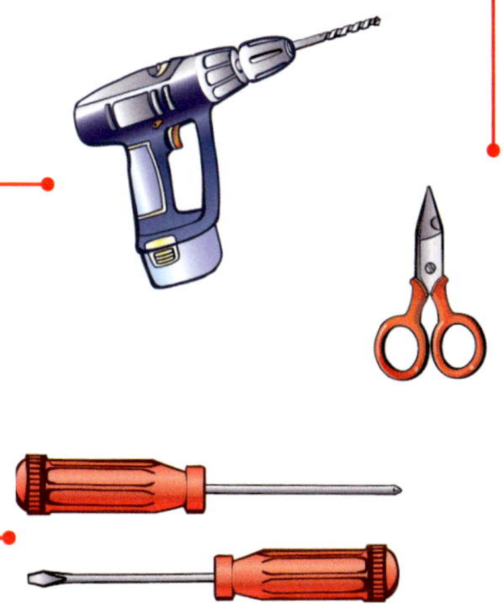

MATERIAL Y HERRAMIENTAS COMPLEMENTARIAS

También te pueden resultar útiles:

- Varios tacos para asegurar la fijación de los tornillos.
- Tubo corrugado, abrazaderas para el tubo y guía pasacables si deseas realizar un montaje bajo tubo.

Proceso

1. Corta y pela el cable de cobre. Es necesario un cable para la fase, otro para el neutro y otro para el conductor de protección, así como conductores auxiliares para la conexión del sensor crepuscular.

2. Instala los componentes de la práctica. El sensor crepuscular debe recibir aporte solar directo.

3. Realiza las conexiones que se muestran en el esquema de la figura siguiendo las indicaciones del fabricante.

4. Conecta el interruptor automático al principio del circuito.

5. Prueba el circuito. Verifica que el interruptor enciende y apaga el circuito en función de la luminosidad exterior. (Para simular que es de noche puede taparse el sensor crepuscular con un trapo oscuro.)

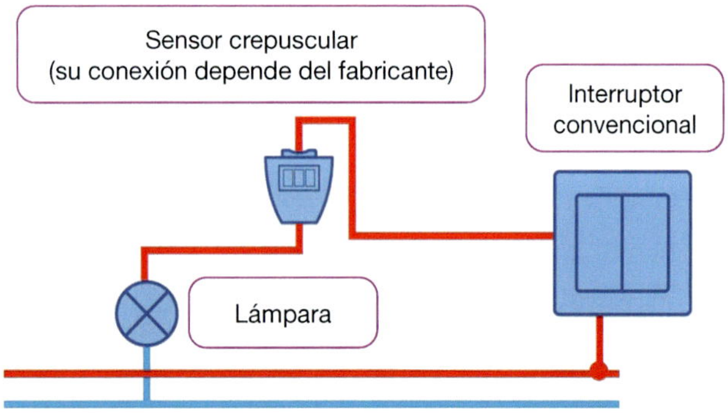

Figura 14.34. Esquema de conexión de los componentes.

Figura 14.35. Sensor crepuscular instalado en la fachada exterior de un edificio para el control del alumbrado en función de la luminosidad ambiental.

Figura 14.36. Principio de funcionamiento de un sensor crepuscular.

14.2. Instalación de un motor de persianas

OBJETIVO

- Realizar la preinstalación de un motor de persianas para posteriormente poder integrarlo en un sistema domótico.

MATERIAL

Motor de persianas.
Cables flexibles de cobre de 1 × 2,5 mm^2.
Pulsador de persianas.
Tornillos.

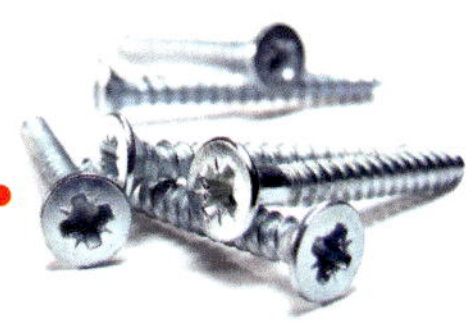

HERRAMIENTAS

Tijeras de electricista o pelacables.
Destornillador.
Taladradora.
Escalera de mano.

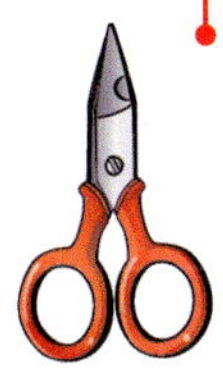

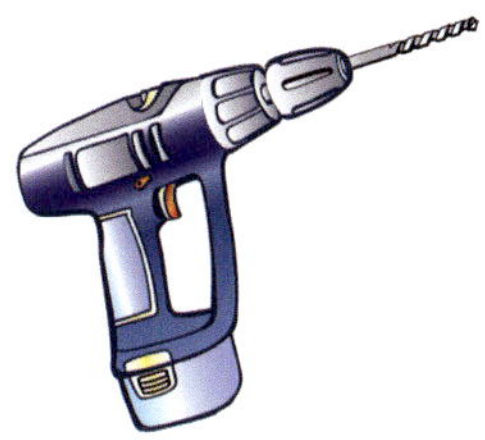

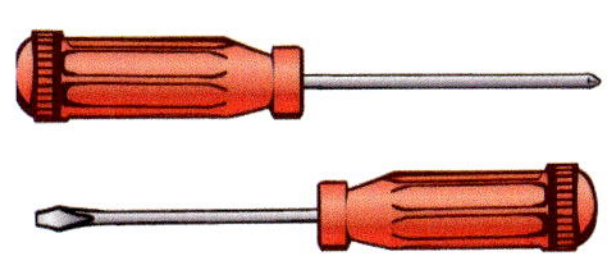

MATERIAL Y HERRAMIENTAS COMPLEMENTARIAS

También te pueden resultar útiles:

- Varios tacos para asegurar la fijación de los tornillos.
- Herramientas para realizar una roza, en caso de montaje empotrado.
- Tubo corrugado y guía pasacables si deseas realizar un montaje empotrado.

Proceso

1. Localiza la persiana que se desea motorizar.
2. Prepara los huecos para el montaje del motor y del mecanismo del pulsador.
3. Realiza el montaje del pulsador en su caja de mecanismo.
4. Realiza el montaje del motor de persiana, atornillando sus elementos de fijación.
5. Corta y pela el cable de cobre. Es necesario un cable para la fase, otro para el neutro y otro para el conductor de protección, así como conductores auxiliares para la conexión del pulsador.
6. Realiza las conexiones que se muestran en el esquema de la figura siguiendo las indicaciones del fabricante. La conexión de alimentación de la red eléctrica (230 V_{CA}) tiene que llegar hasta el pulsador y proseguir hacia el motor.
7. Para verificar el funcionamiento de la instalación, la línea debe estar protegida por un interruptor automático de 2 × 16 A.

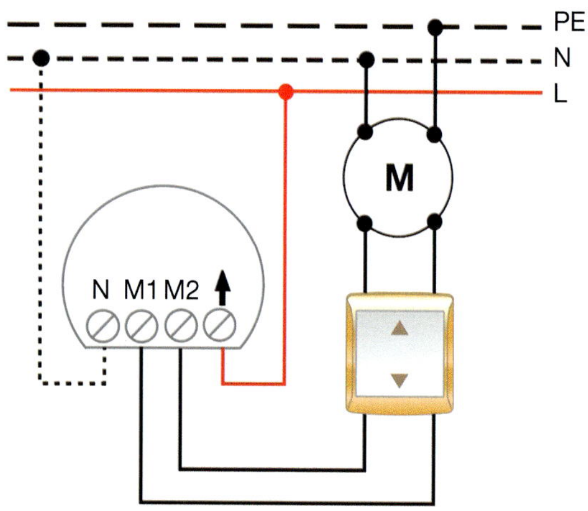

Figura 14.37. Esquema de conexión de los componentes.

Figura 14.38. Ejemplo de preinstalación y montaje de un motor de persianas sobre una ventana.

Actividades finales

De comprobación

14.1. Los actuadores son:

a) Las entradas del sistema domótico.
b) Las salidas del sistema domótico.
c) Las dos respuestas anteriores son correctas.

14.2. El *dimmer* se utiliza para:

a) Regular la intensidad luminosa de un punto de luz.
b) Controlar la posición de un motor de persianas.
c) Monitorizar la instalación.

14.3. El símbolo indicado representa:

a) Una sirena.
b) Un zumbador.
c) Un contactor.

14.4. El símbolo indicado representa:

a) Una lámpara fluorescente.
b) Una lámpara incandescente.
c) Un motor.

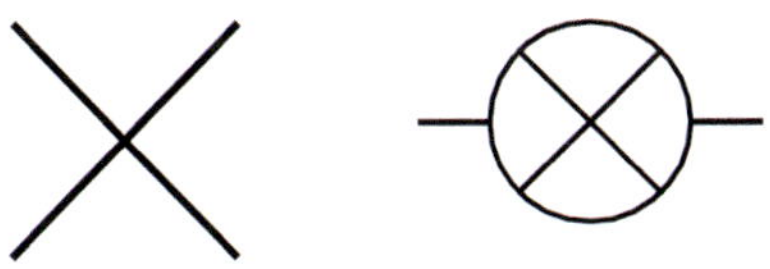

14.5. El actuador que avisa a los usuarios de una instalación cuando se produce una situación de peligro es:

a) La sirena interior.
b) La electroválvula.
c) El contactor.

14.6. El actuador que tiene como función cerrar o abrir una tubería de agua o gas se denomina:

a) Módulo *bluetooth.*
b) Electroválvula.
c) Contactor.

14.7. El símbolo indicado representa:

a) Una electroválvula.
b) Un contactor.
c) Un motor.

14.8. En una instalación domótica el módulo wifi puede considerarse:

a) Un sensor.
b) Un actuador.
c) Un dispositivo auxiliar.

14.9. El actuador que posee un electroimán que se encarga de abrir o cerrar el circuito eléctrico al que está conectado se denomina:

a) Contactor.
b) Relé.
c) Las dos respuestas anteriores son correctas.

14.10. El módulo de comunicaciones que se utiliza para establecer comunicación entre el sistema domótico y un teléfono móvil se denomina:

a) Módulo RS 232.
b) Módulo GMS.
c) Módulo USB.

14.11. ¿Cuál de los siguientes componentes no es un actuador?

a) Relé de maniobra.
b) Zumbador.
c) *Dimmer.*

14.12. Una electroválvula de gas debe instalarse:

a) Detrás del interruptor o pulsador manual asociado.
b) En la tubería de entrada de la instalación.
c) Depende del fabricante del componente.

De ampliación

14.13. ¿En qué consiste un dispositivo de control de la climatización? ¿Qué funciones ofrece? ¿En qué áreas de gestión de la domótica puede estar incluido?

14.14. Explica el funcionamiento de los siguientes componentes:

a) Electroválvula.

b) Relé de maniobra.

14.15. ¿Cuáles son los criterios fundamentales de instalación y montaje de un motor perteneciente a un sistema domótico?

14.16. Explica el funcionamiento y características de una central de alarmas.

14.17. ¿Cuáles son los criterios fundamentales de instalación y montaje de una electroválvula perteneciente a un sistema domótico?

14.18. ¿Cuáles son los criterios fundamentales de instalación y montaje de un avisador acústico perteneciente a un sistema domótico?

14.19. ¿Qué características y ventajas ofrecen los componentes de comunicaciones de un sistema domótico?

14.20. ¿Qué ventajas ofrecen los componentes de monitorización de un sistema domótico de cara a la gestión de la instalación?

Seguridad, prevención de riesgos y mantenimiento

Introducción

El uso cotidiano de la electricidad hace que las personas se despreocupen y no tengan en cuenta los peligros derivados de trabajar con equipos y herramientas eléctricas.

Sin embargo, la energía eléctrica supone un riesgo muy elevado para los trabajadores así como para los propios usuarios de las instalaciones, ya que un contacto a 230 V_{CA}, que es un nivel de tensión muy habitual, puede resultar mortal.

Todos los trabajos eléctricos deben ser realizados por personal preparado que conozca las normas de seguridad básicas y utilice las herramientas y elementos de protección adecuados en cada caso.

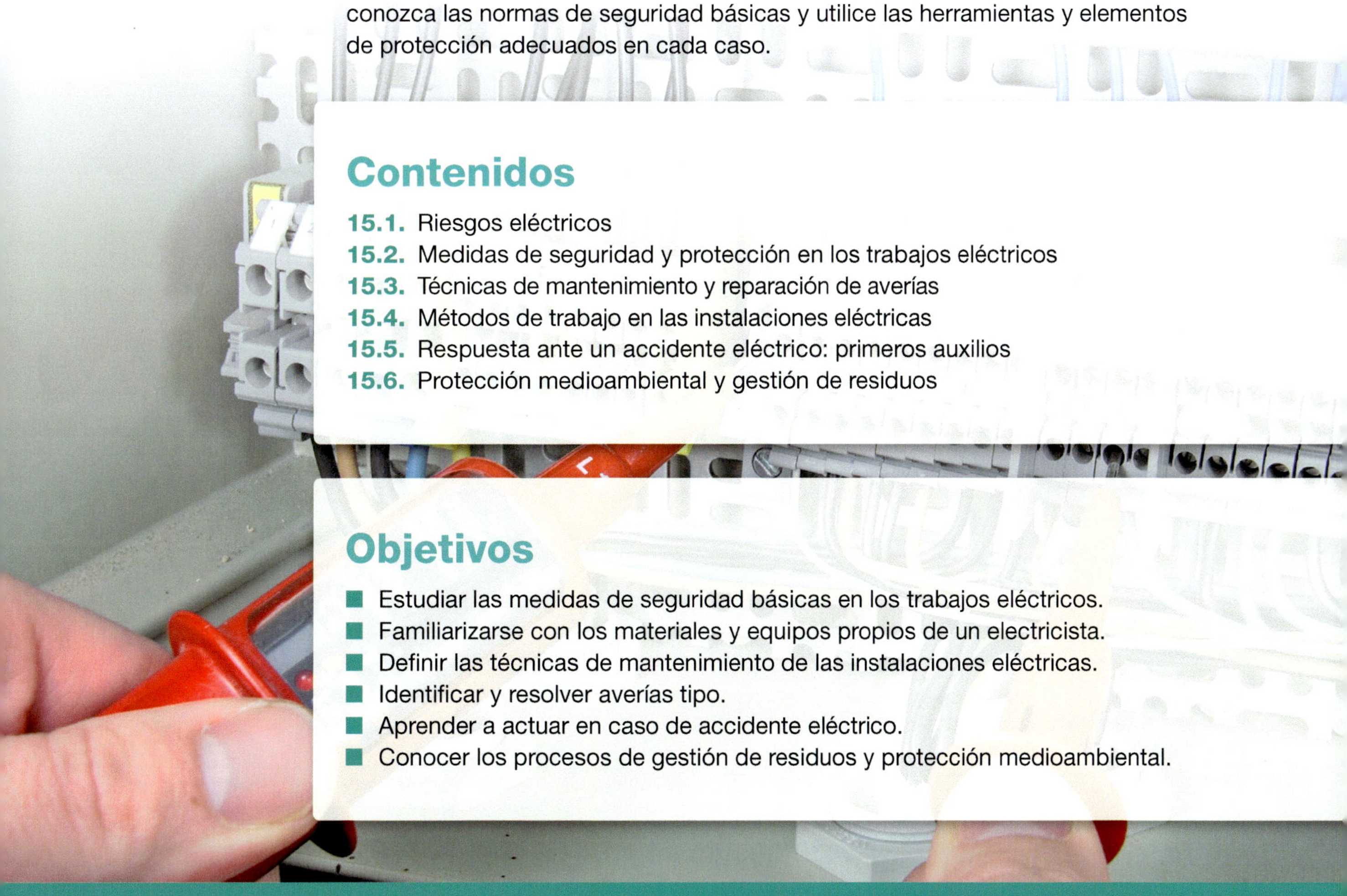

Contenidos

Objetivos

- Estudiar las medidas de seguridad básicas en los trabajos eléctricos.
- Familiarizarse con los materiales y equipos propios de un electricista.
- Definir las técnicas de mantenimiento de las instalaciones eléctricas.
- Identificar y resolver averías tipo.
- Aprender a actuar en caso de accidente eléctrico.
- Conocer los procesos de gestión de residuos y protección medioambiental.

15.1. Riesgos eléctricos

Figura 15.1. Señal de aviso de riesgo eléctrico.

El riesgo eléctrico es la posibilidad de que una persona o animal sufra una determinada lesión producida por el efecto nocivo de la energía eléctrica.

Esta situación de peligro puede desencadenarse como consecuencia de:

1 **Contactos eléctricos,** que pueden ser de tipo directo o indirecto.

- **Contacto directo:** contactos con los conductores activos (fases o neutro) o las piezas metálicas normalmente en tensión.
- **Contacto indirecto:** contactos de las personas con partes metálicas que accidentalmente se han puesto bajo tensión (masas), como consecuencia de un defecto de aislamiento.

Figura 15.2. Utilizar materiales aislantes para cubrir partes metálicas en tensión es una buena medida de protección frente a contactos directos.

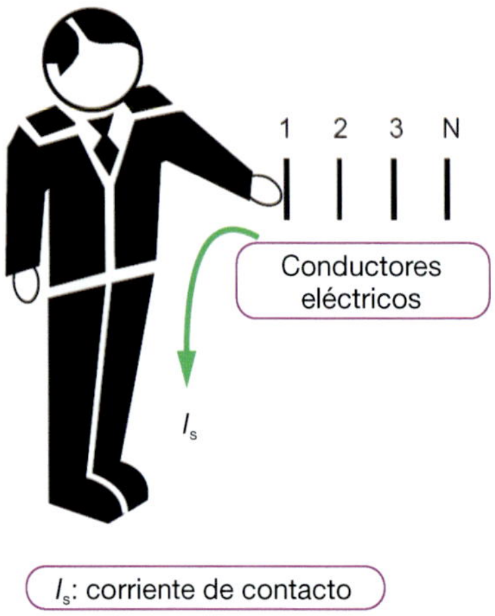

Figura 15.3. Contacto directo.

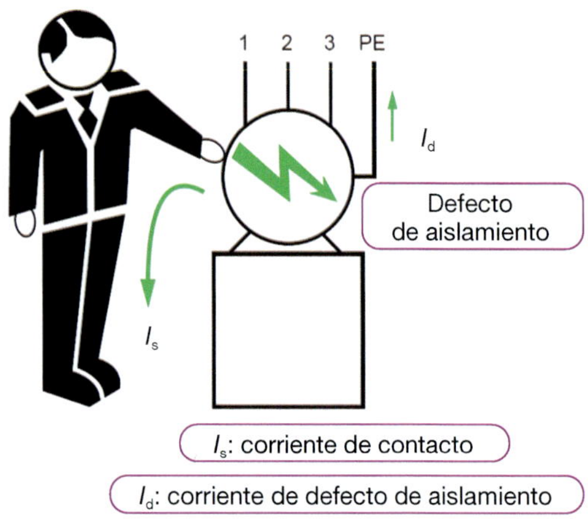

Figura 15.4. Contacto indirecto.

2 **Incendios,** producidos por cortocircuitos, chispas o sobrecargas muy elevadas en los equipos eléctricos y conductores, que acaban quemando el aislante o cualquier material inflamable cercano.

Figura 15.5. Una simple chispa puede ser suficiente para generar un incendio.

Recuerda que...

El valor de la intensidad eléctrica que se considera **umbral de seguridad** para una persona es igual a **30 mA** (0,03 A).

15.1.1. Efectos de la electricidad sobre el organismo

Un **choque eléctrico** es el efecto resultante del paso de corriente eléctrica a través del cuerpo humano o de un animal, tras producirse un contacto eléctrico directo o indirecto.

Las consecuencias que un choque eléctrico pueden provocar en el organismo dependen del valor de la **intensidad** de corriente, del valor de la **tensión** y del **tiempo** de exposición o de contacto. También influye la trayectoria que sigue la corriente por el cuerpo y si es de tipo alterna o continua.

Dependiendo de estos factores, los efectos que puede sufrir una persona tras un choque eléctrico son los siguientes:

- Pequeña percepción, cosquilleo y ligeros calambres.
- Enrojecimiento de la piel.
- Contracciones musculares que dificultan la respiración.
- Alteración del ritmo cardíaco.
- Caídas y golpes.
- Fibrilación ventricular y parada cardíaca.
- Parada respiratoria.
- Quemaduras y hemorragias.
- Fallecimiento.

15.1.2. Sistemas de protección

Los posibles sistemas de protección de las personas y animales frente a los contactos eléctricos directos o indirectos se especifican en la ITC-BT-24 del Reglamento Electrotécnico de Baja Tensión, siendo los que se resumen en la Figura 15.6.

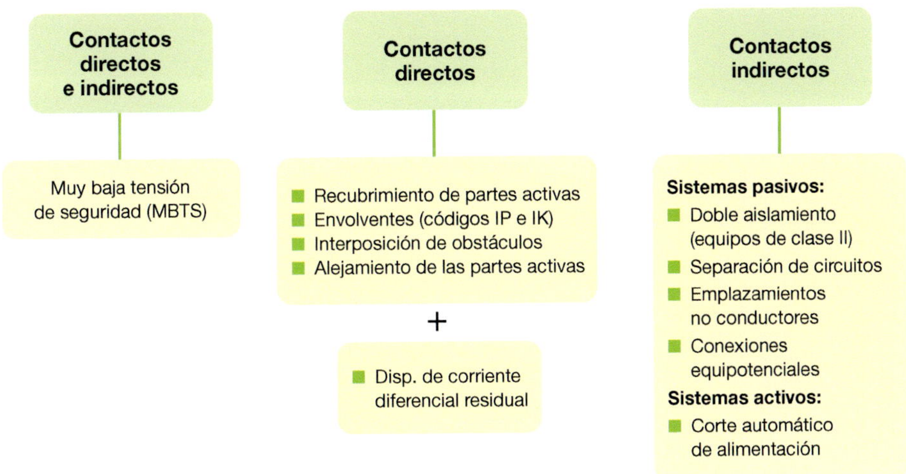

Figura 15.6. Sistemas de protección frente a contactos eléctricos.

Vocabulario

Riesgo eléctrico = *Electric risk*

Sabías que...

Cuando un receptor (electrodoméstico, máquina, etc.) te dé «calambre», es porque hay derivación de corriente de los hilos conductores o en algún elemento metálico del electrodoméstico. Normalmente se dispara el interruptor diferencial. Para solucionar el defecto debes localizar el aparato y aislar debidamente el contacto de la parte metálica.

Actividad propuesta 15.1.

Identifica los posibles factores de riesgo eléctrico que existen en tu aula de trabajo.

Anótalos y debate con tus compañeros las medidas correctivas que deberían tomarse para aumentar la seguridad.

15.2. Medidas de seguridad y protección en los trabajos eléctricos

Para asegurar la máxima seguridad a la hora de realizar trabajos eléctricos en instalaciones de baja tensión, todos los operarios deben utilizar una serie de herramientas, instrumentos y equipos de protección con el objetivo de minimizar los riesgos eléctricos.

15.2.1. Técnicas de manejo de los instrumentos y herramientas eléctricas

Las características de los principales instrumentos y herramientas necesarios para realizar trabajos eléctricos con o sin tensión se describen a continuación:

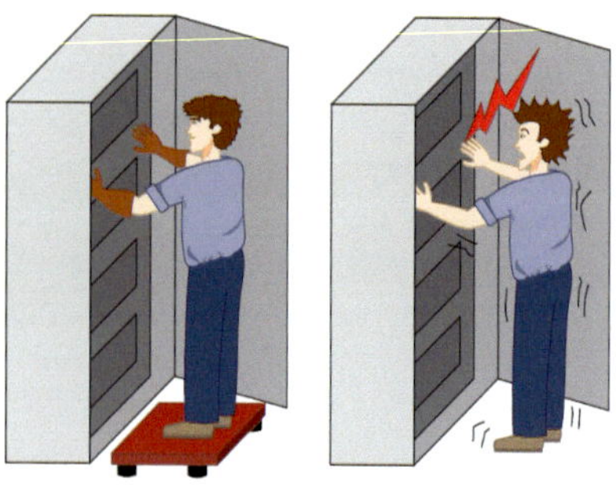

Figura 15.7. Ejemplo de accidente por no hacer uso de la banqueta aislante.

	**Banquetas y alfombrillas aislantes** Se utilizan para aislar a los operarios del suelo, garantizando un aislamiento eléctrico adicional.
	**Pértigas aislantes** Sirven para maniobrar a distancia con elementos que se encuentran en tensión.
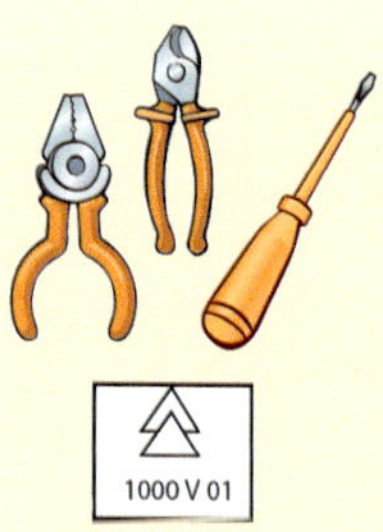	**Herramientas de empuñadura aislante** Todas las herramientas que utiliza un electricista deben tener un aislamiento para un mínimo de 1000 voltios.
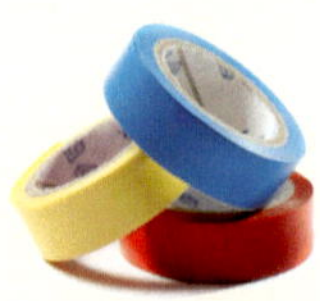	**Capuchones, vainas y cinta aislante** Utilizados para aislar provisionalmente conductores o empalmes desnudos o dañados.
	**Material de señalización** Se utiliza para indicar o advertir a otras personas de que se está trabajando sobre un circuito eléctrico o de la presencia de tensión en una parte de la instalación.

Sabías que...

Una corriente eléctrica de tan solo 5 mA, aplicada durante más de dos segundos, es suficiente para producir contracciones musculares en el cuerpo de un adulto.

15.2.2. Equipos de protección individual (EPI)

Para la realización de trabajos en las instalaciones eléctricas de baja tensión es obligatorio el uso de los siguientes **equipos de protección individual** (EPI):

	**Casco** Protege la cabeza y el cráneo frente a los riesgos de golpes, caídas, proyección de objetos y descargas eléctricas. Se coloca sobre la cabeza, ajustándolo para que no se caiga.
	**Pantalla facial** Protege el rostro frente al riesgo de salpicaduras, impactos de partículas y descargas eléctricas. Se coloca ajustada al casco.
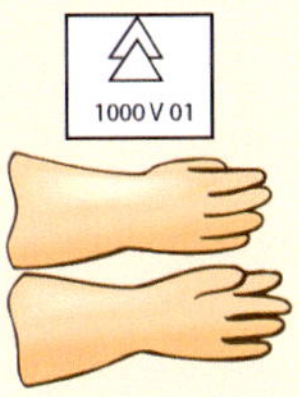	**Guantes dieléctricos** Guantes aislantes que se deben utilizar en toda clase de **trabajos de baja tensión** en los que exista o pueda existir tensión.
	**Gafas de seguridad** Protegen los ojos frente a radiaciones ultravioletas e infrarrojas que pueden producirse por un resplandor generado como consecuencia de un cortocircuito.
	**Calzado de seguridad** Protegen los pies frente al riesgo de caída de objetos, golpes, aplastamiento o aprisionamiento de pies, etc.
	**Ropa de seguridad** La ropa de trabajo debe ser **no inflamable,** ya que el personal que manipula instalaciones eléctricas en tensión puede exponerse a elevadas temperaturas como consecuencia de descargas eléctricas y cortocircuitos.

Figura 15.8. Operario utilizando adecuadamente los equipos de protección individual.

Figura 15.9. No hacer uso de los EPI puede resultar muy peligroso y producir graves accidentes, además de ser una práctica ilegal.

Figura 15.10. Los trabajos eléctricos deben realizarse con orden y limpieza.

15.2.3. Reglas de actuación en los trabajos eléctricos

Una vez conocidas las principales herramientas y equipos de protección del electricista, a continuación se muestran algunas medidas de seguridad para prevenir el riesgo en los trabajos eléctricos:

- Antes de usar un aparato o una instalación eléctrica hay que asegurarse de que se encuentra en perfecto estado.
- No se debe alterar ni modificar la regulación de los dispositivos de seguridad.
- Nunca se debe puentear un elemento de protección.
- Para desconectar un aparato eléctrico debe tirarse de la clavija del enchufe y nunca del cable de alimentación.
- No hay que acercarse a elementos en tensión sin protegerse adecuadamente.
- Todos los trabajos deben realizarse con orden y limpieza.
- Nunca deben manipularse aparatos o instalaciones eléctricas en condiciones de humedad o con los pies descalzos.
- Antes de realizar un taladro sobre una pared o techo debe comprobarse que no hay posibilidad de atravesar una canalización eléctrica.

Figura 15.11. Pulsador de paro de emergencia.

15.2.4. Parada de emergencia

La parada de emergencia está diseñada para reducir los posibles efectos de un peligro de tipo eléctrico o mecánico, tanto para las personas como para las instalaciones.

Mediante la **activación manual** de un pulsador eléctrico de paro de emergencia, también conocido como **seta,** se desconecta inmediatamente el suministro eléctrico de un circuito, deteniendo el funcionamiento de la máquina que ha provocado la situación de peligro.

El pulsador de paro de emergencia debe ser accesible y estar disponible sea cual sea el modo de funcionamiento.

Figura 15.12. Símbolo del pulsador de emergencia.

Figura 15.13. Parada de emergencia en un cuadro de control industrial.

Figura 15.14. Cartel indicativo de paro de emergencia, para su fácil localización.

15.3. Técnicas de mantenimiento y reparación de averías

La primera medida de seguridad en una instalación eléctrica es la de asegurar el correcto estado de todos los componentes que la forman a través del mantenimiento y la reparación de las averías que se pueden producir.

Figura 15.15. Equipos eléctricos en estado defectuoso.

15.3.1. Mantenimiento de las instalaciones eléctricas

Un adecuado mantenimiento de las instalaciones eléctricas minimiza la posibilidad de que se produzcan defectos que alteren el correcto funcionamiento del sistema.

Las labores de mantenimiento más usuales en las instalaciones de baja tensión son las siguientes:

- Examinar el buen estado de los cables y sus conexiones y verificar que no se producen sobrecalentamientos.
- Organizar el material eléctrico de recambio y depositarlo en lugares secos.
- Proteger los conductores eléctricos de fuentes de calor, productos corrosivos o procesos mecánicos que puedan dañar su aislamiento.

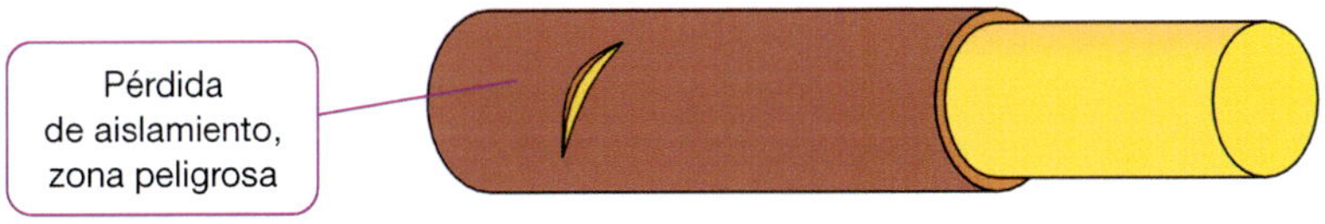

Figura 15.16. Conductor con el aislamiento dañado.

Figura 15.17. Conductores en punta y oxidados en una caja de registro sin tapa.

- Mantener el buen estado de los equipos (interruptores, tomas de corriente, lámparas, cuadros eléctricos, cajas de registro, etc.) y renovar los que sean muy antiguos o estén defectuosos.
- Verificar periódicamente el correcto funcionamiento de los sistemas de protección (interruptores automáticos, interruptores diferenciales, etc.).
- No dejar conductores desnudos en las instalaciones **(conductores en punta).**
- Evitar los empalmes de conductores por retorcimiento. De existir, deben ser provisionales y estar bien protegidos mediante cinta aislante. Posteriormente serán sustituidos por conexiones realizadas con los conectores adecuados.

Figura 15.18. Ejemplo de mantenimiento preventivo.

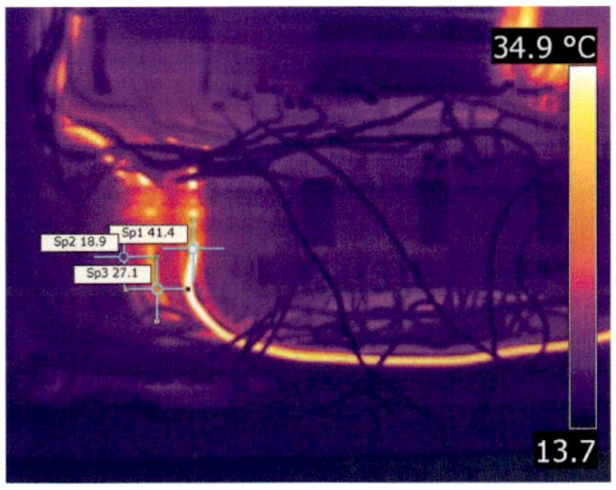

Figura 15.19. Las cámaras termográficas permiten descubrir si alguna parte de la instalación está sobrecalentada.

Recuerda que...

A simple vista no se puede saber si un componente de la instalación eléctrica se encuentra en tensión, por lo que debes asegurar la ausencia de tensión antes de comenzar a realizar cualquier trabajo, utilizando los elementos de medida adecuados.

15.3.2. Localización y reparación de averías en instalaciones eléctricas de viviendas y edificios

Las averías más frecuentes que se producen en las instalaciones eléctricas de baja tensión son los **disparos de las protecciones** magnetotérmicas o diferenciales, los **cortes del suministro eléctrico** y el **deterioro de los conductores** por impactos accidentales o sobrecalentamiento.

El método de trabajo que se debe seguir para la localización de los defectos que producen estas averías se define en el esquema de la Figura 15.20.

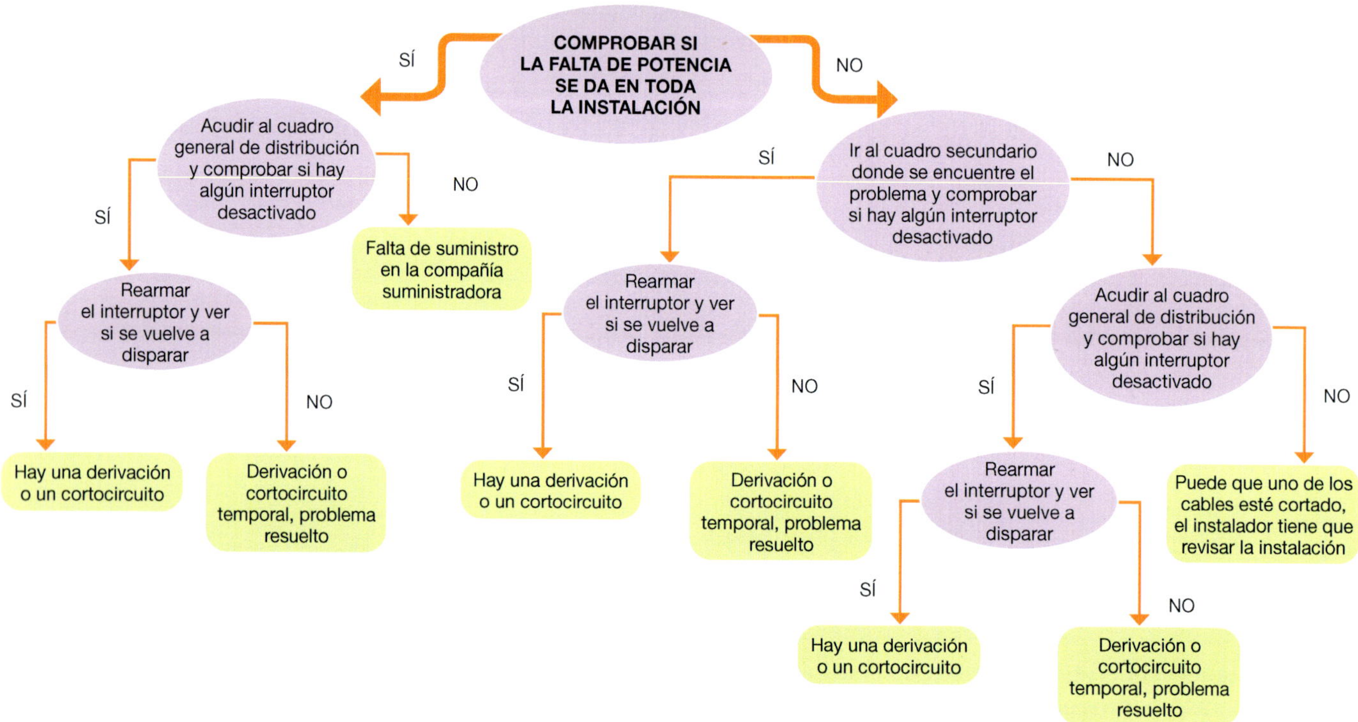

Figura 15.20. Pautas de actuación para la localización y reparación de averías.

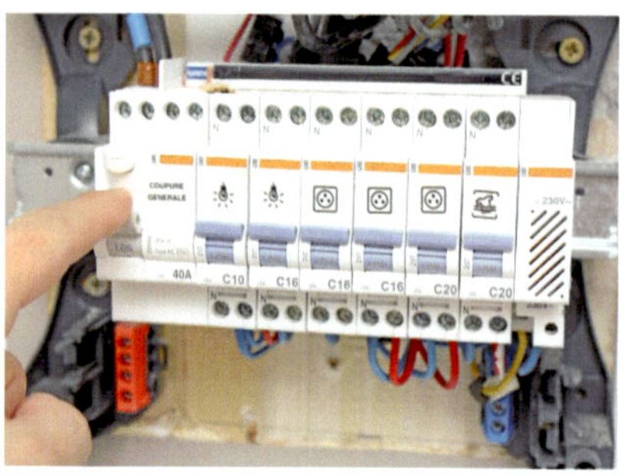

Figura 15.21. La correcta identificación de los circuitos facilita las labores de mantenimiento y la reparación de averías.

Para proceder a la reparación de una avería tras detectar su origen hay que actuar como se describe a continuación, teniendo siempre en cuenta los **métodos de trabajo** adecuados en cada caso:

1. Comprobar visual o funcionalmente el defecto.
2. Desconectar el circuito afectado y verificar la ausencia de peligro para las personas o las instalaciones.
3. Reparar el elemento dañado o sustituirlo por otro de las mismas características.
4. Reponer la tensión y comprobar el normal funcionamiento de la instalación.

Actividad propuesta 15.2.

¿Recuerdas cada cuánto tiempo debe realizarse la prueba de funcionamiento (test) de los interruptores diferenciales?

Recuerda que...

Si se funde un fusible debes sustituirlo por otro del mismo modelo y calibre.

15.4. Métodos de trabajo en las instalaciones eléctricas

Existen numerosos factores de riesgo asociados a los trabajos en las instalaciones eléctricas de baja tensión que es necesario conocer y dominar para evitar accidentes.

Por este motivo, los trabajos eléctricos no puede realizarlos cualquier persona. Dependiendo del tipo de trabajo que realizar, el operario debe tener una formación mínima.

Tabla 15.1. Nivel formativo mínimo requerido en función del trabajo eléctrico

Tipo de trabajo		Formación mínima
Trabajos sin tensión	Supresión y reposición de la tensión	Trabajador autorizado
	Ejecución de los trabajos sin tensión	Cualquier trabajador
Interruptor automático	Realización	Trabajador cualificado
	Reponer fusibles	Trabajador autorizado
Maniobras, mediciones y ensayos		Trabajador autorizado
Trabajos en proximidad de elementos de tensión	Preparación	Cualquier trabajador
	Realización	Trabajador autorizado

15.4.1. Trabajos con tensión

En general, **los trabajos en las instalaciones eléctricas deben realizarse en ausencia de tensión,** es decir, con los circuitos desconectados.

Sin embargo, hay situaciones en las que resulta imposible cortar el suministro y es necesario trabajar en tensión. Esta es una situación de máximo riesgo que hay que conocer y dominar para evitar accidentes.

Existen tres métodos de trabajo en tensión:

- Método de trabajo a potencial, utilizado en líneas eléctricas de alta tensión.
- Método de trabajo a distancia, utilizado en instalaciones de media tensión.
- **Método de trabajo en contacto,** utilizado principalmente en baja tensión.

Este método requiere la utilización de guantes aislantes en las manos y la utilización de herramientas manuales que dispongan del aislamiento adecuado.

Dado el peligro que suponen los trabajos en tensión **deberán ser realizados exclusivamente por operarios que tengan la formación adecuada** y estando presente, al menos, otro trabajador con conocimientos de primeros auxilios.

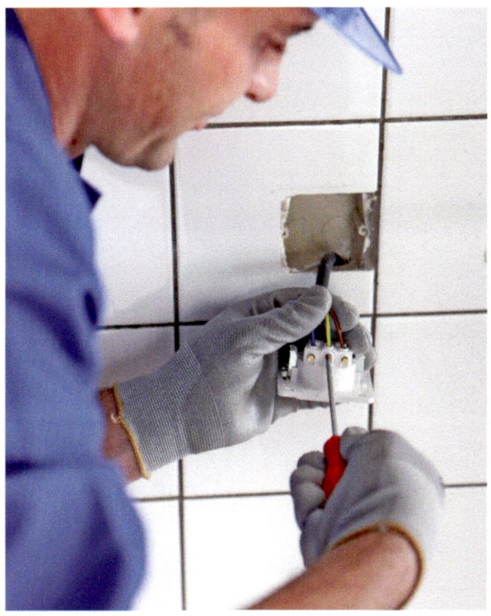

Figura 15.22. El método de trabajo en contacto requiere el uso de guantes aislantes.

Figura 15.23. Interruptor automático desconectado (puede observarse la palabra «OFF»).

15.4.2. Trabajos sin tensión

Los trabajos sin tensión son aquellos que se ejecutan tras haber desconectado todas las fuentes de alimentación de la instalación.

Las operaciones necesarias para realizar trabajos en instalaciones eléctricas con ausencia de tensión quedan definidas por **las cinco reglas de oro.**

	**1. Apertura, con corte visible, de todas las fuentes de tensión** Consiste en cortar la corriente mediante el interruptor automático general si es posible, o mediante el interruptor automático del circuito en el que se va a trabajar.
	**2. Bloqueo, siempre que sea posible, de los elementos de corte** Algunos dispositivos de corte pueden ser bloqueados mediante llaves o candados específicos. Si esto no resulta posible debe bloquearse el acceso al cuadro para evitar su manipulación mientras se realiza el trabajo.
	**3. Comprobación de la ausencia de tensión** Debe verificarse, mediante un instrumento de medida adecuado, la ausencia de tensión en el circuito antes de empezar a trabajar en él.
	**4. Puesta a tierra y en cortocircuito** Es recomendable conectar todos los conductores de fase y el neutro entre sí y unirlos a la instalación de puesta a tierra para aumentar la seguridad. Esta regla no es obligatoria en instalaciones de baja tensión.
	**5. Señalización y delimitación de la zona de trabajo** Para evitar que terceras personas reconecten la tensión mientras se están ejecutando los trabajos, es recomendable colocar elementos de señalización o carteles informativos en el cuadro eléctrico.

Figura 15.24. Bloqueo del acceso al cuadro mediante una cerradura.

Las **cinco reglas de oro** han sido creadas para instalaciones de alta y media tensión. En instalaciones de baja tensión solo es obligatoria la aplicación de las tres primeras normas, aunque es conveniente realizar el proceso completo.

Una vez finalizado el trabajo, para la reposición de la tensión deben retirarse, en este orden, las señalizaciones, la puesta a tierra y, por último, los elementos de bloqueo.

Figura 15.25. Cartel de señalización.

Actividad resuelta 15.1.

Observa la siguiente imagen en la que se muestra a una persona realizando un trabajo eléctrico en tensión y responde a las siguientes preguntas:

¿Lo está realizando correctamente?

¿Qué medidas de seguridad le recomendarías?

Solución

El trabajo no lo está realizando correctamente, puesto que se expone a un riesgo muy alto de sufrir una descarga eléctrica por contacto directo.

Sería recomendable desconectar la alimentación de esa base de corriente antes de trabajar en ella. Si esto no fuera posible, debería utilizar guantes y herramientas aislantes para aumentar la seguridad.

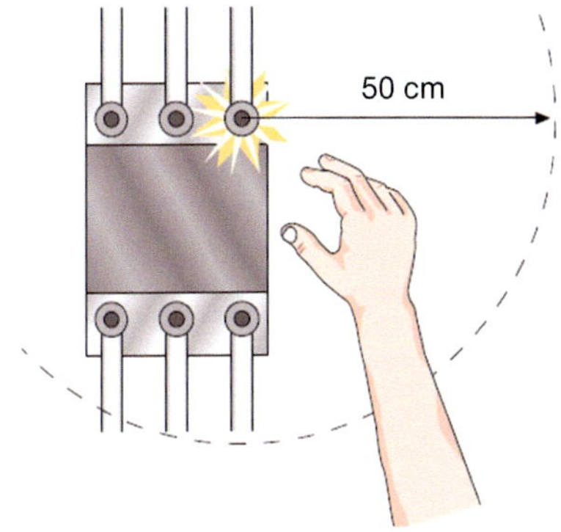

Figura 15.26. Zona de peligro para trabajos en instalaciones hasta 1000 V.

15.4.3. Trabajos en altura

Otro factor de riesgo añadido en las instalaciones eléctricas es el de los trabajos en altura, ya que muchos componentes se encuentran instalados en zonas elevadas e inaccesibles desde el nivel del suelo.

Los trabajos en altura son aquellos que se realizan a una altura superior a dos metros y en los cuales puede resultar necesario utilizar elementos como escaleras o andamios. Para realizar trabajos eléctricos en altura con seguridad hay que tener en cuenta las siguientes recomendaciones:

- No se realizarán trabajos en altura sobre cajas, sillas, mesas, bidones o elementos similares.
- Deben utilizarse siempre cinturones portaherramientas para tener las manos libres.
- No utilizar escaleras metálicas cerca de equipos eléctricos con tensión.
- Comprobar que todos los peldaños de la escalera que se va a utilizar se encuentran en buen estado y que no hay evidencia de empalmes.
- En las escaleras no debe haber más de una persona subida simultáneamente. Las posturas adoptadas deben garantizar el equilibrio en todo momento.
- Las escaleras simples deben estar provistas de ganchos o sistemas antideslizantes y se colocarán formando un ángulo aproximado de 75° respecto del suelo.
- Las escaleras de tijera deben estar completamente abiertas para poder trabajar en ellas.
- El montaje de los andamios se realizará exclusivamente por personal autorizado.
- No se utilizarán escaleras sobre la superficie de los andamios.
- Para los trabajos que se realicen a una altura superior a 4 m deberán utilizarse medidas de seguridad complementarias como: cinturones de seguridad, arneses o líneas de vida.

Figura 15.27. Operario realizando un trabajo en altura.

Figura 15.28. En los trabajos eléctricos en altura hay que extremar las precauciones.

Recuerda que...

No se debe tocar a una persona que está sufriendo una descarga eléctrica, pues la electricidad nos afectaría a nosotros también.

Figura 15.29. Escalera de tijera.

Figura 15.30. Andamio.

Sabías que...

Existen instalaciones de características especiales en las que hay que tener mayor precaución al realizar trabajos eléctricos. Algunos ejemplos son: carpinterías, cabinas de pintura, túneles y garajes, depósitos de combustible, industrias con presencia de polvo inflamable, etc.

Actividad propuesta 15.3.

Analiza las frases mostradas a continuación y razona si son verdaderas o falsas.

a) Los trabajos en tensión son los más arriesgados y peligrosos y solo deben llevarse a cabo cuando por las características de la instalación no quede otra alternativa.

b) Un trabajo en altura que sea fácil de ejecutar puede realizarse desde lo alto de una silla, siempre que sea robusta.

15.5. Respuesta ante un accidente eléctrico: primeros auxilios

Para socorrer a una persona que está sufriendo una descarga eléctrica es necesario conocer las pautas básicas de actuación, que aplicadas adecuadamente pueden llegar a salvar vidas. Estas son:

- **Nunca hay que tocar a una persona que está sufriendo una descarga eléctrica.**
- Debe desconectarse la fuente de tensión o el interruptor automático que alimenta al circuito donde se ha producido el accidente.
- Si no es posible desconectar la alimentación se separará a la persona de la instalación eléctrica mediante un material aislante (madera, cuerda, etc.).
- Tras comprobar que el accidentado ya no se encuentra bajo contacto eléctrico, hay que avisar a los servicios de emergencia (médico, policía y bomberos) informando de que se trata de un accidente eléctrico.
- En caso de electrocución por alta tensión es necesario contactar con un especialista que cuente con los medios de protección adecuados.

Tras una descarga eléctrica existen dos situaciones a las que se puede enfrentar una persona que ha presenciado el accidente.

Figura 15.31. En caso de accidente eléctrico debe desconectarse la alimentación.

15.5.1. Respiración de salvamento

Los choques eléctricos pueden producir una parada cardiaca o la asfixia, en cuyo caso habría que proceder a realizar la respiración de salvamento, tal como se indica a continuación, hasta que la víctima sea atendida por personal sanitario.

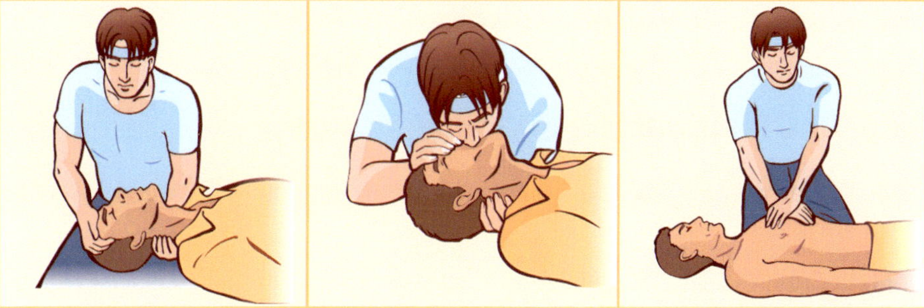

1. Colocar a la víctima tumbada, en posición horizontal y reclinar su cabeza hacia atrás comprobando que la lengua no obstruya el paso del aire.	2. Tras liberar las vías respiratorias, si la víctima no mejora, debe realizarse la respiración boca a boca.	3. Aplicar, junto con la respiración boca a boca, la técnica del masaje cardíaco comprimiendo el tórax del afectado a un ritmo de 60 veces por minuto.

Actividad propuesta 15.4.

En los recursos digitales del libro, a los que puedes acceder desde la ficha web de la obra, mediante un sencillo registro, en www.paraninfo.es, busca un archivo llamado *«Respiración de Salvamento»*. En este documento encontrarás información más detallada sobre cómo realizar correctamente los primeros auxilios.

Recuerda que...

Comprueba las canalizaciones eléctricas empotradas antes de taladrar una pared o un techo. Puedes electrocutarte al atravesar una canalización con la taladradora.

15.5.2. Accidentado en llamas

Es posible que se produzcan incendios en las instalaciones eléctricas como consecuencia de un defecto de aislamiento o una descarga eléctrica.

En los casos de accidentes eléctricos, el afectado suele tener dos quemaduras, una de entrada y otra de salida de la corriente eléctrica. Además, puede tener daño interno de órganos, músculos y nervios, por lo que es muy importante la valoración por un profesional de la salud.

La actuación ante quemaduras leves (primer y segundo grado) será aplicar abundante agua fría y colocar gasas húmedas y limpias sobre la zona afectada hasta la valoración por un profesional. Hay que evitar los vendajes apretados. En caso de presentar ampollas no pincharlas y evitar roces que puedan romperlas.

Ante quemaduras graves y extensas (tercer y cuarto grado) no está indicado sumergir en agua la zona afectada, tan solo colocar paños o gasas estériles y húmedos.

15.5.3. Actuación ante una hemorragia

En el caso de que se produzcan traumatismos derivados de choques eléctricos es posible encontrar accidentados con sangrado. Ante ello se debe presionar con una gasa o tela limpia la zona afectada hasta que ceda el sangrado.

Si cede el sangrado, no levantar el material utilizado de la herida hasta ser valorado por un profesional ya que puede reactivarse la hemorragia. Si el sangrado continúa y empapa el material usado, poner más gasas o tela y continuar apretando, nunca retirar. No deben utilizarse torniquetes.

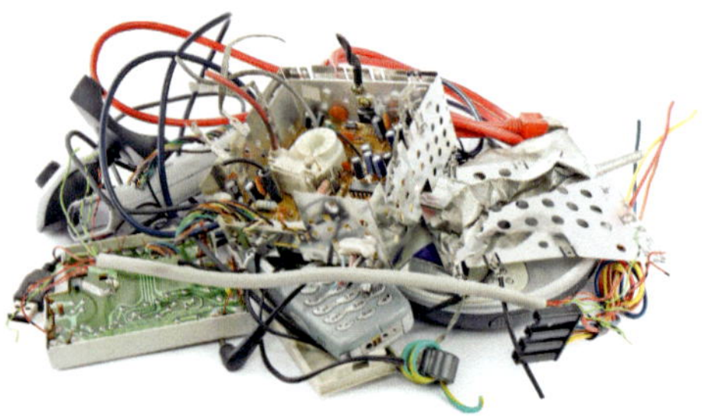

Figura 15.32. Residuos de instalaciones eléctricas y domóticas.

Recuerda que...

Es muy importante no mezclar residuos diferentes debido a que esto complicaría y encarecería el tratamiento de los mismos, ya que toda la mezcla deberá ser tratada igual que el componente más contaminante que la integra.

15.6. Protección medioambiental y gestión de residuos

Las medidas de protección ambiental tienen como objetivo regular, organizar y controlar las actividades que puedan afectar al medioambiente, dentro del ámbito de aplicación del desarrollo sostenible.

15.6.1. Clasificación de los residuos

La legislación actual pretende fomentar la clasificación de los residuos y la retirada selectiva de estos, que es en definitiva lo que se conoce como reciclaje.

En la Tabla 15.2 se recogen los tipos de residuos más usuales asociados a las instalaciones eléctricas y domóticas.

Tabla 15.2. Residuos no peligrosos asociados a las instalaciones eléctricas y domóticas

Escombros	Hormigón, ladrillos, tejas, materiales cerámicos y material pétreo de obra (restos de demolición, excavación, materiales cerámicos, mortero, escayola, etcétera).
Plástico	Se incluyen tubos, bidones, envoltorios de equipos y otros como film protector, bolsas, sacos, materiales plásticos, etcétera.
Papel y cartón	Procedente de embalajes de materiales y equipos.
Metal	Despuntes de ferralla, restos de cables y conductores y otros restos metálicos.
Residuos químicos	Baterías, pilas y acumuladores.
Residuos electrónicos	Equipos eléctricos o electrónicos desechados.

Figura 15.33. Contenedores para el reciclaje selectivo de residuos.

15.6.2. Reciclaje de residuos y componentes

La normativa establece que cada residuo debe depositarse en su correspondiente contenedor o zona identificada para ello. Respecto a los considerados como residuos peligrosos, se identificarán mediante los pictogramas correspondientes y se depositarán únicamente en los contenedores dispuestos para ellos.

Todos los miembros de una empresa tienen el derecho de recibir formación específica sobre reciclaje y separación de desechos y el deber de asegurar el correcto cumplimiento de la normativa de protección ambiental y fomentar una adecuada gestión, clasificación y retirada de residuos.

Una vez clasificados los residuos en los respectivos contenedores se pondrán a disposición de las empresas especializadas y debidamente acreditadas para su correcta gestión, tratamiento y, llegado el caso, eliminación.

Mapa conceptual

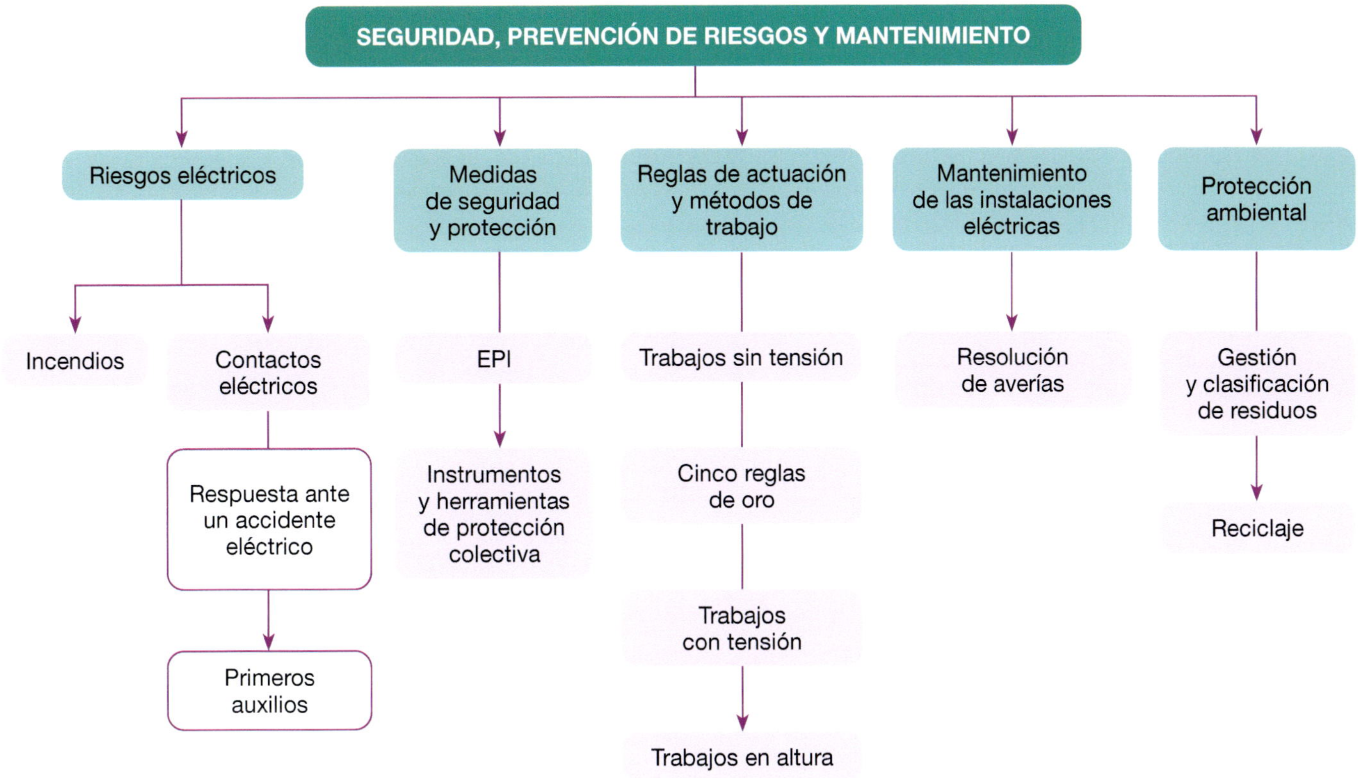

En resumen

- Los trabajos en instalaciones eléctricas pueden ser:
  - Con tensión.
  - Sin tensión.
  - En altura.
- Para minimizar el riesgo de accidente asociado a los trabajos en las instalaciones eléctricas y asegurar el correcto estado de las mismas es necesario:
  - Utilizar los medios de protección adecuados.
  - Llevar a cabo técnicas de mantenimiento.
  - Conocer y reparar las averías que puedan producirse.
  - Aplicar el método de trabajo más adecuado en cada caso.
- Si las medidas de seguridad adoptadas no son suficientes y finalmente se produce un accidente eléctrico, hay que socorrer a las víctimas siguiendo las pautas de salvamento adecuadas.
- Al llevar a cabo trabajos en instalaciones eléctricas es necesario aplicar medidas de protección ambiental, como la gestión, clasificación y reciclaje de residuos.

15.1. Identificación de riesgos laborales

OBJETIVO

- Reconocer situaciones de riesgo en los trabajos relacionados con la electricidad.

MATERIAL

- Material de escritura.
- Cuaderno de actividades.

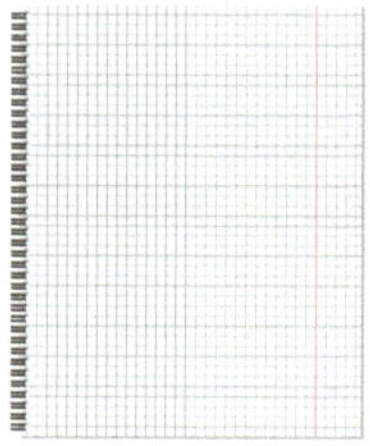

Proceso

Copia la siguiente tabla e identifica cuáles de las acciones expuestas son correctas o incorrectas a la hora de realizar trabajos en instalaciones eléctricas:

Acción	Correcto	Incorrecto
Desconectar un circuito eléctrico antes de reparar una avería en un receptor.		
Manipular conductores eléctricos en estado defectuoso.		
Puentear un interruptor automático para que no actúe por exceso de potencia.		
Conectar la lavadora en una base de toma de corriente sin toma de tierra.		
Desconectar una carga eléctrica si se detectan síntomas de sobrecalentamiento.		
Tirar del cable para desconectar un receptor eléctrico.		
Utilizar una escalera sobre la superficie de un andamio.		
Realizar un trabajo en tensión sin utilizar guantes aislantes.		
Manipular un receptor eléctrico con las manos mojadas.		
Separar de un circuito eléctrico con una pértiga aislante a una persona que se está electrocutando.		
Organizar el material eléctrico de recambio y depositarlo en lugares húmedos.		

15.2. Interpretación de señales de prohibición, advertencia y obligación

OBJETIVO

- Reconocer la señalización básica utilizada en el entorno de trabajo.

MATERIAL

Material de escritura. 
Cuaderno de actividades. 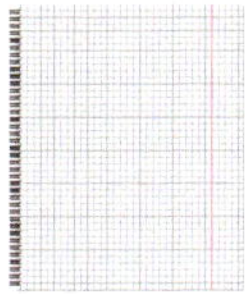

Proceso

1 Aprende y reconoce las características que definen a las señales de prohibición, advertencia y obligación:

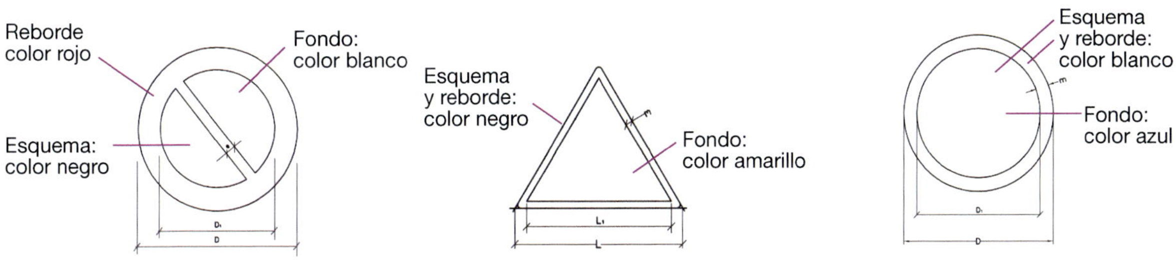

Figura 15.34. Características de las señales de prohibición, advertencia y obligación.

2 Copia la siguiente tabla e identifica qué tipo de señales son las representadas y el significado que crees que pueden tener:

Señal	Tipo (prohibición, advertencia u obligación)	Significado

Actividades finales

De comprobación

15.1. **¿Cuáles son los factores que influyen en el efecto eléctrico?**

a) La intensidad, la tensión y la frecuencia de la corriente.

b) La duración del paso de la corriente.

c) Las dos respuestas anteriores son correctas.

15.2. **La intensidad eléctrica umbral de seguridad es:**

a) 50 mA.

b) 30 mA.

c) 10 mA.

15.3. **¿Cuáles son las protecciones contra los contactos eléctricos directos en instalaciones eléctricas?**

a) Alejamiento de las partes activas interponiendo obstáculos.

b) Aislamiento de las partes activas.

c) Las dos respuestas anteriores son correctas.

15.4. **¿Qué tipo de operario puede trabajar en baja tensión?**

a) Cualquier trabajador.

b) Trabajador autorizado.

c) Depende del tipo de trabajo.

15.5. **¿Qué equipos de protección se deben usar para trabajos en tensión?**

a) Guantes de malla metálica y pértigas metálicas.

b) Guantes aislantes y materiales de señalización.

c) Herramientas con empuñadura metálica y banquetas conductoras.

15.6. **¿Cuál es el orden correcto de aplicación de las 5 reglas de oro para realizar trabajos eléctricos sin tensión?**

a) Desconectar. Verificar la ausencia de tensión. Conectar. Poner a tierra y en cortocircuito. Señalizar.

b) Desconectar. Enclavar o bloquear. Verificar la ausencia de tensión. Poner a tierra y en cortocircuito. Señalizar la zona de trabajo.

c) Señalizar la zona de trabajo. Desconectar. Poner a tierra y en cortocircuito. Verificar ausencia de tensión. Enclavar o bloquear. Conectar.

15.7. **El aislamiento mínimo que deben tener las herramientas de un trabajador de baja tensión es de:**

a) 1000 V.

b) 230 V en instalaciones monofásicas y 400 V en instalaciones trifásicas.

c) Entre 50 V y 600 V.

15.8. **¿Cuál de las siguientes opciones no es una buena técnica de mantenimiento?**

a) Proteger a los conductores de fuentes de calor.

b) Organizar el material eléctrico de recambio y depositarlo en lugares húmedos.

c) Examinar el buen estado de los cables y sus conexiones.

15.9. **¿Qué es lo primero que debes hacer si observas que una persona está sufriendo un accidente eléctrico?**

a) Agarrarla y separarla rápidamente de los materiales en tensión.

b) Llamar a los servicios de emergencia.

c) Desconectar la alimentación eléctrica de la instalación.

15.10. **Si al efectuar un trabajo eléctrico con ausencia de tensión no resulta posible bloquear el dispositivo de corte eléctrico, ¿qué otra medida de seguridad se recomienda aplicar?**

a) Bloquear el acceso al cuadro.

b) Volver a conectar el dispositivo de corte y comenzar a trabajar en tensión.

c) En los trabajos de baja tensión no es necesario aplicar ninguna de estas medidas.

De ampliación

15.11. De los siguientes equipos, identifica cuál o cuáles de ellos son considerados EPI, razonando la respuesta.

a) Casco.

b) Calzado de seguridad.

c) Pértiga aislante.

15.12. Un operario debe llevar a cabo trabajos a las siguientes alturas justifica cuáles pueden ser considerados como trabajos en altura.

a) 6 m.

b) 2 m.

c) 10 m.

15.13. Responde a las siguientes cuestiones:

a) ¿Qué es un choque eléctrico?

b) ¿Qué es un contacto eléctrico?

c) ¿Qué tipo de contactos eléctricos conoces? ¿En qué se diferencian?

15.14. Enumera cuatro posibles efectos que puede sufrir una persona tras un choque eléctrico.

15.15. Resume los pasos que deben ser llevados a cabo para proceder adecuadamente en la respiración de salvamento.

15.16. Enumera seis medidas necesarias para aumentar la seguridad y prevenir accidentes al realizar trabajos de montaje y mantenimiento relacionados con la electricidad y tres medidas de seguridad que deben tenerse en cuenta en los trabajos en altura.

15.17. Explica brevemente qué son y en qué consisten las 5 reglas de oro para trabajos eléctricos en ausencia de tensión.

15.18. ¿Cada cuánto tiempo debe realizarse la prueba de funcionamiento (pulsador de test) de los interruptores diferenciales que protegen a un circuito eléctrico?

15.19. Razona en cuál de los siguientes supuestos puede trabajar un empleado sin cualificación ni autorización para realizar trabajos eléctricos.

a) Ejecución de los trabajos sin tensión.

b) Reponer fusibles en tensión.

c) Maniobras, mediciones y ensayos en los equipos de la instalación.

d) Preparación de trabajos en proximidad de elementos en tensión.

15.20. Observa las siguientes imágenes, en las que se muestran a diferentes personas efectuando trabajos relacionados con las instalaciones eléctricas.

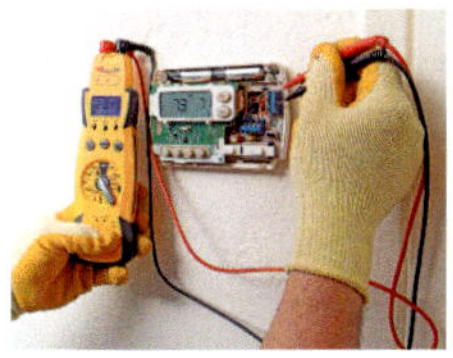

Para cada una de las imágenes mostradas, responde a las siguientes preguntas:

a) ¿El operario está realizando el trabajo adecuadamente?

b) ¿Qué equipos o materiales de protección individual identificas en la imagen?

c) ¿Qué medidas alternativas de seguridad recomendarías al trabajador?

Créditos de las imágenes de la obra

Figura	Cortesía de
1.20	Gewiss
1.21	Siemens
1.22	Gewiss
2.2	Siemens
2.3	Siemens
2.5	Siemens
2.6	Siemens
2.15	Circutor
2.23	Circutor
2.24	Circutor
2.34	Siemens
2.36	Siemens
2.39	ABB / Schneider Electric
2.41	ABB
2.43	Siemens
3.9	General Cable
3.10	General Cable
3.11	General Cable
3.12	General Cable
3.50	Gewiss
3.51	Gewiss
3.57	Siemens
4.3	Siemens
4.4	Siemens
4.8	Siemens
4.10	Gewiss
4.11	Siemens
4.12	Siemens
4.14	Siemens
4.15	Siemens
4.16	Siemens
4.17	Siemens
4.18	Gewiss
4.21	Siemens
4.22	Siemens
4.26	Siemens
4.27	Siemens
4.31	Siemens
4.32	Siemens
4.33	Siemens
4.34	Siemens

Figura	Cortesía de
4.41	Siemens
4.42	Gewiss
4.45	Gewiss
4.49	Siemens
4.50	Siemens
4.51	Gewiss
5.2	Basor
5.9	Basor
5.10	Schneider Electric
5.16	Basor
5.17	Basor
5.19	Basor
5.20	Aiscan
5.23	Aiscan
5.24	Aiscan
5.25	Aiscan
5.26	Aiscan
5.29	Aiscan
5.30	Basor
5.31	Basor
5.32	Gewiss
5.33	Gewiss
5.35	Gewiss
5.36	Gewiss
5.37	Basor
5.38	Basor
5.39	Schneider Electric
5.40	Basor
5.41	Basor y Hager
5.42	Basor
5.43	Unex
5.44	Basor
5.45	Basor
5.46	Schneider Electric
5.47	Basor
5.48	Schneider Electric
5.53	Basor
5.60	Siemens
5.64	ABB
5.67	Siemens
5.68	ABB

Figura	Cortesía de
5.69	Siemens
5.72	ABB
5.73	Schneider Electric
5.74	Basor
5.75	Siemens
5.77	Siemens
5.79	Siemens
5.80	Siemens
6.12	Philips
6.18	Siemens
6.25	Philips
6.43	Gewiss
6.44	Schneider Electric
6.46	Siemens
6.47	Simon
6.50	Siemens
6.51	Simon
6.52	Simon
6.53	Simon
6.55	Schneider Electric
6.56	Schneider Electric
6.59	Schneider Electric
6.60	Gewiss
6.62	Gewiss
6.63	Siemens
6.64	Schneider Electric
6.65	Simon
6.67	Siemens
6.68	Philips
6.81	Gewiss
6.83	Gewiss
6.84	Gewiss
6.85	Gewiss
6.86	Gewiss
6.87	Gewiss
6.70	Simon
6.72	Siemens
6.73	Simon
6.74	Simon
6.76	Schneider Electric
6.78	Gewiss

Figura	Cortesía de
7.1	Schneider Electric
7.10	Siemens
7.11	Siemens
7.12	Siemens
7.13	Siemens
7.14	Siemens
7.15	Siemens
7.18	Siemens
7.20	Siemens
7.23	Siemens
7.24	Siemens
7.25	Siemens
7.26	Siemens
7.27	Siemens
7.29	Siemens
7.30	Schneider Electric
7.33	Siemens
7.34	Siemens
7.37	Siemens
7.39	Schneider Electric
7.40	Schneider Electric
7.41	Siemens y Schneider Electric
7.46	Gewiss
7.47	Siemens
7.48	Siemens
7.49	Schneider Electric
7.50	Schneider Electric
7.52	Siemens
7,60	Siemens
7.61	Hager
7.62	Hager
7.63	Hager
7.64	Hager
7.65	Hager
8.9	Simon
8.12	Gewiss
8.16	Gewiss
8.17	Gewiss
9.9	Schneider Electric
9.10	Schneider Electric
9.11	Schneider Electric

Figura	Cortesía de
9.12	Schneider Electric
9.13	Siemens
9.14	Cahors
9.15	Siemens
9.16	Cahors
9.18	Schneider Electric
9.19	Cahors
9.21	Schneider Electric
9.23	Cahors
9.24	Cahors
9.25	Cahors
9.26	Cahors
9.27	Siemens
9.28	Schneider Electric
9.30	Schneider Electric
9.31	Schneider Electric
9.32	Cahors
9.33	Schneider Electric
9.36	Schneider Electric
9.37	Cahors
9.38	Schneider Electric
9.39	Cahors
9.40	Pinazo
9.41	Schneider Electric
9.42	Schneider Electric
9.46	Schneider Electric
9.47	Cahors
9.48	Cahors
9.49	Gewiss
9.50	Gewiss
9.55	Schneider Electric
9.56	Cahors
9.57	Schneider Electric
9.58	Schneider Electric
9.59	Gewiss
10.1	Schneider Electric
10.3	Schneider Electric
10.5	Siemens
10.7	Schneider Electric
10.8	Siemens
10.9	Schneider Electric

Figura	Cortesía de
10.12	Schneider Electric
10.15	Siemens
10.17	Schneider Electric
10.18	Schneider Electric
10.19	Schneider Electric
10.20	Schneider Electric
10.21	Schneider Electric
10.22	Schneider Electric
10.23	Gewiss
10.24	Gewiss
10.26	Gewiss
10.27	Gewiss
10.28	Schneider Electric
10.29	Schneider Electric
10.30	Schneider Electric
10.31	Gewiss
10.32	Schneider Electric
10.33	Schneider Electric
10.34	Gewiss
10.35	Gewiss
10.36	Gewiss
10.38	Gewiss
10.41	Gewiss
11.2	Siemens
11.3	Siemens y Schneider Electric
11.5	Schneider Electric
11.6	Schneider Electric
11.7	Siemens
11.8	Siemens
11.10	Siemens, Gewiss, ABB y Hager
11.11	Gewiss
11.12	Gewiss
11.15	Siemens y Hager
11.16	ABB
11.18	Siemens y Hager
11.19	Siemens
11.20	Schneider Electric
11.23	Gewiss
11.24	Hager
11.26	Gewiss
11.27	Siemens

Figura	Cortesía de
11.28	Gewiss
11.29	Hager
11.30	Hager
12.4	Schneider Electric
12.7	Jung y Siemens
12.9	Simon y Jung
12.12	Gewiss
12.16	Schneider Electric
12.20	Marmitek
12.21	Gewiss
12.22	Gewiss
12.23	Gewiss
12.26	Siemens
12.28	Siemens y Schneider Electric
12.31	Gewiss
12.34	Siemens
12.36	Siemens
12.39	Siemens
12.40	Schneider Electric
12.42	Siemens
12.44	Siemens
12.45	Gewiss
12.47	Gewiss
12.50	Gewiss
12.51	Gewiss
12.54	Gewiss
12.55	Schneider Electric
12.56	Marmitek
12.57	Gewiss
12.58	Schneider Electric
12.59	Siemens y Gewiss
12.62	Gewiss
12.65	Schneider Electric
12.66	Schneider Electric
13.2	Schneider Electric
13.3	Gewiss
13.5	Siemens y Jung

Figura	Cortesía de
13.6	Siemens y Gewiss
13.9	Siemens
13.12	Siemens, Jung y Gewiss
13.13	Schneider Electric
13.14	Schneider Electric
13.15	Schneider Electric
13.17	Jung y Schneider Electric
13.18	Schneider Electric
13.20	Schneider Electric
13.21	Schneider Electric
13.22	Siemens
13.24	Siemens y Schneider Electric
13.25	Gewiss
13.26	Schneider Electric
13.27	Schneider Electric
13.29	Siemens
13.30	Siemens, Jung y Gewiss
13.31	Schneider Electric
13.32	Gewiss
13.34	Schneider Electric
13.36	Schneider Electric
13.38	Schneider Electric
13.41	Siemens, Schneider Electric y Home Systems
13.43	Schneider Electric
13.45	Schneider Electric
13.46	Jung
13.48	Siemens, Home Systems
13.49	Schneider Electric
13.50	Gewiss
13.51	Siemens
13.52	Schneider Electric
13.53	Gewiss
13.54	Siemens
13.55	Siemens
13.56	Jung
13.59	Siemens

Figura	Cortesía de
13.63	Home Systems
13.64	Home Systems y Gewiss
13.65	Siemens
13.67	Gewiss
14.1	Schneider Electric
14.3	Marmitek, Gewiss y Jung
14.6	Gewiss
14.7	Schneider Electric
14.8	Siemens
14.11	Simon
14.12	Schneider Electric
14.13	Gewiss
14.16	Home Systems, Gewiss y Jung
14.17	Gewiss
14.18	Simon
14.19	Schneider Electric
14.22	Siemens
14.23	Schneider Electric y Gewiss
14.24	Siemens
14.25	Schneider Electric y Siemens
14.28	Siemens
14.30	Siemens
14.31	Siemens y Gewiss
14.32	Gewiss
14.33	Jung y Marmitek
15.3	Schneider Electric
15.4	Schneider Electric
15.7	Schneider Electric
15.10	Gewiss
15.11	Siemens
15.16	Schneider Electric
15.18	Schneider Electric
15.23	Siemens
15.24	Gewiss
15.26	Gewiss
15.28	Schneider Electric
15.31	Siemens